Werner Schröter,
Dr. Karl-Heinz Lautenschläger,
Hildegard Bibrack

CHEMIE

Fakten und Gesetze

Mit 37 Bildern und
3 Tafeln im Anhang

Bechtermünz Verlag

AUTOREN:
Dr. Karl-Heinz Lautenschläger (Abschnitte 1.1. bis 9.4.)
Werner Schröter (Abschnitte 10.1. bis 27.6., 38.1. bis 41.4.)
Hildegard Bibrack (Abschnitte 28.1. bis 37.5.)

Genehmigte Lizenzausgabe für
Weltbild Verlag GmbH, Augsburg 1998

Umschlaggestaltung: Peter Engel, München
Gesamtherstellung: Ebner Ulm
Printed in Germany
ISBN 3-86047-148-1

Schröter, Lautenschläger, Bibrack

CHEMIE

VORWORT

Die Gebiete Mathematik, Physik und Chemie spielen in allen Stufen des Bildungswesens eine wichtige Rolle. Das gilt für die allgemein- und berufsbildenden Schulen, für die Fach- und Hochschulen ebenso wie für die Erwachsenenbildung. Die fundierten Kenntnisse in diesen Fächern sind Voraussetzung für das Verständnis der darauf aufbauenden technischen Weiterbildung.
Damit diese Kenntnisse jederzeit griffbereit und anwendbar sind, wurde dieses *Nachschlagebuch* geschaffen. Es soll den Benutzer schnell, gründlich und wissenschaftlich einwandfrei informieren. Deshalb stellt es einerseits kein Lehrbuch dar, geht aber andererseits über den Rahmen einer bloßen Fakten- und Formelsammlung hinaus.
Während in einem Lehrbuch die allmähliche Ausschärfung von Begriffen entsprechend dem sich entwickelnden Fassungsvermögen der Schüler an sehr verschiedenen Stellen erfolgt, wurde in diesem Nachschlagebuch alles, was zu einem Begriff zu sagen ist, nach Möglichkeit an einer Stelle zusammengefaßt. Dabei wird im Kapitel *Allgemeine Chemie* innerhalb der einzelnen Abschnitte stets vom Einfachen zum Komplizierten fortgeschritten, so daß auch Anfänger sofort das finden, was sie zunächst benötigen.
Die Kapitel *Anorganische Chemie* und *Organische Chemie* unterrichten den Leser bei Anstrebung einer hohen Informationsdichte über Vorkommen, Herstellung, Eigenschaften und Verwendung der wichtigsten Stoffe. Hinsichtlich Orthographie und *Nomenklatur* ist das Buch konsequent auf die von der deutschsprachigen Nomenklaturkommission bei der IUPAC empfohlenen Richtlinien eingestellt. Gleichwohl erschließt das ausführliche Sachregister dem Leser die Bedeutung aller wichtigen Trivialnamen. Möge das Buch in Schule und Beruf ein zuverlässiger Ratgeber sein! Helfende Kritik nehmen wir dankend entgegen.

Verfasser und Verlag

INHALTSVERZEICHNIS

Tafelanhang

ALLGEMEINE CHEMIE

1. Chemische Grundbegriffe

Die Chemie ist die Lehre von den Stoffen und den stofflichen Veränderungen.

Gegenstand der Chemie sind die Gesetze, die die Bildung von Verbindungen aus den Elementen, die wechselseitige Umwandlung der Verbindungen und den Zerfall der Verbindungen in Elemente bestimmen.[1]

1.1. Stoffe

Der Stoff ist eine Strukturform der Materie.

Eine andere Strukturform der Materie ist das Feld, z. B. das Magnetfeld.
Die Zahl der Stoffe ist unerschöpflich. Ständig werden neue Stoffe entdeckt oder künstlich erzeugt.
Eines der wichtigsten Merkmale aller Stoffe ist, daß sie eine **Dichte** besitzen:

$$\text{Dichte} = \frac{\text{Masse}}{\text{Volumen}}$$

Felder besitzen keine solche Dichte.
Ein Stoff kann an seinen spezifischen Eigenschaften erkannt und von anderen Stoffen unterschieden werden. Zu den charakteristischen Eigenschaften eines Stoffes gehören außer der Dichte Schmelzpunkt und Siedepunkt, Farbe und Glanz, Geruch und Geschmack sowie der Kristallaufbau.
Im Prinzip können alle Stoffe in den **Aggregatzuständen** *fest*, *flüssig* und *gasförmig* auftreten. Bei Eis, Wasser und Wasserdampf handelt es sich um den gleichen Stoff *Wasser*. Der Aggregatzustand an sich ist also nicht charakteristisch für einen Stoff, sondern nur der Aggregatzustand, den der Stoff bei einer bestimmten Temperatur (z. B. bei Zimmertemperatur) innehat.
Ein **Kristall** ist ein Festkörper mit einer bestimmten äußeren Gestalt, die auf einer bestimmten inneren Gestalt, d. h. auf einer regelmäßigen Anordnung seiner Bausteine (Atome, Ionen, Moleküle), beruht. Es

[1] Nach Hubert Laitko: Philosophische Fragen der Chemie; in: Naturforschung und Weltbild, Berlin 1964

gehört zu den charakteristischen Merkmalen eines Stoffes, daß er Kristalle von bestimmter Gestalt bilden kann. Daher können Stoffe an ihrer Kristallstruktur erkannt werden. Manche Stoffe treten – je nach den herrschenden Bedingungen – in mehreren *Modifikationen* (Erscheinungsformen) von unterschiedlicher Kristallstruktur auf (z. B. rhombischer und monokliner Schwefel, ↑ S. 229, Kohlenstoff als Graphit und Diamant, ↑ S. 192).

1.2. Physikalische und chemische Vorgänge

Vorgänge, bei denen nur die äußere Form eines Stoffes oder sein Aggregatzustand geändert wird, werden als **physikalische Vorgänge** bezeichnet.

Bei physikalischen Vorgängen bleiben die beteiligten Stoffe mit ihren charakteristischen Eigenschaften erhalten.

Zu den physikalischen Vorgängen gehören z. B.:

- die spanende Formung (Hobeln, Drehen, Fräsen, Sägen u. a.),
- die spanlose Formung (Pressen, Biegen, Ziehen, Tiefziehen u. a.),
- das Zerkleinern (Mahlen, Zerstäuben u. a.),
- das Mischen (Verrühren, Zusammenschmelzen, Auflösen u. a.),
- das Trennen (Dekantieren, Filtrieren, Zentrifugieren, Destillieren u. a.),
- die Veränderungen des Aggregatzustandes (Schmelzen und Erstarren, Verdampfen bzw. Sieden und Kondensieren, Sublimieren).

Vorgänge, bei denen neue Stoffe entstehen, werden als **chemische Vorgänge** oder **chemische Reaktionen** bezeichnet.

Bei chemischen Reaktionen entstehen neue Stoffe.

Diese neuen Stoffe werden *Reaktionsprodukte* genannt. Sie unterscheiden sich in ihren Eigenschaften mehr oder weniger deutlich von ihren Ausgangsstoffen.

	Ausgangsstoff(e)			→	**Reaktionsprodukt(e)**
Beispiel:	2 Mg	+	O_2	→	2 MgO
	Magnesium (silberweißes Metall)		Sauerstoff (farbloses Gas)		Magnesiumoxid (weißes Pulver)

Chemische Reaktionen sind stets von physikalischen Vorgängen begleitet (Abgabe oder Aufnahme von Energie, z. B. Wärme, ferner Änderung des Aggregatzustandes u. a.) und meist nur an diesen physikalischen Vorgängen zu erkennen.
Mit Hilfe chemischer Reaktionen sind wir in der Lage, aus vorhandenen Stoffen neue Stoffe zu gewinnen. Dabei kann es sich um solche Stoffe handeln, die in der Natur nicht in ausreichenden Mengen vorkommen (z. B. Stickstoffdüngemittel), aber auch um solche Stoffe, die es in der

Natur gar nicht gibt (z. B. die Sulfonamide und andere synthetische Arzneimittel oder Polyethylen und andere Plaste).
Mit der Erzeugung neuer Stoffe bietet die Chemie den Menschen eine Möglichkeit, die Welt nach ihren Bedürfnissen zu verändern.

1.3. Reine Stoffe und Stoffgemenge

Bei den Stoffen wird zwischen *reinen Stoffen* und *Stoffgemengen* unterschieden.
Gemenge (auch als *Gemische* oder *Mischungen* bezeichnet) bestehen aus zwei oder mehr *reinen Stoffen.* In einem Gemenge sind die charakteristischen Eigenschaften der *reinen Stoffe*, aus denen es sich zusammensetzt, erhalten.
Die Gemenge werden in *homogene* (einheitliche) und *heterogene* (uneinheitliche) *Gemenge* unterteilt (↑ Tabelle 1).
Bei den **homogenen Gemengen** sind die einzelnen Bestandteile weder mit bloßem Auge noch mit Hilfe eines Mikroskops zu erkennen. Homogene Gemenge sind die *Gasgemische*, die *echten Lösungen* (↑ S. 34) und die in Form von Mischkristallen vorliegenden *Legierungen.*
Bei den **heterogenen Gemengen** sind – unter Umständen nur mit Hilfe eines Mikroskops – bestimmte Bereiche zu unterscheiden, die sich durch Trennflächen voneinander abgrenzen. Ein solcher in sich homogener Bereich wird als **Phase** bezeichnet.
Homogene Gemenge bestehen aus einer Phase, heterogene Gemenge aus zwei oder mehr Phasen.
Gemenge, bei denen eine Phase in der anderen Phase mehr oder weniger fein verteilt ist, werden als **disperse Systeme** bezeichnet. Dabei wird zwischen **Dispersionsmittel** (Verteilungsmittel) und **disperser Phase** (verteiltem Stoff) unterschieden.

Gemenge lassen sich mit Hilfe **physikalischer Trennverfahren** in ihre Bestandteile, d. h. in die reinen Stoffe, zerlegen. Tabelle 2 gibt eine Übersicht über die physikalischen Trennverfahren.
Stoffe, die durch physikalische Trennverfahren weder in andere Stoffe zerlegt werden können noch eine Änderung ihrer physikalischen Eigenschaften, wie Schmelzpunkt, Siedepunkt und Dichte, erfahren, werden als **reine Stoffe** bezeichnet.

Absolut reine Stoffe gibt es allerdings nicht. So enthält z. B. das sog. Reinstaluminium immer noch 0,001 % Verunreinigungen. Der *reine Stoff* ist also eine Abstraktion. Wenn von einem bestimmten Stoff (z. B. Sauerstoff oder Aluminium) die Rede ist, so bedient sich die Chemie im allgemeinen dieser Abstraktion, d. h., es wird davon abgesehen, welche Verunreinigungen der betreffende Stoff in einem konkreten Falle aufweisen kann. Wenn theoretische Überlegungen in die Praxis des chemischen Laboratoriums oder der chemischen Produktion übertragen werden, so tritt an die Stelle der Abstraktion des *reinen Stoffes* der konkrete Stoff, d. h. ein Stoff mit mehr oder weniger hohem Reinheitsgrad, wie er für den jeweiligen Versuch oder für die Produktion zur Verfügung steht. Schon geringe Verunreinigungen können die Eigenschaften eines Stoffes bedeutend beeinflussen, sie müssen daher in der Praxis berücksichtigt werden.

Tabelle 1: Arten von Gemengen

Aggregatzustände der Bestandteile	homogene Gemenge (homogene Systeme)	heterogene Gemenge (heterogene Systeme)
fest – fest	Legierungen, die aus Mischkristallen bestehen (z. B. Messing, Bronze)	Gesteine (z. B. Granit, Erze mit Gangart u. a.)
fest – flüssig	echte Lösungen (z. B. Salzlösungen)	**fest in flüssig** Suspensionen, Aufschlämmungen (z. B. Lehm in Wasser), kolloide Lösungen **flüssig in fest** (z. B. Wasser in Lehm)
fest – gasförmig	z. B. Wasserstoff in Metallen (Platin, Palladium, Stahl)	**fest in gasförmig** Rauch, Staub **gasförmig in fest** poröses Material (z. B. Ziegelsteine, Bimsstein)
flüssig – flüssig	echte Lösungen (z. B. Essig, d. i. Essigsäure in Wasser)	Emulsionen (z. B. in der Milch: Fetttröpfchen in Wasser)
flüssig – gasförmig	echte Lösungen (z. B. Selterswasser: Kohlendioxid in Wasser)	**flüssig in gasförmig** Nebel (z. B. Wasser in Luft) **gasförmig in flüssig** Schaum
gasförmig – gasförmig	Da sich alle Gase unbegrenzt mischen, handelt es sich bei allen Gasgemischen um homogene Gemenge.	

Tabelle 2: Wichtige physikalische Trennverfahren

Aggregatzustände der Bestandteile des zu trennenden Gemenges	Physikalische Eigenschaft, die zum Trennen ausgenutzt wird	Trennverfahren
fest – fest z. B. Erze mit Gangart, Kalirohsalze	Dichte Benetzbarkeit Teilchengröße Löslichkeit Magnetismus	Schlämmen und Sedimentieren (Absetzen) Flotation Sieben (Klassieren) Extrahieren Magnetscheiden
fest – flüssig Suspensionen, Aufschlämmungen	Dichte Siedepunkt Teilchengröße	Sedimentieren und Dekantieren, Zentrifugieren Abdampfen, Destillieren, Trocknen Filtrieren
echte Lösungen	Löslichkeit	Eindampfen, Auskristallisieren
fest – gasförmig Staub, Rauch	Dichte Teilchengröße elektrische Ladung	Sedimentieren, Zyklonieren Filtrieren Elektrofiltrieren
flüssig – flüssig z. B. Alkohol in Wasser, Fett in Wasser	Dichte Siedepunkt Löslichkeit	Absetzenlassen, Zentrifugieren Destillieren Extrahieren
flüssig – gasförmig Nebel, Schaum, Gas in Flüssigkeit	Dichte Löslichkeit	Sedimentieren, Zyklonieren Abtreiben des Gases durch Temperaturerhöhung, Auswaschen (mit Hilfe einer Flüssigkeit)
gasförmig – gasförmig	Kondensationspunkt Absorbierbarkeit Adsorbierbarkeit Teilchengröße Masse	Kondensieren Absorption Adsorption Isotopentrennung durch Diffusion, durch Gaszentrifuge

1.4. Chemische Verbindungen und Elemente

Bei den reinen Stoffen ist zu unterscheiden zwischen *chemischen Verbindungen* und *Elementen.*
Die **chemischen Verbindungen** setzen sich aus Elementen zusammen, z. B. die Verbindung Wasser aus den Elementen Wasserstoff und Sauerstoff.
Die **chemischen Verbindungen** lassen sich mit Hilfe chemischer Reaktionen in die Elemente zerlegen, aus denen sie aufgebaut sind.
Die **Elemente** lassen sich mit Hilfe chemischer Reaktionen *nicht* in andere Stoffe zerlegen.

Übersicht: Einteilung der Stoffe

- Stoffe
  - reine Stoffe
    - Elemente
    - chemische Verbindungen
  - Stoffgemenge
    - homogene Gemenge
    - heterogene Gemenge

Tabelle 3: Unterschiede zwischen Gemenge und chemischer Verbindung

Gemenge	Chemische Verbindung
Ein Gemenge entsteht durch **physikalische Vorgänge** (Mischen von Stoffen).	Eine chemische Verbindung entsteht aus den Elementen durch eine **chemische Reaktion** (Synthese).
Die **Eigenschaften** der **reinen Stoffe** (Elemente, Verbindungen), aus denen sich das Gemenge zusammensetzt, bleiben erhalten.	Die **Eigenschaften** der **Elemente,** aus denen sich die chemische Verbindung zusammensetzt, bleiben *nicht* erhalten.
In einem Gemenge können die beteiligten reinen Stoffe (Elemente, Verbindungen) in einem **beliebigen Massenverhältnis** vorliegen.	In einer chemischen Verbindung treten die beteiligten Elemente stets in einem **bestimmten Massenverhältnis** auf (↑ S. 42).
Ein Gemenge kann mit Hilfe **physikalischer Trennverfahren** in seine Bestandteile (reine Stoffe) zerlegt werden.	Eine chemische Verbindung kann nur mit Hilfe **chemischer Reaktionen** (Analyse) in ihre Bestandteile (Elemente) zerlegt werden.

1.5. Analyse und Synthese

Die Zerlegung einer chemischen Verbindung ist eine Analyse.

Beispiel:	$2\,HgO$	→	$2\,Hg$	+	O_2
	Quecksilberoxid (Verbindung)		Quecksilber (Element)		Sauerstoff (Element)

Der Aufbau einer chemischen Verbindung ist eine Synthese.

Beispiel:	$2\ H_2$	+	O_2	→	$2\ H_2O$
	Wasserstoff (Element)		Sauerstoff (Element)		Wasser (Verbindung)

Analyse und Synthese sind einander entgegengesetzte chemische Reaktionen:

$$\textbf{Verbindung} \underset{\text{Synthese}}{\overset{\text{Analyse}}{\rightleftarrows}} \textbf{Element} + \textbf{Element}$$

Beispiel:
$$2\ HgO \underset{\text{Synthese}}{\overset{\text{Analyse}}{\rightleftarrows}} 2\ Hg + O_2$$

Im übertragenen Sinne wird heute auch dann von einer *Analyse* gesprochen, wenn die Zusammensetzung einer chemischen Verbindung oder eines Gemenges ermittelt wird, ohne daß dabei die einzelnen Elemente isoliert werden, und die Synthese einer Verbindung geht in der Regel nicht von den Elementen, sondern von anderen Verbindungen aus.

1.6. Elemente und Atome

Elemente lassen sich nicht in andere Stoffe zerlegen.

Die chemischen Reaktionen, die die Elemente eingehen, können niemals Analysen, sondern *nur Synthesen* sein. Ist ein Element an einer chemischen Reaktion als Ausgangsstoff beteiligt, so wird es stets in eine chemische Verbindung übergeführt. Die Masse der entstehenden Verbindung ist stets größer als die Masse des Elements, von dem ausgegangen wurde, da ja die Masse – mindestens – eines weiteren Elements hinzukommt.

Beispiel: Bei der Oxidation von 100 g Kupfer, Cu, entstehen 125,2 g Kupfer(II)-oxid, CuO; es sind 25,2 g Sauerstoff hinzugekommen.

Chemische Elemente gehen bei jeder chemischen Reaktion in einen Stoff mit größerer Masse über.

Jedes Element ist in sich einheitlich aufgebaut. Es besteht aus kleinsten Teilchen, den **Atomen.**

Atome sind die kleinsten Teilchen der Elemente.

Die Masse eines Atoms beträgt $10^{-24} \ldots 10^{-22}$ g, sein Durchmesser 0,1 ... 0,5 nm (Nanometer), das sind $1 \cdot 10^{-10} \ldots 5 \cdot 10^{-10}$ m.

Die Atome sind auf chemischem Wege nicht teilbar.

Deshalb ist es auch nicht möglich, Elemente auf chemischem Wege in andere Stoffe zu zerlegen.

Jedes Element besteht aus einer nur ihm eigenen Art von Atomen.

Das wichtigste Merkmal eines Atoms ist seine *Kernladungszahl* (↑ S.53). Die genaue Definition für das Element lautet daher:

Ein Element ist ein Stoff, dessen Atome alle die gleiche Kernladungszahl haben.

Gegenwärtig sind 107 Elemente und dementsprechend 107 Atome mit verschiedener Kernladungszahl bekannt (↑ Tafel 3 im Anhang). Von diesen Elementen kommen nur 88 in wägbaren Mengen in der *Natur* vor, die übrigen Elemente wurden künstlich erzeugt (↑ S. 69).

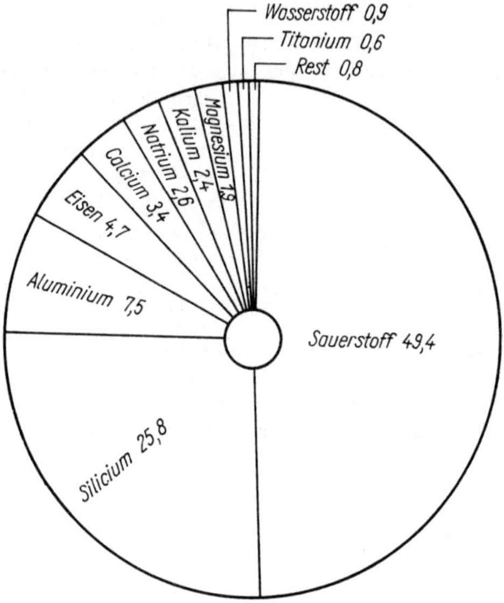

Bild 1. Häufigkeit der Elemente in der Erdrinde

Die **Häufigkeit**, mit der die Elemente in der Natur vorkommen, ist sehr unterschiedlich. Für die Zusammensetzung der *Erdrinde* aus den einzelnen Elementen liegen Schätzungen vor. Unter Erdrinde wird vereinbarungsgemäß verstanden die *Lithosphäre* (Gesteinshülle) bis 16 km Tiefe, die *Hydrosphäre* (Wasserhülle) und die *Atmosphäre* (Lufthülle) bis 15 km Höhe. Die größten Anteile an der Erdrinde (↑ Bild 1) haben

Sauerstoff (mit rund der Hälfte) und
Silicium (mit rund einem Viertel).

Zusammen mit den Elementen Aluminium, Eisen, Calcium, Natrium, Kalium, Magnesium, Wasserstoff und Titanium bilden sie mehr als 99% der Erdrinde, so daß auf die restlichen natürlich vorkommenden Elemente weniger als 1% entfällt.

1.7. Chemische Verbindungen und Moleküle[1]

Chemische Verbindungen entstehen durch Synthese aus zwei oder mehr Elementen. Dementsprechend enthalten chemische Verbindungen zwei oder mehr Atomarten.

Beispiel: Die Verbindung Wasser, H_2O, besteht aus den Elementen Wasserstoff und Sauerstoff. Es sind jeweils zwei Wasserstoffatome und ein Sauerstoffatom miteinander zu einem größeren Teilchen, einem Molekül, verbunden. Das Molekül H_2O ist das kleinste Teilchen der chemischen Verbindung Wasser.

Moleküle bestehen aus zwei oder mehr miteinander verbundenen Atomen. Sie treten als kleinste Teilchen von chemischen Verbindungen auf.

Beachten Sie aber:

Nicht alle chemischen Verbindungen haben als kleinste Teilchen Moleküle. Es gibt auch chemische Verbindungen, z. B. die *Salze*, bei deren kleinsten Teilchen es sich um *Ionen* handelt (↑ S. 74f. u. S. 106).
Andererseits gibt es auch *Elemente*, die Moleküle bilden. Das gilt z. B. von den *elementaren Gasen* Wasserstoff, H_2, Stickstoff, N_2, und Sauerstoff, O_2, die sowohl *atomar* – in einzelnen Atomen – als auch *molekular* – in zweiatomigen Molekülen – auftreten können.

Wenn Wasserstoff oder Sauerstoff bei einer chemischen Reaktion entstehen, liegen sie zunächst in einzelnen Atomen vor. Diese Atome vereinigen sich aber – wenn sie nicht Gelegenheit finden, in anderer Weise zu reagieren – im Bruchteil einer Sekunde zu zweiatomigen Molekülen:

$$2\,H \rightarrow H_2$$

atomarer Wasserstoff → molekularer Wasserstoff

Der Satz „Moleküle sind die kleinsten Teilchen chemischer Verbindungen" gilt also nur mit zwei Einschränkungen:

- Nicht alle Verbindungen bestehen aus Molekülen.
- Auch Elemente vermögen in Form von Molekülen aufzutreten.

1.8. Chemische Symbole

Die Chemie bedient sich einer international einheitlichen Symbolik, die 1813 von dem schwedischen Chemiker Berzelius vorgeschlagen wurde.
Jedes **Element** wird mit einem **Symbol** (↑ Tafel 1 im Anhang) gekennzeichnet, das aus einem oder zwei lateinischen Buchstaben besteht, von

[1] auch: die Molekel (Singular); die Molekeln (Plural)

denen der erste groß, der zweite klein geschrieben wird, z. B.:

Kalium	K
Natrium	Na
Chlor	Cl

Die Symbole bestehen aus dem *Anfangsbuchstaben* und z. T. einem weiteren – nicht immer dem zweiten – Buchstaben des *Namens*. Manche Elemente werden in den verschiedenen Sprachen unterschiedlich bezeichnet. Beispiel:

deutsch: *Stickstoff*; englisch: *nitrogen*; französisch: *azote*.

In diesem Falle wird das Symbol aus einem international anerkannten Namen abgeleitet, der meist aus dem Lateinischen, z. T. auch aus dem Griechischen stammt. Stickstoff trägt den lateinischen Namen *Nitrogenium* (d. h. *Salpeterbildner*). Daher wird Stickstoff mit dem Symbol N bezeichnet.
Das Symbol N bedeutet nicht nur *das Element Stickstoff*, sondern auch *ein Atom Stickstoff*.
Das gilt für alle Elemente:

Das Symbol eines Elements bezeichnet zugleich ein Atom dieses Elements.

1.9. Chemische Formeln

Jede chemische Verbindung wird mit einer chemischen Formel bezeichnet, die sich aus den Symbolen der am Aufbau der Verbindung beteiligten Elemente zusammensetzt.
Die chemische Formel läßt nicht nur erkennen,

- *welche Elemente* am Aufbau der chemischen Verbindung beteiligt sind, sondern auch
- *in welchem Verhältnis* die Elemente dabei auftreten.

Dabei sind zwei Arten chemischer Verbindungen zu unterscheiden:

- Bei **chemischen Verbindungen,** die **in Form von Molekülen** vorliegen (↑ S. 76), geben die Formeln die **Zusammensetzung der Moleküle an.**

Beispiele: Ein Molekül des Wassers, H_2O, ist aus zwei Atomen Wasserstoff, H, und einem Atom Sauerstoff, O, aufgebaut. Ein Molekül des Ammoniaks, NH_3, besteht aus einem Atom Stickstoff, N, und drei Atomen Wasserstoff, H.

- Bei **chemischen Verbindungen,** die **in Form von Ionen** vorliegen (↑ S. 74), geben die Formeln lediglich das **Verhältnis** an, in dem die Atome bzw. Ionen der einzelnen **Elemente am Aufbau des Kristallgitters** beteiligt sind.

Beispiele: Die Formel des Natriumchlorids, NaCl, sagt aus, daß im Natriumchlorid jeweils ein Chloridion, Cl^-, auf ein Natriumion, Na^+, kommt, daß Natrium und Chlor im Verhältnis 1 : 1 am Aufbau des Natriumchloridgitters beteiligt sind. Das Aluminiumoxid, Al_2O_3, ist dagegen im Verhältnis 2 : 3 aus Atomen (bzw. Ionen) des Aluminiums und des Sauerstoffs aufgebaut.

Die tiefgestellten Ziffern in den chemischen Formeln werden **Atommultiplikatoren**[1] genannt, da sie angeben, mit wieviel Atomen das Element, *hinter* dessen Symbol sie stehen, am Aufbau der betreffenden Verbindung beteiligt ist.

1.10. Chemische Gleichungen

Jede chemische Reaktion kann durch eine chemische Gleichung wiedergegeben werden.
In einer *chemischen Gleichung* stehen auf der *linken* Seite die **Ausgangsstoffe,** auf der *rechten* Seite die **Reaktionsprodukte.** Ausgangsstoffe und Reaktionsprodukte werden durch einen Pfeil miteinander verbunden, der die Richtung der Reaktion angibt:

Ausgangsstoffe → Reaktionsprodukte

Beispiel: $Fe + S \rightarrow FeS$

Im Prinzip sind alle chemischen Reaktionen *umkehrbar* (↑ S. 139). Soll das in einer chemischen Gleichung zum Ausdruck gebracht werden, so wird ein Doppelpfeil verwendet:

$$N_2 + 3\,H_2 \rightleftarrows 2\,NH_3$$

Anstelle der Pfeile findet man in der chemischen Literatur mitunter noch das Gleichheitszeichen

$$N_2 + 3\,H_2 = 2\,NH_3$$

Die beiden letzten Gleichungen bringen (von links nach rechts gelesen) zum Ausdruck:
Ein Molekül Stickstoff reagiert mit drei Molekülen Wasserstoff unter Bildung von zwei Molekülen Ammoniak.
Da es sich um eine umkehrbare Reaktion handelt, können die beiden Gleichungen auch von rechts nach links gelesen werden. Sie sagen dann aus:
Zwei Moleküle Ammoniak zerfallen in ein Molekül Stickstoff und drei Moleküle Wasserstoff.
Wollten wir jedes an der Reaktion beteiligte Molekül einzeln niederschreiben, so ergäbe sich die Gleichung:

$$N_2 + H_2 + H_2 + H_2 \rightleftarrows NH_3 + NH_3$$

[1] in Anlehnung an die Mathematik auch Index (Plural: Indizes)

Wie in einer mathematischen Gleichung werden auch in einer chemischen Gleichung gleiche Summanden als Produkt niedergeschrieben:

$$H_2 + H_2 + H_2 = 3\,H_2$$

$$NH_3 + NH_3 = 2\,NH_3$$

Dementsprechend wird bei chemischen Reaktionen, an denen mehrere gleiche Moleküle teilnehmen, die Anzahl dieser Moleküle in den Gleichungen mit Hilfe von *Koeffizienten* angegeben.

Die Koeffizienten dürfen nicht mit den *Atommultiplikatoren* (tiefgestellten Zahlen) verwechselt werden:

- **Koeffizienten** beziehen sich auf die *gesamte Formel*, *vor* der sie stehen.

  Beispiel: 2 NH_3 heißt: *zwei* Moleküle Ammoniak; das sind zusammen *zwei* Atome Stickstoff und *sechs* Atome Wasserstoff.

- **Atommultiplikatoren** beziehen sich jeweils auf das *Atom*, *hinter* dessen Symbol sie stehen.

  Beispiel: In der Formel NH_3 bezieht sich die 3 auf den Wasserstoff (nicht auf den Stickstoff). Es sind 3 Wasserstoffatome beteiligt, aber nur 1 Stickstoffatom.

Soll sich ein *Atommultiplikator* auf *mehrere Atome*, d. h. auf eine Atomgruppe, beziehen, so müssen diese Atome in eine *Klammer* gesetzt werden.

Beispiel: In der Formel $Ca(OH)_2$ bezieht sich die 2 auf die Gruppe OH. In der Verbindung Calciumhydroxid, $Ca(OH)_2$, liegen also zwei OH-Gruppen vor.
In der Formel $(NH_4)_2SO_4$ (Ammoniumsulfat) bezieht sich die 2 auf die Ammoniumgruppe NH_4, die hier zweimal vorhanden ist.

Die **Atommultiplikatoren** sind Bestandteil der chemischen **Formeln.**
Die **Koeffizienten** sind Bestandteil der chemischen **Gleichungen.**

Die chemischen Gleichungen unterliegen den gleichen Gesetzen wie die mathematischen Gleichungen. Das heißt vor allem:

In einer chemischen Gleichung muß die Summe der Atome eines jeden Elements auf beiden Seiten gleich sein.

Dabei sind sowohl die Atommultiplikatoren als auch die Koeffizienten zu berücksichtigen.

Beispiel: In der Gleichung

$$N_2 + 3\,H_2 \rightleftarrows 2\,NH_3$$

sind auf der linken Seite 2 Atome Stickstoff und (3 · 2 =) 6 Atome Wasserstoff vorhanden, auf der rechten Seite 2 Atome Stickstoff und (2 · 3 =) 6 Atome Wasserstoff. Die Summe der beteiligten Atome ist also auf beiden Seiten gleich. Hierin kommt das *Gesetz von der Erhaltung der Masse* zum Ausdruck (↑ S. 39).

1.11. Lösungen

Lösungen sind homogene Gemenge von zwei oder mehr Stoffen.
Dabei wird in den meisten Fällen unterschieden zwischen **Lösungsmittel** und **gelöstem Stoff.**
Die Lösungen werden nach der *Teilchengröße* des gelösten Stoffes eingeteilt (↑ Tabelle 4):

Tabelle 4: Lösungen bzw. disperse Systeme

Echte Lösungen	Kolloide Lösungen	Suspensionen
molekulardisperse (iondisperse) Systeme	kolloiddisperse Systeme	grobdisperse Systeme
Teilchengröße $< 10^{-9}$ m	Teilchengröße $10^{-9} \ldots 5 \cdot 10^{-7}$ m	Teilchengröße $> 5 \cdot 10^{-7}$ m
Teilchen optisch nicht erkennbar	Teilchen unter dem Ultramikroskop erkennbar	Teilchen mit bloßem Auge bzw. unter dem Mikroskop erkennbar
Teilchen laufen durch Papierfilter		Teilchen werden von Papierfiltern zurückgehalten

Bei den *Suspensionen* handelt es sich um heterogene Gemenge. Sie gehören also nicht zu den Lösungen, wohl aber zu den dispersen Systemen (↑ S. 23).
Im weitesten Sinne werden *alle homogenen Gemenge* als *Lösungen* bezeichnet (↑ Tabelle 1, S. 24; 2. senkrechte Spalte). *Im engeren Sinne* versteht man unter Lösungen nur die homogenen Gemenge, bei denen das Dispersionsmittel (Lösungsmittel) *flüssig* ist.
In flüssigen Lösungsmitteln lösen sich

- *gasförmige Stoffe* (Kohlendioxid in Wasser ergibt Selterswasser),
- *flüssige Stoffe* (Ethanol in Wasser ergibt Trinkbranntwein) und
- *feste Stoffe* (Natriumhydroxid in Wasser ergibt Natronlauge).

Das weitaus wichtigste Lösungsmittel ist das *Wasser*. Daneben werden auch viele organische Lösungsmittel in großen Mengen verwendet.

Beispiele:
Ethanol (Ethylalkohol), Propanon (Aceton),
Tetrachlormethan („Tetra“).

1.11.1. Echte Lösungen

In einer echten Lösung sind gelöst:

- **Nichtelektrolyte**[1] in Form ihrer **Moleküle** (*molekulardisperses System*)

  Beispiel: Traubenzucker in Wasser.

- **Elektrolyte**[1] in Form ihrer **Ionen** (*iondisperses System*)

  Beispiel: Natriumchlorid in Wasser. $NaCl \rightleftarrows Na^+ + Cl^-$

Die Moleküle und Ionen sind weder mit bloßem Auge noch mit dem Mikroskop sichtbar. Sie sind im Lösungsmittel weitgehend frei beweglich. Sie verhalten sich in dieser Hinsicht ähnlich wie die Moleküle eines Gases (↑ S. 49).
Stoffe mit sehr großen Molekülen (Makromolekülen) vermögen keine echten Lösungen, sondern nur kolloide Lösungen zu bilden.

1.11.2. Kolloide Lösungen

In den kolloiden Lösungen (*kolloiddispersen Systemen*) liegt die disperse Phase in Form von Teilchen mit einem Durchmesser von 10^{-9} bis $5 \cdot 10^{-7}$ m vor. Bei diesen Teilchen handelt es sich entweder um Riesenmoleküle (*Makromoleküle*) oder um Zusammenballungen (*Aggregate*; *Assoziate*) kleinerer Teilchen.

Unter den Stoffen, die vornehmlich kolloide Lösungen bilden, sind besonders die Eiweißstoffe sowie tierische und pflanzliche Leime[2] zu nennen. Es gibt aber auch anorganische Stoffe, die zur Bildung kolloider Lösungen neigen, z. B. Kieselsäure.

Die Größe der kolloiden Teilchen reicht aus, eine kolloide Lösung bei seitlicher Beleuchtung trüb erscheinen zu lassen (sog. TYNDALL-*Phänomen*). Unter dem Ultramikroskop sind infolge Lichtstreuung die einzelnen Teilchen erkennbar. Von Papierfiltern werden kolloide Teilchen *nicht* zurückgehalten. Zum Filtrieren einer kolloiden Lösung bedarf es einer *halbdurchlässigen* (semipermeablen) *Membran* (z. B. Pergamentpapier), die normale Moleküle und Ionen durchläßt, kolloide Teilchen dagegen zurückhält. Die Trennung mit Hilfe einer solchen Membran wird als *Dialyse* bezeichnet.
Jedes kolloiddisperse System kann in zwei Zustandsformen vorliegen:

- als **Sol,** d. h. als *kolloide Lösung*, oder
- als **Gel,** d. h. als *gallertartige Masse.*

[1] ↑ S. 102
[2] *kolla* (griech.) Leim

Der Begriff *Kolloid* umfaßt sowohl den Solzustand als auch den Gelzustand. In einem **Sol** sind die kolloiden Teilchen mehr oder weniger frei beweglich.
In einem **Gel** sind die kolloiden Teilchen raumnetzförmig miteinander verbunden, so daß sie sich nicht frei bewegen können. Ein Gel ist daher mehr oder weniger gallertartig steif.
Jedes **Sol,** also jede kolloide Lösung, kann in ein Gel umgewandelt werden. Dieser Vorgang wird als **Koagulation** (Ausflockung) bezeichnet.
Umgekehrt lassen sich viele – aber nicht alle – Gele wieder in ein Sol überführen. Diesen Vorgang nennt man **Peptisation.** Je nachdem, ob eine Peptisation möglich ist oder nicht, wird zwischen *reversiblen* und *irreversiblen Kolloiden* unterschieden:

- **Reversible Kolloide:** **Sol** $\underset{\text{Peptisation}}{\overset{\text{Koagulation}}{\rightleftarrows}}$ **Gel**
- **Irreversible Kolloide:** **Sol** $\xrightarrow{\text{Koagulation}}$ **Gel**

Die Beständigkeit der kolloiden Lösungen, d. h. der Widerstand, den sie einer Koagulation entgegensetzen, kann verschiedene Ursachen haben. Eine wichtige Rolle spielt dabei die elektrostatische Abstoßung zwischen gleichgeladenen Teilchen. Werden diese Ladungen durch Zusatz von Ionen aufgehoben, so flockt das Kolloid aus.

Beispiel: Bei der Gewinnung von Seife ist diese zunächst kolloid gelöst. Durch Zusatz von Natriumchlorid („Aussalzen") wird die Seife aus der Lösung abgeschieden.

Andererseits kann der Ausflockung einer kolloiden Lösung durch Zusatz sog. *Schutzkolloide*, das sind bestimmte makromolekulare Stoffe, entgegengewirkt werden. Auf diese Weise können auch von solchen Stoffen kolloide Lösungen hergestellt werden, die von sich aus nicht zur Kolloidbildung neigen, z. B. kolloide Metallösungen.
Die Erzeugung von kolloiden Lösungen erfolgt im einfachsten Falle durch Auflösen eines Gels. Kann nicht von einem Gel ausgegangen werden, bedient man sich einer Kolloidmühle oder – bei Metallen – der Ultraschallzerstäubung und anderer Verfahren. Kolloide Lösungen spielen eine große Rolle bei den Lebensprozessen. Sie gewinnen aber auch immer mehr Bedeutung für die Technik.
Mit den Kolloiden beschäftig sich die **Kolloidchemie,** die als besonderer Zweig der Chemie vor allem auf den deutschen Chemiker Wolfgang Ostwald (1883 bis 1943) zurückgeht.

1.11.3. Konzentrationsangaben für Lösungen

Lösungen können eine außerordentlich unterschiedliche Zusammensetzung haben. Manche *Flüssigkeiten* lassen sich unbegrenzt miteinander mischen (z. B. Ethanol und Wasser). Viele Flüssigkeiten zeigen aber bestimmte *Grenzen* der *Mischbarkeit.*

Beispiel: Bei 20 °C sind Wasser und Phenol in folgenden Bereichen mischbar:

100 ... 92% Wasser	28 ... 0% Wasser
0 ... 8% Phenol	72 ... 100% Phenol

In dem dazwischenliegenden Bereich:

92 ... 28% Wasser
8 ... 72% Phenol

bilden sich zwei Phasen aus, von denen die eine aus Wasser besteht, das mit (8%) Phenol gesättigt ist, die andere aus Phenol, das mit (28%) Wasser gesättigt ist.

Bei Lösungen von *festen Stoffen* oder von *Gasen* in flüssigen Lösungsmitteln gibt es in jedem Falle eine Grenze, die als **Löslichkeit** bezeichnet wird.
Eine Lösung, die von dem gelösten Stoff nichts mehr zu lösen vermag, ist eine **gesättigte Lösung.**
Die **Konzentration einer gesättigten Lösung** wird als **Löslichkeit** des gelösten Stoffes in dem betreffenden Lösungsmittel bezeichnet.
Jeder Stoff hat in jedem Lösungsmittel eine andere Löslichkeit. Die Löslichkeit ist von der Temperatur abhängig:

● **Die Löslichkeit von festen Stoffen in einem flüssigen Lösungsmittel steigt im allgemeinen mit zunehmender Temperatur.**

● **Die Löslichkeit von Gasen in einem flüssigen Lösungsmittel nimmt mit steigender Temperatur ab.**

Auf die Löslichkeit von Gasen übt auch der Druck einen starken Einfluß aus.

● **Die Löslichkeit von Gasen steigt mit zunehmendem Druck.**

Für die Löslichkeit gibt es zwei verschiedene Definitionen. Darauf ist zu achten, wenn mit Löslichkeitsangaben gearbeitet wird:

1. Die Löslichkeit ist die Menge des gelösten Stoffes, die bei der gegebenen Temperatur von einer bestimmten Menge (meist 100 g) des reinen *Lösungsmittels* im Höchstfalle gelöst wird.
2. Die Löslichkeit ist die Menge des gelösten Stoffes, die bei der gegebenen Temperatur in einer bestimmten Menge (meist 100 g) der *gesättigten Lösung* enthalten ist.

Beispiel: In 100 g Wasser lösen sich bei 20 °C 87 g Natriumnitrat. Die Löslichkeit des Natriumnitrats beträgt also bei 20 °C 87 g in 100 g Wasser (*1. Definition*). Dabei ergeben sich 187 g gesättigte Natriumnitratlösung. In 100 g dieser Lösung sind $\frac{87\ \text{g} \cdot 100\ \text{g}}{187\ \text{g}} = 46{,}5$ g Natriumnitrat enthalten. Die Löslichkeit des Natriumnitrats beträgt also bei 20 °C 46,5 g Natriumnitrat in 100 g gesättigter Lösung, das sind 46,5% (*2. Definition*).

Liegt die in einer Lösung enthaltene Menge eines gelösten Stoffes unter dessen Löslichkeit, so handelt es sich um eine **ungesättigte Lö-**

sung, d. h. um eine Lösung, die weitere Anteile dieses Stoffes zu lösen vermag.
Ist in einer Lösung eine *größere* Menge eines gelösten Stoffes enthalten, als dessen Löslichkeit entspricht, so fällt der überschüssige Anteil des gelösten Stoffes als Niederschlag aus der Lösung aus. Es kommt aber häufig vor, daß sich diese Ausfällung verzögert. Es liegt dann eine **übersättigte Lösung** vor, die verhältnismäßig unbeständig ist. Durch „Impfen" mit einem kleinen Kristall des gelösten Stoffes kann der überschüssige Anteil dieses Stoffes rasch ausgefällt werden.
Für den *Sättigungsgrad von Lösungen* gelten folgende Beziehungen:

ungesättigte Lösungen:	Konzentration kleiner als Löslichkeit
gesättigte Lösungen:	Konzentration gleich Löslichkeit
übersättigte Lösungen:	Konzentration größer als Löslichkeit

Die Konzentration von Lösungen wird in unterschiedlicher Weise angegeben:

- **Massenprozente** (früher als Gewichtsprozente bezeichnet), d. h. Gramm des gelösten Stoffes in 100 g Lösung.

  Beispiel: Eine 25%ige Kochsalzlösung enthält in 100 g Lösung 25 g Natriumchlorid und 75 g Wasser.

- **Volumenprozente,** d. h. Kubikzentimeter des gelösten Stoffes in 100 Kubikzentimetern Lösung.

  Beispiel: 100 cm³ eines 40%igen Trinkbranntweins enthalten 40 cm³ Ethanol.

- **Molarität** (molare Konzentration), die Stoffmenge (in mol; ↑ S. 43) des gelösten Stoffes in einem Liter Lösung (Einheit: mol/l):

$$\textbf{Molarität}\text{ der Lösung} = \frac{\textbf{Stoffmenge}\text{ des gelösten Stoffes}}{\textbf{Volumen}\text{ der Lösung}}$$

Durch Einsetzen des Quotienten aus Masse und molarer Masse (↑ S. 44) für die Stoffmenge ergibt sich daraus:

$$\textbf{Molarität}\text{ der Lösung} = \frac{\textbf{Masse}\text{ des gelösten Stoffes}}{\begin{matrix}\textbf{molare Masse}\\ \text{des gelösten Stoffes}\end{matrix} \cdot \begin{matrix}\textbf{Volumen}\\ \text{der Lösung}\end{matrix}}$$

Beispiel: Eine Salzsäure, die in 100 ml 365 mg Chlorwasserstoff enthält, ist 0,1 molar (auch $^1/_{10}$ M geschrieben):

$$\frac{0{,}365\ \text{g}}{36{,}5\ \text{g/mol} \cdot 0{,}1\ \text{l}} = 0{,}1\ \text{mol/l}$$

● **Normalität,**
in der Maßanalyse gebräuchliches Konzentrationsmaß

Normalität = Molarität · Wertigkeit

Es ist die für die jeweilige Reaktion maßgebende Wertigkeit einzusetzen.

Beispiel: Bei Säuren handelt es sich dabei um die Wertigkeit des Säurerestions bzw. um die Anzahl der Wasserstoffionen. 1molare Salzsäure, HCl, ist 1normal, da Wertigkeit 1. 1molare Schwefelsäure, H_2SO_4, ist 2normal, da Wertigkeit 2.

Gleiche Volumina von Lösungen mit gleicher Normalität sind einander gleichwertig (äquivalent).

Beispiel: Einem Milliliter einer 1normalen Natronlauge, NaOH, sind äquivalent 1 ml einer 1normalen (1molaren) Salzsäure
1 ml einer 1normalen ($^1/_2$molaren) Schwefelsäure.

Für jede Lösung besteht ein Zusammenhang zwischen **Konzentration** und **Dichte.** Dadurch wird es möglich, die Konzentration von Lösungen mit Hilfe von Dichtebestimmungen festzustellen, die mittels Aräometern (Senkspindel) sehr rasch durchgeführt werden können. Die der Dichte entsprechende Konzentration kann dann aus Tabellen oder Digrammen abgelesen werden. Dabei ist selbstverständlich für jede Lösung eine andere Tabelle bzw. eine andere Kurve nötig (↑ Bild 2).

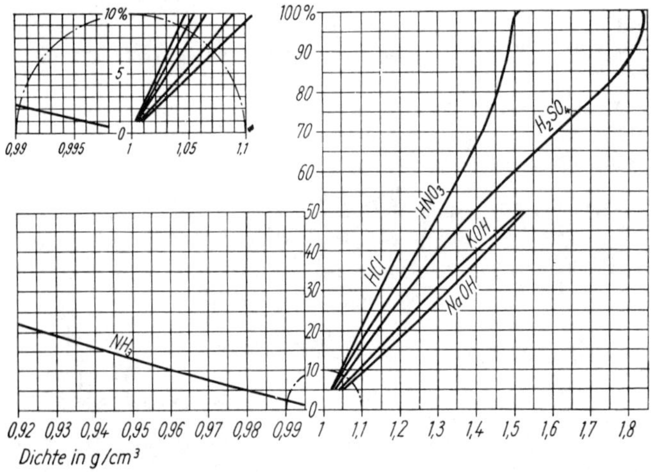

Bild 2. Abhängigkeit der Dichte wäßriger Lösungen von der Konzentration (Zu beachten ist der unterschiedliche Maßstab links und rechts der Dichte 1 g/cm³)

Tabelle 5: Dichte (in g/cm³) einiger wichtiger Lösungen bei 20 °C

	HCl	H_2SO_4	HNO_3	NaOH	KOH	NH_3
10%ige Lösung	1,047	1,066	1,054	1,109	1,082	0,958
20%ige Lösung	1,089	1,139	1,115	1,219	1,175	0,923
30%ige Lösung	1,149	1,219	1,180	1,328	1,287	0,892

2. Mengenverhältnisse bei chemischen Reaktionen

2.1. Gesetz von der Erhaltung der Masse

Für das Entstehen der modernen wissenschaftlichen Chemie war die Einführung *quantitativer Untersuchungsmethoden* außerordentlich wichtig. Sie brachten als erstes entscheidendes Ergebnis die Entdeckung des *Gesetzes von der Erhaltung der Masse.* Dieses Gesetz wurde 1785 durch den französischen Chemiker LAVOISIER in die Chemie eingeführt, nachdem es der russische Gelehrte LOMONOSSOW bereits 1756 bei der Umsetzung von Blei mit Luft in einem zugeschmolzenen Glasgefäß erkannt hatte.

In moderner Formulierung lautet es:

Bei einer chemischen Reaktion bleibt die Gesamtmasse der beteiligten Stoffe unverändert.

Mit anderen Worten:

Bei einer chemischen Reaktion ist die Summe der Massen der Reaktionsprodukte gleich der Summe der Massen der Ausgangsstoffe.

Das *Gesetz von der Erhaltung der Masse* findet darin seine Erklärung, daß bei einer chemischen Reaktion die Atome lediglich eine andere Anordnung erfahren, daß sich aber die Anzahl der Atome und die Masse des einzelnen Atoms dabei nicht ändern. Wie die Anzahl der auf beiden Seiten einer chemischen Gleichung stehenden Atome eines jeden Elements gleich groß sein muß, so muß auch die Masse der auf beiden Seiten der Gleichung stehenden Stoffe gleich groß sein.

Die **Masse** ist eine Grundgrößenart, ihre Basiseinheit ist das *Kilogramm.* Im chemischen Laboratorium ist das *Gramm* gebräuchlicher. Die Masse eines Körpers wird auf einer Hebelwaage durch Vergleich mit geeichten Wägestücken ermittelt.

2.2. Atommasse – Atomgewicht

Jedes Atom besitzt eine bestimmte Masse. Diese Masse eines einzelnen Atoms ist außerordentlich gering ($10^{-24} \dots 10^{-22}$ g). Für chemische Berechnungen interessiert aber im allgemeinen nicht die Masse eines einzelnen Atoms, sondern das *Verhältnis,* das zwischen den Massen verschiedener Atome besteht. Seit Anfang des vorigen Jahrhunderts wurde durch experimentelle Untersuchungen ermittelt, wie sich die Massen der Atome der verschiedenen Elemente zueinander verhalten. Dabei wurde erkannt, daß von allen Atomen die des *Wasserstoffs* die geringste Masse besitzen. Der englische Naturforscher JOHN DALTON wählte daher die Masse eines Wasserstoffatoms als Einheit und bezog die Massen der Atome der anderen Elemente darauf. Die Zahl, die man auf diese Weise für jedes Element erhält, wurde seit jener Zeit – in der noch nicht streng zwischen Masse und Gewicht unterschieden wurde – als das *Atomgewicht* dieses Elements bezeichnet. Dem Wasserstoff kam dabei das Atomgewicht 1 zu, dem Sauerstoff das Atomgewicht 15,88. Das heißt: Die Masse eines Sauerstoffatoms ist 15,88mal so groß wie die Masse eines Wasserstoffatoms. Heute ist an die Stelle der historisch bedingten Bezeichnung „Atomgewicht" die Bezeichnung „Atommasse" oder genauer „relative Atommasse" getreten.

Die (relative) Atommasse eines Elements ist ein relatives Maß für die Masse der Atome dieses Elements.

Die Atommassen gestatten einen Vergleich zwischen den Massen der Atome der verschiedenen Elemente.

Nachdem seit 1899 der sechzehnte Teil der Masse eines *Sauerstoffatoms* als Einheit für die Atommasse gegolten hatte, wurde 1961 das häufigste Kohlenstoffatom (das Kohlenstoffisotop ^{12}C) als neue *Bezugsbasis* für die Atommassen festgelegt:

Die Atommasse eines Elements gibt an, wie groß die Masse eines Atoms dieses Elements im Vergleich zu einem Zwölftel der Masse des häufigsten Kohlenstoffatoms (^{12}C) ist.

Der Kohlenstoff tritt in der Natur als Gemisch aus zwei verschiedenen Atomarten mit unterschiedlicher Masse auf. Diesem natürlichen Gemisch kommt die Atommasse 12,011 zu, dem natürlichen Gemisch der Sauerstoffatome die Atommasse 15,9994, dem der Wasserstoffatome die Atommasse 1,0079.

Die Atommassen werden von einer Kommission der Internationalen Union für Reine und Angewandte Chemie (IUPAC) regelmäßig überprüft und erforderlichenfalls neu festgelegt. Dabei zeigen sich zwei gegensätzliche Tendenzen:

- Für *Reinelemente* (↑ 3.4.) werden durch verfeinerte Meßmethoden immer genauere Atommassen ermittelt.
- Für *Mischelemente* (↑ 3.4.) ergeben sich durch Abweichungen in der Zusammensetzung des Isotopengemischs bei Proben unterschiedlicher Herkunft immer geringere Genauigkeiten.

Vom Komitee für Chemieunterricht der IUPAC wurde für Lehrzwecke die Verwendung von auf vier Ziffern gerundeten Atommassen empfohlen (↑ Tafel 3).

2.3. Molekülmasse – Molekulargewicht

Wie es für die chemischen Elemente Atommassen (bzw. Atomgewichte) gibt, so gibt es für die chemischen Verbindungen Molekülmassen (bzw. Molekulargewichte).

Die Molekülmasse einer chemischen Verbindung gibt an, wie groß die Masse eines Moleküls dieser Verbindung im Vergleich zu einem Zwölftel der Masse des häufigsten Kohlenstoffatoms (^{12}C) ist.

Daraus ergibt sich:

Die Molekülmasse einer chemischen Verbindung ist ein relatives Maß für die Masse der Moleküle dieser chemischen Verbindung.

Da Atommasse und Molekülmasse die gleiche Bezugseinheit haben, besteht zwischen ihnen eine einfache Beziehung:
Die Molekülmasse einer Verbindung ergibt sich durch Addition aus den Atommassen der am Aufbau des Moleküls beteiligten Elemente. Hierin kommt das Gesetz von der Erhaltung der Masse zum Ausdruck.

Beispiel: Chlorwasserstoff, HCl

Atommasse des Wasserstoffs, H	1,008
Atommasse des Chlors, Cl	35,45
Molekülmasse des Chlorwasserstoffs, HCl	36,458

Sind von einem Element mehrere Atome am Aufbau des Moleküls einer Verbindung beteiligt, so ist die Atommasse dieses Elements mit der Zahl der beteiligten Atome zu multiplizieren.

Beispiel: Ammoniak, NH_3

Atommasse des Stickstoffs, N	14,01
Atommasse des Wasserstoffs, H $3 \cdot 1{,}008$	3,024
	17,034

Im allgemeinen wird auch bei den chemischen Verbindungen, die unter normalen Bedingungen nicht in Form von Molekülen, sondern in Form von *Ionen* vorliegen, von einer Molekülmasse gesprochen. (Der Vorschlag, bei diesen Verbindungen von einer *Formelmasse* zu sprechen, hat sich bisher nicht durchgesetzt.)

Beispiel: Natriumchlorid, NaCl

Atommasse des Natriums, Na	22,99
Atommasse des Chlors, Cl	35,45
Molekülmasse (Formelmasse) des Natriumchlorids, NaCl	58,44

Soweit *Elemente* in Form von *Molekülen* vorkommen, läßt sich für sie ebenfalls eine Molekülmasse angeben.

Beispiel: Sauerstoff, O_2

Atommasse des Sauerstoffs, O	16,00
Molekülmasse des Sauerstoffs, O_2	32,00

2.4. Gesetz der konstanten Proportionen

Da die Atom- und Molekülmassen ein relatives Maß für die Masse der Atome bzw. Moleküle sind, gestatten sie auch Aussagen über die *Massenverhältnisse, die zwischen den Atomen eines Moleküls* bestehen.

Beispiel: Zwischen einem Wasserstoffatom und einem Sauerstoffatom besteht ein Massenverhältnis von rund 1 : 16. Da ein Wassermolekül stets aus *zwei* Wasserstoffatomen und *einem* Sauerstoffatom zusammengesetzt ist, sind die Elemente Wasserstoff und Sauerstoff im Wasser stets im Massenverhältnis 2 : 16 = 1 : 8 enthalten.

So liegen in allen chemischen Verbindungen die an ihrem Aufbau beteiligten Elemente stets in bestimmten Massenverhältnissen vor.
Diese Gesetzmäßigkeit wurde Anfang des 19. Jahrhunderts auf Grund sorgfältiger quantitativer Analysen chemischer Verbindungen erkannt und von dem französischen Chemiker Josephe-Louis Proust als **Gesetz der konstanten Proportionen** ausgesprochen:

Elemente verbinden sich miteinander in konstanten Proportionen (in bestimmten Massenverhältnissen).

Daraus ergibt sich als entscheidendes Merkmal für die *chemischen Verbindungen:*

In einer chemischen Verbindung sind die Elemente in konstanten Proportionen (in bestimmten Massenverhältnissen) enthalten.

Zur Deutung des Gesetzes der konstanten Proportionen und des von ihm erkannten Gesetzes der multiplen Proportionen stellte der englische Naturforscher John Dalton im Jahre 1807 seine **Atomhypothese** auf, die besagt:

Jedes Element ist aus gleichen kleinsten Teilchen, den Atomen, aufgebaut.

Nach dieser Hypothese läßt sich das Gesetz der konstanten Proportionen so erklären, daß sich bei der Reaktion zwischen zwei Elementen stets eine bestimmte Anzahl Atome zu einem Molekül vereinigen.

Beispiel: 2 Atome Wasserstoff und 1 Atom Sauerstoff ergeben 1 Molekül Wasser.

Das von Dalton erkannte **Gesetz der multiplen Proportionen** (mehrfachen Massenverhältnisse) besagt:

Bilden zwei Elemente miteinander mehrere Verbindungen, so stehen die Massenverhältnisse, mit denen die Elemente in diesen Verbindungen auftreten, zueinander im Verhältnis kleiner ganzer Zahlen.

Beispiel: Der Schwefel bildet zwei Oxide, das *Schwefeldioxid*, SO_2, und das *Schwefeltrioxid*, SO_3.
Im Schwefeldioxid beträgt das Massenverhältnis von Schwefel und Sauerstoff $32{,}06 : (2 \cdot 16{,}00) \approx 32 : 32$. Im Schwefeltrioxid beträgt das

Massenverhältnis von Schwefel und Sauerstoff 32,06 : (3 · 16,00) $\approx$ 32 : 48. Die Massen, mit denen der Sauerstoff in den beiden Schwefelverbindungen auftritt, stehen zueinander im Verhältnis 32 : 48 = 2 : 3, also im Verhältnis kleiner ganzer Zahlen.

2.5. Stoffmenge – Mol

Chemische Reaktionen spielen sich zwischen kleinsten *Teilchen* (Atomen, Molekülen, Ionen) ab; sie sind unserer Beobachtung aber nur im Bereich wägbarer *Stoffmengen* zugänglich. Dabei reagieren die Stoffe miteinander stets in Stoffmengen, die eine bestimmte *Vielzahl* der beteiligten Atome, Moleküle oder Ionen enthält.

Beispiel: Ein Molekül Wasserstoff, H_2, und ein Molekül Chlor, Cl_2, verbinden sich zu zwei Molekülen Chlorwasserstoff, HCl:

$$H_2 + Cl_2 \rightarrow 2\,HCl$$

Aus einer Milliarde (10^9) Wasserstoffmolekülen und einer Milliarde (10^9) Chlormolekülen entstehen dann zwei Milliarden ($2 \cdot 10^9$) Chlorwasserstoffmoleküle. Um in den Bereich der wägbaren Stoffmengen zu kommen, muß aber noch eine viel größere Anzahl von Molekülen beteiligt sein.

Dem Österreicher LOSCHMIDT gelang es 1865 erstmals, eine quantitative Beziehung zwischen dem Bereich der Atome und Moleküle und dem Bereich der wägbaren bzw. meßbaren Stoffmengen herzustellen. Er ermittelte, daß in 1 cm^3 eines Gases (bei normalem Druck und normaler Temperatur) $2{,}76 \cdot 10^{19}$ Moleküle enthalten sind.
Um die quantitativen Beziehungen zwischen dem Bereich der Atome und Moleküle und dem Bereich der wägbaren Stoffmengen allgemein erfassen zu können, wurde die **Stoffmenge** als *Basisgrößenart* (neben Masse, Länge, Zeit, Temperatur, Stromstärke und Lichtstärke) eingeführt. Formelzeichen der Stoffmenge ist n.
Einheit der Stoffmenge ist das **Mol,** Kurzzeichen: **mol.**

Das Mol ist die Stoffmenge, die soviel elementare Teilchen enthält, wie Atome in 12 g der häufigsten Kohlenstoffatomart ^{12}C enthalten sind.

Diese Anzahl der in einem Mol enthaltenen elementaren Teilchen wird als AVOGADRO-*Konstante* N_A bezeichnet. Die gute Übereinstimmung der durch verschiedenartige experimentelle Untersuchungen ermittelten Werte für diese Konstante zeigt, daß die Atome, Moleküle und Ionen in der Wirklichkeit existieren. Als genauester Wert der AVOGADRO-Konstante (z. T. auch als LOSCHMIDT-*Konstante* N_L bezeichnet) gilt heute

$$N_A = 6{,}022045 \cdot 10^{23}/\text{mol}.$$

Für praktische Berechnungen genügt meist der Wert $6 \cdot 10^{23}$/mol.
Bei der Angabe einer Stoffmenge muß stets die *Art* der elementaren Teilchen genannt werden, auf die sich diese Angabe bezieht.

Beispiele:

1 mol Neon, Ne = $6 \cdot 10^{23}$ Neonatome
1 mol Sauerstoff, O_2 = $6 \cdot 10^{23}$ Sauerstoffmoleküle
1 mol Wasser, H_2O = $6 \cdot 10^{23}$ Wassermoleküle
1 mol Natriumchlorid, NaCl = $6 \cdot 10^{23}$ Natriumionen, Na^+, und $6 \cdot 10^{23}$ Chloridionen, Cl^-,

es kann aber auch gesagt werden:

1 mol Natriumchlorid, NaCl = $6 \cdot 10^{23}$ *Formeleinheiten* NaCl.

In einer chemischen Gleichung steht

- das *Symbol* eines Elements für 1 mol dieses Elements,
- die *Formel* einer Verbindung für 1 mol dieser Verbindung.

2.6. Molare Masse

Bei chemischen Reaktionen setzen sich die beteiligten Stoffe im Verhältnis *ganzzahliger Stoffmengen* um, wie sie durch die Koeffizienten der chemischen Gleichungen (↑ 1.10.) angegeben werden. Andererseits sind aber nicht die Stoffmengen, sondern die *Massen* (und daneben die Volumina) der reagierenden Stoffe einer unmittelbaren Messung zugänglich. Zwischen Masse und Stoffmenge besteht folgende Beziehung:

$$\frac{\textbf{Masse}}{\textbf{Stoffmenge}} = \textbf{molare Masse} \qquad \frac{m}{n} = M$$

Die molare Masse *M* eines chemischen Elements oder einer chemischen Verbindung ist die Masse, die die Stoffmenge 1 mol (= $6 \cdot 10^{23}$ Atome bzw. Moleküle) **dieses Stoffes besitzt.**

Die molare Masse hat für jedes chemische Element und für jede chemische Verbindung einen *speziellen Zahlenwert*. Sie ist also eine *stoffspezifische Größe*. Als Einheit für die molare Masse ergibt sich nach obiger Gleichung aus den Basiseinheiten der Masse (kg) und der Stoffmenge (mol)

$$\frac{\text{kg}}{\text{mol}},$$

gebräuchlicher ist in der Chemie $\frac{\text{g}}{\text{mol}}$, also der tausendste Teil.

Der Zahlenwert der molaren Masse *M* eines chemischen Elements oder einer chemischen Verbindung ist gleich der (relativen) Atommasse (↑ 2.2.) **bzw. der (relativen) Molekülmasse** (↑ 2.3.).

Beispiele:

Stickstoff, rel. Atommasse 14,01; $M_N = 14{,}01$ g/mol
rel. Molekülmasse 28,02; $M_{N_2} = 28{,}02$ g/mol
Schwefelsäure, rel. Molekülmasse 98,08; $M_{H_2SO_4} = 98{,}08$ g/mol

Magnesium, rel. Atommasse 24,31; $M_{Mg} = 24{,}31$ g/mol
Magnesiumsulfat, rel. Molekülmasse 120,37; $M_{MgSO_4} = 120{,}37$ g/mol (Formelmasse)

Diese Übereinstimmung der Zahlenwerte ergibt sich daraus, daß die häufigste Kohlenstoffatomart ^{12}C Bezugsbasis sowohl für die relativen Atom- bzw. Molekülmassen als auch für die Stoffmenge 1 mol ist.
Durch die molare Masse wird die quantitative Bedeutung der chemischen Zeichensprache erweitert:

Chemische Elemente und chemische Verbindungen reagieren miteinander im Verhältnis ihrer molaren Massen oder von Vielfachen ihrer molaren Massen.

Beispiel: $N_2 + 2\,O_2 \rightarrow 2\,NO_2$

$M_{N_2} = 28{,}02$ g/mol; $M_{O_2} = 32{,}00$ g/mol; $M_{NO_2} = 46{,}01$ g/mol

Die Massen der an der Reaktion beteiligten Stoffe errechnen sich, wenn von 1 mol Stickstoff ausgegangen wird, wie folgt:

Stickstoff, N_2: 1 mol · 28,02 g/mol = 28,02 g
Sauerstoff, O_2: 2 mol · 32,00 g/mol = 64,00 g
Stickstoffdioxid, NO_2: 2 mol · 46,01 g/mol = 92,02 g

Reagieren Stoffe mit *unterschiedlicher Wertigkeit* miteinander, so ist es gebräuchlich, von folgender Beziehung auszugehen:

Elemente reagieren miteinander im Verhältnis der Quotienten aus molarer Masse und Wertigkeit.

Beispiel: Im Stickstoffdioxid ist Stickstoff vierwertig, Sauerstoff zweiwertig. Daher gilt:

$$\frac{M_{N_2}}{4} = \frac{28{,}02\text{ g/mol}}{4}; \qquad \frac{M_{O_2}}{2} = \frac{32{,}00\text{ g/mol}}{2}$$

Stickstoff und Sauerstoff reagieren hier im Massenverhältnis 7 : 16.

Die molare Masse bildet eine Grundlage für die stöchiometrischen Berechnungen (↑ 2.11.).
Zwischen der molaren Masse der Elemente und Verbindungen und der **absoluten Masse** der Atome bzw. Moleküle besteht folgende Beziehung:

$$\frac{\textbf{molare Masse}}{\textbf{Avogadro-Konstante}} = \textbf{absolute Atom- bzw. Molekülmasse}$$

Die Avogadro-Konstante ermöglicht es daher, aus der molaren Masse die Masse einzelner Atome bzw. Moleküle zu errechnen.

Beispiel: Ein Wasserstoffatom hat eine Masse von

$$\frac{1{,}008\text{ g/mol}}{6{,}022 \cdot 10^{23}/\text{mol}} = 1{,}674 \cdot 10^{-24}\text{ g}$$

Ein Sauerstoffmolekül, O_2, hat eine Masse von

$$\frac{32{,}00\text{ g/mol}}{6{,}022 \cdot 10^{23}/\text{mol}} = 5{,}314 \cdot 10^{-23}\text{ g}$$

2.7. Volumenverhältnisse bei chemischen Reaktionen

Im Gegensatz zur Masse kann sich das *Volumen* der Stoffe bei chemischen Reaktionen verändern. Das gilt besonders für Gasreaktionen (↑ S. 48).

Das Volumen eines Gases ist bei gegebenem Druck und gegebener Temperatur der Masse dieses Gases proportional.

Daher kann bei chemischen Berechnungen das Volumen eines Gases anstelle der Masse eingesetzt werden. Das ist von großer praktischer Bedeutung, da das Volumen eines Gases viel leichter zu messen ist als dessen Masse.
Der französische Chemiker und Physiker Joseph Louis Gay-Lussac erkannte 1808 auf Grund zahlreicher Experimente:

Bei chemischen Reaktionen stehen die Volumina der – als Ausgangsstoffe oder Reaktionsprodukte – beteiligten Gase in einfachen ganzzahligen Verhältnissen zueinander. (Chemisches Volumengesetz[1] von Gay-Lussac)

Beispiele: Aus einem Volumenteil Wasserstoff und einem Volumenteil Chlor entstehen zwei Volumenteile Chlorwasserstoff:

$$H_2 + Cl_2 \rightarrow HCl \quad HCl$$

Aus zwei Volumenteilen Schwefeldioxid und einem Volumenteil Sauerstoff entstehen zwei Volumenteile Schwefeltrioxid:

$$SO_2 \quad SO_2 + O_2 \rightarrow SO_3 \quad SO_3$$

Die Kästchen stellen Volumenteile dar.

Als Gay-Lussac das chemische Volumengesetz erkannte, wußte er noch nicht, daß die elementaren Gase in zweiatomigen Molekülen auftreten. Das wurde erst erkannt, als es sich als unmöglich erwies, dieses Volumengesetz von der Vorstellung aus zu deuten, die elementaren Gase lägen in einzelnen Atomen vor.

[1] Dieses chemische Volumengesetz von Gay-Lussac darf nicht verwechselt werden mit dem 1802 von Gay-Lussac erkannten *physikalischen Volumengesetz*, das aussagt: Das Volumen eines Gases ist bei konstantem Druck der absoluten Temperatur proportional.

2.8. Avogadrosche Hypothese und molares Volumen

Das chemische Volumengesetz fand seine Deutung durch eine Hypothese, die der italienische Physiker AMADEO AVOGADRO 1811 aufstellte:

Gleiche Volumina aller Gase enthalten unter gleichen äußeren Bedingungen (Druck, Temperatur) die gleiche Anzahl Moleküle.

Der Begriff Molekül[1] wurde von AVOGADRO als Bezeichnung für die kleinsten Teilchen der Gase neu geprägt.

Da ein Mol eines jeden Stoffes die gleiche Anzahl Moleküle enthält (AVOGADRO-Konstante, ↑ S. 43) und die gleiche Anzahl von Molekülen eines Gases (bei gleichen äußeren Bedingungen) das gleiche Volumen einnimmt (AVOGADROsche Hypothese), ergibt sich als Folgerung:

Ein Mol eines Gases hat bei gleichen äußeren Bedingungen stets das gleiche Volumen.

Bei Gasreaktionen sind also mit den Stoffmengen (in mol) gleichzeitig die *Volumenteile* gegeben.

Beispiel: $2\,SO_2 + O_2 \rightarrow 2\,SO_3$

Aus 2 mol (2 Volumenteilen) Schwefeldioxid und 1 mol (1 Volumenteil) Sauerstoff entstehen 2 mol (2 Volumenteile) Schwefeltrioxid.

Der Quotient aus **Volumen** v und **Stoffmenge** n eines Gases wird als **molares Volumen** V bezeichnet:

$$\textbf{molares Volumen} = \frac{\textbf{Volumen}}{\textbf{Stoffmenge}} \qquad V = \frac{v}{n}$$

Aus den Einheiten für Volumen (Liter) und Stoffmenge (Mol) ergibt sich als abgeleitete Einheit für das molare Volumen

$$[V] = \frac{\mathrm{l}}{\mathrm{mol}}$$

Unter Normbedingungen (0 °C und 101,3 kPa) hat das molare Volumen der Gase den Wert 22,41 l/mol.

Aus einer Reaktionsgleichung können also die Volumina abgeleitet werden, die die beteiligten Gase unter Normbedingungen einnehmen.

Beispiel: Aus der Gleichung $2\,SO_2 + O_2 \rightarrow 2\,SO_3$ geht hervor:

44,8 l Schwefeldioxid vereinigen sich mit 22,4 l Sauerstoff zu 44,8 l Schwefeltrioxid. Diese Reaktion verläuft also unter Volumenverminderung.

Als Quotient der *molaren Masse M* (↑ S. 44) und des *molaren Volumens V* ergibt sich die **Dichte** ϱ von *Gasen:*

$$\frac{\textbf{molare Masse}}{\textbf{molares Volumen}} = \textbf{Dichte} \qquad \frac{M}{V} = \varrho$$

Beispiel: Sauerstoff O_2: $\dfrac{32\ \mathrm{g/mol}}{22{,}4\ \mathrm{l/mol}} = 1{,}43\ \mathrm{g/l}$

[1] *molecula* (lat.) kleine Masse

2.9. Allgemeine Zustandsgleichung der Gase

Da das molare Volumen nur für Normbedingungen (0 °C, 101,3 kPa) gilt, bei chemischen Reaktionen diese Normbedingungen aber nur in Ausnahmefällen vorliegen, ist es in der Regel notwendig, die bei einer chemischen Reaktion gemessenen Volumina auf Normbedingungen umzurechnen. Das geschieht mit Hilfe der **allgemeinen Zustandsgleichung der Gase:**

$$\frac{vp}{T} = \frac{v_0 p_0}{T_0}$$

v	Volumen bei der Temperatur T und dem Druck p
p	Druck (in kPa), unter dem das Gas mit dem Volumen v steht
T	Temperatur (in K), die das Gas mit dem Volumen v hat
v_0	Volumen des Gases im Normzustand
p_0	Normdruck (101,3 kPa)
T_0	Normtemperatur (273 K)

Für den *Druck* wird nach dem internationalen Maßsystem (SI) die Einheit *Pascal* (Kurzzeichen: Pa) verwendet.[1]
Für T ist nicht die Temperatur in °C, sondern die *absolute Temperatur* in K (Kelvin; früher °K) einzusetzen. Wird die Temperatur in K mit T und die Temperatur in °C mit t bezeichnet, so besteht zwischen beiden die Beziehung (↑ Bild 3):

$$T/\mathrm{K} = t/°\mathrm{C} + 273{,}15$$

Meist wird mit dem gerundeten Wert 273 gerechnet.
Zum Umrechnen eines unter gegebenen Bedingungen gemessenen Volumens in das Volumen unter Normbedingungen erhält die Zustandsgleichung folgende Form:

$$v_0 = \frac{vpT_0}{Tp_0}$$

Beispiel: Bei 20 °C und 100 kPa (1000 mbar) wurde ein Volumen von 100 cm³ ermittelt. Wie groß wäre dieses Volumen unter Normbedingungen?

$$v_0 = \frac{100\ \mathrm{cm^3} \cdot 100\ \mathrm{kPa} \cdot 273\ \mathrm{K}}{293\ \mathrm{K} \cdot 101{,}3\ \mathrm{kPa}}$$

$$v_0 = 92\ \mathrm{cm^3}$$

Unter Normbedingungen würde das Volumen nur 92 cm³ betragen.

[1] Für die alten Maßeinheiten ergeben sich folgende Umrechnungsfaktoren: 1 atm = 101 325 Pa; 760 Torr = 101 325 Pa; noch verwendet werden dürfen die Maßeinheiten Bar (= 100000 Pa) und Millibar (= 100 Pa); 1013,25 mbar = 1 atm = 760 Torr.

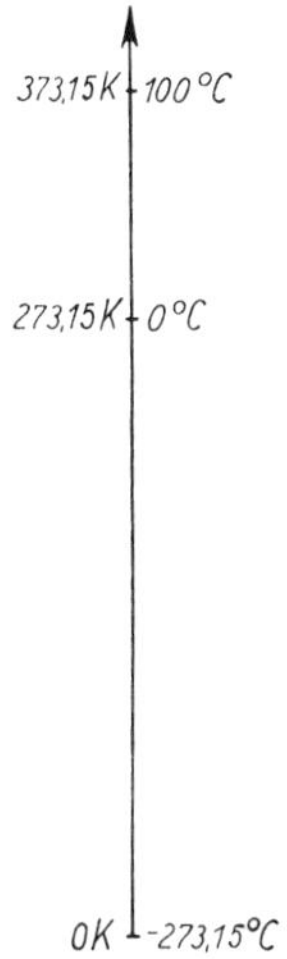

Bild 3. Temperaturskalen

Zum Umrechnen eines auf Normbedingungen bezogenen Volumens in das Volumen unter gegebenen Bedingungen erhält die Zustandsgleichung die Form

$$v = \frac{v_0 p_0 T}{T_0 p}$$

Beispiel: Bei einer chemischen Reaktion würden unter Normbedingungen 100 cm³ eines Gases entstehen. Welches Volumen nimmt dieses Gas bei 20 °C und 100 kPa ein?

$$v = \frac{100\ \text{cm}^3 \cdot 101{,}3\ \text{kPa} \cdot 293\ \text{K}}{273\ \text{K} \cdot 100\ \text{kPa}}$$

$$v = 108{,}7\ \text{cm}^3$$

Bei 20 °C und 100 kPa würde das Volumen 108,7 cm³ betragen.

2.10. Idealer Gaszustand

Alle diese Überlegungen über die Volumenverhältnisse von Gasen bei chemischen Reaktionen sind auf ein *ideales Gas* bezogen.
Das **ideale Gas** ist eine *Abstraktion*. Bei allen *realen Gasen*, d. h. bei allen Gasen, die es gibt, beanspruchen die einzelnen Moleküle einen

bestimmten Raum, und es herrschen Kräfte zwischen ihnen. Die Gasmoleküle behindern sich daher gegenseitig mehr oder weniger in ihrer Beweglichkeit. Bei allgemeinen Überlegungen zum Gaszustand geht man von der Vorstellung eines idealen Gases aus, zwischen dessen Molekülen, die man als punktförmig annimmt, keinerlei Kräfte herrschen.

Ein reales Gas kommt dem idealen Gaszustand um so näher, je weiter es von seinem Kondensationspunkt entfernt ist.

Bei Zimmertemperatur kommen daher Wasserstoff (*Kp* = −253 °C)[1], Stickstoff (*Kp* = −196 °C) und Sauerstoff (*Kp* = −183 °C) dem idealen Gaszustand sehr nahe, während Schwefeldioxid (*Kp* = −10 °C) und Ammoniak (*Kp* = −33 °C) erheblich vom idealen Gaszustand abweichen. Bei Temperaturen von 500 °C und mehr kommen auch die beiden zuletzt genannten Gase in ihrem Verhalten dem idealen Gaszustand sehr nahe.

2.11. Stöchiometrische Berechnungen

Auf Grund des Gesetzes von der Erhaltung der Masse und des Gesetzes der konstanten Proportionen lassen sich für jede *vollständig verlaufende* chemische Reaktion, von der chemischen Gleichung ausgehend, aus der Menge *eines* Reaktionsteilnehmers (Ausgangsstoffs oder Endprodukts) die Mengen *aller anderen* Reaktionsteilnehmer berechnen. Solche Berechnungen sind Gegenstand der **Stöchiometrie**[2].
Bei einer stöchiometrischen Berechnung ist im allgemeinen nach folgender Vorschrift zu verfahren:

1. Die *chemische Gleichung* ist aufzustellen und zu kontrollieren (↑ 1.10.; S. 31).
2. Die molare Masse (bei Gasen das molare Volumen) der beteiligten Stoffe ist *unter* die Formel der Stoffe zu schreiben.
3. Die gegebene Masse eines Stoffes ist *über* die Formel dieses Stoffes zu schreiben. Über der Formel des Stoffes, dessen Masse (Volumen) ermittelt werden soll, ist x (y, z) einzusetzen.
4. Danach ist eine *Proportion* aufzustellen, nach x (y, z) aufzulösen und x (y, z) zu errechnen.

Beispiel: Aluminium wird von Salzsäure unter Wasserstoffentwicklung zu Aluminiumchlorid umgesetzt. Wieviel g Aluminium und wieviel cm^3 20%ige Salzsäure sind nötig, um 10 l Wasserstoff zu erhalten?

[1] *Kp* Kondensationspunkt, Siedepunkt
[2] aus dem Griechischen, soviel wie: das Messen von Bestandteilen

x		y				10 l
2 Al	+	6 HCl	→	$2\ AlCl_3$	+	$3\ H_2$
2 mol ·		6 mol ·		2 mol ·		3 mol ·
26,98 g/mol		36,46 g/mol		133,33 g/mol		22,41 l/mol

$$x : 53{,}96\ \text{g} = 10\ \text{l} : 67{,}23\ \text{l}$$

$$x = \frac{53{,}96\ \text{g} \cdot 10\ \text{l}}{67{,}23\ \text{l}}$$

$$x = 8{,}026\ \text{g}$$

$$y : 218{,}75\ \text{g} = 10\ \text{l} : 67{,}23\ \text{l}$$

$$x = \frac{218{,}75\ \text{g} \cdot 10\ \text{l}}{67{,}23\ \text{l}}$$

$$x = 32{,}54\ \text{g}$$

Um 10 l Wasserstoff zu erzeugen, müssen 8,026 g Aluminium und 32,54 g HCl eingesetzt werden. Da es sich um 20%ige Salzsäure handelt, sind das

$$\frac{32{,}54\ \text{g} \cdot 100\,\%}{20\,\%} = 162{,}7\ \text{g Salzsäure.}$$

Da deren Dichte 1,089 g/cm³ beträgt (↑ Tabelle 5), handelt es sich um

$$\frac{162{,}7\ \text{g}}{1{,}089\ \text{g/cm}^3} = 149{,}4\ \text{cm}^3\ \text{Salzsäure.}$$

3. Bau der Atome

Die Vorstellung von der Unteilbarkeit der Atome mußte Ende vorigen Jahrhunderts auf Grund neuer Forschungsergebnisse aufgegeben werden. 1896 hatte der Franzose Becquerel an einem Uranerz die **Radioaktivität** entdeckt, die in den fogenden Jahren von Marie und Pierre Curie näher erforscht wurde. Dabei stellten sie fest, daß das von ihnen entdeckte Element *Radium* über Zwischenstufen in *Blei* und *Helium* übergeht. Da die Atome des Bleis von denen des Radiums qualitativ *verschieden* sind, läßt sich diese Elementumwandlung nur dadurch erklären, daß die Atome beider Elemente aus *gleichen* kleineren Teilchen *aufgebaut* sind. Damit war der Physik und der Chemie Anfang unseres Jahrhunderts die Aufgabe gestellt, den Aufbau der Atome zu erforschen.

3.1. Atomkern und Elektronenhülle

Die ersten grundlegenden Aussagen über den Aufbau der Atome stammen von dem Engländer Ernest Rutherford (1911):

Jedes Atom besteht aus Atomkern und Elektronenhülle.

Die **Elektronenhülle** besteht aus Elektronen, die sich mit außerordentlich hoher Geschwindigkeit um den Atomkern bewegen.

Elektronen sind als Teilchen mit einer äußerst geringen Masse aufzufassen, die eine negative Ladung tragen.

Ein **Elektron** (Symbol e^- oder e) hat eine *Masse* von $9{,}1095 \cdot 10^{-28}$ g und eine negative elektrische Ladung von $1{,}6022 \cdot 10^{-19}$ As (Amperesekunden). Das ist die kleinste bekannte Ladungsmenge, die sog. **Elementarladung.**

Nach außen sind die Atome ungeladen (elektrisch neutral). Das beruht darauf, daß die *negativen Ladungen der Elektronen* durch *positive Ladungen des Atomkerns* kompensiert werden.

In jedem Atom ist die Anzahl der positiven Ladungen des Atomkerns gleich der Anzahl der negativ geladenen Elektronen.

Beispiele: Im *Wasserstoffatom* steht einem einfach positiv geladenen Atomkern ein negativ geladenes Elektron gegenüber (↑ Bild 4).
Im *Sauerstoffatom* stehen einem achtfach positiv geladenen Atomkern acht negativ geladene Elektronen gegenüber (↑ Bild 5).

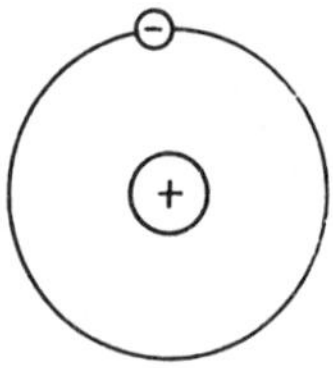

Bild 4
Atommodell des Wasserstoffs

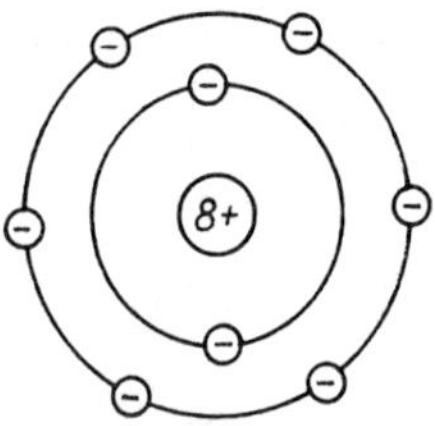

Bild 5
Atommodell des Sauerstoffs

Den zwischen dem Atomkern und den Elektronen bestehenden elektrostatischen Anziehungskräften wirken (nach den Modellvorstellungen RUTHERFORDS) die vom Umlauf der Elektronen verursachten Zentrifugalkräfte entgegen. Im Atom liegt also eine *Einheit der Gegensätze* von positiver und negativer Ladung und von Anziehungskräften und Zentrifugalkräften vor.

Zwischen dem Atomkern und den Elektronen bestehen relativ sehr große Abstände.

Der Durchmesser eines *Atoms*, d. h. der Durchmesser der Elektronenhülle eines Atoms, liegt in der Größenordnung von 10^{-10} m (= 1 zehnmilliardstel Meter).

Der Durchmesser eine *Atomkerns* liegt dagegen in der Größenordnung von 10^{-14} m (= 1 hundertbillionstel Meter), er beträgt also nur etwa $\frac{1}{10000}$ des Atomdurchmessers.

Die Masse eines Atoms ist fast vollständig im Kern konzentriert.

Im Wasserstoffatom besitzt der Kern eine Masse von $1{,}6726 \cdot 10^{-24}$ g, während das Elektron nur eine Masse von $9{,}1095 \cdot 10^{-28}$ g hat. Die Masse des Elektrons beträgt also nur $\frac{1}{1836}$ der Masse des Wasserstoffkerns, bei dem es sich um ein einzelnes Proton (↑ unten) handelt.

3.2. Aufbau der Atomkerne

Wenn bei radioaktiven Vorgängen aus den Atomen eines Elements Atome zweier anderer Elemente hervorgehen (z. B. Bleiatome und Heliumatome aus Radiumatomen), so müssen auch die *Atomkerne* der verschiedenen Elemente aus *gleichen* kleineren Teilchen *aufgebaut* sein.

Die Atomkerne aller Elemente bestehen aus den gleichen Nukleonen[1] (Kernbausteinen).

Es gibt zwei verschiedene **Nukleonen:**

Protonen und **Neutronen.**

Die **Protonen** (Symbol p) tragen eine *positive elektrische* Ladung von $1{,}6022 \cdot 10^{-19}$ As (Amperesekunden) und haben eine Masse von $1{,}6726 \cdot 10^{-24}$ g.
Die **Neutronen** (Symbol n) tragen keine elektrische Ladung und haben eine Masse von $1{,}6750 \cdot 10^{-24}$ g.
Die Masse eines Atomkerns ist also sowohl von der Anzahl der *Protonen* als auch von der Anzahl der *Neutronen* abhängig.
Die Ladung eines Atomkerns, die sog. **Kernladungszahl,** geht auf die Anzahl der in diesem Kern enthaltenen *Protonen* zurück.

Die positive Ladung eines Protons ist der negativen Ladung eines Elektrons dem absoluten Betrage nach gleich (Elementarladung).

Demnach muß in einem (ungeladenen) Atom die **Anzahl der negativ geladenen Elektronen** gleich der **Anzahl der positiv geladenen Protonen** sein.
Mit der **Kernladungszahl** ist also gleichzeitig die Anzahl der *Elektronen* gegeben. Da die chemischen Eigenschaften eines Elements entscheidend von der Anzahl der Elektronen abhängen, die seine Atome besitzen (↑ Abschn. 5; S. 69), ist die Kernladungszahl das wichtigste quantitative Merkmal eines chemischen Elements.

Alle Atome eines Elements besitzen die gleiche Kernladungszahl (Protonenzahl, Elektronenzahl).

[1] *nucleus* (lat.) Kern

Die Atome zweier Elemente haben stets unterschiedliche Kernladungszahlen.
Die Elemente lassen sich nach ihrer Kernladungszahl in einer Reihe anordnen (↑ Tafel 2 im Anhang). Daher wird die Kernladungszahl auch als **Ordnungszahl** bezeichnet. (Das erste Element dieser Reihe ist *Wasserstoff* mit der Ordnungszahl 1. Als letztes Element dieser Reihe galt bis 1940 das Uranium mit der Ordnungszahl 92. Inzwischen wurden weitere Elemente künstlich erzeugt.)
Es gilt also: **Ordnungszahl**

= Kernladungszahl

= Anzahl der Protonen

= Anzahl der Elektronen

Protonen p, Neutronen n und Elektronen e^- sind nach unserem heutigen Stand der Erkenntnis nicht weiter teilbar. Sie werden daher als **Elementarteilchen** bezeichnet. (Jedoch besitzen sowohl Protonen als auch Neutronen eine Feinstruktur, und es gibt eine Hypothese, wonach sie sich aus noch kleineren Teilchen, den *Quarks*, aufbauen.)

3.3. Aufbau der Elektronenhüllen

RUTHERFORD hatte nur festgestellt, daß die Atome aus Atomkern und Elektronenhülle bestehen. Der dänische Physiker NIELS BOHR trat 1913 mit entscheidenden Erkenntnissen über den Aufbau der *Elektronenhülle* hervor und stellte sog. *Atommodelle* auf (↑ Bilder 4 und 5; S. 52). Die Forschungen der seither vergangenen Jahrzehnte haben ergeben, daß diese Atommodelle die äußerst komplizierte Wirklichkeit nur sehr ungenau widerspiegeln. In der Atomphysik spielen sie daher heute kaum noch eine Rolle. Die BOHRschen Atommodelle sind aber sehr anschaulich und reichen zur Deutung der meisten *chemischen* Erscheinungen aus. Sie werden daher in der Chemie noch viel verwendet, wobei sie meist – wie das Modell des Sauerstoffatoms in Bild 5 (↑ S. 52) – auch noch vereinfacht dargestellt werden.
Da innerhalb eines Atoms niemals zwei Elektronen den gleichen Energiezustand haben, bewegt sich jedes Elektron auf einer eigenen Bahn um den Kern. Gruppen von Elektronen mit ähnlichem Energiezustand (oder anschaulich dargestellt: Elektronen, deren Bahnen annähernd den gleichen Abstand vom Atomkern haben) faßte BOHR zu sog. **Elektronenschalen** zusammen. Das Sauerstoffatom (Bild 5) besitzt zwei Elektronenschalen, von denen die innere zwei Elektronen und die äußere sechs Elektronen umfaßt.
Bild 6 (S. 57) zeigt die Atommodelle der Elemente mit den Ordnungszahlen 1 ... 18.

Aus Tafel 2 im Anhang ist ersichtlich, wie der Aufbau der Elektronenhülle von Element zu Element fortschreitet. Die in Klammern angegebenen Ziffern weisen auf Unregelmäßigkeiten im Aufbau der Elektronenschalen hin, die darauf zurückzuführen sind, daß Elektronen zwischen Bahnen mit sehr ähnlichem Energiezustand wechseln können. Die Elektronenschalen werden von innen nach außen numeriert oder mit den Buchstaben K, L, M ... bezeichnet. Für jede Elektronenschale gibt es eine maximale Besetzung.
Die maximale Besetzung einer Elektronenschale beträgt

$$2n^2,$$

wobei n die Nummer der Elektronenschale ist. Für die einzelnen Schalen gilt also folgende maximale Besetzung:

1. Schale (K-Schale)	$2 \cdot 1^2 =$	2 Elektronen
2. Schale (L-Schale)	$2 \cdot 2^2 =$	8 Elektronen
3. Schale (M-Schale)	$2 \cdot 3^2 =$	18 Elektronen
4. Schale (N-Schale)	$2 \cdot 4^2 =$	32 Elektronen
5. Schale (O-Schale)	$2 \cdot 5^2 =$	50 Elektronen

Die maximale Besetzung wird allerdings nur bei den ersten 4 Schalen erreicht.

Jede Elektronenschale erweist sich als besonders stabil, wenn sie ihre maximale Besetzung erreicht hat.

Die maximale Besetzung der 1. Schale ist beim Edelgas Helium, die maximale Besetzung der 2. Schale beim Edelgas Neon erreicht.

Von der 3. Schale an wird ein stabiler Zwischenzustand erreicht, sobald 8 Elektronen vorhanden sind.

Das ist der Fall bei den Edelgasen *Argon*, *Krypton*, *Xenon* und *Radon* (↑ Bild 7; S. 58). (Infolge der Stabilität der Elektronenbesetzung der Edelgase ist es bisher nur beim Xenon, Krypton und Radon gelungen, sie mit anderen Elementen, insbesondere mit dem sehr reaktionsfähigen Fluor, zur Reaktion zu bringen.)
Allgemein gilt:

Die maximale Besetzung jeder Elektronenschale tritt bei allen folgenden Elektronenschalen als stabiler Zwischenzustand auf.

Tafel 2 im Anhang läßt folgende *stabile Zwischenzustände* erkennen:

3. Schale: 2 und 8
4. Schale: 2, 8 und 18
5. Schale: 2, 8, 18 und 32

Dabei fällt auf:

Die Außenschale (die äußerste Elektronenschale) umfaßt nie mehr als acht Elektronen.

3.4. Nuklide – Isotope – Massenzahl

Während die Anzahl der *Protonen* (also die Kernladungszahl) von Element zu Element jeweils um 1 zunimmt, steigt die Anzahl der *Neutronen* und dadurch auch die Anzahl der *Nukleonen* in der Reihe der Elemente unregelmäßig an (Bild 6):

Wasserstoff	1 Proton			=	1 Nukleon
Helium	2 Protonen	+	2 Neutronen	=	4 Nukleonen
Lithium	3 Protonen	+	4 Neutronen	=	7 Nukleonen
Beryllium	4 Protonen	+	5 Neutronen	=	9 Nukleonen
Bor	5 Protonen	+	6 Neutronen	=	11 Nukleonen
Kohlenstoff	6 Protonen	+	6 Neutronen	=	12 Nukleonen
Stickstoff	7 Protonen	+	7 Neutronen	=	14 Nukleonen
Sauerstoff	8 Protonen	+	8 Neutronen	=	16 Nukleonen
Fluor	9 Protonen	+	10 Neutronen	=	19 Nukleonen
Neon	10 Protonen	+	10 Neutronen	=	20 Nukleonen

Die Anzahl der Nukleonen, die die Atome eines Elements besitzen, ist gleich der gerundeten Atommasse dieses Elements.

Beispiele: Wasserstoff: Atommasse 1,0079, 1 Nukleon
Sauerstoff: Atommasse 15,9994, 16 Nukleonen

Die *Anzahl der Neutronen* läßt sich daher als *Differenz* aus gerundeter Atommasse und Anzahl der Protonen (Kernladungszahl) ermitteln:

gerundete Atommasse
– Kernladungszahl
= Anzahl der Neutronen

Atommasse und Kernladungszahl sind dem Periodensystem der Elemente oder Tafel 3 im Anhang zu entnehmen.

Beispiele: Wasserstoff: 1 – 1 = 0 Neutronen
Sauerstoff: 16 – 8 = 8 Neutronen
Fluor: 19 – 9 = 10 Neutronen

Beim Chlor und anderen Elementen, deren Atommassen stark von ganzzahligen Werten abweichen, stößt es auf Schwierigkeiten, in dieser Weise die Anzahl der Neutronen zu ermitteln, da man nicht weiß, ob die Atommasse auf- oder abgerundet werden muß.

Beispiele: Chlor 35,453
Kupfer 63,546

Untersuchungen ergaben, daß die meisten Elemente in der Natur mit mehreren Atomarten auftreten, die sich in der Anzahl der Neutronen und daher auch in ihrer Masse voneinander unterscheiden.

Beispiel: Chlor tritt in der Natur mit zwei Atomarten auf, von denen die eine 18, die andere 20 Neutronen im Kern enthält.

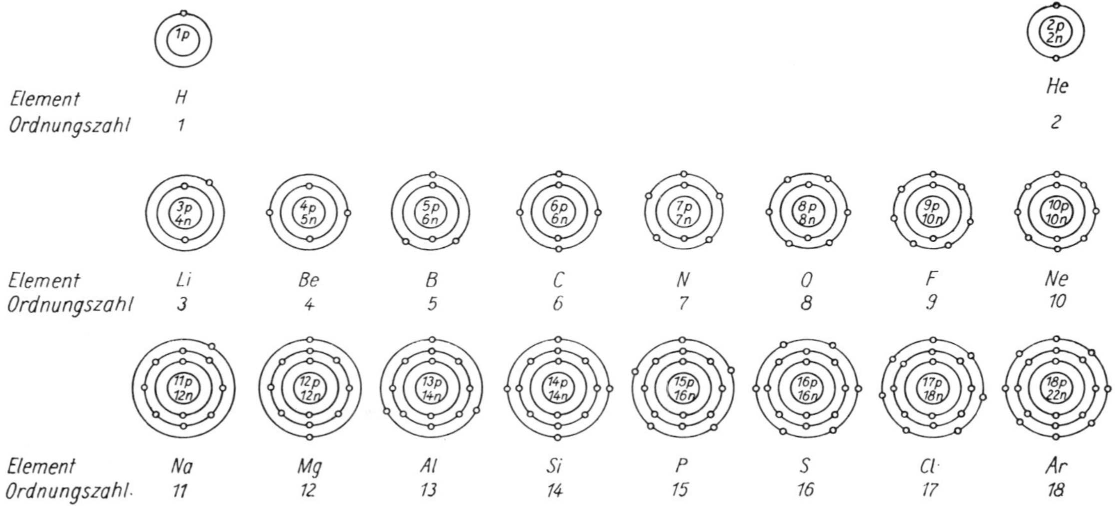

Bild 6. Atommodelle der Elemente mit den Ordnungszahlen 1 bis 18. Der Übersichtlichkeit halber wurden die Radien der einzelnen Elektronenschalen bei allen Modellen gleich groß gewählt. Auf die wirklichen Größenverhältnisse der Atome der verschiedenen Elemente kann hier nicht eingegangen werden.

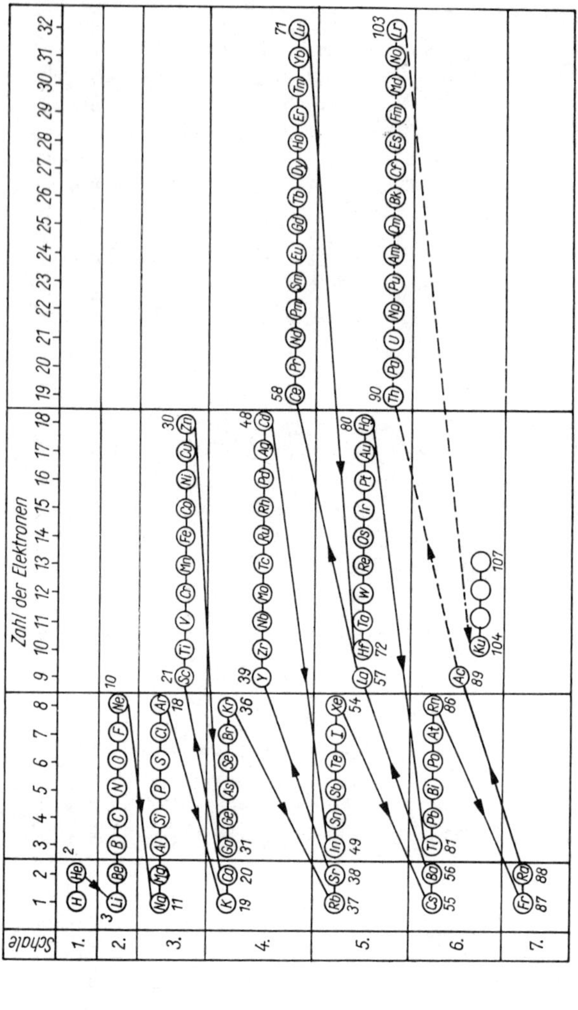

Bild 7. Einordnung der Elektronen in die verschiedenen Schalen. Die Verbindungspfeile zeigen, in welcher Reihenfolge innerhalb der Reihe der Elemente die einzelnen Elektronenschalen aufgefüllt werden.

Es gilt allgemein:

Während die Anzahl der Protonen (die Kernladungszahl) bei allen Atomen eines Elements gleich ist, kann die Anzahl der Neutronen unterschiedlich sein.

Es gibt also *mehr Atomarten*, als es *Elemente* gibt. Jede Atomart ist durch ihre *Kernbausteine* (Nukleonen = Protonen + Neutronen) eindeutig charakterisiert. Die einzelnen Atomarten werden daher als **Nuklide,** d. h. soviel wie *Kernarten*, bezeichnet.

Ein Nuklid ist eine Atomart (Kernart) mit bestimmter Protonen- und Neutronenzahl.

Da jedes Element durch seine Kernladungszahl eindeutig bestimmt ist, gehören alle *Nuklide* (Kernarten), die sich bei *gleicher Protonenzahl* nur in ihrer Neutronenzahl unterscheiden, zum *gleichen Element* und sind daher im Periodensystem *an der gleichen Stelle* einzuordnen. Die zu einem Element gehörenden Nuklide werden dementsprechend als *isotope Nuklide* oder meist kurz als **Isotope**[1] bezeichnet.

Isotope sind Nuklide (Atomarten, Kernarten), die die gleiche Kernladungszahl (Protonenzahl) besitzen und daher zum gleichen Element gehören.

Die Isotope eines Elements unterscheiden sich in der Anzahl der Neutronen und dementsprechend auch in der *Anzahl der Nukleonen.*

Beispiel: Die Atomkerne der beiden in der Natur auftretenden Chlorisotope setzen sich wie folgt zusammen:

17 Protonen + 18 Neutronen = 35 Nukleonen
17 Protonen + 20 Neutronen = 37 Nukleonen

Da mit der Anzahl der Protonen auch die Anzahl der Elektronen gegeben ist und die chemischen Eigenschaften eines Elements von Anzahl und Anordnung der Elektronen abhängen, gilt allgemein:

Alle Isotope eines Elements haben die gleichen chemischen Eigenschaften.

In der Natur treten manche Elemente nur mit *einem* Nuklid auf. Bei diesen Elementen besitzen alle Atome außer der gleichen Kernladungszahl (Protonenzahl) auch die gleiche Neutronenzahl und dementsprechend die gleiche Anzahl Nukleonen. Solche Elemente werden als **Reinelemente** bezeichnet.

Nach dem heutigen Erkenntnisstand gibt es 21 Reinelemente (Beryllium, Fluor, Natrium, Aluminium, Phosphor, Scandium, Mangan, Cobalt, Arsen, Yttrium, Niobium, Rhodium, Iod, Caesium, Praseodymium, Terbium, Holmium, Thulium, Gold, Bismut, Thorium).

[1] *isos* (grch.) gleich; *topos* (grch.) der Ort

Elemente, die in der Natur als Gemisch aus zwei oder mehr Isotopen (isotopen Nukliden) auftreten, die also aus Atomen mit unterschiedlicher Neutronenzahl bestehen, werden als **Mischelemente** bezeichnet. Die meisten Elemente sind Mischelemente. Die Anzahl der in der Natur auftretenden Isotope eines Elements beträgt bis zu zehn (beim Zinn).

Das *Mischungsverhältnis*, in dem die Isotope eines Elements auftreten, ist bei allen natürlichen Vorkommen dieses Elements *nahezu gleich* (↑ S. 40) und bleibt bei chemischen Reaktionen unverändert.

Beispiel: In den in der Natur auftretenden Chlorverbindungen sind
75,77% Chloratome mit 18 Neutronen und
24,23% Chloratome mit 20 Neutronen enthalten.

Die Atommasse eines Mischelements bezieht sich auf das natürliche Isotopengemisch (↑ S. 40).

Wie die unterschiedliche Masse der Atome verschiedener Elemente mit Hilfe der Atommassen verglichen wird, so vergleicht man die Masse verschiedener *Nuklide* mit Hilfe der **Massenzahl.**

Die Massenzahl eines Nuklids ist gleich der Anzahl der Nukleonen, d. h. gleich der Summe der Protonen und Neutronen.
Jedes Nukleon (Proton, Neutron) hat die Massenzahl 1.

Summe der Protonen und Neutronen
= Zahl der Nukleonen
= Massenzahl
≈ Atommasse

Zwischen *Massenzahl* und *Atommasse* besteht folgender Zusammenhang (↑ auch S. 53): Proton und Neutron haben fast die gleiche Masse. Nun ist bekanntlich die Masse eines *Wasserstoffatoms* fast vollständig in dessen Kern konzentriert, der aus einem einzelnen *Proton* besteht. Da die Atommasse des Wasserstoffs 1,0079 beträgt, ergibt sich, daß die Masse eines Protons (und damit auch die Masse eines Neutrons) annähernd gleich der Einheit der Atommasse ($^1/_{12}$ der Masse des Kohlenstoffisotops ^{12}C) ist. Daher ist die Massenzahl gleich der gerundeten Atommasse.

Für die Nuklide gibt es eine besondere *Symbolik*. Links vom Symbol des betreffenden Elements wird

oben die **Massenzahl** $\qquad {}^{35}_{17}Cl$
unten die **Kernladungszahl**

angegeben.

Mit Massenzahl und Kernladungszahl ist jedes Nuklid eindeutig gekennzeichnet:

Massenzahl = Anzahl der Nukleonen
Kernladungszahl = Anzahl der Protonen
Massenzahl − Kernladungszahl = Anzahl der Neutronen

Die **Nuklide** (Kernarten, Atomarten) lassen sich einteilen:

nach ihrer **Herkunft** in

natürliche Nuklide und **künstliche Nuklide,**

nach ihren **Eigenschaften** in

stabile Nuklide und **radioaktive Nuklide**[1].

Radioaktive Nuklide zerfallen unter Aussenden von Strahlen (mit sehr unterschiedlicher Geschwindigkeit) in andere Nuklide. Die meisten natürlichen Nuklide sind stabil, von den wenigen radioaktiven ist das Uraniumisotop $^{235}_{92}U$ der wichtigste Energieträger für die Kernenergieerzeugung. Alle künstlich erzeugten Nuklide sind radioaktiv.

Beispiel: Das Reinelement Cobalt tritt in der Natur nur mit dem stabilen Nuklid $^{59}_{27}Co$ auf. Das künstlich erzeugte Nuklid $^{60}_{27}Co$ ist radioaktiv und wird in der Medizin anstelle von Radium eingesetzt. $^{59}_{27}Co$ und $^{60}_{27}Co$ sind isotope Nuklide (Isotope) des Cobalts.

Einige Elemente wurden zunächst künstlich erzeugt und dann in äußerst geringen Mengen als radioaktive Nuklide auch in der Natur aufgefunden (Technetium, Promethium, Astat, Francium, Neptunium, Plutonium).

4. Periodensystem der Elemente

4.1. Gesetz der Periodizität

In den Jahren 1868/69 erkannten der russische Chemiker Dimitri Iwanowitsch Mendelejew und der deutsche Chemiker Lothar Meyer unabhängig voneinander, daß in der Reihe der nach der Atommasse (↑ S. 40) geordneten Elemente in bestimmten Abständen Elemente mit einander ähnlichen Eigenschaften auftreten. Sie ordneten daraufhin die damals bekannten Elemente in einem System an, in dem die Reihe der Elemente in der Weise in **Perioden** zerlegt ist, daß Elemente mit ähnlichen Eigenschaften in Gruppen zusammengefaßt sind. Dieses System ist als **Periodensystem der Elemente** (abgekürzt PSE) bekannt (vgl. innere Umschlagseiten am Ende des Buches).
Mendelejew erkannte das zugrunde liegende Naturgesetz in voller Tragweite und zog kühne Schlußfolgerungen daraus (↑ S. 68). Nachdem wir heute wissen, daß nicht die Atommasse, sondern die Kernladungszahl ein Element eindeutig charakterisiert, lautet das Gesetz in moderner Formulierung:

Die nach ihren Kernladungszahlen geordneten Elemente zeigen eine Periodizität der Eigenschaften.

[1] auch als *Radionuklide* bezeichnet, von *radius* (lat.) Strahl

4.2. Aufbau des Periodensystems

Das Periodensystem umfaßt **sieben Perioden** (waagerechte Zeilen), die folgende Anzahl von Elementen enthalten:

1. Periode (Vorperiode)	2 Elemente
2. Periode (1. kurze Periode)	8 Elemente
3. Periode (2. kurze Periode)	8 Elemente
4. Periode (1. lange Periode)	18 Elemente
5. Periode (2. lange Periode)	18 Elemente
6. Periode (3. lange Periode)	32 Elemente
7. Periode (4. lange Periode)	bisher 20 Elemente

Die in Klammern angegebenen Bezeichnungen der Perioden sind weniger gebräuchlich.
Im Periodensystem am Ende des Buches sind die *langen* Perioden unterteilt, so daß sich für jede dieser Perioden zwei Zeilen ergeben.
Die senkrechten Spalten des Periodensystems werden als **Gruppen** bezeichnet.

Dem Gesetz der Periodizität entsprechend stehen in jeder Gruppe Elemente mit einander ähnlichen Eigenschaften.

Es wird zwischen **Hauptgruppen** und **Nebengruppen** unterschieden. Dabei ist es üblich,

- die Hauptgruppen mit römischen Ziffern,
- die Nebengruppen mit arabischen Ziffern

zu bezeichnen. Im Periodensystem am Ende des Buches sind die Hauptgruppenelemente mit Raster unterlegt.
Entsprechend der Anzahl der in der 2. und 3. Periode stehenden Elemente werden **acht Hauptgruppen** unterschieden:

I. Hauptgruppe:	**Gruppe der Alkalimetalle**
II. Hauptgruppe:	**Berylliumgruppe**[1]
III. Hauptgruppe:	**Borgruppe**
IV. Hauptgruppe:	**Kohlenstoffgruppe**
V. Hauptgruppe:	**Stickstoffgruppe**
VI. Hauptgruppe:	**Gruppe der Chalkogene (Sauerstoffgruppe)**
VII. Hauptgruppe:	**Gruppe der Halogene**
VIII. Hauptgruppe:	**Gruppe der Edelgase**

[1] Oft noch als „Gruppe der Erdalkalimetalle“ bezeichnet; ↑ aber S. 171.

Von der 4. Periode an erhöht sich die Anzahl der Elemente um 10. Diese 10 Elemente werden im Periodensystem so auf die 8 Gruppen verteilt, daß in der 8. Gruppe *drei* dieser Elemente stehen. Zu jeder Hauptgruppe kommt also von der 4. Periode an eine Nebengruppe. Es gibt demnach insgesamt **acht Nebengruppen:**

1. Nebengruppe: Kupfergruppe
2. Nebengruppe: Zinkgruppe
3. Nebengruppe: Scandiumgruppe
4. Nebengruppe: Titaniumgruppe
5. Nebengruppe: Vanadiumgruppe
6. Nebengruppe: Chromiumgruppe
7. Nebengruppe: Mangangruppe

Wenn in der **8. Nebengruppe** jeweils drei Elemente untergebracht wurden, so geschah dies nicht allein, um die gleiche Anzahl an Haupt- und Nebengruppen zu erhalten, sondern das wird auch der Tatsache gerecht, daß diese drei Elemente einer Periode jeweils ähnliche Eigenschaften besitzen. Die 8. Nebengruppe wird weiter unterteilt:

Eisengruppe →	**Fe**	**Co**	**Ni**	
Gruppe der Platinmetalle →	**Ru**	**Rh**	**Pd**	← **leichte Platinmetalle**
	Os	**Ir**	**Pt**	← **schwere Platinmetalle**
	↑ **Osmium-gruppe**	↑ **Iridium-gruppe**	↑ **Platin-gruppe**	

In der 6. Periode erhöht sich die Anzahl der Elemente gegenüber der 5. Periode von 18 auf 32. Es kommen also weitere 14 Elemente hinzu. Diese werden zwischen der 3. und der 4. Nebengruppe eingefügt und ihrer dem *Lanthan* ähnlichen Eigenschaften wegen als **Lanthanoide** bezeichnet. In gleicher Weise werden in der 7. Periode die auf das *Actinium* folgenden 14 Elemente, die **Actinoide**, ins Periodensystem eingeordnet. Im Periodensystem am Ende des Buches sind die Lanthanoide und Actinoide in je einer besonderen Zeile angeordnet.

Das Periodensystem der Elemente enthält für jedes Element:

Ordnungszahl →	**16**	**S**	← **Symbol**
	Schwefel		
	32,064		
	↑ **relative Atommasse**		

4.3. Periodensystem und Atombau

Das Periodensystem der Elemente *spiegelt den Bau der Atome wider.* Deutlich wird das bei einem Vergleich zwischen den Atommodellen in Bild 6 (↑ S. 57) und den einzelnen Feldern im Periodensystem am Ende des Buches. Zwischen Periodensystem und Atombau bestehen zwei wichtige Beziehungen:

- **Nummer der Periode = Nummer der äußersten Elektronenschale = Anzahl der Elektronenschalen**

Die Atome aller Elemente, die in der gleichen Periode stehen, haben die gleiche Anzahl Elektronenschalen.

Da die Atome der bisher bekannten Elemente im Höchstfalle *sieben Elektronenschalen* besitzen, hat das Periodensystem der Elemente *sieben Perioden.*

- **Nummer der Hauptgruppe = Anzahl der Außenelektronen**

Als **Außenelektronen** werden die Elektronen der *äußersten Elektronenschale* bezeichnet (↑ auch Abschn. 5; S. 69).

Die Atome aller Elemente, die in der gleichen Hauptgruppe stehen, haben die gleiche Anzahl Außenelektronen.

Da ein Atom im Höchstfalle *acht Außenelektronen* besitzt, hat das Periodensystem *acht Hauptgruppen.* Diese Beziehung zwischen der Gruppennummer und der Anzahl der Außenelektronen gilt *nicht* für die Nebengruppenelemente. Die Atome der Elemente, die in den Nebengruppen des Periodensystems stehen, haben in der Regel zwei Außenelektronen. Das geht aus Tafel 2 im Anhang hervor.

Bei den **Nebengruppenelementen** steht das – in der Reihe der Elemente entsprechend der zunehmenden Kernladungszahl – zuletzt hinzugekommene Elektron, d. h. das *energiereichste Elektron,* nicht in der Außenschale, sondern in der vorhergehenden, d. h. in der *zweitäußersten Elektronenschale* (↑ Bild 7; S. 58).
Bei den **Lanthanoiden** und **Actinoiden** steht das *energiereichste Elektron* sogar in der *drittäußersten Elektronenschale* (↑ Bild 7; S. 58).

4.4. Periodensystem und Wertigkeit

Da bei den Hauptgruppenelementen die Nummer der Gruppe mit der Anzahl der Außenelektronen übereinstimmt, die ihrerseits die höchstmögliche Wertigkeit (↑ Abschn. 5.5.; S. 86) angibt, besteht folgende Beziehung:

Gruppennummer eines Hauptgruppenelements	=	**höchstmögliche Wertigkeit**

Hauptgruppe:	**I**	**II**	**III**	**IV**	**V**	**VI**	**VII**
Höchstwertigkeit:	**1**	**2**	**3**	**4**	**5**	**6**	**7**
Weitere Wertigkeiten:				2	3	4	5
						2	3
							1

Außer den der Gruppennummer entsprechenden Höchstwertigkeiten treten bei den Elementen der IV. bis VII. Hauptgruppe auch *niedrigere* Wertigkeiten auf, und zwar vorwiegend solche, die *um 2 oder ein Mehrfaches von 2 niedriger* liegen als die Gruppennummer. Das beruht darauf, daß die *Elektronen* dazu neigen, *paarweise* aufzutreten.

Während Hauptgruppenelemente in ihren binären[1] Verbindungen mit *Sauerstoff* in der Regel in allen Gruppen die Höchstwertigkeit erreichen, ist das in den binären *Wasserstoff*-Verbindungen nur für die I. bis IV. Hauptgruppe der Fall. Von der IV. bis VII. Hauptgruppe nimmt die Wertigkeit gegenüber *Wasserstoff* von 4 bis 1 ab (↑ Tabelle 6).

Wichtige **Ausnahmen:**

Sauerstoff ist immer **zweiwertig.**

Fluor ist immer **einwertig.**

Tabelle 6: Wertigkeit der Hauptgruppenelemente in binären Sauerstoff- und Wasserstoffverbindungen

Hauptgruppe	I	II	III	IV	V	VI	VII
	Na_2O	MgO	Al_2O_3	SiO_2	P_2O_5	SO_3	Cl_2O_7
Höchste Wertigkeit gegenüber Sauerstoff	1	2	3	4	5	6	7
Wertigkeit gegenüber Wasserstoff	1	2	3	4	3	2	1
	NaH	MgH_2	AlH_3	SiH_4	PH_3	H_2S	HCl

[1] Als *binär* werden Verbindungen bezeichnet, die aus *zwei* Elementen bestehen, z. B. HCl, H_2O, $NaCl$, SO_2, CH_4. (*Ternäre* Verbindungen bestehen aus drei, *quaternäre* aus vier Elementen.)

Die **Edelgase** (VIII. Hauptgruppe) treten in ihren Verbindungen (↑ S. 246) entsprechend der Anzahl der Außenelektronen maximal achtwertig, häufiger jedoch zwei-, vier- und sechswertig auf.
Auch bei den Elementen der **Nebengruppen** gilt im Prinzip die Beziehung zwischen Gruppennummer und höchstmöglicher Wertigkeit. Bei den Nebengruppenelementen treten aber meist sehr unterschiedliche Wertigkeiten auf (↑ Tafel 2 im Anhang), wobei die der Gruppennummer entsprechende Höchstwertigkeit häufig nicht erreicht wird.

4.5. Stellung im Periodensystem und Eigenschaften

4.5.1. Metalle und Nichtmetalle

Die chemischen Elemente werden nach ihren Eigenschaften unterteilt in *Metalle* und *Nichtmetalle*. Dabei ist die auf Elektronen beruhende elektrische Leitfähigkeit der Metalle das wichtigste unterscheidende Merkmal.
Metalle und Nichtmetalle sind im Periodensystem gesetzmäßig verteilt. Bei den **Hauptgruppenelementen** ist ein deutlicher Übergang zwischen Metallen und Nichtmetallen festzustellen.

In der **I. Hauptgruppe** stehen außer dem Wasserstoff nur **Metalle.**	In den **mittleren Hauptgruppen** stehen **oben Nichtmetalle, unten Metalle.**	In der **VII. Hauptgruppe** stehen nur **Nichtmetalle.**

Allgemein gilt:

- **In den Hauptgruppen nimmt**
  der Metallcharakter von oben nach unten zu,
  der Nichtmetallcharakter von oben nach unten ab.
- **In den Perioden nimmt bei den Hauptgruppenelementen**
  der Metallcharakter von links nach rechts ab,
  der Nichtmetallcharakter von links nach rechts zu.

Unter den Hauptgruppenelementen steht rechts oben das typischste Nichtmetall *Fluor* und links unter das typischste Metall *Caesium*[1]. Von diesen beiden Ecken des Periodensystems strahlt der Nichtmetallcha-

[1] Francium spielt als sehr kurzlebiges radioaktives Element für chemische Betrachtungen zur Zeit noch keine Rolle. Der Wasserstoff und die Edelgase müssen infolge der Sonderstellungen, die sie im Periodensystem einnehmen, bei diesen Überlegungen außer Betracht bleiben.

rakter bzw. der Metallcharakter über die übrigen **Hauptgruppenelemente** aus:

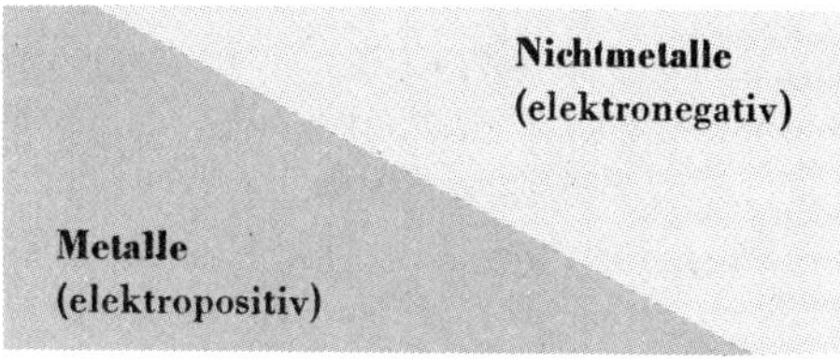

Entlang der Grenze zwischen den Metallen und den Nichtmetallen stehen *Halbmetalle* (z. B. Germanium) bzw. Elemente, die sowohl metallische als auch nichtmetallische Modifikationen (Erscheinungsformen) besitzen (z. B. Arsen).
Je nachdem, ob ein Element mehr dazu neigt, *positive Ionen* oder *negative Ionen* zu bilden (↑ S. 74), wird zwischen **elektropositiven** und **elektronegativen Elementen** unterschieden.
Am stärksten *elektropositiv* sind die typischen Metalle der I. Hauptgruppe. Auch der Wasserstoff ist elektropositiv. Am stärksten *elektronegativ* sind die typischen Nichtmetalle der VII. Hauptgruppe.

Im Periodensystem nimmt bei den Hauptgruppenelementen

- **der elektropositive Charakter**
  von links nach rechts ab und
  von oben nach unten zu,
- **der elektronegative Charakter**
  von links nach rechts zu und
  von oben nach unten ab.

Alle Nebengruppenelemente (einschließlich Lanthanoide und Actinoide) **sind Metalle.** Sie sind mehr oder weniger **elektropositiv.**

4.5.2. Basenbildner und Säurebildner

Die Elemente lassen sich auch einteilen nach dem Charakter der *Verbindungen*, die sie zu bilden vermögen. Fast alle Elemente bilden **Oxide.**

Beispiele: $S + O_2 \rightarrow SO_2$; $2\,Ca + O_2 \rightarrow 2\,CaO$

Oxide bilden mit Wasser **Säuren** oder **Basen** (↑ S. 102).

Beispiele: $SO_2 + H_2O \rightarrow H_2SO_3$ (schweflige Säure)
$CaO + H_2O \rightarrow Ca(OH)_2$ (Calciumhydroxid)

Im allgemeinen gilt:

Nichtmetalloxide bilden **Säuren.**

Metalloxide bilden **Basen.**

Es gibt aber auch Metalle mit **amphoteren**[1] **Oxiden.** Diese bilden mit Wasser **amphotere Hydroxide,** die je nach dem Charakter des Reaktionspartners sowohl als *Base* als auch als *Säure* zu reagieren vermögen.

Beispiel: Aluminiumhydroxid, $Al(OH)_3$, verhält sich gegenüber Säuren als *Base*, gegenüber Basen als *Säure*, $H_3AlO_3 = HAlO_2 \cdot H_2O$.

$$\underset{\text{Base}}{Al(OH)_3} + \underset{\text{Säure}}{3\,HNO_3} \rightarrow \underset{\text{Salz}}{Al(NO_3)_3} + \underset{\text{Wasser}}{3\,H_2O}$$

$$\underset{\text{Säure}}{HAlO_2 \cdot H_2O} + \underset{\text{Base}}{NaOH} \rightarrow \underset{\text{Salz}}{NaAlO_2} + \underset{\text{Wasser}}{2\,H_2O}$$

Manche Metalle – vor allem Nebengruppenelemente – bilden *mehrere* Oxide. Dabei *nimmt mit steigender Wertigkeit* (Oxidationszahl, ↑ S. 94) *der Basencharakter* ab und *der Säurecharakter* zu.

Beispiel: Mangan tritt im Mangan(II)-chlorid, $MnCl_2$, als basischer Bestandteil auf, das Mangan(IV)-oxid, MnO_2, ist amphoter, und im Kaliumpermanganat, $KMnO_4$, steht das (hier siebenwertige) Mangan im Säurerest.

Demnach ist *zwei*wertiges Mangan *basen*bildend,
*vier*wertiges Mangan *amphoter*,
*sieben*wertiges Mangan *säure*bildend.

Nach dem Charakter ihrer Oxide können die Elemente wie folgt eingeteilt werden:

- Elemente, deren Oxide **Säurecharakter** haben,
- Elemente, deren Oxide **Basencharakter** haben,
- Elemente, deren Oxide **amphoteren Charakter** haben oder die *sowohl* Oxide mit *basischem als auch* solche mit *saurem* Charakter bilden können.

Für die Oxide der Hauptgruppenelemente gilt:

- **In den Perioden nimmt von links nach rechts der Basencharakter ab, der Säurecharakter zu.**
- **In den Gruppen nimmt von oben nach unten der Basencharakter zu, der Säurecharakter ab.**

4.6. Bedeutung des Periodensystems

Die Entdeckung des Periodensystems der Elemente verlieh der Entwicklung der chemischen Wissenschaft wichtige Impulse. Mendelejew selbst zog aus dem Gesetz der Periodizität Schlußfolgerungen und sagte

[1] sprich: amfotér; *amphóteron* (grch.) beides

auf Grund von Lücken, die sich im Periodensystem zeigten, die Existenz noch unbekannter Elemente und deren Eigenschaften mit großer Genauigkeit voraus. Diese Elemente wurden später entdeckt. Hier zeigt sich die *Erkennbarkeit der Welt*. In der Reihe der Elemente bis zum Uranium bestanden bis 1936 noch vier Lücken. Francium (87) wurde dann 1939 und Promethium (61) 1945 in Produkten des radioaktiven Zerfalls aufgefunden. Technetium (43) wurde 1937 und Astat (85) 1940 künstlich erzeugt. Das ist ein Beispiel dafür, wie der Mensch die *Welt verändern* kann.

Dem Periodensystem kommt also auch große *philosophische* Bedeutung zu. Das Wirken philosophischer Gesetze in der Natur kommt im Periodensystem zum Ausdruck. So entspricht jeder *Quantität* (jeder Kernladungszahl) eine eigene *Qualität* (ein Element mit seinen besonderen Eigenschaften). Im Periodensystem zeigt sich der *Gegensatz* zwischen Metallen und Nichtmetallen, zwischen Elementen mit basenbildenden und mit säurebildenden Oxiden. Auf diesem Gegensatz beruhen viele chemische Reaktionen. In den amphoteren Oxiden bzw. Hydroxiden zeigt sich die *Einheit* dieses Gegensatzes. Schließlich erleichtert der *Zusammenhang* zwischen Periodensystem, Atombau und Eigenschaften der Elemente aber auch das Lernen.

5. Chemische Bindung

Chemische Reaktionen beruhen auf Vorgängen, die in den Elektronenhüllen der Atome ablaufen.

Die Erklärung hierfür gibt die **Elektronentheorie der Valenz**[1], die 1916 von dem deutschen Physiker WALTER KOSSEL und dem amerikanischen Chemiker GILBERT NEWTON LEWIS aufgestellt und inzwischen vielfältig weiterentwickelt wurde. Diese Theorie wird hier in ihren Grundzügen dargelegt.

Jedes Element nimmt an chemischen Reaktionen im Verhältnis seiner **Wertigkeit** (Valenz) teil. (Über die verschiedenen Wertigkeitsbegriffe ↑ 5.5.; S. 86.) Die *Wertigkeit* eines Elements hängt bei den *Hauptgruppenelementen* von der *Anzahl der Elektronen* ab, die die Atome dieses Elements auf der *Außenschale* besitzen. Diese sog. **Außenelektronen** werden daher auch als **Valenzelektronen** bezeichnet. Die Veränderungen, die bei chemischen Reaktionen in den Elektronenhüllen stattfinden, erstrecken sich nur auf die Valenzelektronen. Bei den *Nebengruppenelementen* können allerdings auch Elektronen der *zweitäußersten Schale* als Valenzelektronen betätigt werden.

[1] *valere* (lat.) gelten, hier soviel wie: wert sein

Tabelle 7: Die drei einfachen Bindungsarten

Bindungsart	**Ionenbindung** (Ionenbeziehung, heteropolare Bindung, elektrovalente Bindung)	**Atombindung** (Elektronenpaarbindung, homöopolare Bindung, kovalente Bindung)		**Metallbindung**
Art der beteiligten Atome	Metallatom + Nichtmetallatom	Nichtmetallatome		Metallatome
Charakter der Atome	elektropositiv + elektronegativ	elektronegativ oder elektroneutral		elektropositiv
Vorgänge in den Elektronenhüllen	Übergang von Elektronen	Bildung gemeinsamer Elektronenpaare		Abgabe von Valenzelektronen
Art der entstehenden Teilchen	positive und negative Ionen	Moleküle		positive Ionen und *Elektronengas*
Kristallgitter (im festen Zustand)	Ionengitter	Molekülgitter	Atomgitter	Metallgitter
Charakter der entstehenden Stoffe	salzartig	flüchtig (aber auch nichtflüchtige makromolekulare Verbindungen)	diamantartig	metallisch
Beispiele	Natriumchlorid, NaCl, Calciumoxid, CaO, Natriumhydrid, NaH	Brom, Br_2, Kohlendioxid, CO_2, Propan- stärke	Diamant, Silicium, Siliciumcarbid, SiC Borcarbid, B_4C	alle Metalle und Legierungen

Die Elektronentheorie der Valenz geht von zwei grundlegenden Erkenntnissen aus:

Die Elektronen neigen dazu, paarweise aufzutreten.
Die Atome sind bestrebt, eine möglichst stabile Elektronenanordnung zu erlangen. Besonders stabil ist die Elektronenanordnung (Elektronenkonfiguration) der Edelgase.

Die Edelgasatome – mit Ausnahme des Heliums – haben auf ihrer Außenschale acht Elektronen. Eine solche Außenschale wird als *Achterschale* oder auch als *Elektronenoktett*[1] bezeichnet. Diese Elektronenanordnung ist so *stabil*, daß die Edelgase nicht als zweiatomige Moleküle auftreten (↑ 5.2.1.; S. 77).
Die Bildung chemischer Verbindungen aus den Elementen, die keine solche *Edelgaskonfiguration* (*Edelgasgestalt*) besitzen, läßt sich damit erklären, daß die Atome dieser Elemente die Tendenz zeigen, eine ähnlich stabile Elektronenanordnung zu erlangen. Je nachdem, auf welche Weise das erreicht wird, wird zwischen den in Tabelle 7 zusammengestellten drei *Bindungsarten* unterschieden. Dabei ist zu beachten, daß diese drei Bindungsarten nicht isoliert nebeneinanderstehen, sondern daß es sich lediglich um verschiedene Erscheinungsformen einer einheitlichen chemischen Bindung handelt.

5.1. Ionenbindung (*Ionenbeziehung*)

Treffen zwei Atome zusammen, von denen das eine sehr viel und das andere sehr wenig Außenelektronen hat, so können beide Atome zu einer Edelgaskonfiguration gelangen, indem das eine Atom seine *Außenelektronen* an das andere Atom *abgibt*, das damit seine Außenschale auffüllt.

Beispiel: Natrium (I. Hauptgruppe) besitzt *ein* Außenelektron. Chlor (VII. Hauptgruppe) besitzt *sieben* Außenelektronen. Gibt ein Natriumatom sein Außenelektron an ein Chloratom ab, so erreicht das Chloratom eine Achterschale (↑ Bilder 8 und 9). Beim Natriumion fällt die Außenschale weg, so daß die darunterliegende, mit 8 Elektronen besetzte Schale zur Außenschale wird. Sowohl das Chlor als auch das Natrium erreichen auf diese Weise Edelgasgestalt.
Allerdings stimmt nun in beiden Fällen die Anzahl der negativ geladenen Elektronen nicht mehr mit der Anzahl der im Kern enthaltenen positiv geladenen Protonen (Kernladungszahl) überein. Aus dem ungeladenen Natriumatom ist daher ein einfach positiv geladenes *Natriumion* geworden, aus dem ungeladenen Chloratom ein einfach negativ geladenes Ion, das als *Chloridion* bezeichnet wird. Mit dem Elektron ist auch *eine negative Ladung* vom Natrium zum Chlor übergegangen.

[1] *octo* (lat.) acht

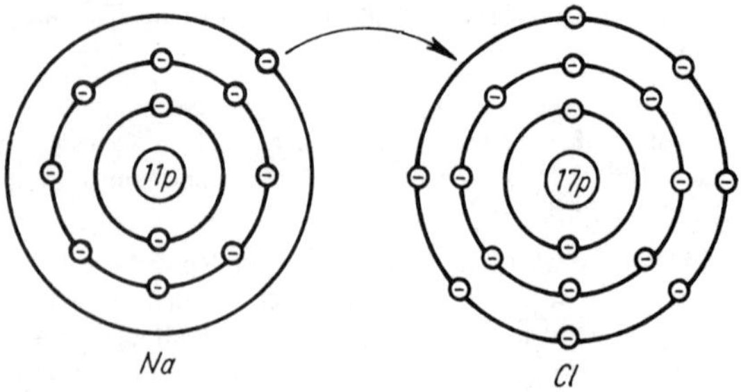

Bild. 8. Modelle eines Natriumatoms und eines Chloratoms

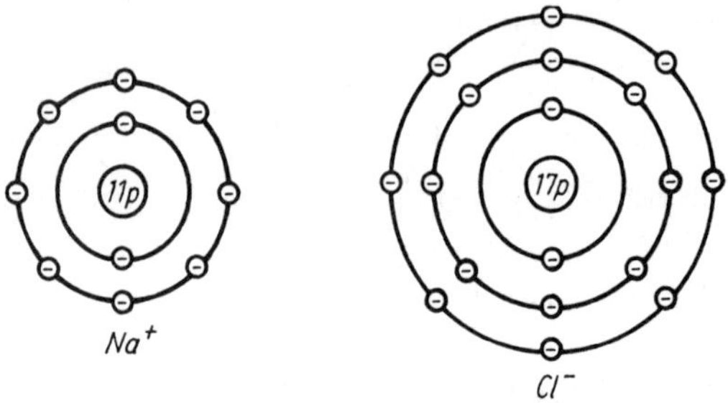

Bild. 9. Modelle eines Natriumions und eines Chloridions

Natriumatom	Natriumion	Chloratom	Chloridion
Na	Na^+	Cl	Cl^-
11 p	11 p	17 p	17 p
11 e^-	10 e^-	17 e	18 e^-

Was an diesem Beispiel erläutert wurde, gilt allgemein:

Atome gehen

- **durch Abgabe von Elektronen in positiv geladene Ionen,**
- **durch Aufnahme von Elektronen in negativ geladene Ionen über.**

Ionen sind die elektrisch geladenen Teilchen, die durch Abgabe oder Aufnahme von Elektronen aus Atomen hervorgehen.

Die **Ladung** der Ionen wird auch als **Ionenwertigkeit** bezeichnet (S. 88). Zur *Symbolisierung* von *Ionen* wird die *Anzahl der Ladungen rechts oben neben dem Symbol* des betreffenden Elements angegeben. In der Literatur sind hierfür folgende drei Bezeichnungsweisen zu finden:

Na^+	Na^+	$Na^{\cdot}$
Ca^{++}	Ca^{2+}	$Ca^{\cdot\cdot}$
Al^{+++}	Al^{3+}	$Al^{\cdot\cdot\cdot}$
Cl^-	Cl^-	Cl'
S^{--}	S^{2-}	S''

Diese Bezeichnungsweisen gelten vielfach als gleichbedeutend. Es gibt aber auch Lehrbücher, in denen die Bezeichnung der Ladungen mit Plus- und Minuszeichen nur für Ionen im *Gaszustand* und die Bezeichnung der Ladungen mit Punkten und Strichen nur für Ionen in *Lösungen* angewandt wird.

Um den Vorgang des Elektronenübergangs und der Bildung von Ionen schematisch darzustellen, bedient man sich sog. **Elektronenformeln.** Für das in den Bildern 8 und 9 behandelte Beispiel ergibt sich dabei folgendes Schema:

$$\mathrm{Na}\cdot + \cdot\underset{\cdot\cdot}{\ddot{\mathrm{Cl}}}: \rightarrow [\mathrm{Na}]^{+} + \left[:\underset{\cdot\cdot}{\ddot{\mathrm{Cl}}}:\right]^{-}$$

Jeder Punkt symbolisiert ein Valenzelektron. Die Elementsymbole stehen hier für den Atomkern und die *inneren* Elektronenschalen. Durch die eckigen Klammern wird besonders darauf hingewiesen, daß es sich hier um *Ionen* handelt. (Auf diese Klammern kann aber auch verzichtet werden.)
Beim *Aufstellen solcher Schemata* ist zu beachten:

Die Anzahl der aufgenommenen Elektronen muß gleich der Anzahl der abgegebenen Elektronen sein.

Daraus ergeben sich zwei Fragen:

Wieviel Elektronen muß das eine Atom abgeben, um zu einer Edelgaskonfiguration zu gelangen?

Wieviel Elektronen muß das andere Atom aufnehmen, um zu einer Edelgaskonfiguration zu gelangen?

Über das *kleinste gemeinsame Vielfache* läßt sich dann ermitteln, wieviel Atome jeder Art nötig sind, um Achterschalen zu erreichen.

Beispiel: Das Aluminiumatom $\cdot\dot{\mathrm{Al}}\cdot$ besitzt 3 Valenzelektronen, die es abgeben muß, um zu einer Achterschale zu gelangen. Das Sauerstoffatom $\cdot\underset{\cdot\cdot}{\ddot{\mathrm{O}}}\cdot$ besitzt 6 Valenzelektronen. Es muß also 2 Elektronen aufnehmen, um eine Achterschale zu erhalten. Da das kleinste gemeinsame Vielfache (von 2 und 3) 6 ist, müssen zwei Atome Aluminium mit drei Atomen Sauerstoff reagieren, wenn alle Atome Edelgasgestalt erlangen sollen:

$$2\,\cdot\dot{\mathrm{Al}}\cdot + 3\,\cdot\underset{\cdot\cdot}{\ddot{\mathrm{O}}}\cdot \rightarrow 2\,[\mathrm{Al}]^{3+} + 3\left[:\underset{\cdot\cdot}{\ddot{\mathrm{O}}}:\right]^{2-}$$

Vom Aluminium werden 6 Elektronen abgegeben, vom Sauerstoff werden 6 Elektronen aufgenommen. Auf der rechten Seite dieses Schemas ist die Anzahl der positiven Ladungen (6) gleich der Anzahl der negativen Ladungen (6).

Wenn die Atome zweier Elemente unter Abgabe bzw. Aufnahme von Elektronen Edelgaskonfiguration erlangt haben und dann in Form von Ionen vorliegen, so bezeichnet man das als Ionenbindung.

Beispiel: Im Natriumchlorid (Kochsalz), NaCl, liegt Ionenbindung vor. Ein Kochsalzkristall besteht nicht aus Natriumatomen und Chloratomen, sondern aus Natriumionen, Na^+, und Chloridionen, Cl^-. Daraus erklärt sich auch, weshalb das Kochsalz weder die Eigenschaften des Natriums noch die des Chlors zeigt. (Natrium ist ein Metall, das außerordentlich heftig mit Wasser reagiert! Chlor ist ein sehr giftiges Gas!)

Eine Ionenbindung ist nur möglich
zwischen einem elektropositiven Element
und einem elektronegativen Element.

Elektropositiv sind die Metalle, deren Atome nur wenig Außenelektronen haben und daher durch *Abgabe* von Elektronen am leichtesten zu einer Edelgaskonfiguration gelangen. Die Metallatome gehen dabei in *positiv* geladene Ionen über (z. B. Na^+, Mg^{2+}, Al^{3+}).
Elektronegativ sind die Nichtmetalle, deren Atome viele Außenelektronen haben und daher durch *Aufnahme* von Elektronen am leichtesten zu einer Edelgaskonfiguration gelangen. Die Nichtmetallatome gehen dabei in *negativ* geladene Ionen über (z. B. Cl^-, S^{2-}).

Die elektropositiven Metalle bilden leicht positive Ionen.
Die elektronegativen Nichtmetalle bilden leicht negative Ionen.

Über die Stellung der elektropositiven und der elektronegativen Elemente im Periodensystem ↑ 4.5.1.; S. 67).
Zwischen den elektropositiven Metallen und den elektronegativen Nichtmetallen besteht eine mehr oder weniger große *Verbindungstendenz*. Zwischen den Hauptgruppenelementen ist diese Verbindungstendenz im allgemeinen um so größer, je weiter sie im Periodensystem voneinander entfernt stehen.

Bei der Reaktion zwischen einem Metall und einem Nichtmetall entsteht unter Abgabe bzw. Aufnahme von Elektronen ein **Salz.**

Beispiele: $Fe + S \rightarrow FeS$; $2\ Na + Cl_2 \rightarrow 2\ NaCl$

Für Salze ist die Ionenbindung charakteristisch.

Aber auch andere anorganische Verbindungen, wie *Metalloxide* und *-hydroxide* (z. B. Al_2O_3, NaOH), haben mehr oder weniger ausgeprägte Ionenbindungen.

Die meisten anorganischen Verbindungen haben Ionenbindung.

Zwischen entgegengesetzt geladenen Ionen bestehen elektrostatische *Anziehungskräfte* (sog. COULOMB*sche Kräfte*). Diese Anziehungskräfte wirken nach allen Seiten gleichmäßig. Die entgegengesetzt geladenen Ionen eines Salzes sind daher in bestimmter Weise räumlich angeordnet, ↑ z. B. Bild 10.
Eine solche räumliche Anordnung wird allgemein als *Kristallgitter* bezeichnet. In diesem Falle handelt es sich um ein **Ionengitter,** da die Gitterpunkte von Ionen besetzt sind.

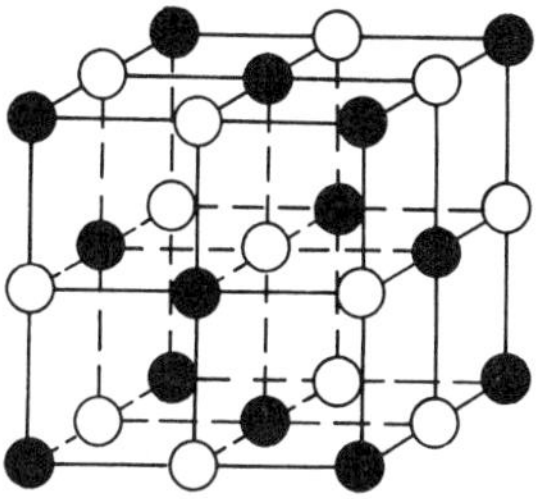

● *Ladungsschwerpunkte der Chloridionen*
○ *Ladungsschwerpunkte der Natriumionen*

Bild 10. Ionengitter des Natriumchlorids

Beispiel: Im Ionengitter des Natriumchlorids ist jedes Natriumion, Na^+, von sechs Chloridionen, Cl^-, und jedes Chloridion, Cl^-, von sechs Natriumionen, Na^+, umgeben.

Manche anderen Salze besitzen das gleiche Ionengitter wie Natriumchlorid. Es gibt aber auch viele Ionengitter mit anderem Aufbau.

Die Verbindungen, die auf Ionenbindung beruhen, liegen *nicht* in Form von *Molekülen* vor. Daher geben auch die *Summenformeln* dieser Verbindungen nicht die Zusammensetzung von Molekülen an, sondern sie drücken das *Verhältnis* aus, in dem die *Ionen* am *Bau des Ionengitters* beteiligt sind.

Beispiel: Im Ionengitter des Aluminiumoxids, Al_2O_3, liegen Aluminiumionen, Al^{3+}, und Oxidionen, O^{2-}, im Verhältnis 2 : 3 vor.

Obwohl es sich bei solchen Verbindungen nicht um Moleküle handelt, wird auch für diese Verbindungen der Begriff (relative) Molekülmasse verwendet.

Beispiel: Molekülmasse des Aluminiumoxids, Al_2O_3

$$2 \cdot 26{,}98 + 3 \cdot 16{,}00 = 101{,}96$$

Die Ionenbindung prägt den chemischen Verbindungen bestimmte *Eigenschaften* auf.

Alle Verbindungen mit Ionenbindung tragen salzartigen Charakter.

Durch die allseitig wirkenden Anziehungskräfte sind die Ionen in den Ionengittern verhältnismäßig fest gebunden. Sie können nur gewisse Schwingungen um ihre Ruhelage ausführen. Bei Zimmertemperatur sind die salzartigen Verbindungen daher fest. Erst durch erhebliche Wärmezufuhr läßt sich die Bewegungsenergie der Ionen so weit erhöhen, daß die Gitterkräfte überwunden werden und das Ionengitter zusammenbricht. Der *Schmelzpunkt* (*F*) ist dann erreicht. Er liegt bei den salzartigen Stoffen verhältnismäßig hoch. Noch viel höher liegt der *Siedepunkt* (*Kp*).

Beispiele:

Natriumchlorid, NaCl	*F* 800 °C	*Kp* 1440 °C
Kaliumiodid, KI	*F* 686 °C	*Kp* 1330 °C

Verbindungen, die auf Ionenbindung beruhen, haben relativ hohe Schmelz- und Siedepunkte.

Sehr viele Salze, besonders Komplexsalze und Salze organischer Säuren, zersetzen sich allerdings beim Erhitzen, bevor der Siedepunkt und z. T. schon bevor der Schmelzpunkt erreicht ist.

Eine weitere charakteristische Eigenschaft der Verbindungen, die auf Ionenbindung beruhen, ist, daß sie in *wäßrigen Lösungen* und in der *Schmelze* den *elektrischen Strom* leiten (↑ 7.4.; S. 101).

Statt von **Ionenbindung** wird in der chemischen Literatur auch
von **Ionenbeziehung,**
heteropolarer Bindung,
polarer Bindung
oder **elektrovalenter Bindung** gesprochen.

Die Bezeichnung *Ionenbeziehung* drückt aus, daß keine Bindung zwischen zwei bestimmten Ionen vorliegt, sondern daß der Zusammenhalt eines Ionengitters auf den *Beziehungen* beruht, die zwischen allen Ionen dieses Gitters bestehen.
Die Bezeichnungen *heteropolare*[1] *Bindung*, *polare Bindung* und *elektrovalente Bindung* nehmen darauf Bezug, daß *entgegengesetzt elektrisch geladene Teilchen* vorliegen.

5.2. Atombindung

5.2.1. Reine Atombindungen

Die gasförmigen Nichtmetalle (Edelgase ausgenommen) treten in zweiatomigen Molekülen auf (H_2, O_2, N_2, Cl_2). Zur Erklärung der in diesen Molekülen vorliegenden Bindungsverhältnisse wird von der Vorstellung ausgegangen, daß hier die Atome durch Bildung gemeinsamer Elektronenpaare zu Edelgaskonfigurationen gelangen.

Beispiel: Das Chloratom $\cdot\overset{\cdot\cdot}{\underset{\cdot\cdot}{Cl}}$: besitzt 7 Außenelektronen (3 Elektronenpaare und 1 ungepaartes Elektron). Im Chlormolekül, Cl_2, haben beide Atome ihr ungepaartes Elektron zu einem gemeinsamen Elektronenpaar beigesteuert (↑ Bild 11).

[1] *heteros* (grch.) der andere

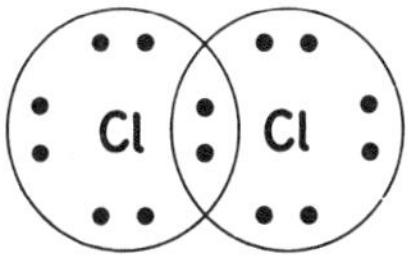

Bild 11. Schematische Darstellung eines Chlormoleküls, Cl_2

Diese auf Bildung eines gemeinsamen Elektronenpaares beruhende chemische Bindung zwischen zwei Atomen wird als Atombindung bezeichnet.

Die **Atombindung** wird mit Hilfe von **Elektronenformeln** wie folgt schematisch dargestellt:

$$:\ddot{\underset{\cdot\cdot}{\mathrm{Cl}}}\cdot + \cdot\ddot{\underset{\cdot\cdot}{\mathrm{Cl}}}: \rightarrow :\ddot{\underset{\cdot\cdot}{\mathrm{Cl}}}:\ddot{\underset{\cdot\cdot}{\mathrm{Cl}}}:$$

Ein **Elektronenpaar** kann statt durch *zwei Punkte* auch durch *einen Strich* symbolisiert werden. Folgende Elektronenformeln des Chlormoleküls Cl_2 sind also gleichbedeutend:

$$:\ddot{\underset{\cdot\cdot}{\mathrm{Cl}}}:\ddot{\underset{\cdot\cdot}{\mathrm{Cl}}}: \qquad |\overline{\underline{\mathrm{Cl}}}—\overline{\underline{\mathrm{Cl}}}|$$

Mitunter läßt man die nicht an der Atombindung beteiligten sog. *freien* oder *einsamen Elektronenpaare* weg, dann ergibt sich für das Chlormolekül folgende *vereinfachte Elektronenformel:*

Cl—Cl

Die beiden an einem gemeinsamen Elektronenpaar beteiligten Atome eines Elements tragen keine elektrischen Ladungen.
In der chemischen Literatur ist daher statt

von **Atombindung**
und von **Elektronenpaarbindung**

auch von **homöopolarer**[1] **Bindung,**
unpolarer Bindung
oder **kovalenter**[2] **Bindung** die Rede.

Atombindungen treten nur zwischen Atomen mit mehr oder weniger elektronegativem Charakter, also zwischen Nichtmetallatomen, auf.

Um **reine Atombindungen** handelt es sich dabei nur dann, wenn der **elektronegative Charakter** (die *Elektronegativität*) beider Atome *gleich stark* ist. Zwischen zwei Atomen des *gleichen Elements* ist das stets der Fall. In den Molekülen der Elemente H_2, Cl_2, N_2 usw. liegen also reine Atombindungen vor.
Zwischen zwei Atomen können auch *mehrere gemeinsame Elektronenpaare* auftreten.

[1] *homoios* (grch.) ähnlich
[2] *kovalent* (aus dem Lateinischen); soviel wie: einander gleichwertig

Beispiel: Im Stickstoffmolekül, N_2, bedarf es dreier gemeinsamer Elektronenpaare, um zu Achterschalen zu gelangen (↑ Bild 12):

$$:\dot{\underset{\cdot}{N}}\cdot + \cdot\dot{\underset{\cdot}{N}}: \rightarrow :N:::N: \quad \text{bzw.} \quad |N\equiv N|$$

Man spricht in diesem Falle von einer **Dreifachbindung**.

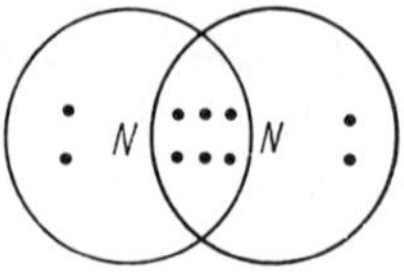

Bild 12. Schematische Darstellung eines Stickstoffmoleküls, N_2

Es gibt aber auch *Elemente*, die in ihrem *elektronegativen Charakter* (in ihrer *Elektronegativität*) einander *fast gleich* sind. Das trifft z. B. für *Kohlenstoff* und *Schwefel* zu. Auch zwischen den Atomen solcher Elemente treten dann praktisch reine Atombindungen auf.

Beispiel: Kohlendisulfid (Schwefelkohlenstoff), CS_2

$$:\ddot{\underset{\cdot}{S}}\cdot + \cdot\dot{\underset{\cdot}{C}}\cdot + \cdot\dot{\underset{\cdot\cdot}{S}}: \rightarrow \ddot{\underset{\cdot\cdot}{S}}::C::\ddot{\underset{\cdot\cdot}{S}} \quad \text{bzw.} \quad \overline{\underline{S}}=C=\overline{\underline{S}}$$

Zwischen dem Kohlenstoffatom und jedem der beiden Schwefelatome liegen *zwei* gemeinsame Elektronenpaare vor. Man spricht hier von **Doppelbindungen.**

5.2.2. Polarisierte Atombindungen

Zwischen Atomen zweier *Nichtmetalle*, die sich in ihrem *elektronegativen Charakter erheblich* voneinander *unterscheiden*, kann es *keine reine Atombindung* mehr geben. Das Atom des stärker elektronegativen Elements zieht das gemeinsame Elektronenpaar stärker an als das Atom des schwächer elektronegativen Elements. Dadurch entsteht eine **polarisierte Atombindung** oder – wie man auch sagt – eine *kovalente Bindung mit partiellem Ionenbindungscharakter.*

Beispiel: Das Chlor ist erheblich stärker elektronegativ als der Wasserstoff. Im Chlorwasserstoffmolekül, HCl, wird daher das gemeinsame Elektronenpaar vom Chloratom stärker angezogen als vom Wasserstoffatom:

$$\delta^+ \; H \; :\ddot{\underset{\cdot\cdot}{Cl}}: \; \delta^-$$

Dadurch wird der Schwerpunkt der negativen Ladungen zum Chloratom und dementsprechend der Schwerpunkt der positiven Ladungen zum Wasserstoffatom verschoben.

Der partielle (teilweise) Ionenbindungscharakter der Bindung zwischen Wasserstoff und Chlor macht etwa 20% aus. Im Chlorwasserstoffmolekül trägt also das Wasserstoffatom etwa 20% der Ladung eines Wasserstoffions, das Chloratom etwa 20% der Ladung eines Chloridions.

Die partiellen Ionenladungen (Partialladungen) werden durch δ^+ und δ^- symbolisiert, mitunter auch durch $^{(+)}$ und $^{(-)}$.
Was hier am Beispiel des Chlorwasserstoffmoleküls erläutert wurde, gilt allgemein:

Alle Atombindungen zwischen zwei verschiedenen Atomen sind mehr oder weniger polarisiert.
Die polarisierte Atombindung stellt einen Übergang zwischen der reinen Atombindung und der Ionenbindung dar.

Dieser Übergang zeigt sich z. B. deutlich bei den binären Verbindungen des Chlors mit den anderen Elementen der 3. Periode:

$NaCl$	$MgCl_2$	$AlCl_3$	$SiCl_4$	PCl_3	SCl_2	Cl_2
Ionen-bindung	polarisierte Atombindungen					Atom-bindung
	← zunehmende Polarisation					

5.2.3. Dipolmoleküle

Polarisierte Atombindungen können zur Folge haben, daß innerhalb eines *Moleküls* der Schwerpunkt der negativen Ladungen nicht mehr mit dem Schwerpunkt der positiven Ladungen zusammenfällt. Die Moleküle zeigen dann auf einer Seite eine positive, auf der anderen Seite eine negative Partialladung (↑ S. 78, Beispiel HCl).

Ein Molekül, das zwei entgegengesetzt elektrisch geladene Seiten hat, wird als Dipolmolekül bezeichnet.

Ein sehr wichtiges Dipolmolekül ist das Molekül des *Wassers*:

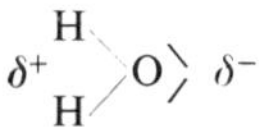

Dieser Dipolcharakter kommt dadurch zustande, daß das Molekül gewinkelt ist (↑ Bild 13). Wäre es gestreckt, so würden die Schwerpunkte der negativen und der positiven Ladungen des Moleküls im Sauerstoffatom zusammenfallen.

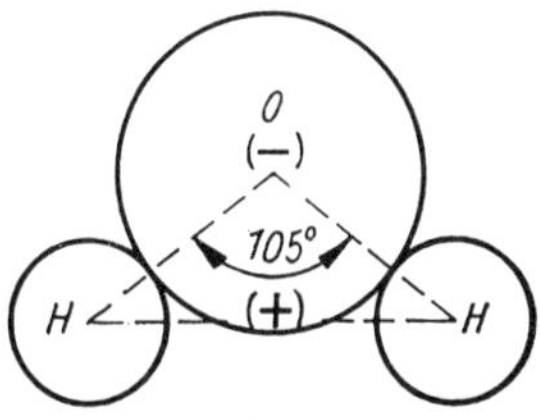

Bild 13. Das Wassermolekül als Dipol (Die in Klammern stehenden Zeichen + und − geben die Ladungsschwerpunkte an.)

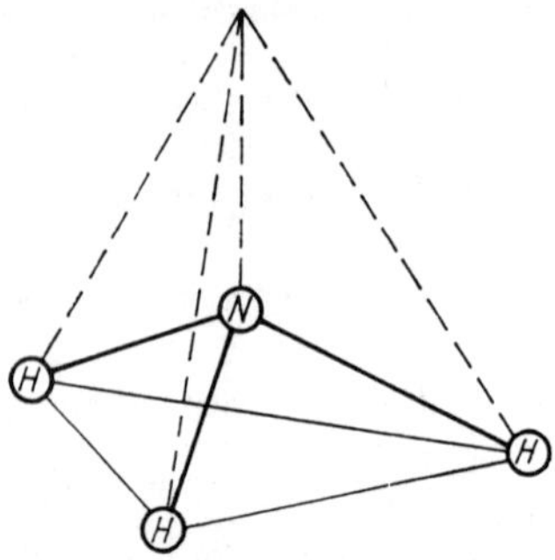

Bild 14. Räumliche Anordnung der Atome im Ammoniakmolekül, NH_3

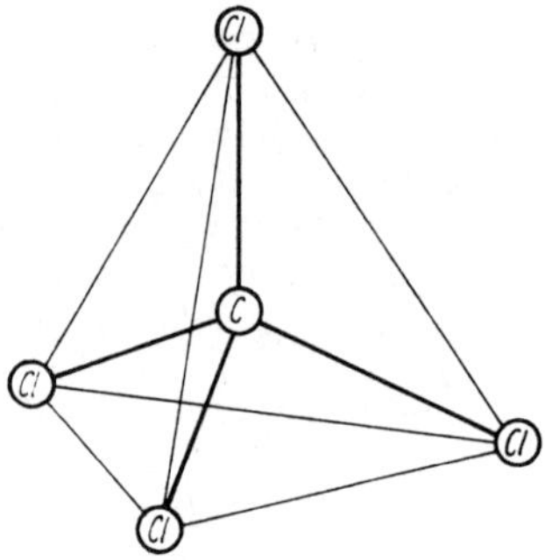

Bild 15. Räumliche Anordnung der Atome im Molekül des Tetrachlormethans (Tetrachlorkohlenstoffs), CCl_4

Auch das *Ammoniak*, NH_3, bildet ein Dipolmolekül, da die drei Atombindungen polarisiert sind und die Schwerpunkte der positiven und der negativen Ladungen nicht zusammenfallen (↑ Bild 14).

H╲
δ^+ H—N| δ^-
H╱

Dagegen ist das Molekül des Tetrachlormethans, CCl_4, kein Dipolmolekül. Zwar sind die Atombindungen zwischen Kohlenstoff und Chlor gleichfalls polarisiert, aber die Schwerpunkte der positiven und der negativen Ladungen fallen infolge des symmetrischen Baus des Moleküls (↑ Bild 15) im Kohlenstoffatom zusammen.

5.2.4. Eigenschaften der Stoffe mit Atombindungen

Während die Bindungskräfte der Ionenbeziehungen nach allen Seiten wirken, sind die *Bindungskräfte der Atombindungen gerichtet.*
Dabei ergeben sich Stoffe von ganz unterschiedlichen *Eigenschaften*, je nachdem, ob die *Atombindungen* zu **Molekülen** oder **Atomgittern** führen.

- **Atomgitter** werden nur von verhältnismäßig wenigen Stoffen gebildet. Als typisches Beispiel gilt der elementare Kohlenstoff in Form des *Diamanten* (↑ Bild 16). Im Atomgitter des Diamanten ist jedes Kohlenstoffatom durch *vier Atombindungen*, d. h. durch vier gemeinsame Elektronenpaare, mit vier anderen Kohlenstoffatomen verbunden. Auf diese Weise ergibt sich ein außerordentlich fester Zusammenhalt. Alle Stoffe, die ein Atomgitter besitzen (z. B. Borcarbid, B_4C, und Siliciumcarbid, SiC), zeichnen sich daher durch große Härte und durch sehr hohe Schmelz- bzw. Siedepunkte aus. Diese Stoffe werden unter der Bezeichnung **diamantartige Stoffe** zusammengefaßt.
- **Moleküle** werden von den elementaren Gasen (z. B. H_2, Cl_2) und von einer Reihe nichtsalzartiger anorganischer Verbindungen (z. B. HCl, H_2O, NH_3, CO_2), vor allem aber von den *organischen Verbindungen*, d. h. von den Verbindungen des Kohlenstoffs, gebildet.

Der Kohlenstoff steht im Periodensystem in der Mitte zwischen den elektropositiven Elementen und den elektronegativen Elementen und wird daher auch als *elektroneutral* bezeichnet.

Für organische Verbindungen (Kohlenstoffverbindungen) ist die Atombindung charakteristisch.

Da die *Bindungskräfte innerhalb des Moleküls sehr groß* sind, verlaufen die *Reaktionen* der organischen Chemie in der Regel viel *langsamer* als die für die anorganische Chemie typischen Ionenreaktionen. Wenn ein Molekül mit einem anderen Molekül reagieren soll, so müssen zunächst

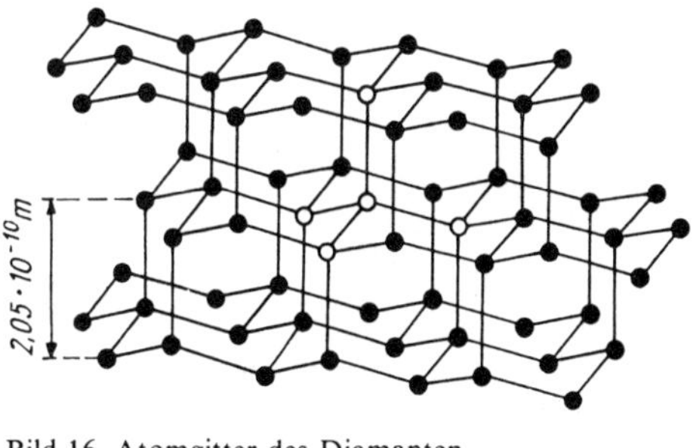

Bild 16. Atomgitter des Diamanten

die innerhalb dieser Moleküle herrschenden Bindungskräfte teilweise überwunden werden.
Zwischen den Molekülen wirken nur sehr *schwache Anziehungskräfte* (sog. VAN-DER-WAALS*sche Kräfte*). Die *Molekülgitter*, zu denen die Moleküle zusammentreten können, zeigen daher nur geringen Zusammenhalt, und demzufolge haben die aus Molekülen bestehenden Stoffe in der Regel *niedrige Schmelz- und Siedepunkte*. Viele sind bei Zimmertemperatur gasförmig (z. B. Chlor, Cl_2; Ammoniak, NH_3; Methan, CH_4), andere flüssig (z. B. Brom, Br_2; Wasser, H_2O; Ethanol, C_2H_5OH). Aber auch die bei Zimmertemperatur festen, aus Molekülen aufgebauten Stoffe (z. B. Iod, I_2; Phenol, C_6H_5OH; Naphthalen, $C_{10}H_8$) gehen meist viel leichter in den gasförmigen Zustand über als die Salze. Alle diese Stoffe werden als **flüchtige Stoffe** zusammengefaßt. Die Flüchtigkeit nimmt im allgemeinen mit zunehmender Molekülgröße ab. Stoffe mit sehr großen Molekülen, sog. Makromolekülen, sind daher nicht mehr flüchtig (z. B. Stärke, Cellulose).
Da die Moleküle keine elektrischen Ladungen tragen, leiten die Verbindungen, die auf reinen oder schwach polarisierten Atombindungen beruhen, den elektrischen Strom nicht. Dagegen können Moleküle mit *stark polarisierter Atombindung* (z. B. HCl) in wäßriger Lösung in Ionen aufgespalten werden, so daß diese Lösung eine elektrische Leitfähigkeit besitzt (potentielle Elektrolyte, ↑ S. 101).

5.3. Metallbindung

Die Metalle und deren Legierungen kristallisieren in Form von **Metallgittern.** In einem Metallgitter sind die Gitterpunkte durch positiv geladene *Metallionen* besetzt, die in diesem Falle häufig auch als *Atomrümpfe* bezeichnet werden. Je nach der Art des Kristallgitters (↑ Bilder 17 bis 19) ist jedes Metallion von acht oder von zwölf Nachbarn umgeben. Diese Zahlen werden als *Koordinationszahlen* bezeichnet (↑ S. 89). Die abgespaltenen Valenzelektronen bewegen sich mehr oder weniger frei zwischen den Metallionen und werden daher oft als *Elektronengas* bezeichnet. Sie sind die Träger der elektrischen Leitfähigkeit der Metalle. Der Zusammenhalt zwischen den gleichsinnig geladenen Metallionen läßt sich dadurch erklären, daß die Valenzelektronen zwischen benachbarten Atomrümpfen gemeinsame Elektronenpaare ausbilden, die ständig ihren Platz wechseln. Das hat zur Folge, daß diese Bindungen auf alle Nachbaratome gleichermaßen wirken, wodurch sie wesentlich weniger fest sind als die gerichteten Bindungen im Atomgitter. Die Metalle, deren Atome nur *ein* Valenzelektron besitzen (I. Hauptgruppe) und daher auch nur an *einem* gemeinsamen Elektronenpaar teilnehmen können, haben sehr niedrige **Schmelzpunkte.**

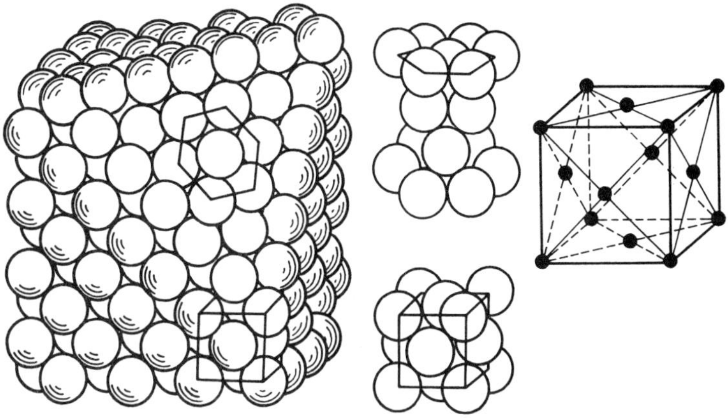

Bild 17. Kubisch-dichteste Kugelpackung (kubisch-flächenzentriertes Gitter)

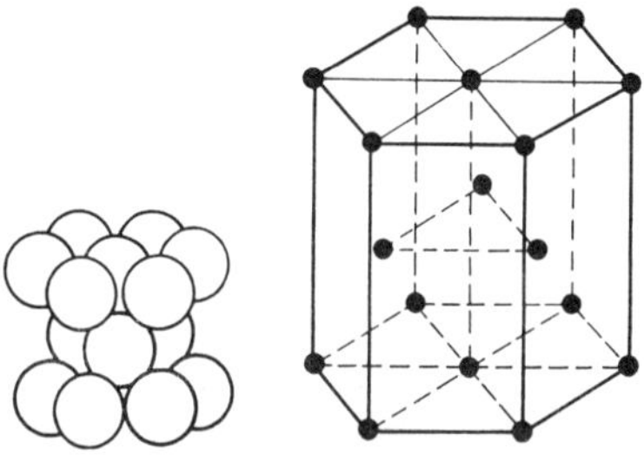

Bild 18. Hexagonal-dichteste Kugelpackung (hexagonales Gitter)

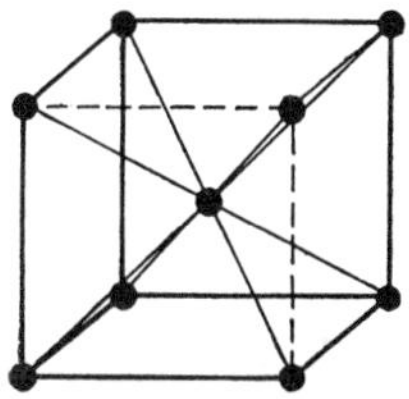

Bild 19. Kubisch-raumzentriertes Gitter

Durch Einlagerung von Fremdatomen (z. B. Kohlenstoffatomen) können die Gleitebenen eines Metallgitters blockiert werden (*Einlagerungsmischkristalle*, ↑ Bild 20). Daher ist kohlenstoffhaltiges Eisen viel härter als reines Eisen. In einem Metallgitter kann aber auch ein Teil der Atome durch Fremdatome ersetzt (substituiert) sein (*Substitutionsmischkristalle*, ↑ Bild 21). Es handelt sich in beiden Fällen um **Legierungen.**

Legierungen sind Gemenge aus zwei oder mehr Metallen.

Auch bestimmte *Nichtmetalle* können beteiligt sein (z. B. C, Si). Die Legierungen werden im allgemeinen durch Zusammenschmelzen der

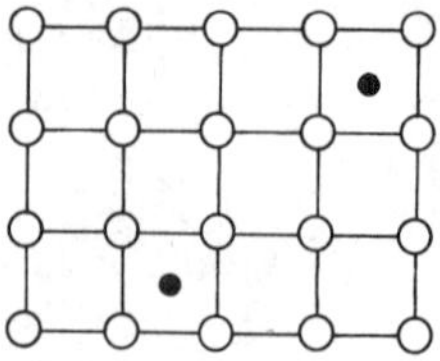

Bild 20. Einlagerungsmischkristall

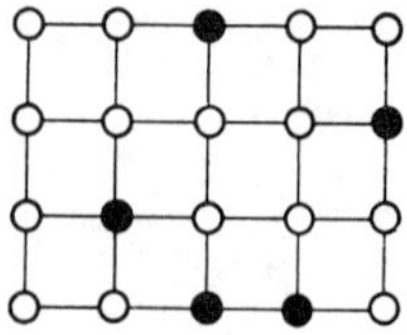

Bild 21. Substitutionsmischkristall

Bestandteile gewonnen. Nicht alle Metalle sind in beliebigem Verhältnis miteinander legierbar.

5.4. Komplexverbindungen (Verbindungen höherer Ordnung)

Alle chemischen Verbindungen, die auf den drei einfachen Bindungsarten (Ionenbindung, Atombindung, Metallbindung) beruhen, werden mitunter als *Verbindungen erster Ordnung* bezeichnet. Dazu gehören alle Verbindungen, die aus nur *zwei* Elementen bestehen (*binäre Verbindungen*; ↑ S. 65, Fußnote), und jene Verbindungen aus drei oder mehr Elementen, die nur auf Atombindungen beruhen, z. B. Chloroform, $CHCl_3$, oder Vinylchlorid, $CH_2{=}CHCl$.
Alle chemischen Verbindungen, die sich nicht auf die drei einfachen Bindungsarten zurückführen lassen, werden mitunter als *Verbindungen höherer Ordnung*, meist jedoch als

Komplexverbindungen oder
Koordinationsverbindungen

bezeichnet. Mit diesen Verbindungen beschäftigt sich ein besonderer Zweig der Chemie, die **Komplexchemie** (chemische Koordinationslehre), die 1893 von dem schweizerischen Chemiker ALFRED WERNER begründet wurde.
Die bekanntesten Komplexverbindungen sind die Salze der sauerstoffhaltigen Säuren, die in wäßriger Lösung und in Schmelzen in Metallionen und Säurerestionen dissoziieren.

Beispiele:

Natriumchlorat $$NaClO_3 \rightarrow Na^+ + \begin{bmatrix} O & & O \\ & Cl & \\ & O & \end{bmatrix}^-$$

Natriumsulfat $$Na_2SO_4 \rightarrow \begin{matrix} Na^+ \\ Na^+ \end{matrix} + \begin{bmatrix} O & & O \\ & S & \\ O & & O \end{bmatrix}^{2-}$$

Natriumphosphat $$Na_3PO_4 \rightarrow \begin{matrix} Na^+ \\ Na^+ \\ Na^+ \end{matrix} + \begin{bmatrix} O & & O \\ & P & \\ O & & O \end{bmatrix}^{3-}$$

Diese Säurerestionen werden als **Komplexionen** bezeichnet. Sie zeigen einen verhältnismäßig festen Zusammenhalt und gehen daher bei den meisten chemischen Reaktionen unverändert in die neu entstehende Verbindung über.

Beispiel: $Na_2SO_4 + BaCl_2 \rightarrow BaSO_4\downarrow + 2\,NaCl$

$2\,Na^+ + SO_4^{2-} + Ba^{2+} + 2\,Cl^- \rightarrow BaSO_4\downarrow + 2\,Na^+ + 2\,Cl^-$

Im Prinzip werden bei der Komplexbildung an ein Atom, das **Zentralatom** (bzw. Zentralion), andere Atome, die **Liganden,** angelagert.
Die Liganden (in den Beispielen die Sauerstoffatome) werden dem Zentralatom (in den Beispielen Cl, S und P) zugeordnet (*koordiniert*). Daher wird diese Art der chemischen Bindung auch als **koordinative Bindung** bezeichnet.
Sie beruht auf gemeinsamen Elektronenpaaren, bei denen aber – im Gegensatz zu den einfachen Atombindungen – *beide* Elektronen meist vom *gleichen* Atom stammen.

Viel mannigfaltiger als die Nichtmetallkomplexe sind die Komplexverbindungen, bei denen ein *Metall* als *Zentralatom* (bzw. als *Zentralion*) auftritt. Bei den Liganden handelt es sich hier um *Ionen* (z. B. Cl^-, OH^-, CN^-) oder um *Dipolmoleküle* (z. B. H_2O, NH_3).

Beispiele: Tetramminkupfer(II)-chlorid, $[Cu(NH_3)_4]Cl_2$
Zentralion: Cu^{2+} Liganden: NH_3

Kaliumhexacyanoferrat(II), $K_4[Fe(CN)_6]$
Zentralion: Fe^{2+} Liganden: CN^-

Die Anzahl der Liganden, die einem Zentralatom zugeordnet sind, wird *Koordinationszahl* genannt (↑ S. 89). Die Wertigkeitsverhältnisse innerhalb der Komplexionen lassen sich mit Hilfe der *Oxidationszahlen* wiedergeben (↑ S. 94).
Von den Komplexverbindungen zu unterscheiden sind die **Doppelsalze.**

Beispiele:

$KAl(SO_4)_2 \cdot 12\,H_2O$	Alaun
$CaCO_3 \cdot MgCO_3$	Dolomit
$KCl \cdot MgCl_2 \cdot 6\,H_2O$	Carnallit

Bei der elektrolytischen Dissoziation von Komplexverbindungen bleiben die Komplexionen erhalten.

Beispiele:

$Na_2SO_4 \rightleftarrows 2\,Na^+ + SO_4^{2-}$

$[Cu(NH_3)_4]Cl_2 \rightleftarrows [Cu(NH_3)_4]^{2+} + 2\,Cl^-$

$K_4[Fe(CN)_6] \rightleftarrows 4\,K^+ + [Fe(CN)_6]^{4-}$

Doppelsalze zerfallen bei der elektrolytischen Dissoziation in die Einzelionen, aus denen sie aufgebaut sind.

Beispiele: $KAl(SO_4)_2 \cdot 12\,H_2O \rightleftarrows K^+ + Al^{3+} + 2\,SO_4^{2-} + 12\,H_2O$

$KCl \cdot MgCl_2 \cdot 6\,H_2O \rightleftarrows K^+ + Mg^{2+} + 3\,Cl^- + 6\,H_2O$

5.5. Wertigkeitsbegriffe

Der Begriff der *Wertigkeit* wurde um die Mitte des vorigen Jahrhunderts in die Chemie eingeführt. Mit der Lehre von der chemischen Bindung, d. h. mit der Elektronentheorie der Valenz (Wertigkeit), wurde der alte Wertigkeitsbegriff durch mehrere neue Begriffe ergänzt. Die wichtigsten valenztheoretischen Begriffe (Wertigkeitsbegriffe) werden nachstehend erläutert.

5.5.1. Stöchiometrische Wertigkeit

Für stöchiometrische Berechnungen und auch schon für das Aufstellen von chemischen Formeln und Gleichungen muß bekannt sein, in welchen Verhältnissen sich die Atome der verschiedenen Elemente miteinander verbinden. Auskunft hierüber gibt die stöchiometrische Wertigkeit, oft auch einfach als *Wertigkeit* bezeichnet.

Die stöchiometrische Wertigkeit eines Elements gibt an, mit wieviel einwertigen Atomen sich ein Atom dieses Elements verbindet.

Dabei werden als *einwertig* alle die Elemente bezeichnet, deren Atome – in binären Verbindungen – nie mit mehr als *einem* Atom eines anderen Elements verbunden sind. Das ist z. B. beim *Wasserstoff* der Fall. Die stöchiometrische Wertigkeit wird daher vielfach auch darauf bezogen, *mit wieviel Wasserstoffatomen sich ein Atom des betreffenden Elements verbindet*.

Beispiele: Im Chlorwasserstoff, HCl, ist Chlor einwertig.
Im Wasser, H_2O, ist Sauerstoff zweiwertig.
Im Ammoniak, NH_3, ist Stickstoff dreiwertig.

Allerdings sind nicht von allen Elementen solche Wasserstoffverbindungen bekannt, dagegen bilden fast alle Elemente mit Sauerstoff Oxide. Da *Sauerstoff stets zweiwertig* ist, kann aus den Formeln der Oxide auf die Wertigkeit der betreffenden Elemente geschlossen werden. Dabei wird oft von der Vorstellung ausgegangen, alle Oxide leiteten sich aus dem Wasser, H_2O, ab, indem dessen *Wasserstoffatome durch Atome anderer Elemente ersetzt* werden.

Beispiele: Im Natriumoxid, Na_2O, ersetzt jedes Natriumatom ein Wasserstoffatom. Natrium ist daher – wie Wasserstoff – einwertig.
Im Calciumoxid, CaO, ersetzt das Calciumatom zwei Wasserstoffatome. Calcium ist also zweiwertig.

Daher ist für die stöchiometrische Wertigkeit auch folgende Begriffsbestimmung gebräuchlich:

Die stöchiometrische Wertigkeit eines Elements gibt an, wieviel Wasserstoffatome ein Atom dieses Elements zu binden oder zu ersetzen vermag.

Viele Elemente treten mit *mehreren* stöchiometrischen Wertigkeiten auf (↑ Tafel 3 im Anhang). Dementsprechend bilden sie Verbindungen mit unterschiedlicher stöchiometrischer Zusammensetzung. Es gibt zwei Möglichkeiten, solche Verbindungen eindeutig zu bezeichnen:

- Durch Angabe der **Wertigkeit:**

Beispiele: Kupfer(I)-oxid, Cu_2O, enthält einwertiges Kupfer.
Kupfer(II)-oxid, CuO, enthält zweiwertiges Kupfer.
Lies: Kupfer-eins-oxid bzw. Kupfer-zwei-oxid.

- Durch Angabe der **stöchiometrischen Zusammensetzung:**

Beispiele: Schwefel*di*oxid, SO_2, enthält zwei (grch. di) Sauerstoffatome im Molekül.
Schwefel*tri*oxid, SO_3, enthält drei (grch. tri) Sauerstoffatome im Molekül.

Da die Wertigkeit des Sauerstoffs bekannt ist, läßt sich aus der stöchiometrischen Zusammensetzung' eines Oxids auch die Wertigkeit des anderen Elements berechnen.
Dabei gilt allgemein:

In einer chemischen Verbindung sättigen sich die Wertigkeiten der beteiligten Atome gegeneinander ab.

Beispiel: Im Schwefeldioxid ist der Schwefel vierwertig, da er mit zwei (zweiwertigen) Sauerstoffatomen verbunden ist. Im Schwefeltrioxid ist der Schwefel sechswertig, da er mit drei (zweiwertigen) Sauerstoffatomen verbunden ist.

Mit Hilfe der stöchiometrischen Wertigkeit lassen sich die *Summenformeln*[1] chemischer Verbindungen *berechnen:*

Beispiel: Für das Oxid des fünfwertigen Phosphors ist die Summenformel aufzustellen.

$$P^{V} \quad O^{II}$$

Die hochgestellten römischen Ziffern geben die Wertigkeit an. Mit Hilfe des kleinsten gemeinsamen Vielfachen (hier: 10) kann errechnet werden, wieviel Phosphoratome und wieviel Sauerstoffatome beteiligt sein müssen, wenn alle Wertigkeiten abgesättigt sein sollen. Wir rechnen

für Phosphor: $10:5 = 2$,
für Sauerstoff: $10:2 = 5$
und erhalten:

$$P_2^{V} \quad O_5^{II}$$

In Wirklichkeit bildet das Phosphorpentoxid Moleküle, die doppelt so groß sind, wie diese Summenformel angibt, die also der Summenformel P_4O_{10} entsprechen. Hier zeigt sich, daß die mit Hilfe der stöchiometrischen Wertigkeit ermittelten Formeln *nichts über den Bau der Moleküle* aussagen.

[1] Die *Summenformeln* geben nur die Bruttozusammensetzung der Verbindungen an, die in der organischen Chemie gebräuchlichen *Strukturformeln* dagegen den Aufbau der Moleküle.

5.5.2. Ionenwertigkeit

Die positive oder negative Ladung eines Ions wird auch als Ionenwertigkeit bezeichnet.

Die Ionenwertigkeit unterscheidet sich von der stöchiometrischen Wertigkeit des Ions nur durch das Vorzeichen.

Beispiele:

	Ionenwertigkeit	stöchiometrische Wertigkeit
Natriumion, Na^+	+1	1
Aluminiumion, Al^{3+}	+3	3
Sulfation, SO_4^{2-}	−2	2

Zwischen der Ionenwertigkeit und der Anzahl der Valenzelektronen besteht ein unmittelbarer Zusammenhang (↑ S. 72):

- **Die positive Ionenwertigkeit ist gleich der Anzahl der abgegebenen Valenzelektronen.**
- **Die negative Ionenwertigkeit ist gleich der Anzahl der aufgenommenen Valenzelektronen.**

5.5.3. Bindigkeit

Bei den auf Atombindung beruhenden Verbindungen bedient man sich zur Angabe der Bindungsverhältnisse des Begriffs der *Bindigkeit* (*Bindungswertigkeit*):

Die Bindigkeit eines Atoms gibt an, an wieviel gemeinsamen Elektronenpaaren dieses Atom beteiligt ist.

Die Bindigkeit eines Atoms läßt sich also aus den Elektronenformeln (↑ S. 77) ablesen, in denen die Elektronenpaare durch Doppelpunkte oder durch Striche angegeben werden.
Da die Bindigkeit eines Atoms von der Anzahl der Außenelektronen abhängt, stimmt sie meist – nicht immer – mit der stöchiometrischen Wertigkeit überein.

Beispiele: Das Kohlenstoffatom ist im *Methan*, CH_4, und in fast allen anderen Verbindungen stöchiometrisch vierwertig und – da es an vier gemeinsamen Elektronenpaaren beteiligt ist – *vierbindig*.
Im *Kohlenmonoxid*, CO, ist der Kohlenstoff dagegen stöchiometrisch *zweiwertig*, da er hier zwei Wasserstoffatome ersetzt. Nach der Elektronenformel

:C:::O:

besitzt das Molekül *drei* gemeinsame Elektronenpaare. Kohlenstoff und Sauerstoff sind hier also *dreibindig*. Zu zwei gemeinsamen Elektronenpaaren haben das Kohlenstoffatom und das Sauerstoffatom je ein Elektron beigesteuert. Das dritte Elektronenpaar stammt allein vom Sauerstoffatom. (Das Kohlenstoffatom besitzt *vier*, das Sauerstoffatom *sechs* Außenelektronen.)

5.5.4. Koordinationszahl

Um die räumliche Anordnung von Atomen, Ionen und Molekülen richtig charakterisieren zu können, bedarf es eines weiteren Begriffs, der *Koordinationszahl.*

Die Koordinationszahl gibt an, wieviel Atome (bzw. Ionen) einem Atom (bzw. Ion) unmittelbar benachbart sind.

Jedes *Kristallgitter* besitzt eine bestimmte Koordinationszahl.

Beispiele:

Koordinationszahl 4: Diamantgitter (↑ Bild 16, S. 81)
Koordinationszahl 6: Natriumchloridgitter (↑ Bild 10, S. 75)
Koordinationszahl 8: kubisch-raumzentriertes Gitter (↑ Bild 19, S. 83)
Koordinationszahl 12: dichteste Kugelpackungen (↑ Bilder 17 u. 18, S. 83)

Die Koordinationszahl ist aber auch ein wichtiges Merkmal der *Komplexionen*, wie SO_4^{2-}, CO_3^{2-}, NO_3^- und NH_4^+ (↑ 5.4.; S. 85).

Bei den Komplexionen gibt die Koordinationszahl an, von wieviel Liganden das Zentralatom umgeben ist.

Beispiele: Der Schwefel besitzt im Sulfation, SO_4^{2-}, die Koordinationszahl 4, im Sulfition, SO_3^{2-}, die Koordinationszahl 3. Der Stickstoff besitzt im Ammoniumion, NH_4^+, die Koordinationszahl 4, im Nitration, NO_3^-, die Koordinationszahl 3, im Nitrition, NO_2^-, die Koordinationszahl 2. Aus den Komplexformeln läßt sich die Koordinationszahl leicht ablesen.

$$\left[\begin{matrix} & O & \\ O & S & O \\ & O & \end{matrix}\right]^{2-} \quad \left[\begin{matrix} & O \\ O & S \\ & O \end{matrix}\right]^{2-} \quad \left[\begin{matrix} & H & \\ H & N & H \\ & H & \end{matrix}\right]^{+} \quad \left[\begin{matrix} & O \\ O & N \\ & O \end{matrix}\right]^{-}$$

Sulfation   Sulfition   Ammoniumion   Nitration

Die Koordinationszahl läßt Rückschlüsse auf den *räumlichen Bau* eines Komplexions zu, da die Liganden in der Regel an den Ecken eines geometrischen Körpers stehen, in dessen Mittelpunkt sich das Zentralatom befindet:

Koordinationszahl 4	**Tetraeder** (seltener: **Quadrat**)
Koordinationszahl 6	**Oktaeder**
Koordinationszahl 8	**Würfel**

Die Koordinationszahl hängt von der *Größe* des Zentralatoms und von der Größe der Liganden ab. *Je größer* das *Zentralatom* und *je kleiner* die *Liganden* sind, um so größer ist die höchstmögliche Koordinationszahl. So beträgt die maximale Koordinationszahl des Stickstoffs gegenüber den kleinen Wasserstoffatomen 4, gegenüber den größeren Sauerstoffatomen dagegen nur 3.

6. Oxidations-Reduktions-Vorgänge

Die Oxidations-Reduktions-Vorgänge stellen einen sehr wichtigen Typ der chemischen Reaktionen dar. Wie heute bekannt ist, beruhen sie auf der *Aufnahme* oder *Abgabe von Elektronen.* Im Chemieunterricht werden aber meist zunächst Oxidations- und Reduktionsbegriffe verwendet, die einem früheren Stand der Erkenntnis entsprechen. Die beiden Begriffe werden daher nachstehend in ihrer Entwicklung dargestellt.

6.1. Oxidation als Vereinigung eines Elements mit Sauerstoff

Nachdem in den Jahren 1774 bis 1777 durch die Arbeiten verschiedener Forscher (vor allem Carl Wilhelm Scheele und Joseph Priestley) das Element Sauerstoff entdeckt worden war, gelang es dem Franzosen Antoine-Laurent Lavoisier etwa 1783, den Verbrennungsvorgang aufzuklären:

Die Verbrennung ist eine Vereinigung mit Sauerstoff.

Aus dem französischen Namen *oxygène* für Sauerstoff abgeleitet, wurde diese Vereinigung mit Sauerstoff als *Oxydation* bezeichnet (heute meist *Oxidation* geschrieben).

Die Vereinigung eines Elements mit Sauerstoff ist eine Oxidation.

Bei der Oxidation von Elementen entstehen deren **Oxide** (ältere Schreibweise: Oxyde).

Oxide sind binäre Verbindungen des Sauerstoffs mit anderen Elementen.

Beispiele: $Mg + \frac{1}{2} O_2 \rightarrow MgO$ Magnesiumoxid
$S + O_2 \rightarrow SO_2$ Schwefeldioxid

Außer dem Sauerstoff selbst können auch Verbindungen, die leicht Sauerstoff abgeben, eine Oxidation bewirken. Solche Verbindungen werden als **Oxidationsmittel** bezeichnet. Bekannte Oxidationsmittel sind Wasserstoffperoxid, H_2O_2, Kaliumchlorat, $KClO_3$, Kaliumpermanganat, $KMnO_4$, und Kupfer(II)-oxid, CuO.

Mit der **Oxidationstheorie** wurde die *Phlogistonhypothese* überwunden, die etwa ein Jahrhundert zur Erklärung des Verbrennungsvorganges gedient hatte. Man hatte angenommen, alle brennbaren Stoffe enthielten eine *Feuerluft* (*Phlogiston* genannt), die beim Verbrennen entweicht. Der russische Gelehrte Lomonossow hatte sich schon Mitte des 18. Jahrhunderts von der Phlogistonhypothese freigemacht, nachdem er erkannt hatte, daß bei der Verbrennung ein Teil der Luft (der damals noch unbekannte Sauerstoff!) verbraucht wird.

6.2. Reduktion als Entzug von Sauerstoff

Wird einem Oxid der Sauerstoff entzogen, so wird dieser Vorgang als *Reduktion* bezeichnet. Das Element, um dessen Oxid es sich handelt, wird dabei in den elementaren Zustand zurückgeführt (*reduziert*).

Der Entzug von Sauerstoff aus einem Oxid ist eine Reduktion.

Daraus ergibt sich:

Die Reduktion ist die Umkehrung der Oxidation.

Zur Reduktion eines Oxids ist meist ein **Reduktionsmittel** notwendig, d. h. ein Stoff, der den Sauerstoff aufnimmt. Bekannte Reduktionsmittel sind Kohlenstoff, Kohlenmonoxid, CO, Wasserstoff sowie alle unedlen Metalle, wie Natrium, Magnesium und Aluminium, die sich bekanntlich leicht mit Sauerstoff verbinden.

Beispiele:

$Fe_2O_3 + 3\,C \rightarrow 2\,Fe + 3\,CO$
$Fe_2O_3 + 3\,CO \rightarrow 2\,Fe + 3\,CO_2$ (Vorgänge im Hochofen)

$Fe_2O_3 + 2\,Al \rightarrow Al_2O_3 + 2\,Fe$ (aluminothermisches Schweißen)

$CuO + H_2 \rightarrow Cu + H_2O$

Alle diese Reaktionen laufen nur bei hohen Temperaturen ab.

Aus den Beispielen geht hervor, daß bei der Reduktion ein anderer Stoff (das Reduktionsmittel) oxidiert wird.

Oxidationsmittel — wird reduziert → Cu

$CuO + H_2 \rightarrow Cu + H_2O$

Reduktionsmittel — wird oxidiert → H_2O

Bei den einander entgegengesetzten Oxidations- und Reduktionsreaktionen handelt es sich stets um die beiden Seiten eines einheitlichen Prozesses, der als **Redoxreaktion** bezeichnet wird.

Bei einer Redoxreaktion wird

ein Stoff, das Reduktionsmittel, oxidiert und
ein Stoff, das Oxidationsmittel, reduziert.

Die Oxide edler Metalle zerfallen beim bloßen Erhitzen, ohne daß ein Reduktionsmittel benötigt wird.

Beispiele: $2\,HgO \rightarrow 2\,Hg + O_2$
$2\,Ag_2O \rightarrow 4\,Ag + O_2$

6.3. Redoxreaktion als Abgabe und Aufnahme von Elektronen

Der Oxidation und der Reduktion liegen Veränderungen in den Elektronenhüllen der Atome zugrunde:

Die Oxidation ist eine Abgabe von Elektronen.
Die Reduktion ist eine Aufnahme von Elektronen.

Daraus wird verständlich, weshalb Oxidation und Reduktion zwei Seiten eines Prozesses, der Redoxreaktion, sind: Der Abgabe von Elektronen muß stets eine Aufnahme von Elektronen gegenüberstehen.

Beispiel: Bei der Oxidation von Magnesium gibt jedes Magnesiumatom seine beiden Valenzelektronen an ein Sauerstoffatom ab:

$$\cdot Mg \cdot + \cdot\underset{\cdot\cdot}{\ddot{O}}\cdot \rightarrow Mg^{2+} + \left[:\underset{\cdot\cdot}{\ddot{O}}:\right]^{2-}$$

Dabei laufen folgende Teilvorgänge ab:

$Mg \rightarrow Mg^{2+} + 2\,e^-$ (Elektronenabgabe, Oxidation)
$O + 2\,e^- \rightarrow O^{2-}$ (Elektronenaufnahme, Reduktion)

Hier liegt zwar eine Oxidation im Sinne einer Vereinigung mit Sauerstoff, aber keine Reduktion im Sinne eines Entzugs von Sauerstoff (↑ S. 91) vor.
Der *Sauerstoff* wird hier selbst *reduziert* und wirkt gegenüber dem Magnesium als *Oxidationsmittel.*
Das *Magnesium* wird *oxidiert* und wirkt gegenüber dem Sauerstoff als *Reduktionsmittel.*

Daraus ergibt sich auch eine allgemeinere Definition der Begriffe Oxidationsmittel und Reduktionsmittel.

Oxidationsmittel sind Stoffe, die Elektronen aufnehmen und dabei reduziert werden.

Reduktionsmittel sind Stoffe, die Elektronen abgeben und dabei oxidiert werden.

Zur *Aufnahme* von Elektronen neigen außer dem Sauerstoff auch die anderen Elemente, deren Atomen nur *wenige Elektronen zur Achterschale fehlen* (↑ 5.; S. 71). Die Elemente der VII. Hauptgruppe (Halogene) sind daher starke *Oxidationsmittel.*

Zur *Abgabe* von Elektronen neigen die Elemente, deren Atome *wenige Außenelektronen* besitzen, durch deren Abgabe die darunterliegende Achterschale zur Außenschale wird. Die Elemente der I. Hauptgruppe (Alkalimetalle) sowie der Wasserstoff sind daher starke *Reduktionsmittel.*

Beispiel:

$$\cdot Na + \cdot\underset{\cdot\cdot}{\ddot{Cl}}: \rightarrow Na^+ + \left[:\underset{\cdot\cdot}{\ddot{Cl}}:\right]^-$$

$Na \rightarrow Na^+ + e^-$ (Elektronenabgabe, Oxidation)
$Cl + e^- \rightarrow Cl^-$ (Elektronenaufnahme, Reduktion)

Das Reduktionsmittel Natrium wird oxidiert. Das Oxidationsmittel Chlor wird reduziert.
Bei dieser Redoxreaktion ist *kein* Sauerstoff beteiligt. Die Vorgänge in den Elektronenhüllen sind aber die gleichen wie bei der Umsetzung von Magnesium und Sauerstoff (↑ S. 92).

Zwischen Oxidationsmittel und Reduktionsmittel besteht folgende Beziehung:

$$\textbf{Oxidationsmittel + Elektronen} \underset{\text{Oxidation}}{\overset{\text{Reduktion}}{\rightleftarrows}} \textbf{Reduktionsmittel}$$

Ein Oxidationsmittel geht durch Reduktion (Elektronenaufnahme) in ein Reduktionsmittel über.
Ein Reduktionsmittel geht durch Oxidation (Elektronenabgabe) in ein Oxidationsmittel über.

Beispiel: $Fe^{3+} + 3\,e^- \rightleftarrows Fe$
Oxidationsmittel — Reduktionsmittel

Das Eisen(III)-ion kann Elektronen aufnehmen, ist also ein Oxidationsmittel. Das elementare Eisen kann Elektronen abgeben, ist also ein Reduktionsmittel. So reduziert glühendes Eisen z. B. Wasser zu Wasserstoff.

Jeder Stoff kann nur dann als Oxidationsmittel bzw. als Reduktionsmittel wirken, wenn ein geeigneter oxidierbarer bzw. reduzierbarer Stoff zugegen ist (↑ 8.1.; S. 117, Spannungsreihe). Es gibt auch Stoffe, die je nach dem Charakter des Reaktionspartners sowohl als Oxidationsmittel als auch als Reduktionsmittel wirken können.

Beispiel: Zinn(II)-ionen können sowohl als Oxidationsmittel als auch als Reduktionsmittel wirken:

$Sn^{4+} + 2\,e^- \rightleftarrows Sn^{2+}$
Oxidationsmittel — Reduktionsmittel

$Sn^{2+} + 2\,e^- \rightleftarrows Sn$
Oxidationsmittel — Reduktionsmittel

Das gilt für alle Stoffe, die eine *mittlere* Oxidationszahl (↑ S. 94) aufweisen und sowohl in Stoffe mit niedrigerer als auch in Stoffe mit höherer Oxidationszahl übergehen können.

Zusammenfassend ergibt sich:

Die Frage, ob ein Stoff als *Oxidationsmittel oder als Reduktionsmittel* wirkt, kann nur *in bezug auf einen bestimmten Reaktionspartner* beantwortet werden.

Es gibt keine absoluten Oxidationsmittel und keine absoluten Reduktionsmittel.

6.4. Oxidationszahl

Um auch kompliziertere Redoxvorgänge, an denen Moleküle (SO_2, NH_3, NO_2 u. a.) oder Komplexionen (SO_4^{2-}, MnO_4^-, $[Fe(CN)_6]^{3-}$ u. a.) beteiligt sind, erfassen zu können, wurden die *Oxidationszahlen* eingeführt.

Die Oxidationszahl gibt an, welche Ladung ein Element in einer bestimmten Verbindung tragen würde, wenn alle am Aufbau dieser Verbindung beteiligten Elemente in Form von Ionen vorlägen.

Daraus ergibt sich zunächst:

Für alle Ionen ist die Oxidationszahl gleich der Ionenwertigkeit.

Beispiel: Im Aluminiumoxid, Al_2O_3, hat Aluminium die Oxidationszahl $+3$ und Sauerstoff die Oxidationszahl -2.

- **Oxidationszahlen in Molekülen**

Sollen die Oxidationszahlen für die am Aufbau eines **Moleküls** beteiligten Elemente angegeben werden, so muß man sich das Molekül *in Ionen aufgespalten* vorstellen. Dabei wird von der Tatsache ausgegangen, daß alle Atombindungen zwischen verschiedenartigen Atomen mehr oder weniger polarisiert sind (↑ 5.2.2.; S. 78). Werden nun innerhalb eines Moleküls alle gemeinsamen Elektronenpaare jeweils den Atomen des *elektronegativeren* Elements zugeordnet, so ergeben sich für alle Atome bestimmte positive oder negative Oxidationszahlen.

Beispiel: Im Wassermolekül, H_2O, werden die gemeinsamen Elektronenpaare vom Atom des elektronegativeren Sauerstoffs stärker angezogen als von den Wasserstoffatomen (1). Würden die gemeinsamen Elektronenpaare ganz dem Sauerstoffatom angehören, so besäße dieses 10 Elektronen (gegenüber 8 Protonen) und wäre daher zweifach negativ geladen (2). Die Wasserstoffatome besäßen dann gar keine Elektronen mehr und wären einfach positiv geladen. Im Wasser kommt also dem Wasserstoff die Oxidationszahl $+1$ und dem Sauerstoff die Oxidationszahl -2 zu.

(1) 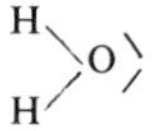

(2) 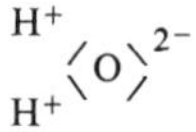

Allgemein gilt:

Bei jeder chemischen Verbindung ist die Summe der Oxidationszahlen, mit denen die beteiligten Elemente auftreten, gleich Null.

Beispiel: Im Wassermolekül, H_2O, beträgt die Summe der Oxidationszahlen $2(+1) + (-2) = 0$.

Diese Summe läßt sich – indem von der *Summenformel* ausgegangen wird – auch für Verbindungen ermitteln, die nicht in Form von Molekülen, sondern in Form von *Ionen* vorliegen.

Beispiel: Beim Aluminiumoxid, Al_2O_3, beträgt die Summe der Oxidationszahlen $2(+3) + 3(-2) = 0$.

Oxidationszahlen in Komplexionen

Mit Hilfe der Oxidationszahlen lassen sich die Wertigkeitsverhältnisse innerhalb der **Komplexionen** überblicken. Dazu muß man sich die Komplexionen in Einzelionen aufgespalten denken, wobei man die gemeinsamen Elektronenpaare – wie bei den Molekülen – jeweils den Atomen des *elektronegativeren* Elements zuordnet.

Die Summe aller Oxidationszahlen eines Komplexions ist stets gleich der Ladung, die das Komplexion nach außen trägt.

Beispiel: Im Sulfation, SO_4^{2-}, werden die gemeinsamen Elektronenpaare von den Sauerstoffatomen stärker angezogen als vom Schwefelatom. Dem Sauerstoff kommt daher (wie im Wasser) die Oxidationszahl -2 zu. Die Summe der Oxidationszahlen der vier Sauerstoffatome beträgt demnach -8. Da das Sulfation nach außen zwei negative Ladungen trägt, muß das Schwefelatom die Oxidationszahl $+6$ besitzen:

$$[\overset{+6}{S}\,\overset{-2}{O}_4]^{2-} \qquad (+6) + 4(-2) = (-2)$$

Im Sulfition, SO_3^{2-}, besitzt das Schwefelatom dagegen die Oxidationszahl $+4$:

$$[\overset{+4}{S}\,\overset{-2}{O}_3]^{2-} \qquad (+4) + 3(-2) = (-2)$$

Es ist üblich, die Oxidationszahlen mit arabischen Ziffern über die Symbole der betreffenden Elemente zu schreiben.

Zur **Ermittlung der Oxidationszahlen** gelten – von wenigen Ausnahmen abgesehen – folgende **Regeln:**

1. Alle Metalle müssen positive Oxidationszahlen erhalten.
2. Bor und Silicium erhalten positive Oxidationszahlen.
3. Fluor erhält die Oxidationszahl -1.
4. Wasserstoff erhält die Oxidationszahl $+1$.
5. Sauerstoff erhält die Oxidationszahl -2.

Diese Regeln werden in der *angegebenen Reihenfolge* angewandt.

Beispiele: Im Ammoniak, NH_3, hat der Wasserstoff (Regel 4) die Oxidationszahl $+1$, der Stickstoff demnach die Oxidationszahl -3.

Im Natriumhydrid, NaH, muß das Natrium eine positive Oxidationszahl haben (Regel 1); da Natrium stets einwertig auftritt, beträgt sie $+1$. Demnach kommt hier dem Wasserstoff die Oxidationszahl -1 zu. (Die Regel 4 wird hier nicht wirksam.)

Im Natriumhydrogencarbonat, $NaHCO_3$, hat das Natrium die Oxidationszahl $+1$ (Regel 1), der Wasserstoff die Oxidationszahl $+1$ (Regel 4), der Sauerstoff die Oxidationszahl -2 (Regel 5). Die Oxidationszahl des Kohlenstoffs läßt sich daraus berechnen, da die Summe der Oxidationszahlen gleich Null sein muß:

$$(+1) + (+1) + x + 3(-2) = 0$$

$$x = +4$$

Die wichtigsten Oxidationszahlen aller Elemente wurden in Bild 22 zusammengestellt.
Redoxvorgänge drücken sich stets in einer Veränderung der Oxidationszahlen aus:

Bei der Oxidation eines Elements nimmt dessen Oxidationszahl zu.
Bei der Reduktion eines Elements nimmt dessen Oxidationszahl ab.

Beispiel: Der Übergang vom Eisen(II)-ion zum Eisen(III)-ion

$$Fe^{2+} \rightarrow Fe^{3+} + e^-$$

ist demnach eine Oxidation, der Übergang vom Eisen(III)-ion zum Eisen(II)-ion

$$Fe^{3+} + e^- \rightarrow Fe^{2+}$$

eine Reduktion.

Im elementaren Zustand haben alle Elemente die Oxidationszahl 0, auch wenn sie in Molekülen, wie Cl_2, O_2, N_2, auftreten.

Beispiel: Der Übergang vom elementaren Chlor, Cl_2 (Oxidationszahl 0), zum Chloridion, Cl^- (Oxidationszahl −1),

$$Cl_2 + 2\,e^- \rightarrow 2\,Cl^-$$

ist eine Reduktion, der Übergang vom Chloridion, Cl^- (Oxidationszahl −1), zum elementaren Chlor, Cl_2 (Oxidationszahl 0),

$$2\,Cl^- \rightarrow Cl_2 + 2\,e^-$$

eine Oxidation.

Mit Hilfe der Oxidationszahlen lassen sich die Redoxgleichungen (Gleichungen für Redoxvorgänge) leichter überblicken und auch leichter aufstellen.

Beispiel: Eisen(III)-chlorid setzt sich in wäßriger Lösung mit Zinn(II)-chlorid zu Eisen(II)-chlorid und Zinn(IV)-chlorid um:

$$2\,\overset{+3}{Fe}Cl_3 + \overset{+2}{Sn}Cl_2 \rightarrow 2\,\overset{+2}{Fe}Cl_2 + \overset{+4}{Sn}Cl_4$$

Die Oxidationszahlen, die sich nicht ändern, können bei solchen Gleichungen weggelassen werden. Das betrifft im vorstehenden Beispiel die Oxidationszahl des Chlors, die unverändert −1 ist.

Bei allen mit Oxidationszahlen versehenen Reaktionsgleichungen ist immer zu beachten:

Die Summe der Oxidationszahlen der linken Seite muß gleich der Summe der Oxidationszahlen der rechten Seite sein.

Selbstverständlich müssen dabei die Koeffizienten und die Atommultiplikatoren berücksichtig werden (Beispiele ↑ S. 98).

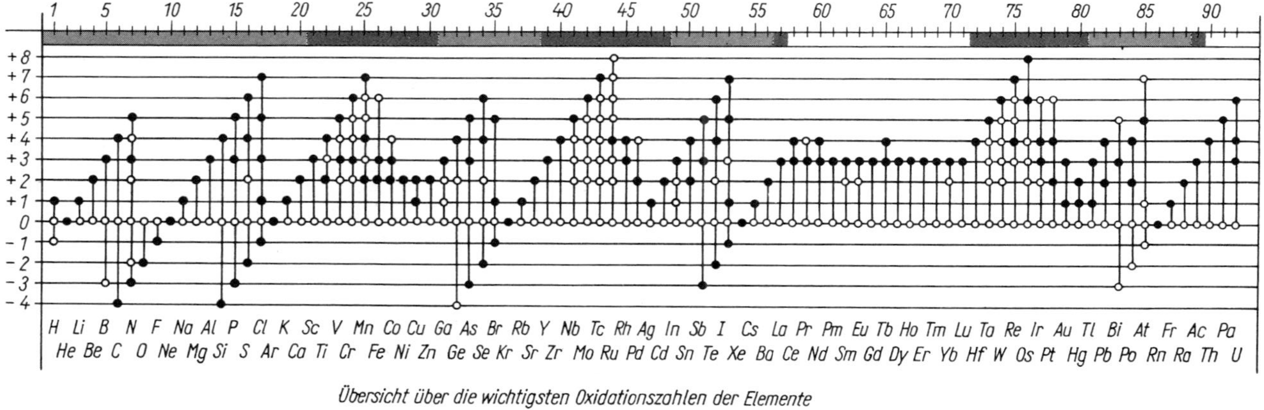

Bild 22. Oxidationszahlen (Oxidationsstufen) der Elemente
Erläuterung: Schwarze Punkte geben die wichtigsten Oxidationszahlen an, weiße Punkte die weniger häufig auftretenden Oxidationszahlen. Selten vorkommende Oxidationszahlen wurden weggelassen.
Für die Edelgase ist die Oxidationszahl 0 charakteristisch; in den seit 1962 bekannt gewordenen Edelgasverbindungen treten sie mit den Oxidationszahlen +2, +4, +6 und +8 auf.

Beispiele:

$$\overset{0}{Cu} + 2\,H\overset{+5}{N}O_3 \rightarrow \overset{+2}{Cu}O + 2\,\overset{+4}{N}O_2 + H_2O$$

$$0 + 2(+5) = (+2) + 2(+4)$$

$$+10 = +10$$

$$2\,K\overset{+7}{Mn}\overset{-2}{O_4} + 5\,H_2\overset{-1}{O_2} + 3\,H_2SO_4 \rightarrow K_2SO_4 + 2\,\overset{+2}{Mn}SO_4 + 8\,H_2\overset{-2}{O} + 5\,\overset{0}{O_2}$$

linke Seite: $2(+7) + 2 \cdot 4(-2) + 5 \cdot 2(-1) = -12$

rechte Seite: $2(+2) + 8(-2) + 5(0) = -12$

7. Ionentheorie

7.1. Geschichtliches

Der italienische Arzt Luigi Galvani hatte 1780 beobachtet, daß frische Froschschenkel, die man mit einem Kupferhaken an einem Eisengitter aufhängt, Zuckungen ausführen, sobald sie das Eisengitter berühren. Der italienische Physiker Alessandro Volta deutete diese Erscheinung richtig und stellte daraufhin 1793 die elektrochemische Spannungsreihe der Metalle (↑ S. 118) auf. Er schuf 1800 mit der sog. Voltaschen Säule die erste brauchbare Spannungsquelle. Mit Hilfe der Voltaschen Säule gelang es dem schwedischen Chemiker Jöns Jacob Berzelius 1802, wäßrige Salzlösungen, dem englischen Chemiker Humphry Davy 1807, Salzschmelzen elektrolytisch zu zerlegen. Diese elektrochemischen Reaktionen setzten voraus, daß während ihres Ablaufs in den Lösungen und Schmelzen elektrisch geladene Teilchen vorhanden waren.

1834 erkannte Michael Faraday, ein Schüler Davys, die Zusammenhänge zwischen der bei einer elektrochemischen Reaktion abgeschiedenen Stoffmenge und der dafür aufgewandten Elektrizitätsmenge (↑ Faradaysche Gesetze, S. 136). Klarheit über den Charakter der elektrisch geladenen Teilchen konnte aber erst 1884 der schwedische Chemiker Svante Arrhenius gewinnen. Bei Untersuchungen über das Verhalten von Lösungen war festgestellt worden, daß Salzlösungen stets mehr kleinste Teilchen enthielten, als auf Grund ihrer Konzentration zu erwarten war. Arrhenius deutete das so, daß die Salze in ihren Lösungen nicht in Form von Molekülen, sondern in Form von kleineren Teilchen mit positiver oder negativer elektrischer Ladung, d. h. in Form von *Ionen*, vorliegen. Die Ionentheorie stieß zunächst auf Widerspruch, da man sich nicht vorstellen konnte, daß z.B. in einer Kochsalzlösung freie Natriumteilchen und freie Chlorteilchen enthalten seien. Wieso Ionen andere chemische Eigenschaften zeigen als die ungeladenen Atome, konnte erst begründet werden, nachdem der Bau der Atome aufgeklärt und der Zusammenhang zwischen der Besetzung der Elektronenschalen und den chemischen Eigenschaften erkannt worden war. Damit wurde dann auch gleichzeitig die Herkunft der Ionenladungen aufgeklärt. Die Ionentheorie fand also mit der Erforschung des Atombaus ihre glänzende Bestätigung. Dieses Beispiel zeigt, wie die Menschheit in der *Erkenntnis der objektiven Realität* immer weiter voranschreitet.

7.2. Elektrolytische Dissoziation

Verbindungen, die auf *Ionenbindungen* beruhen, also vor allem die *Salze*, bilden im festen Zustand *Ionengitter* (↑ S. 75). Beim Erwärmen eines Stoffes (z. B. Natriumchlorid) nimmt die Bewegungsenergie der Gitterbausteine (Ionen) immer mehr zu, bis schließlich die elektrostatischen Anziehungskräfte, die das Gitter zusammenhalten, überwunden werden. Dann bricht das Kristallgitter zusammen, der *Stoff schmilzt*, und die Ionen werden mehr oder weniger frei beweglich. Eine solche Schmelze *leitet den elektrischen Strom.*

Aber auch die *wäßrigen Lösungen* von Salzen und anderen Stoffen, die auf Ionenbindungen beruhen, *leiten den elektrischen Strom*, da sie ebenfalls mehr oder weniger frei bewegliche Ionen enthalten. Der Zerfall des Ionengitters in einzelne Ionen beruht hier auf der Wirkung des *Lösungsmittels*[1]. Die Dipolmoleküle des Wassers setzen die zwischen den Ionen des Gitters herrschenden elektrostatischen Anziehungskräfte herab, so daß die Ionen aus dem Gitterverband herausgelöst werden.

Dieser Zerfall von Stoffen – in der Schmelze oder in einer Lösung – in mehr oder weniger frei bewegliche Ionen wird als elektrolytische Dissoziation bezeichnet.

Beispiel: Natriumchlorid, NaCl, liegt in der Schmelze und in wäßriger Lösung in Form von mehr oder weniger frei beweglichen Natriumionen, Na^+, und Chloridionen, Cl^-, vor.

Es ist zu beachten:

Die elektrolytische Dissoziation ist *keine Wirkung des elektrischen Stromes*, sondern die *Voraussetzung für die elektrische Leitfähigkeit* einer Schmelze oder einer Lösung.

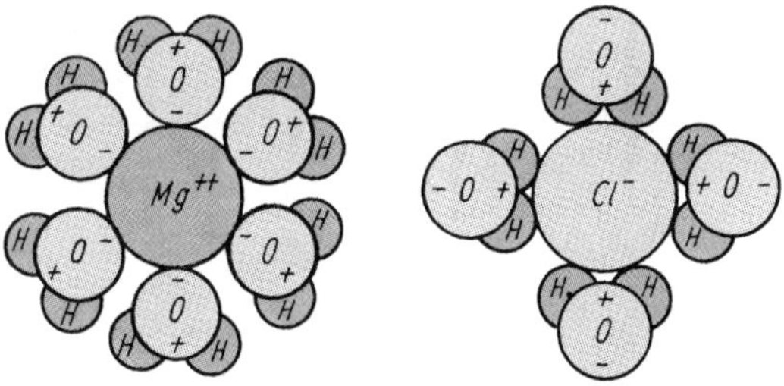

Bild 23. Schematische Darstellung hydratisierter Ionen. In Wirklichkeit sind die Dipolmoleküle des Wassers *räumlich* um das Ion angeordnet.

[1] Außer Wasser kommen auch andere Lösungsmittel in Frage. So unterliegen die Elektrolyte auch in flüssigem Ammoniak oder in flüssigem Schwefeldioxid der elektrolytischen Dissoziation.

In wäßriger Lösung umgibt sich jedes Ion sofort mit einer sog. **Hydrathülle,** die aus Dipolmolekülen des Wassers besteht. Dieser Vorgang, der auf der elektrostatischen Anziehung beruht, wird als **Hydratation** der Ionen bezeichnet. An positiv geladene Ionen lagern sich die Dipolmoleküle mit ihrer negativen Seite an, an negativ geladene Ionen mit ihrer positiven Seite (↑ Bild 23).

7.3. Kationen und Anionen

Legen wir an eine Lösung, die solche mehr oder weniger frei beweglichen Ionen enthält, eine Gleichspannung an, indem wir zwei *Elektroden* in die Lösung tauchen, so *wandern* die *Ionen*, die sich vorher regellos bewegten (↑ Bild 24a), infolge der elektrostatischen Anziehungskräfte zu der Elektrode, die die *entgegengesetzte* Ladung aufweist (↑ Bild 24b). Von dieser Eigenschaft haben die Ionen[1] ihren Namen.

Die Elektrode, die mit dem **negativen Pol** der Spannungsquelle verbunden ist, wird als **Katode**[2] (auch *Kathode* geschrieben) bezeichnet. Die Elektrode, die mit dem **positiven Pol** der Spannungsquelle verbunden ist, wird als **Anode**[2] bezeichnet.

Dementsprechend bezeichnet man die *positiv geladenen Ionen*, die zur *Katode* wandern, als **Kationen,** die *negativ geladenen Ionen*, die zur *Anode* wandern, als **Anionen.**

Die Kationen tragen positive Ladungen und wandern zur Katode, die mit dem negativen Pol der Gleichspannungsquelle verbunden ist.

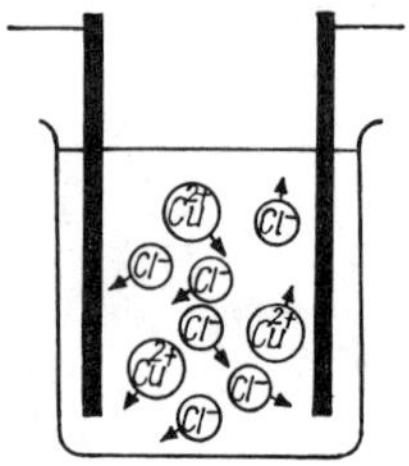

a)

Bild 24a. Regellose Bewegung der Ionen in einer Kupfer(II)-chloridlösung vor dem Anlegen einer Spannung

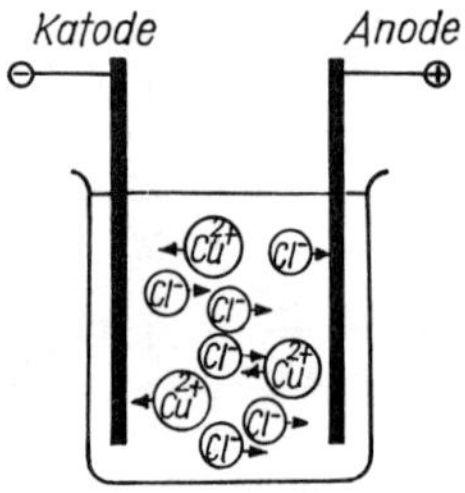

b)

Bild 24b. Gerichtete Bewegung der Ionen in einer Kupfer(II)-chloridlösung nach dem Anlegen einer Spannung (Gleichstrom)

[1] *ion* (grch.) wandernd

[2] *kathodos* (grch.) der Weg abwärts, *anhodos* (grch.) der Weg aufwärts
Diese Bezeichnungen beziehen sich auf den Weg, den die Elektrizität durch die Elektroden nimmt; ↑ auch Bild 31, S. 129.

Die Anionen tragen negative Ladungen und wandern zur Anode, die mit dem positiven Pol der Gleichspannungsquelle verbunden ist.
Zu den **Kationen** gehören:

- Alle *Metallionen* (z. B. Na^+, Cu^{2+}, Al^{3+}),
- das *Wasserstoffion*, H^+, und
- das *Ammoniumion*, NH_4^+.

Zu den **Anionen** gehören:

- Alle *Säurerestionen* (z. B. Cl^-, SO_4^{2-}, NO_3^-) und
- das *Hydroxidion*, OH^-.

In den **Summenformeln** der anorganischen Verbindungen stehen stets

links	**rechts**
die **Kationen**	die **Anionen**

Beispiele: Natriumchlorid, NaCl; Schwefelsäure, H_2SO_4; Natriumhydroxid, NaOH; Ammoniumchlorid, NH_4Cl.

7.4. Elektrolyte und Nichtelektrolyte

Alle Stoffe, die der elektrolytischen Dissoziation unterliegen und demzufolge in der Schmelze oder in Lösungen den elektrischen Strom leiten, werden als Elektrolyte bezeichnet.

Zu den **Elektrolyten** gehören die **Salze,** die **Säuren** und die **Basen.** Mitunter wird zwischen *echten* Elektrolyten und *potentiellen* Elektrolyten unterschieden:

Die echten Elektrolyte liegen, schon bevor sie in Schmelze oder in Lösung gehen, in Form von Ionen vor.

Zu den *echten Elektrolyten* gehören alle *typischen Salze* (z. B. Natriumchlorid), die im festen Zustand ein Kristallgitter bilden, dessen Gitterpunkte mit Ionen besetzt sind.

Die potentiellen Elektrolyte bilden erst Ionen, wenn sie in Lösung gehen.

Zu den *potentiellen Elektrolyten* gehören Stoffe, die Moleküle mit *stark polarisierten Atombindungen* besitzen (↑ 5.2.2.; S. 78). In wäßrigen Lösungen werden diese stark polarisierten Atombindungen unter dem Einfluß der Dipolmoleküle des Wassers z. T. aufgespalten.

Beispiel: Durch Aufspaltung der stark polarisierten Atombindungen im Chlorwasserstoffmolekül entstehen ein Wasserstoffion und ein Chloridion:

$$H—\overline{\underline{Cl}}| \rightarrow H^+ + Cl^-$$

Die wäßrige Lösung des Chlorwasserstoffs reagiert daher sauer; sie wird als *Salzsäure* bezeichnet.

Stoffe, deren Moleküle nur schwach polarisierte Atombindungen enthalten, vermögen in wäßrigen Lösungen kaum Ionen abzuspalten.

Stoffe, die weder in der Schmelze noch in Lösungen den elektrischen Strom leiten, werden als Nichtelektrolyte bezeichnet.

Zu den *Nichtelektrolyten* gehört die Mehrzahl der organischen Verbindungen (z. B. Ether, Propan, Tetrachlormethan, Rohrzucker, Stärke; wichtige Ausnahmen: organische Säuren, Basen und deren Salze). Zwischen der elektrischen Leitfähigkeit der *Elektrolyte* und der elektrischen Leitfähigkeit der *Metalle* bestehen bemerkenswerte Unterschiede (↑ Tabelle 8).

Tabelle 8: Gegenüberstellung von Metallen und Elektrolyten

	Metalle (Leiter 1. Klasse)	**Elektrolyte** (Leiter 2. Klasse)
Träger der elektrischen Ladungen	**Elektronen**	**Ionen**
Leitfähigkeit	**sehr gut**	**gering**
Temperaturabhängigkeit der Leitfähigkeit	**Leitfähigkeit nimmt mit steigender Temperatur** **ab**	**zu**
Stoffliche Veränderungen beim Stromdurchgang	**keine**	**Elektrolyt wird zersetzt**

7.5. Basen, Säuren und Salze

In diesem Abschnitt werden die Säuren und Basen auf der Grundlage der theoretischen Auffassungen ARRHENIUS' dargestellt (↑ 7.1.; S. 98).

7.5.1. Basen

Basen sind Stoffe, die mit Säuren Salze bilden können.

Von dieser Eigenschaft wurde ihr Name abgeleitet. Die Basen sind für die Säuren die Grundlage (grch. *basis*) der Salzbildung.

Alle Metalle können Basen (Metallhydroxide) bilden.

Ein Teil der Basen ist wasserlöslich, ihre *wäßrigen Lösungen* werden als **Laugen**[1] bezeichnet.

[1] In einem allgemeineren Sinne werden auch andere wäßrige Lösungen als Laugen bezeichnet, z. B. Mutterlauge, Sulfitablauge.

Beispiele für bekannte **Basen:**

Natriumhydroxid (Ätznatron), NaOH; wäßrige Lösung: Natronlauge
Kaliumhydroxid (Ätzkali), KOH; wäßrige Lösung: Kalilauge
Calciumhydroxid (Ätzkalk), $Ca(OH)_2$;
wäßrige Lösung: Kalkwasser; wäßrige Suspension: Kalkmilch

Basen können entstehen aus **Metalloxiden** und Wasser. Die Metalloxide lassen sich daher als **Basenanhydride**[1] auffassen.

Metalloxid (Basenanhydrid)	**+ Wasser**	**→**	**Metallhydroxid (Base)**

Beispiel: CaO + H_2O → $Ca(OH)_2$
Calciumoxid (gebrannter Kalk) — Calciumhydroxid (gelöschter Kalk)

Sehr unedle Metalle setzen sich mit Wasser direkt zu Basen um:

unedles Metall	**+ Wasser**	**→**	**Metallhydroxid (Base)**	**+**	**Wasserstoff**

Beispiel: 2 Na + 2 H_2O → 2 NaOH + H_2

Charakteristischer Bestandteil aller Basen ist die **dissoziationsfähige**[2] **Hydroxidgruppe** —OH, die stöchiometrisch *einwertig* ist.

Basen sind chemische Verbindungen, die in der Schmelze oder in wäßrigen Lösungen in positive Metallionen und negative Hydroxidionen OH^- dissoziieren.

$$\mathbf{MeOH \rightleftarrows Me^+ + OH^-}$$

Beispiele: $NaOH \rightleftarrows Na^+ + OH^-$; $Ca(OH)_2 \rightleftarrows Ca^{2+} + 2\,OH^-$

Diese **Dissoziationsgleichungen** werden mit *Doppelpfeilen* geschrieben, da es sich um Gleichgewichtsvorgänge handelt (↑ 9.1.; S. 139).
Auf der *linken* Seite steht stets die *Summenformel* der betreffenden Verbindung, auch wenn es sich um einen Stoff handelt, der schon im festen, ungelösten Zustand in Ionenform vorliegt.
Auf der *rechten* Seite muß die *Summe* der *Ladungen* stets gleich *Null* sein.

[1] *hydor* (grch.) Wasser; *an* (grch.) verneinende Vorsilbe
[2] Auch *Alkohole* besitzen OH-Gruppen (z. B. Methanol, CH_3OH); diese sind jedoch nicht dissoziationsfähig und werden zur Unterscheidung als *Hydroxylgruppen* bezeichnet.

Die Dissoziationsgleichung drückt aus:

- bei *echten Elektrolyten* (z. B. NaOH)
  den Übergang der im Kristallgitter gebundenen Ionen in einen mehr oder weniger freibeweglichen Zustand.
- bei *potentiellen Elektrolyten* (z. B. HCl)
  die Aufspaltung des Moleküls in Ionen.

Die typischen Eigenschaften der Basen und der Laugen werden von den Hydroxidionen, OH^-, hervorgerufen. Hierauf beruht auch der **Nachweis von Laugen** mit Hilfe von *Indikatoren* (↑ Tabelle 11; S. 117).

Merksatz: Laugen färben Lackmus blau.

7.5.2. Säuren

Werden **Nichtmetalloxide** in Wasser gelöst, so bilden sich Säuren. Die Nichtmetalloxide sind also **Säureanhydride.**

Nichtmetalloxid (Säureanhydrid) + Wasser → Säure

Beispiel:

$$\underset{\text{Schwefeldioxid}}{SO_2} + \underset{\text{Wasser}}{H_2O} \rightarrow \underset{\text{schweflige Säure}}{H_2SO_3}$$

Es gibt auch Säuren, die sich *nicht von Oxiden* ableiten lassen. Dazu gehören vor allem die Halogenwasserstoffsäuren.

Beispiele: Chlorwasserstoffsäure, HCl (Salzsäure)
Fluorwasserstoffsäure, HF (Flußsäure)

Auch von **Metallen** lassen sich Säuren ableiten, soweit diese Metalle

Oxide mit *saurem* oder
Oxide mit *amphoterem* Charakter

bilden (↑ 4.5.2.; S. 68).

Bei Metallen, die in mehreren Wertigkeitsstufen auftreten, **nimmt mit steigender Wertigkeit**

- **der basische Charakter der Oxide ab,**
- **der saure Charakter der Oxide zu.**

Beispiel: *Mangan(II)-oxid*, MnO, ist ein *Basenanhydrid:*
$MnO + H_2O \rightarrow Mn(OH)_2$

Mangan(IV)-oxid, MnO_2, ist *amphoter:*
als Base: $MnO_2 + 4\,HCl \rightarrow MnCl_4 + 2\,H_2O$
als Säure: $MnO_2 + Ca(OH)_2 \rightarrow CaMnO_3 + H_2O$

Mangan(VII)-oxid, Mn_2O_7, ist ein *Säureanhydrid:*
$Mn_2O_7 + H_2O \rightarrow 2\,HMnO_4$

Säurebildend sind allgemein die Metalloxide, in denen das Metall 5-, 6- oder 7wertig ist.

Charakteristischer Bestandteil aller Säuren ist der **dissoziationsfähige Wasserstoff.**

Nach Entdeckung des Sauerstoffs hatte dieser jahrzehntelang als das charakteristische Element der Säuren gegolten und war auf diese Weise zu seinem Namen gekommen. Erst 1839 gab LIEBIG eine Definition der Säure, die auch heute noch richtig ist:

Säuren sind Wasserstoffverbindungen, deren Wasserstoff durch Metalle ersetzt werden kann, wobei sich Salze bilden.

Beispiele: $Zn + 2\,HCl \rightarrow ZnCl_2 + H_2\uparrow$

$Mg + H_2SO_4 \rightarrow MgSO_4 + H_2\uparrow$

Vom Standpunkt der Ionentheorie ergibt sich für die Säuren folgende Definition:

Säuren sind Verbindungen, die in wäßrigen Lösungen in positive Wasserstoffionen, H^+, und negative Säurerestionen dissoziieren.

Säuremolekül ⇄ Wasserstoffion + Säurerestion

Beispiele: $HNO_3 \rightleftarrows H^+ + NO_3^-$

$H_2SO_4 \rightleftarrows 2\,H^+ + SO_4^{2-}$

Diese Säuren sind *potentielle Elektrolyte.* Wasserfreie (100%ige) *Schwefelsäure* ist eine Flüssigkeit, die aus Molekülen besteht, keine Ionen enthält und daher auch keine elektrische Leitfähigkeit hat. Erst in Anwesenheit von Wasser entstehen Wasserstoffionen und Säurerestionen.

Ablauf der elektrolytischen Dissoziation eines potentiellen Elektrolyten:

Die stark polarisierten Chlorwasserstoffmoleküle lagern sich mit ihrer positiven Seite an die negative Seite von Wassermolekülen an:

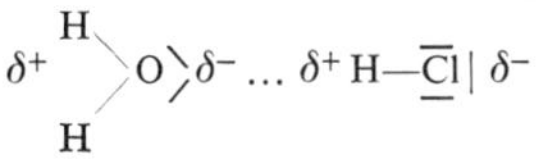

Dabei kann der Kern des Wasserstoffatoms des Chlorwasserstoffs ganz zu dem Wassermolekül hinübergezogen werden. Es entsteht dann ein sog. *Hydroniumion,* H_3O^+, und ein Chloridion, Cl^-, bleibt zurück:

Wasser-molekül		Chlorwasser-stoffmolekül		Hydronium-ion		Chlorid-ion
H_2O	+	HCl	→	H_3O^+	+	Cl^-

Wenn von einem *Wasserstoffion in wäßriger Lösung* die Rede ist, so handelt es sich dabei in Wirklichkeit stets um ein *Hydroniumion,* H_3O^+, da

Wasserstoffionen, H^+, d. h. einzelne Protonen, p, in wäßriger Lösung allein nicht existenzfähig sind. Sie vereinigen sich sofort mit einem Wassermolekül zu einem Hydroniumion. Das Hydroniumion, H_3O^+, kann als hydratisiertes Wasserstoffion, $H^+ \cdot H_2O$, aufgefaßt werden. Der Einfachheit halber wird daher oft statt von einem Hydroniumion, H_3O^+, nur von einem Wasserstoffion gesprochen und nur H^+ geschrieben. Die Dissoziationsgleichung der Salzsäure lautet dann:

$$HCl \rightleftarrows H^+ + Cl^-$$

Bei allen Säuren, die mehrere Wasserstoffatome im Molekül besitzen, den sog. *mehrwertigen* oder *mehrbasigen Säuren*, erfolgt die Dissoziation in mehreren Stufen.

Beispiel:

Phosphorsäure: $H_3PO_4 \rightarrow H^+ + H_2PO_4^-$

$$H_2PO_4^- \rightarrow H^+ + HPO_4^{2-}$$

$$HPO_4^{2-} \rightarrow H^+ + PO_4^{3-}$$

Die Wasserstoffionen (Hydroniumionen) rufen die typischen Eigenschaften der Säuren hervor. Hierauf beruht auch der **Nachweis von Säuren** mit *Indikatoren* (↑ Tabelle 11; S. 117):

Merksatz: Säuren färben Lackmus rot.

7.5.3. Salze

Werden äquivalente Mengen (↑ Normalität; S. 38) einer starken Säure und einer starken Lauge miteinander gemischt, so reagiert die entstehende Lösung weder sauer noch basisch, sondern *neutral*. Eine solche Reaktion wird als **Neutralisation** bezeichnet (↑ auch S. 110).

Die Neutralisation ist eine Reaktion zwischen einer Säure und einer Base, bei der ein Salz und Wasser entstehen.

Base (Metallhydroxid)	**+ Säure**	**→ Salz**	**+ Wasser**	

Beispiel: $2\,KOH + H_2SO_4 \rightarrow K_2SO_4 + 2\,H_2O$

Gleichfalls als *Neutralisation* aufzufassen sind folgende Reaktionen, die unter Beteiligung von Säure- bzw. Baseanhydriden zur Salzbildung führen:

	Metalloxid (Baseanhydrid)	**+ Säure**	**→ Salz + Wasser**
Beispiel:	CuO	$+ H_2SO_4$	$\rightarrow CuSO_4 + H_2O$

	Base	+ **Nichtmetalloxid (Säureanhydrid)**	→ **Salz + Wasser**
Beispiel:	$Ca(OH)_2$	+ CO_2	→ $CaCO_3 + H_2O$
	Metalloxid (Baseanhydrid)	+ **Nichtmetalloxid (Säureanhydrid)**	→ **Salz**
Beispiel:	CaO	+ SiO_2	→ $CaSiO_3$

Weitere Arten der *Salzbildung* sind:

	Metall	+ **Säure**	→ **Salz + Wasserstoff**
Beispiel:	Zn	+ 2 HCl	→ $ZnCl_2 + H_2\uparrow$
	Metall	+ **Nichtmetall**	→ **Salz**
Beispiel:	2 Na	+ Cl_2	→ 2 NaCl

Nach ihrer allgemeinen Zusammensetzung kann man sagen:

Salze bestehen aus Metall und Säurerest.

Vom Standpunkt der Ionentheorie ergibt sich für die Salze folgende Definition:

Salze sind Verbindungen, die in der Schmelze und in wäßrigen Lösungen in positive Metallionen (oder Ammoniumionen) und negative Säurerestionen dissoziieren.

Beispiele:

$$K_2CO_3 \rightleftarrows 2\,K^+ + CO_3^{2-}$$

$$Al_2(SO_4)_3 \rightleftarrows 2\,Al^{3+} + 3\,SO_4^{2-}$$

$$NH_4Cl \rightleftarrows NH_4^+ + Cl^-$$

7.6. Stärke der Elektrolyte

7.6.1. Dissoziationsgrad

Bei der elektrolytischen Dissoziation handelt es sich um einen Gleichgewichtsvorgang (↑ 9.1.; S. 139), d. h., ein Elektrolyt kann in ganz unterschiedlichem Ausmaß dissoziiert sein. Das hängt von der Art des Elektrolyten und beim gleichen Elektrolyten von Konzentration und Temperatur ab.

Der Anteil der dissoziierten Moleküle wird als Dissoziationsgrad bezeichnet.

Der Dissoziationsgrad α wird

- in Teilen von 1 oder
- in Prozenten

angegeben.

$$\alpha = \frac{\text{Anzahl der dissoziierten Moleküle}}{\text{Gesamtzahl der Moleküle}}$$

bzw.

$$\alpha = \frac{\text{Anzahl der dissoziierten Moleküle} \cdot 100\%}{\text{Gesamtzahl der Moleküle}}$$

Beispiel: Eine 1normale Salzsäure zeigt bei 18 °C eine elektrische Leitfähigkeit, die einem Dissoziationsgrad von 0,78 bzw. von 78% entspricht.

Der Dissoziationsgrad steigt mit zunehmender Verdünnung an.

Beispiel: Wasserfreie (100%ige) Schwefelsäure enthält praktisch keine Ionen. Je mehr die Schwefelsäure mit Wasser verdünnt ist, um so größer wird der Anteil der dissoziierten Moleküle. Damit nehmen auch zunächst die elektrische Leitfähigkeit und die Reaktionsfähigkeit gegenüber unedlen Metallen zu. Schließlich wird aber die zunehmende Dissoziation durch die Abnahme der Konzentration überkompensiert.

Der Dissoziationsgrad steigt mit zunehmender Temperatur an.

Infolge der zunehmenden Bewegungsenergie der Teilchen wird der Zerfall der Moleküle in Ionen begünstigt. Darin liegt auch die Ursache dafür, daß die elektrische Leitfähigkeit der Elektrolyte mit steigender Temperatur zunimmt.

7.6.2. Starke und schwache Elektrolyte

Die Tendenz der Elektrolyte, in wäßriger Lösung zu dissoziieren, wird als **Stärke der Elektrolyte** bezeichnet.

Elektrolyte, die in wäßriger Lösung stark dissoziieren, werden als starke bzw. sehr starke Elektrolyte bezeichnet.

Beispiele: Salpetersäure, Salzsäure, Schwefelsäure
Kaliumhydroxid, Natriumhydroxid, Calciumhydroxid

Elektrolyte, die in wäßriger Lösung wenig dissoziieren, werden als schwache bzw. sehr schwache Elektrolyte bezeichnet.

Beispiele: Essigsäure, Kohlensäure
Ammoniak, Aluminiumhydroxid

Unter den Basen und Säuren gibt es starke und schwache Elektrolyte.
Die Salze gehören bis auf wenige Ausnahmen zu den starken Elektrolyten.

Stärke eines Elektrolyten und Konzentration einer Elektrolytlösung dürfen nicht verwechselt werden.

Die **Konzentration** bezieht sich stets auf eine *bestimmte Lösung* eines Elektrolyten.
Die **Stärke,** d. h. die Tendenz, in wäßriger Lösung zu dissoziieren, gehört dagegen zum Wesen eines Elektrolyten.

Tabelle 9: Einteilung der Säuren und Basen nach ihrer Stärke

Säuren (Beispiel)	Dissoziationsgrad in %	**Basen** (Beispiele)
sehr stark Schwefelsäure Salzsäure	70 ... 100	**sehr stark** Kaliumhydroxid Natriumhydroxid
stark Salpetersäure	20 ... 70	**stark** Calciumhydroxid
mittelstark Phosphorsäure	1 ... 20	**mittelstark** Silberhydroxid
schwach Essigsäure	0,1 ... 1	**schwach** Ammoniak
sehr schwach Kohlensäure Schwefelwasserstoffsäure Blausäure	unter 0,1	**sehr schwach** Aluminiumhydroxid

Die Grenzen in Tabelle 9 beziehen sich auf 1normale Lösungen. Das konzentrationsunabhängige Maß für die Stärke der Elektrolyte ist die *Dissoziationskonstante* (↑ S. 152).

7.7. Ionenreaktionen

Ionenreaktionen sind chemische Vorgänge, die in wäßrigen Lösungen oder in Schmelzen zwischen den mehr oder weniger frei beweglichen Ionen ablaufen.

Für die Ionenreaktionen ist es charakteristisch, daß sie *sehr rasch, praktisch momentan verlaufen,* da jedes einzelne Ion stets reaktionsbereit ist. Bei Reaktionen, die sich zwischen Molekülen abspielen, müssen zunächst Bindungen aufgespalten werden, um neue Bindungen zu ermöglichen. Solche Molekülreaktionen verlaufen viel langsamer als Ionenreaktionen.

In der anorganischen Chemie herrschen die Ionenreaktionen vor.

Besonders wichtige Ionenreaktionen sind die *Neutralisation* und die *Hydrolyse.* Große Bedeutung besitzen ferner die sog. *Fällungsreaktionen.* Um Ionenreaktionen eindeutig kennzeichnen zu können, bedient man sich sog. **Ionengleichungen.**

In einer Ionengleichung werden für alle Verbindungen, die der elektrolytischen Dissoziation unterliegen, die Ionen eingesetzt.

Die *Ionengleichungen* lassen sich aus den sonst üblichen Reaktionsgleichungen ableiten, indem zunächst die *Dissoziationsgleichungen* der beteiligten Elektrolyte aufgestellt werden:

$$2\,KOH + H_2SO_4 \rightarrow K_2SO_4 + 2\,H_2O$$

$$2\,KOH \rightleftarrows 2\,K^+ + 2\,OH^-$$

$$H_2SO_4 \rightleftarrows 2\,H^+ + SO_4^{2+}$$

$$K_2SO_4 \rightleftarrows 2\,K^+ + SO_4^{2+}$$

Die Ionen werden dann anstelle der Summenformeln in die Reaktionsgleichung eingesetzt, wodurch eine Ionengleichung entsteht:

$$2\,K^+ + 2\,OH^- + 2\,H^+ + SO_4^{2+} \rightarrow 2\,K^+ + SO_4^{2+} + 2\,H_2O$$

Säuren, *Basen* und *Salze* werden in die Ionengleichungen mit ihren Ionen eingesetzt. *Wasser*, das praktisch undissoziiert ist, setzt man dagegen mit seiner Summenformel ein, die hier die Moleküle des Wassers symbolisiert.
Bei Ionengleichungen muß die Summe der Ladungen auf beiden Seiten gleich sein.

7.7.1. Neutralisation

Die Neutralisation beruht auf der Vereinigung von Wasserstoffionen und Hydroxidionen zu Wassermolekülen.

Beispiel:

Neutralisation von Calciumhydroxid mit Salpetersäure:

$$Ca^{2+} + 2\,OH^- + 2\,H^+ + 2\,NO_3^- \rightarrow Ca^{2+} + 2\,NO_3^- + H_2O$$

Die Metallionen und die Säurerestionen bleiben bei der Neutralisation unverändert. Läßt man sie auf beiden Seiten der Ionengleichung weg, so erhält man die **allgemeine Ionengleichung der Neutralisation:**

$$\boxed{H^+ + OH^- \rightarrow H_2O}$$

Aus dieser Gleichung wird verständlich, weshalb sich beim Mischen einer Säure mit einer Lauge die ätzenden Eigenschaften der beiden Lösungen nicht addieren, sondern gegenseitig aufheben. Sowohl die für Säuren typischen Wasserstoffionen als auch die für Basen (sowie Laugen) typischen Hydroxidionen werden bei der Neutralisation verbraucht.

7.7.2. Hydrolyse

Es gibt Salze, deren wäßrige Lösungen nicht neutral, sondern *sauer* oder *basisch* reagieren. Das beruht auf der **Hydrolyse,** einer *Zerlegung* von Salzen *mit Hilfe von Wasser* in Säure und Base:

Salz + Wasser → Säure + Base

Die Hydrolyse ist die Umkehrung der Neutralisation.

$$\text{Säure} + \text{Base} \underset{\text{Hydrolyse}}{\overset{\text{Neutralisation}}{\rightleftharpoons}} \text{Salz} + \text{Wasser}$$

Der Hydrolyse unterliegen nur solche Salze, an deren Aufbau eine schwache Säure oder eine schwache Base beteiligt ist.

Salze, die aus einer *starken Säure* und einer *starken Base* aufgebaut sind, unterliegen *nicht* der Hydrolyse. Ihre wäßrigen Lösungen reagieren daher *neutral.*

Beispiele: Natriumchlorid, $NaCl$
Kaliumsulfat, K_2SO_4

Die wäßrigen Lösungen von Salzen, die aus einer schwachen Säure und einer starken Base aufgebaut sind, reagieren basisch.

Beispiel: Natriumcarbonat, Na_2CO_3

$$Na_2CO_3 + H_2O \rightleftharpoons 2\,NaOH + H_2CO_3$$

Das entstehende *Natriumhydroxid* ist ein *sehr starker* Elektrolyt:

$$NaOH \rightleftharpoons Na^+ + OH^-$$

Es ist weitgehend in Ionen dissoziiert. (Der fette Pfeil deutet das an.) Die entstehende *Kohlensäure* ist ein *sehr schwacher* Elektrolyt:

$$H_2CO_3 \rightleftharpoons 2\,H^+ + CO_3{}^{2-}$$

Sie ist nur in sehr geringem Maße in Ionen dissoziiert. (Der fette Pfeil deutet das an.)
Setzen wir in die Ionengleichung für die Hydrolyse des Natriumcarbonats die wenig dissoziierten (H_2CO_3) und die praktisch undissoziierten Verbindungen (H_2O) mit ihren Summenformeln, d. h. als Moleküle, ein, so erhalten wir:

$$2\,Na^+ + CO_3{}^{2-} + 2\,H_2O \rightleftharpoons 2\,Na^+ + 2\,OH^- + H_2CO_3$$

Aus dieser Ionengleichung geht hervor, daß eine Natriumcarbonatlösung *viele Hydroxidionen*, aber kaum Wasserstoffionen enthält und daher *basisch* reagiert.

Die wäßrigen Lösungen von Salzen, die aus einer starken Säure und einer schwachen Base aufgebaut sind, reagieren sauer.

Beispiel: Aluminiumchlorid, $AlCl_3$

$$AlCl_3 + 3\,H_2O \rightleftarrows Al(OH)_3 + 3\,HCl$$

$$Al^{3+} + 3\,Cl^- + 3\,H_2O \rightleftarrows Al(OH)_3 + 3\,H^+ + 3\,Cl^-$$

Die Aluminiumchloridlösung enthält also *viele Wasserstoffionen*, aber kaum Hydroxidionen. Sie reagiert daher *sauer.*

Die Salze, die aus einer schwachen Säure und einer schwachen Base aufgebaut sind, unterliegen gleichfalls der Hydrolyse.

Den Charakter der wäßrigen Lösung bestimmt in diesem Falle der *relativ stärkere* der beiden Elektrolyte.

Beispiel: Aluminiumacetat, $(CH_3COO)_3Al$ (*essigsaure Tonerde*)

$$\underset{\text{Aluminiumacetat}}{(CH_3COO)_3Al} + 3\,H_2O \rightleftarrows \underset{\text{Essigsäure}}{3\,CH_3COOH} + Al(OH)_3$$

Essigsäure ist eine *schwache* Säure, Aluminiumhydroxid ist aber eine *sehr schwache* Base. Die Essigsäure ist also der *relativ stärkere* Elektrolyt. Eine Aluminiumacetatlösung reagiert daher *sauer:*

$$3\,CH_3COO^- + Al^{3+} + 3\,H_2O \rightleftarrows 3\,CH_3COO^- + 3\,H^+ + Al(OH)_3$$

Für die Hydrolyse gilt allgemein:

Ist die Säure stärker, so reagiert die Lösung sauer.
Ist die Base stärker, so reagiert die Lösung basisch.

Dabei müssen die Stärke der Base und die Stärke der Säure stets im *Zusammenhang* betrachtet werden.

Beispiel: Im Natriumacetat ist die Essigsäure der schwächere Elektrolyt, deshalb reagiert die Lösung basisch.
Im Aluminiumacetat ist die Essigsäure der stärkere Elektrolyt, deshalb reagiert die Lösung sauer.

Tabelle 10: Hydrolyse

Base	Säure	Reaktion der Lösung
stark	stark	keine Hydrolyse
stark	schwach	basisch
schwach	stark	sauer
schwach	schwach	
Säure relativ stärker		sauer
Base relativ stärker		basisch

Die *Hydrolyse* läßt sich anschaulich auch wie folgt erläutern: Die Moleküle des Wassers unterliegen in sehr geringem Maße der elektrolytischen Dissoziation (↑ S. 99):

$$H_2O \rightleftarrows H^+ + OH^-$$

Sind in einer wäßrigen Salzlösung *Anionen* enthalten (z. B. CO_3^{2-}), die mit *Wasserstoffionen* eine *wenig dissoziierte Verbindung* bilden, z. B.

$$CO_3^{2-} + 2\,H^+ \rightleftarrows H_2CO_3,$$

so werden große Mengen an *Wasserstoffionen* gebunden („*weggefangen*"). Diese Wasserstoffionen müssen sich zunächst aus Wassermolekülen bilden. Die dabei in gleicher Anzahl entstehenden *Hydroxidionen* bewirken eine *basische Reaktion* der Lösung.
Sind umgekehrt in einer wäßrigen Salzlösung *Kationen* enthalten (z. B. NH_4^+), die mit *Hydroxidionen* eine *wenig dissoziierte Verbindung* bilden

$$NH_4^+ + OH^- \rightleftarrows NH_3 + H_2O,$$

so werden große Mengen an *Hydroxidionen* gebunden („*weggefangen*"). Diese Hydroxidionen müssen zunächst aus Wassermolekülen gebildet werden. Die dabei in gleicher Anzahl entstehenden *Wasserstoffionen* bewirken die *saure Reaktion* der Lösung.

7.7.3. Fällungsreaktionen

Die Elektrolyte (Basen, Säuren, Salze) besitzen sehr unterschiedliche Löslichkeit. So kann es vorkommen, daß beim Vermischen von Lösungen zweier leichtlöslicher Salze ein schwerlösliches Salz entsteht und als **Niederschlag** aus der Lösung ausfällt. Eine solche Reaktion wird als **Fällungsreaktion** bezeichnet.

Beispiel: Eine Silbernitratlösung gibt mit einer Natriumchloridlösung einen weißen Niederschlag von Silberchlorid:

$$AgNO_3 + NaCl \rightarrow AgCl\downarrow + NaNO_3$$

Als Ionengleichung:

$$Ag^+ + NO_3^- + Na^+ + Cl^- \rightarrow AgCl\downarrow + Na^+ + NO_3^-$$

Das schwerlösliche Silberchlorid liegt nicht in Form mehr oder weniger frei beweglicher Ionen vor, sondern in festem Zustand. Es wird daher mit der Summenformel in die Ionengleichung eingesetzt. Die Natriumionen und die Nitrationen liegen nach Ende der Reaktion unverändert vor.

Silberionen und *Chloridionen* vereinigen sich zu unlöslichem *Silberchlorid.* Für diese Reaktion gilt die **allgemeine Ionengleichung:**

$$Ag^+ + Cl^- \rightarrow AgCl\downarrow$$

Der nach unten gerichtete Pfeil bedeutet, daß der betreffende Stoff als Niederschlag aus der Lösung ausfällt. Eine Reaktion nach dieser allgemeinen Ionengleichung tritt stets ein, wenn Silberionen und Chloridionen in wäßriger Lösung zusammentreffen.

Beispiele: $AgNO_3 + KCl \rightarrow AgCl\downarrow + KNO_3$
$AgNO_3 + HCl \rightarrow AgCl\downarrow + HNO_3$

Diese Fällungsreaktion kann daher einerseits zum **Nachweis von Chloridionen,** andererseits auch zum **Nachweis von Silberionen** dienen.

Eine andere bekannte Fällungsreaktion beruht auf der Vereinigung von *Bariumionen* und *Sulfationen* zu unlöslichem *Bariumsulfat.* Die **allgemeine Ionengleichung** lautet:

$$Ba^{2+} + SO_4{}^{2-} \rightarrow BaSO_4\downarrow$$

Diese Reaktion dient zum **Nachweis von Bariumionen** einerseits und zum **Nachweis von Sulfationen** andererseits.
Derartige Fällungsreaktionen spielen in der *analytischen Chemie* eine große Rolle.

7.8. *p*H-Wert

In äußerst geringem Maße unterliegt auch das Wasser der elektrolytischen Dissoziation:

$$H_2O \rightleftarrows H^+ + OH^-$$

In einem Liter Wasser sind (bei 22 °C) nur 10^{-7} mol Wasser in Wasserstoffionen und Hydroxidionen dissoziiert. Daraus ergibt sich:

Ein Liter Wasser enthält (bei 22 °C)
10^{-7} mol Wasserstoffionen, H^+, und
10^{-7} mol Hydroxidionen, OH^-.

Für alle wäßrigen Lösungen besteht nach dem Massenwirkungsgesetz (↑ 9.4.; S. 149) ein Zusammenhang zwischen

- der Konzentration der Wasserstoffionen und
- der Konzentration der Hydroxidionen:

Das Produkt aus der Konzentration der Wasserstoffionen und der Konzentration der Hydroxidionen ist für alle wäßrigen Lösungen bei konstanter Temperatur konstant.

$$c_{H^+} \cdot c_{OH^-} = \text{konstant}$$

c_{H^+} Konzentration der Wasserstoffionen
c_{OH^-} Konzentration der Hydroxidionen

In manchen Lehrbüchern der Chemie finden wir dafür

$$[H^+] \cdot [OH^-] = \text{konstant}$$

$[H^+]$ Konzentration der Wasserstoffionen
$[OH^-]$ Konzentration der Hydroxidionen

Für genaue Berechnungen dürfen aber nicht die tatsächlichen Konzentrationen, sondern nur die nach außen wirksamen Konzentrationen, die sog. *Aktivitäten*, eingesetzt werden.
Für Wasser von 22 °C ergibt sich dabei:

$$10^{-7}\ \text{mol/l} \cdot 10^{-7}\ \text{mol/l} = 10^{-14}\ \text{mol}^2/\text{l}^2$$

Der Wert von $10^{-14}\ \text{mol}^2/\text{l}^2$ wird als **Ionenprodukt des Wassers** bezeichnet:

$$c_{H^+} \cdot c_{OH^-} = 10^{-14}\ \text{mol}^2/\text{l}^2$$

Das Ionenprodukt des Wassers gilt nicht nur für reines Wasser, sondern für alle wäßrigen Lösungen, also auch für Lösungen von Basen, Säuren und Salzen.
In einer *Säure* ist die Konzentration der Wasserstoffionen größer als 10^{-7} mol/l. Demzufolge muß die Konzentration der Hydroxidionen kleiner sein als 10^{-7} mol/l.
In einer *Lauge* ist die Konzentration der Hydroxidionen größer als 10^{-7} mol/l. Demzufolge muß die Konzentration der Wasserstoffionen kleiner sein als 10^{-7} mol/l.

Mit der Konzentration der Wasserstoffionen einer wäßrigen Lösung ist also stets auch die Konzentration der Hydroxidionen gegeben.
Deshalb wird heute die Konzentration der Wasserstoffionen nicht nur als Maß für den sauren Charakter einer Lösung, sondern auch als Maß für den basischen Charakter einer Lösung verwendet:

- In **sauren Lösungen** ist die Wasserstoffionenkonzentration **größer als 10^{-7} mol/l.**
- In **neutralen Lösungen** ist die Wasserstoffionenkonzentration **gleich 10^{-7} mol/l.**
- In **basischen Lösungen** ist die Wasserstoffionenkonzentration **kleiner als 10^{-7} mol/l.**

Anstelle der Wasserstoffionenkonzentration wird meist der sog. ***p*H-Wert**[1] angegeben:

Der *p*H-Wert ist der negative dekadische Logarithmus des Zahlenwerts der Wasserstoffionenkonzentration c_H bzw. $[H^+]$.

$$pH = -\lg c_{H^+}$$

[1] Die Bezeichnung *p*H-Wert wird aus dem lateinischen „potentia hydrogenii" (Wirksamkeit des Wasserstoffs) abgeleitet.

Nach dieser Gleichung kann die Wasserstoffionenkonzentration leicht in den pH-Wert umgerechnet werden.

Beispiele:

$c_{H^+} = 10^{-7}$ mol/l (Wasser)
$p\text{H} = -\lg 10^{-7}$ mol/l
$p\text{H} = 7$

$c_{H^+} = 10^{-4}$ mol/l (Säure)
$p\text{H} = -\lg 10^{-4}$ mol/l
$p\text{H} = 4$

$c_{H^+} = 10^{-12}$ mol/l (Lauge)
$p\text{H} = -\lg 10^{-12}$ mol/l
$p\text{H} = 12$

Für die **Umrechnung des pH-Wertes in die Wasserstoffionenkonzentration** gilt:

$$c_{H^+} = 10^{-p\text{H}}$$

Die Umrechnung kann auf graphischem Wege erfolgen (Bild 25).

Beispiele:

$p\text{H} = 7{,}5\ (n = 7)$
$p\text{H} = n + 0{,}5$
$c_{H_+} \approx 0{,}31 \cdot 10^{-n}$ mol/l
$c_{H^+} \approx 0{,}31 \cdot 10^{-7}$ mol/l
$c_{H^+} \approx 3{,}1 \cdot 10^{-8}$ mol/l

$c_{H^+} = 5 \cdot 10^{-7}$ mol/l
$c_{H^+} = 0{,}5 \cdot 10^{-6}$ mol/l $(n = 6)$
$c_{H^+} = 0{,}5 \cdot 10^{-n}$ mol/l
$p\text{H} \approx n + 0{,}3$
$p\text{H} \approx 6{,}3$

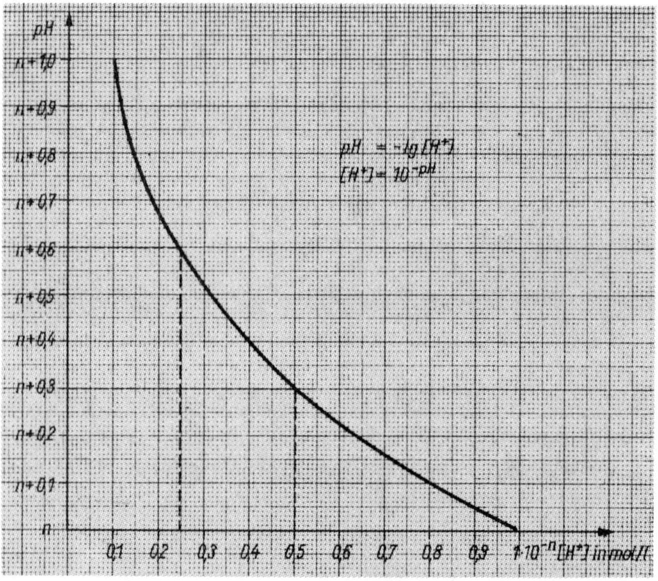

Bild 25. Umrechnung von Wasserstoffionenkonzentration in pH-Wert und umgekehrt

Der *p*H-Wert ist ein Maß für den schwach sauren oder schwach basischen Charakter von wäßrigen Lösungen. (Für Säuren und Basen höherer Konzentration – normal und darüber – ist der *p*H-Wert als Konzentrationsmaß ungeeignet.)

Lösungen mit einem *p*H-Wert kleiner als 7 reagieren sauer.
Lösungen mit dem *p*H-Wert 7 reagieren neutral.
Lösungen mit einem *p*H-Wert größer als 7 reagieren basisch.

Der *p*H-Wert von Lösungen kann auf elektrochemischem Wege oder durch **Indikatoren** bestimmt werden. Indikatoren sind Farbstoffe, die in einem bestimmten *p*H-Bereich ihre Farbe verändern. In Tabelle 11 sind die Umschlagbereiche einiger bekannter Indikatoren zusammengestellt.

Tabelle 11: Wichtige Indikatoren

Bezeichnung	Farbe bei niedrigerem *p*H-Wert	*p*H-Bereich des Farbumschlags	Farbe bei höherem *p*H-Wert
Alizaringelb	gelb	10,1 ... 12,0	rotbraun
Phenolphthalein	farblos	8,2 ... 10,0	rot
Cresolrot	gelb	7,2 ... 8,8	rot
Bromthymolblau	gelb	6,0 ... 7,6	blau
Lackmus	rot	5,0 ... 8,0	blau
Methylrot	rot	4,4 ... 6,2	gelb
Methylorange	rot	3,1 ... 4,4	gelb
Thymolblau	rot	1,2 ... 2,8	gelb
	gelb	8,0 ... 9,6	blau

8. Elektrochemie

8.1. Spannungsreihe der Metalle

Der Charakter eines Metalls wird weitgehend davon bestimmt, wie leicht es sich *oxidieren*, d. h. in *positiv geladene Ionen überführen*, läßt.

Metalle, die sich leicht oxidieren lassen, werden als unedle Metalle bezeichnet.

Beispiele: Natrium, Aluminium, Eisen

Metalle, die sich schwer oxidieren lassen, werden als edle Metalle bezeichnet.

Beispiele: Kupfer, Silber, Gold

Werden die Metalle nach ihrer *Oxidierbarkeit*, d. h. *nach ihrer Tendenz, positiv geladene Ionen zu bilden*, geordnet, so ergibt sich die sog. **Spannungsreihe der Metalle:**

Cs K Ca Na Mg Al Mn Zn Cr Fe Co Ni Sn Pb (H) Cu Ag Hg Pt Au

unedle Metalle	edle Metalle
chemisch aktiv	chemisch passiv

Tendenz, in den Ionenzustand überzugehen, nimmt ab →

Jedes Metall verdrängt die in der Spannungsreihe rechts von ihm stehenden Metalle aus den Lösungen ihrer Salze.

Beispiel: Wird ein Zinkblech in eine Kupfersalzlösung getaucht, so scheidet sich auf dem Zink elementares Kupfer ab, während gleichzeitig Zink in Lösung geht:

$$CuSO_4 + Zn \rightarrow ZnSO_4 + Cu$$

Es handelt sich um einen Redoxvorgang:

$$\begin{array}{lr} Zn \rightarrow Zn^{2+} + 2\,e^- & \text{(Oxidation)} \\ Cu^{2+} + 2\,e^- \rightarrow Cu & \text{(Reduktion)} \\ \hline Zn + Cu^{2+} \rightarrow Zn^{2+} + Cu & \end{array}$$

Das unedlere Metall Zink ist in Ionenform in Lösung gegangen, das edlere Metall Kupfer, das in Ionenform vorlag, wurde elementar (atomar) abgeschieden.

Solche Redoxvorgänge laufen immer dann ab, wenn ein unedleres Metall in die Lösung eines Salzes eines edleren Metalls taucht, d. h., wenn das *unedlere Metall elementar*, das *edlere Metall* dagegen in *Ionenform* vorliegt. Das unedlere Metall (im Beispiel Zink) wird dann oxidiert, das edlere Metall (im Beispiel Kupfer) wird reduziert:

unedleres Metall (links stehend)		**edleres Metall** (rechts stehend)
Atom Zn (ungeladen) wird **oxidiert zum**	Elektronenübergang $\xrightarrow{2\,e^-}$	**Ion** Cu^{2+} (positiv geladen) wird **reduziert zum**
Ion Zn^{2+} (positiv geladen)		**Atom** Cu (ungeladen)

Das *unedlere Metall* wirkt dabei als *Reduktionsmittel*, die *Ionen des edleren Metalls* wirken als *Oxidationsmittel.*

Ob ein bestimmtes Metall als Oxidationsmittel oder als Reduktionsmittel auftritt, hängt vom Reaktionspartner ab.

Beispiel: Kupfer wirkt gegenüber Silberionen als Reduktionsmittel:

$$Cu + 2\,Ag^+ \rightarrow Cu^{2+} + 2\,Ag$$

Kupferionen wirken gegenüber Zink als Oxidationsmittel:

$$Zn + Cu^{2+} \rightarrow Zn^{2+} + Cu$$

Allgemein gilt:
Jedes Metall wirkt gegenüber den Ionen aller Metalle, die in der Spannungsreihe weiter *rechts* stehen, als Reduktionsmittel.
Die Ionen eines Metalls wirken gegenüber allen Metallen, die in der Spannungsreihe weiter *links* stehen, als Oxidationsmittel.

Von einem Metallpaar *strebt* jeweils das in der Spannungsreihe *links stehende* den *Ionenzustand*, das in der Spannungsreihe *rechts stehende* den *elementaren Zustand* an. Liegt das unedlere der beiden Metalle schon im Ionenzustand und das edlere bereits im elementaren Zustand vor, so tritt kein derartiger Redoxvorgang ein.

Beispiel: Ein Kupferblech reagiert nicht mit einer Zinksulfatlösung.

Der **Wasserstoff** wurde in die Spannungsreihe der Metalle aufgenommen, da er – wie die Metalle – *Kationen* bildet. Was für die Metalle gesagt wurde, kann sinngemäß auch auf den Wasserstoff angewendet werden:

Alle Metalle, die in der Spannungsreihe links vom Wasserstoff stehen verdrängen den Wasserstoff aus verdünnten Säuren.

Beispiele: $Zn + 2\,H^+ \rightarrow Zn^{2+} + H_2\uparrow$

$Fe + 2\,H^+ \rightarrow Fe^{2+} + H_2\uparrow$

Dagegen reagiert Kupfer, das rechts vom Wasserstoff steht, nicht mit verdünnten Säuren.

Auch hier handelt es sich um Redoxvorgänge:

Alle Metalle, die in der Spannungsreihe links vom Wasserstoff stehen, wirken gegenüber den Wasserstoffionen als Reduktionsmittel.

8.2. Standardpotentiale

Für die Tendenz eines Metalls, in Wasser gelöste Ionen zu bilden, gibt es ein Maß, das als **Standardpotential** (älter: *Normalpotential*) bezeichnet wird. Es läßt sich durch folgende Überlegungen ableiten:

Wird ein Metall in Wasser oder in eine wäßrige Salzlösung getaucht, so können Metallatome als Kationen in Lösung gehen:

$$Me \rightarrow Me^{n+} + n\,e^-$$

Die frei werdenden Elektronen bleiben auf dem Metall zurück und verursachen hier einen *Elektronenüberschuß*.

Es können aber auch Kationen aus einer Salzlösung auf dem Metall abgeschieden werden:

$$Me^{n+} + n\,e^- \rightarrow Me$$

Da zur Entladung dieser Ionen Elektronen nötig sind, entsteht in diesem Falle auf dem Metall ein *Elektronenmangel*.

Das Metall lädt sich also gegenüber der Salzlösung entweder *negativ* (Elektronenüberschuß) oder *positiv* (Elektronenmangel) auf. An der Grenzfläche zwischen dem Metall und der Lösung besteht dann eine elektrische **Spannung** (eine Potentialdifferenz). Die Größe dieser Spannung hängt einerseits von der *Art des Metalls*, andererseits von der *Konzentration der Lösung ab*.
Eine solche Kombination Metall/Salzlösung wird als *Halbelement* bezeichnet (↑ galvanisches Element; 8.3.; S. 122). Die in einem solchen Halbelement, d. h. an der Grenzfläche Metall/Salzlösung, auftretende Spannung läßt sich nicht direkt messen. Dagegen ist es möglich, die Spannungsdifferenz zu messen, die zwischen zwei derartigen Halbelementen besteht. Als Bezugssystem dient dabei das Halbelement Wasserstoff/Salzsäure in Form einer sog. **Wasserstoffelektrode.** Diese besteht aus einem Platinblech, das in Salzsäure taucht und ständig von Wasserstoff umspült wird.
Diese Wasserstoffelektrode kann mit Hilfe eines sog. *Stromschlüssels* – meist ein mit einer Kaliumchloridlösung gefüllter Glasrohrbogen – mit jedem anderen Halbelement leitend verbunden werden (↑ Bilder 26 und 27). Es entsteht dann ein galvanisches Element (↑ 8.3.; S. 122).
Um vergleichbare Werte für die verschiedenen Metalle zu erhalten, müssen hinsichtlich der Konzentration, des Drucks und der Temperatur bestimmte Bedingungen eingehalten werden. Die *Potentialdifferenz*, die unter *Standardbedingungen* [25 °C; 101,3 kPa (= 1 atm); 1normale Lösungen] zwischen einem Metall und einer Wasserstoffelektrode besteht, wird als **Standardpotential** dieses Metalls bezeichnet.
Eine Wasserstoffelektrode, für die diese Standardbedingungen gelten, wird **Standard-Wasserstoffelektrode** genannt. Für sie wurde willkürlich das **Standardpotenial 0** festgelegt.

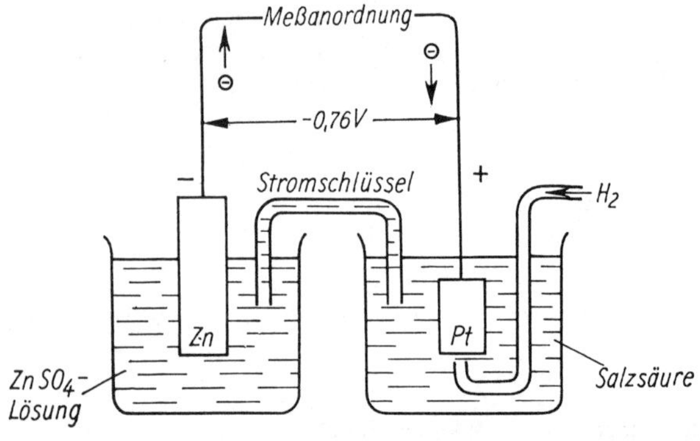

Bild 26. Standardpotential des Zinks

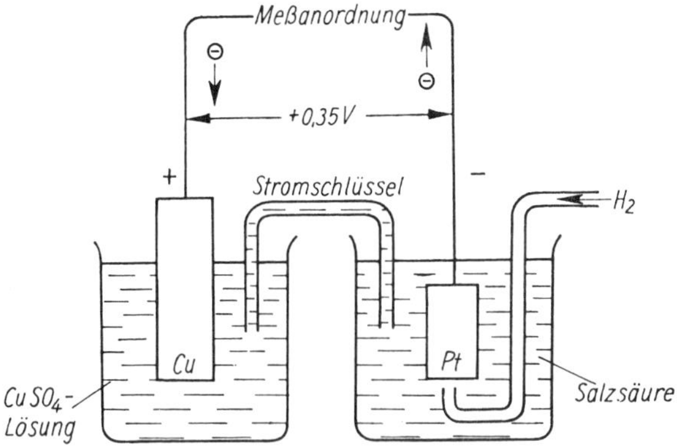

Bild 27. Standardpotential des Kupfers

Je nachdem, ob sich ein Metall (das unter Standardbedingungen in die Lösung eines seiner Salze taucht) gegenüber der Standard-Wasserstoffelektrode *negativ* oder *positiv* auflädt, trägt das Standardpotential dieses Metalls ein *negatives* oder ein *positives Vorzeichen.*

Beispiele: Zwischen dem Halbelement Zink/Zinksulfatlösung und der Standard-Wasserstoffelektrode besteht eine Potentialdifferenz von 0,76 V. Dabei ist das Zink Minuspol, die Wasserstoffelektrode Pluspol. Das Standardpotential des Zinks beträgt also −0,76 V.
Zwischen dem Halbelement Kupfer/Kupfersulfatlösung und der Standard-Wasserstoffelektrode besteht eine Potentialdifferenz von 0,35 V. Dabei ist das Kupfer Pluspol, die Wasserstoffelektrode Minuspol. Das Standardpotential des Kupfers beträgt also +0,35 V.

In Tabelle 12 (↑ S. 122) sind die Standardpotentiale der wichtigsten Metalle zusammengestellt. Für die darin angegebenen **Redoxsysteme** gilt folgendes:

- Verläuft die Reaktion **von links nach rechts,** so werden Elektronen abgegeben; das System wirkt als **Reduktionsmittel.**
- Verläuft die Reaktion **von rechts nach links,** so werden Elektronen aufgenommen; das System wirkt als **Oxidationsmittel.**

Von zwei in Tabelle 12 angeführten Redoxsystemen wirkt stets

- das **oben** stehende als **Reduktionsmittel,**
- das **unten** stehende als **Oxidationsmittel.**

Eine Reaktion tritt nur ein, wenn

- das **oben** stehende Metall (das Reduktionsmittel) **elementar,** also oxidierbar,
- das **unten** stehende Metall (das Oxidationsmittel) **in Ionenform,** also reduzierbar,

vorliegt.

Tabelle 12: Standardpotentiale der wichtigsten Metalle

Metall		Normalpotential	Redoxsystem
Caesium	Oxidationsmittel ↔ Reduktionsmittel	−3,02 V	$Cs \rightleftarrows Cs^{+} + e^{-}$
Kalium		−2,92 V	$K \rightleftarrows K^{+} + e^{-}$
Calcium		−2,76 V	$Ca \rightleftarrows Ca^{2+} + 2e^{-}$
Natrium		−2,71 V	$Na \rightleftarrows Na^{+} + e^{-}$
Magnesium		−2,34 V	$Mg \rightleftarrows Mg^{2+} + 2e^{-}$
Aluminium		−1,67 V	$Al \rightleftarrows Al^{3+} + 3e^{-}$
Mangan		−1,05 V	$Mn \rightleftarrows Mn^{2+} + 2e^{-}$
Zink		−0,76 V	$Zn \rightleftarrows Zn^{2+} + 2e^{-}$
Chromium		−0,56 V	$Cr \rightleftarrows Cr^{3+} + 3e^{-}$
Eisen		−0,44 V	$Fe \rightleftarrows Fe^{2+} + 2e^{-}$
Cobalt		−0,28 V	$Co \rightleftarrows Co^{2+} + 2e^{-}$
Nickel		−0,23 V	$Ni \rightleftarrows Ni^{2+} + 2e^{-}$
Zinn		−0,14 V	$Sn \rightleftarrows Sn^{2+} + 2e^{-}$
Blei		−0,12 V	$Pb \rightleftarrows Pb^{2+} + 2e^{-}$
Wasserstoff		0	$\frac{1}{2}H_2 \rightleftarrows H^{+} + e^{-}$
Kupfer		+0,35 V	$Cu \rightleftarrows Cu^{2+} + 2e^{-}$
Silber		+0,80 V	$Ag \rightleftarrows Ag^{+} + e^{-}$
Quecksilber		+0,85 V	$Hg \rightleftarrows Hg^{2+} + 2e^{-}$
Platin		+1,2 V	$Pt \rightleftarrows Pt^{2+} + 2e^{-}$
Gold		+1,36 V	$Au \rightleftarrows Au^{3+} + 3e^{-}$

8.3. Galvanische Elemente

Tauchen *zwei verschiedene Metalle in eine Elektrolytlösung*, so besteht zwischen diesen Metallen eine elektrische *Spannung* (eine Potentialdifferenz). Eine solche Kombination

Metall I/Elektrolytlösung/Metall II

wird als **galvanisches Element**[1] oder als **galvanische Kette** bezeichnet. Die Zahl der möglichen galvanischen Elemente ist sehr groß, da jedes Metall mit jedem anderen Metall ein solches galvanisches Element bilden kann.

[1] Der italienische Arzt Luigi Galvani beobachtete 1780 als erster, daß bei solchen Kombinationen elektrische Spannungen auftreten, ↑ S. 98.

Die Spannung eines galvanische Elements ist um so größer, je mehr sich die beiden Metalle in ihren Standardpotentialen unterscheiden.

Die Spannung, die ein Voltmeter anzeigt, das an die beiden Pole (Klemmen) eines in Betrieb befindlichen galvanischen Elements angeschlossen ist, wird als **Klemmenspannung** bezeichnet. Diese Klemmenspannung ist – infolge des inneren Widerstandes des galvanischen Elements – *geringer* als die **Urspannung** (früher: *elektromotorische Kraft*, EMK) dieses Elements, die sich mit Hilfe der Standardpotentiale der beiden Metalle berechnen und in stromlosem Zustand (mit Hilfe einer sog. *Kompensationsschaltung*) auch messen läßt.
Unter Standardbedingungen gilt folgendes:

Die Urspannung eines galvanischen Elements ist gleich der Differenz der Standardpotentiale der beiden Metalle.

Die Urspannung wird in diesem Falle berechnet, indem man das Standardpotential des unedleren Metalls vom Standardpotential des edleren Metalls subtrahiert.

Beispiel: Zwischen Zink und Kupfer, die in vergleichbare Lösungen ihrer Salze tauchen, besteht eine Spannung von

$$(+0{,}35\ \text{V}) - (-0{,}76\ \text{V}) = 1{,}11\ \text{V}$$

Ein bekanntes galvanisches Element ist das **Daniell-Element**[1] (Spannung etwa 1,1 V), bei dem *Kupfer* in eine Kupfersulfatlösung taucht und *Zink* in eine Zinksulfatlösung. Es handelt sich also um eine galvanische Kette:

Metall I/Elektrolyt I/Elektrolyt II/Metall II,

und zwar in diesem Falle:

$$Cu/CuSO_4/ZnSO_4/Zn$$

Beim DANIELL-Element befindet sich die Kupfersulfatlösung in einem porösen Tonzylinder, der in ein größeres Gefäß mit Zinksulfatlösung taucht (↑ Bild 28). Durch die poröse Scheidewand, ein sog. *Diaphragma*[2], wird eine leitende Verbindung zwischen den beiden Lösungen gewährleistet.
Sobald zwischen dem Kupfer und dem Zink durch einen metallischen Leiter der Stromkreis geschlossen wird (↑ Bild 29), laufen im DANIELL-Element folgende Reaktionen ab:

$$Zn \rightarrow Zn^{2+} + 2\,e^- \quad \text{(Oxidation)}$$

$$Cu^{2+} + 2\,e^- \rightarrow Cu \quad \text{(Reduktion)}$$

Das unedlere Metall Zink geht in Form von positiv geladenen Ionen in Lösung. Dabei bleiben Elektronen auf dem Zinkblech zurück. Am Zink herrscht also *Elektronenüberschuß*.

[1] 1836 von dem englischen Naturforscher JOHN FREDERIC DANIELL erfunden.
[2] *diaphragma* (grch.) Scheidewand

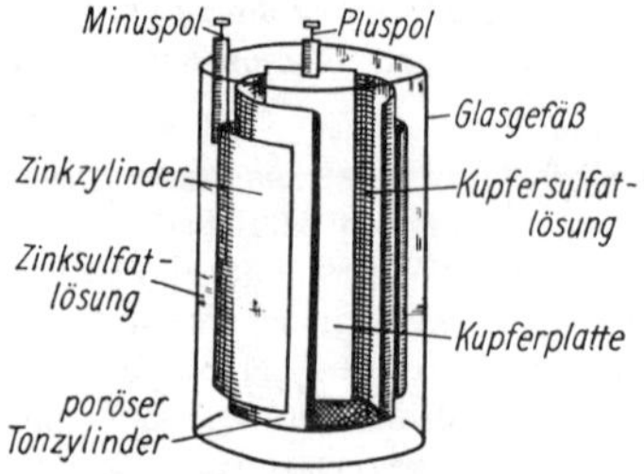

Bild 28. DANIELL-Element (z. T. im Schnitt)

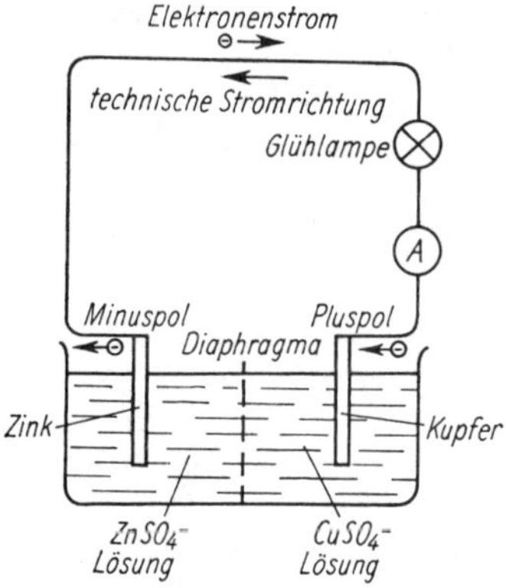

Bild 29. Schematische Darstellung zum DANIELL-Element

Das edlere Metall Kupfer wird aus der Lösung, in der es in Form positiver Ionen vorliegt, elementar abgeschieden. Dazu werden Elektronen benötigt. Am Kupfer herrscht daher *Elektronenmangel*. Dementsprechend fließt durch den äußeren Stromkreis ein Elektronenstrom vom Zink zum Kupfer.

Allgemein gilt:

Bei einem galvanischen Element fließen die Elektronen vom Minuspol zum Pluspol[1].

- **Minuspol ist das unedlere Metall,**
  an dem ein **Überschuß an** (negativ geladenen) **Elektronen** herrscht.
- **Pluspol ist das edlere Metall,**
  an dem ein **Mangel an** (negativ geladenen) **Elektronen** herrscht.

[1] In der Technik wird leider noch an der sog. *technischen Stromrichtung* festgehalten, die der wirklichen Stromrichtung, dem Elektronenstrom, *entgegengesetzt* ist. Die technische Stromrichtung geht von der längst widerlegten Vorstellung aus, vom Pluspol zum Minuspol fließe eine positive Elektrizität.

Von den beiden Metallen eines galvanischen Elements ist stets das mit dem *negativeren Standardpotential* der *Minuspol*, das mit dem *positiveren Standardpotential* der *Pluspol*.

Beispiel: In einem galvanischen Element aus Zink und Blei ist Zink mit dem Standardpotential −0,76 V der Minuspol, Blei mit dem Standardpotential −0,12 V der Pluspol. Das Standardpotential des Bleis ist positiver als das des Zinks.

Über die Anwendung der Begriffe Katode und Anode auf galvanische Elemente ↑ S. 128.

Praktisch verwendet wird heute vor allem das **Leclanché-Element**[1]

$$Zn/NH_4Cl/C,$$

und zwar als Trockenelement für Taschenlampen, Transistorradios u.a. Der *Minuspol* dieses Elements ist *Zink*, das zugleich das Gefäß bilden kann. Der *Pluspol* ist Graphit, die Modifikation des Kohlenstoffs mit elektrischer Leitfähigkeit. Als Elektrolyt dient eine gelatinierte Ammoniumchloridlösung.

Die Graphitelektrode ist von einem mit Mangan(IV)-oxid (Braunstein) gefüllten Gazebeutel umgeben. Der Braunstein hat die Aufgabe, den an der Graphitelektrode entstehenden Wasserstoff zu Wasser zu oxidieren.

Wiederaufladbare galvanische Elemente heißen Akkumulatoren (Sammler), ↑ S. 134.

8.4. Elektrochemische Korrosion

Wird ein Metall von der Oberfläche her durch elektrochemische Reaktionen zerstört, so bezeichnet man das als *elektrochemische Korrosion*.

Elektrochemische Korrosion tritt ein, wenn an die Berührungsstelle zweier verschiedener Metalle eine Elektrolytlösung gelangt.

Die beiden sich berührenden Metalle ergeben zusammen mit der Elektrolytlösung ein *kurzgeschlossenes galvanisches Element*.

Bei der elektrochemischen Korrosion wird stets das unedlere Metall zerstört.

Wie bei jedem galvanischen Element fließen vom unedleren Metall zum edleren Metall Elektronen (↑ Bild 30). Das unedlere Metall (im Bild 30 Eisen) geht in Form von Ionen in Lösung. Am edleren Metall (im Bild 30 Kupfer) kann im Wasser gelöster Luftsauerstoff zu Hydroxidionen, OH^-, entladen werden. Es entsteht dann Eisen(II)-hydroxid, $Fe(OH)_2$, das sich in Form von *Rost* niederschlägt.

[1] erfunden von dem Franzosen George Leclanché (1839 – 1882)

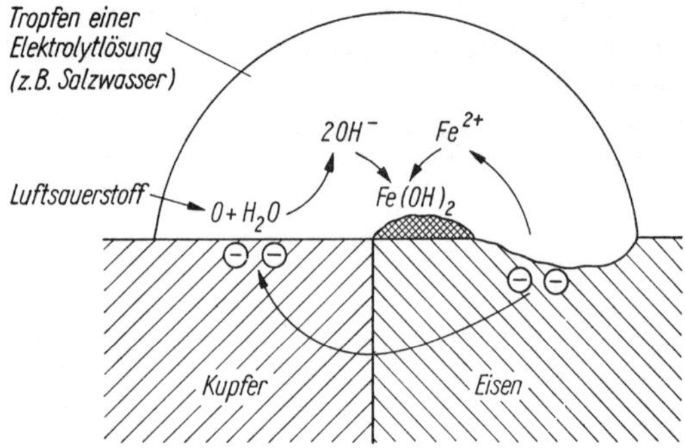

Bild 30. Elektrochemische Korrosion an einer Berührungsstelle von Eisen und Kupfer

Reaktionen zu Bild 30:

$$\begin{array}{ll} Fe & \rightarrow Fe^{2+} + 2\,e^- \\ {}^1/_2\,O_2 + H_2O + 2\,e^- & \rightarrow 2\,OH^- \\ \hline Fe + {}^1/_2\,O_2 + H_2O + 2\,e^- & \rightarrow Fe^{2+} + 2\,OH^- \end{array}$$

Elektrochemische Korrosion droht überall dort, wo sich zwei Metalle berühren. Das gilt auch für *Fremdeinschlüsse* an der Metalloberfläche. Als Elektrolytlösung genügt schon *Regenwasser*, das durch Umsetzung des aus der Luft aufgenommenen *Kohlendioxids* stets etwas Kohlensäure enthält:

$$H_2O + CO_2 \rightleftarrows H_2CO_3$$

$$H_2CO_3 \rightleftarrows 2\,H^+ + CO_3^{2-}$$

Da die Abgase von Industrieanlagen meist etwas *Schwefeldioxid* enthalten (vor allem aus dem Schwefelgehalt der Kohle), ist infolge der Bildung von schwefliger Säure

$$H_2O + SO_2 \rightleftarrows H_2SO_3$$

$$H_2SO_3 \rightleftarrows 2\,H^+ + SO_3^{2-}$$

die Korrosionsgefahr in Industriegebieten besonders hoch.

Beim **Korrosionsschutz,** dem große volkswirtschaftliche Bedeutung zukommt, sind zwei grundsätzliche Möglichkeiten zu unterscheiden:

Eine elektrochemische Korrosion wird verhindert, wenn nur gleiche oder doch elektrochemisch ähnliche Metalle bzw. Legierungen miteinander verbunden werden.

Das ist aber in der Praxis nicht immer möglich. Läßt es sich nicht vermeiden, daß sich verschiedene Metalle berühren, so muß zumindest der Zutritt einer Elektrolytlösung verhütet werden.

Eine elektrochemische Korrosion wird verhindert, wenn von der Berührungsstelle zweier verschiedener Metalle Elektrolytlösungen ferngehalten werden.

Dazu dienen Schutzüberzüge verschiedener Art, vor allem Lacke und metallische Überzüge.

8.5. Elektrolyse

Während die Metalle (Leiter 1. Klasse) beim Stromdurchgang unverändert bleiben, ist der Stromdurchgang durch die Schmelze oder Lösung eines Elektrolyten (Leiter 2. Klasse) stets mit *stofflichen Veränderungen* verbunden.

Wird an die Schmelze eines Elektrolyten eine Gleichspannung angelegt, so wandern
- **die Kationen zur Katode,**
- **die Anionen zur Anode**

und werden dort entladen.

Dadurch wird der *Elektrolyt zersetzt*[1].

Beispiel: Aus einer Natriumchloridschmelze werden an der mit dem Minuspol der Gleichspannungsquelle verbundenen Katode die Natriumionen, an der mit dem Pluspol der Gleichspannungsquelle verbundenen Anode die Chloridionen entladen:

Katode: $2\,Na^+ + 2\,e^- \rightarrow 2\,Na$ (Reduktion)

Anode: primär: $2\,Cl^- \rightarrow 2\,Cl + 2\,e^-$ (Oxidation)

sekundär: $2\,Cl \rightarrow Cl_2$

(An der Anode ist zwischen einem *primären Vorgang* und einem *sekundären Vorgang* zu unterscheiden. Nur der primäre Vorgang ist elektrochemischer Natur.)
Das Natriumchlorid wird also durch den elektrischen Strom in Natrium und Chlor zerlegt.

Eine solche Zerlegung wird als *Elektrolyse* bezeichnet.

Eine Elektrolyse ist eine unter Ionenentladung ablaufende Zerlegung einer chemischen Verbindung durch den elektrischen Strom.

Bei jeder Elektrolyse sind zwei Teilvorgänge zu unterscheiden, der **Katodenvorgang** und der **Anodenvorgang.**

[1] Dabei wird vorausgesetzt, daß die *Anode* aus einem Material (z. B. Platin oder Graphit) besteht, das bei der betrachteten elektrochemischen Reaktion *nicht angegriffen* wird, vgl. aber Abschn. 8.7.; S. 132.

- An der **Katode** werden von den Ionen Elektronen aufgenommen, es handelt sich um eine **Reduktion.**
- An der **Anode** werden von den Ionen Elektronen abgegeben, es handelt sich um eine **Oxidation.**

Die Elektrolyse ist ein Redoxvorgang, bei dem Oxidation und Reduktion räumlich voneinander getrennt ablaufen.

Die beiden Teilvorgänge einer Elektrolyse werden als

anodische Oxidation und katodische Reduktion

bezeichnet.

Die Vorgänge in einer Elektrolysezelle sind denen in einem galvanischen Element *entgegengesetzt* (↑ Bild 31).

Das **galvanische Element** ist eine **Spannungsquelle,** es **liefert** elektrischen Strom.

Die **Elektrolysezelle verbraucht** elektrischen Strom.

In einem *galvanischen Element* wird *chemische Energie* in *elektrische Energie* umgewandelt. Die entstehenden Stoffe sind *energieärmer* als die Ausgangsstoffe.
In einer *Elektrolysezelle* wird *elektrische Energie* in *chemische Energie* umgewandelt. Die entstehenden Stoffe sind *energiereicher* als die Ausgangsstoffe.

In einem *galvanischen Element* laufen die elektrochemischen Vorgänge – sobald der Stromkreis geschlossen ist – *von selbst* ab. Eine *Elektrolyse* läuft dagegen nur dann ab, wenn eine äußere Spannung angelegt wird, d. h., wenn ein *äußerer Zwang* besteht.

Zu beachten ist:

- Im **galvanischen Element**
  ist Minuspol = Anode, Pluspol = Katode.
- In der **Elektrolysezelle**
  ist Minuspol = Katode, Pluspol = Anode.

Die Bezeichnungen **Pluspol** und **Minuspol** beziehen sich stets auf die beiden *Pole einer Spannungsquelle.* Wird bei einer *Elektrolysezelle* von einem Pluspol und einem Minuspol gesprochen, so bezieht sich das auf die Pole der Spannungsquelle, an die die Elektrolysezelle angeschlossen ist.
Sowohl für galvanische Elemente als auch für Elektrolysezellen gilt:

- **Am Minuspol herrscht stets Elektronenüberschuß.**
- **Am Pluspol herrscht stets Elektronenmangel.**

Die Bezeichnungen **Katode** und **Anode** beziehen sich stets auf die *Richtung des Elektronenstroms in den Elektroden.*

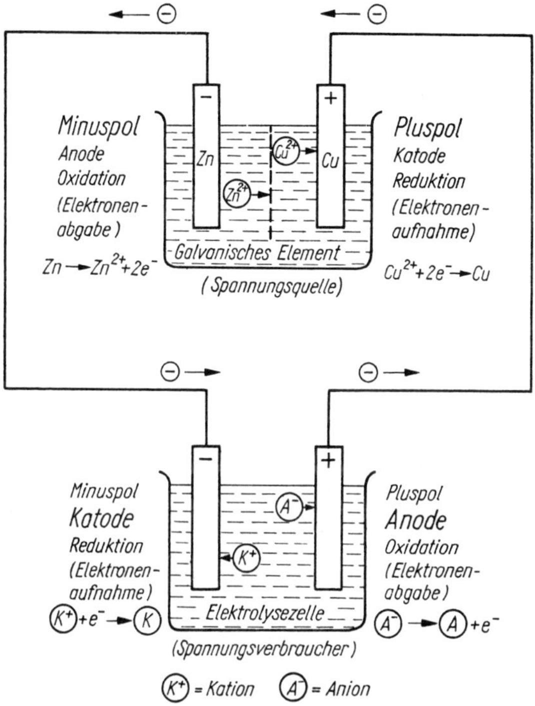

Bild 31. Gegenüberstellung von galvanischem Element und Elektrolysezelle

Elektroden sind leitende Körper, an denen der Übergang des elektrischen Stromes zwischen einem Leiter 1. Klasse (Metall) und einem Leiter 2. Klasse (Elektrolyt) stattfindet.

Auch leitende Körper, die den Übergang des elektrischen Stromes zwischen einem Metall und einem *Gas* vermitteln, werden als Elektroden bezeichnet (z. B. in den Rundfunkröhren).

- Die **Katode** ist stets der Pol, zu dem der **Elektronenstrom** im Metall **hinfließt.**
  Die **reagierenden Teilchen** werden an der Katode **reduziert.**
- Die **Anode** ist stets der Pol, von welchem der **Elektronenstrom** im Metall **wegfließt.**
  Die **reagierenden Teilchen** werden an der Anode **oxidiert.**

In der *Elektrolysezelle* (↑ Bild 31) findet am *Minuspol* (Katode) eine *Reduktion* statt, am *Pluspol* (Anode) eine *Oxidation.*

Im *galvanischen Element* (↑ Bild 31) findet am *Pluspol* eine *Reduktion* statt:

$$Cu^{2+} + 2\,e^- \rightarrow Cu,$$

am *Minuspol* eine *Oxidation:*

$$Zn \rightarrow Zn^{2+} + 2\,e^-$$

8.6. Elektrolyse wäßriger Lösungen

Bei der Elektrolyse wäßriger Lösungen kann außer dem gelösten Elektrolyten auch das Wasser an den Elektrodenvorgängen beteiligt sein, das in sehr geringem Ausmaß (↑ S. 114) in Ionen dissoziiert ist:

$$H_2O \rightleftarrows H^+ + OH^-$$

Neben den Ionen des gelösten Elektrolyten stehen daher für die Entladung an den Elektroden auch Wasserstoffionen, H^+, und Hydroxidionen, OH^-, zur Verfügung. In diesem Falle gilt – nicht zu hohe Stromdichten vorausgesetzt – allgemein:

Liegen bei einer Elektrolyse zwei (oder mehr) verschiedene Kationen (Anionen) vor, so wird an der Katode (Anode) *das* Kation (Anion) entladen, für dessen Entladung die niedrigste Spannung ausreicht.

- Für die wichtigsten **Kationen** ergibt sich folgende **Reihe der Entladbarkeit:**

sehr unedle Metalle[1]	mäßig unedle Metalle	edle Metalle
K^+ Na^+ Mg^{2+} Al^{3+}	H^+ Zn^{2+} Fe^{2+} Ni^{2+} Sn^{2+} Pb^{2+}	Cu^{2+} Ag^+ Au^{3+}
schwer entladbar ←	———————————	→ leicht entladbar
aus wäßrigen Lösungen werden entladen		
nur Wasserstoff	Metall und Wasserstoff	nur Metall

- Für die wichtigsten **Anionen** ergibt sich folgende **Reihe der Entladbarkeit:**

komplexe Anionen (SO_4^{2-}, NO_3^- u. a.)	OH^- Cl^- Br^- I^-
schwer entladbar ←	→ leicht entladbar

Aus diesen Reihen läßt sich ablesen, welche Ionen aus einer Elektrolytlösung entladen werden.

[1] Diese sehr unedlen Metalle lassen sich nur aus der Schmelze oder an Quecksilberelektroden abscheiden.

Beispiele: Es werden entladen:

aus Salzsäure:	H^+	Cl^-
aus Schwefelsäure:	H^+	OH^-
aus Salpetersäure:	H^+	OH^-
aus Natronlauge:	H^+	OH^-
aus Kupferchloridlösung:	Cu^{2+}	Cl^-
aus Kupfersulfatlösung:	Cu^{2+}	OH^-
aus Natriumchloridlösung:	H^+	Cl^-
aus Natriumsulfatlösung:	H^+	OH^-

(Vgl. dazu die Bilder 32 bis 35)

Die Elektrolyse von Schwefelsäure, Salpetersäure, Natronlauge und Natriumsulfatlösung (↑ Bild 35) läuft auf eine **elektrolytische Zerlegung des Wassers** hinaus:

Katodenvorgang: $4\,H^+ + 4\,e^- \rightarrow 4\,H$ (Reduktion)

Anodenvorgang: $4\,OH^- \rightarrow 2\,H_2O + 2\,O + 4\,e^-$ (Oxidation)

Diesen *primären Vorgängen* folgen als *sekundäre Vorgänge:*

$4\,H \rightarrow 2\,H_2$ $\qquad 2\,O \rightarrow O_2$

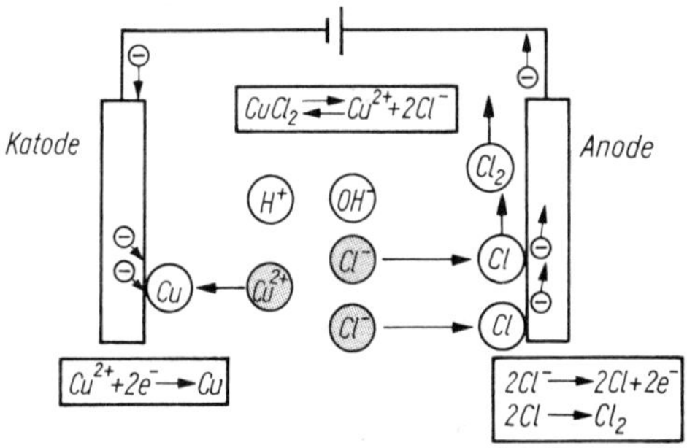

Bild 32. Elektrolyse einer wäßrigen Kupfer(II)-chloridlösung

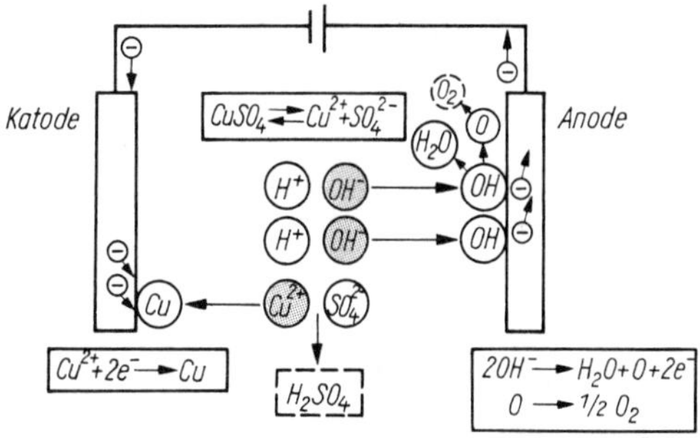

Bild 33. Elektrolyse einer wäßrigen Kupfer(II)-sulfatlösung

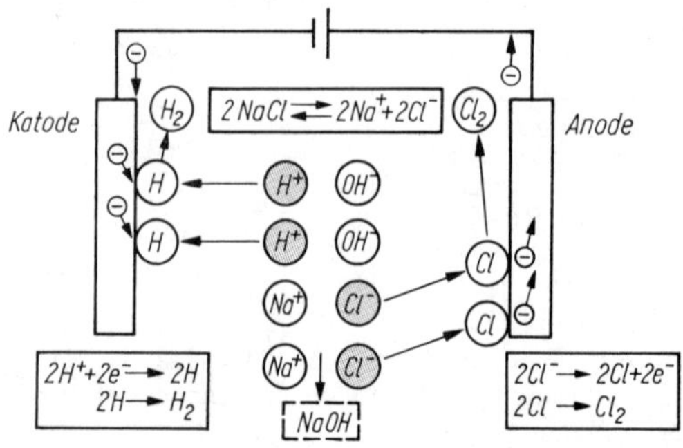

Bild 34. Elektrolyse einer wäßrigen Natriumchloridlösung

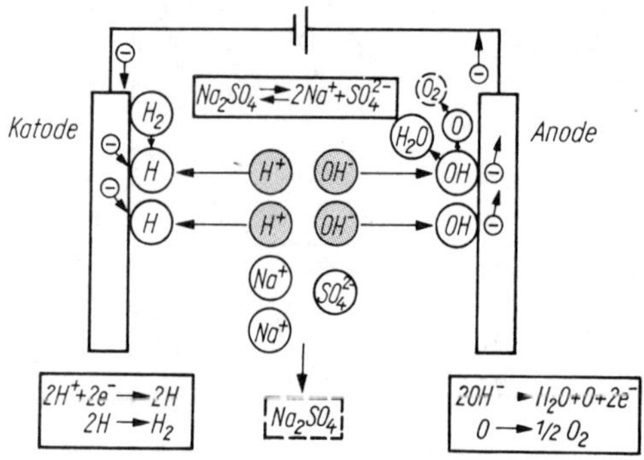

Bild 35. Elektrolyse einer wäßrigen Natriumsulfatlösung

8.7. Elektrolyse mit angreifbarer Anode

Bei einer Elektrolyse können sich an der Anode unterschiedliche Vorgänge abspielen, je nachdem, ob die Anode aus *angreifbarem* oder aus *unangreifbarem* Material besteht. In den Abschnitten 8.5. und 8.6. (S. 127/130) wurde stets vorausgesetzt, daß die Anode *unangreifbar* ist. Als unangreifbare Elektroden dienen im Laboratorium vorwiegend *Platinelektroden*. Weitgehend unangreifbar[1] sind auch *Kohlenstoff-(Graphit-) und Titanelektroden*. Sie spielen in der Technik eine wichtige Rolle.

Beispiele: Bei der Schmelzflußelektrolyse von Natriumchlorid (↑ S. 162) bestehen die Anoden aus Graphit, bei der Elektrolyse wäßriger Alkalichloridlösungen (↑ S. 164) aus (platinmetalloxidüberzogenem) Titan.

[1] Kohlenstoffelektroden werden nur durch sich entwickelnden Sauerstoff (und durch Fluor) angegriffen.

Anodenvorgang nicht angegriffen:

$$2\,Cl^- \rightarrow 2\,Cl + 2\,e^-$$
$$2\,Cl \rightarrow Cl_2$$

Um **Elektrolysen mit angreifbaren Anoden** handelt es sich z. B. bei der **Elektroraffination der Metalle.** Die Angreifbarkeit der Anoden wird hier bewußt technisch genutzt. Bei der Elektroraffination des *Kupfers* werden Garkupferplatten (99% Cu) als Anoden und Feinkupferbleche als Katoden in eine Kupfersulfatlösung eingehängt. Bei Stromdurchgang laufen folgende Elektrodenvorgänge ab:

Anode: $Cu_{roh} \rightarrow Cu^{2+} + 2\,e^-$ (Oxidation)

Katode: $Cu^{2+} + 2\,e^- \rightarrow Cu_{rein}$ (Reduktion)

An der Anode geht also das Kupfer in Form von Ionen in Lösung (anodische Oxidation), während die gleiche Anzahl Kupferionen aus der Lösung an der Katode elementar abgeschieden wird (katodische Reduktion). Der Unterschied gegenüber einer Elektrolyse mit unangreifbaren Elektroden wird klar, wenn man bedenkt, daß bei dieser an der *Anode Hydroxidionen* aus der Lösung entladen würden (↑ Bild 33).

Bei einer Elektrolyse mit angreifbarer Anode wird

- die **Anode** auch als **Lösungselektrode,**
- die **Katode** auch als **Abscheidungselektrode** (oder Niederschlagselektrode)

bezeichnet.

Die edleren Metalle (Silber, Gold u. a.) werden bei der Elektroraffination des Kupfers an der Anode nicht oxidiert und bleiben daher ungelöst. Sie werden aus dem Bodenschlamm der Elektrolysezellen gewonnen. Die unedleren Metalle (Blei, Eisen, Zink u. a.) werden zwar an der Anode oxidiert, aber an der Katode nicht reduziert, da zur Entladung ihrer Ionen eine höhere Spannung notwendig wäre als zur Entladung der Kupferionen. Die unedleren Metalle bleiben also in der Lösung zurück. Auf diese Weise gelingt es, Elektrolytkupfer mit einer Reinheit von 99,97% zu gewinnen.

Auch bei den meisten Verfahren der **Galvanotechnik** wird mit *angreifbaren Anoden* gearbeitet. Die **elektrolytische Erzeugung von Metallüberzügen** beruht auf der **katodischen Reduktion.** Das zu überziehende Werkstück wird als Katode (Abscheidungselektrode) in die Elektrolytlösung eingebracht. Die Anode besteht – von Ausnahmen, z. B. der Verchromung, abgesehen – aus dem Metall, das als Überzug dienen soll. Das hat den Vorteil, daß die Konzentration der Elektrolytlösung konstant bleibt, da die gleiche Menge an Metallionen, die an der Katode entladen wird, gleichzeitig an der Anode in Lösung geht.

Beispiel: Beim galvanischen Versilbern besteht die Anode (Lösungselektrode) aus Silber. Das zu versilbernde Werkstück wird als Katode (Abscheidungselektrode) in den galvanischen Elektrolyten (Lösung eines

Silbersalzes) eingebracht. Es laufen folgende Elektrodenvorgänge ab:

Anode: $Ag \rightarrow Ag^+ + e^-$ (Oxidation)

Katode: $Ag^+ + e^- \rightarrow Ag$ (Reduktion)

Das **Aloxidieren (Eloxieren**; ↑ S. 187), das zur Erzeugung einer Oxidschutzschicht auf Aluminium angewandt wird, beruht auf **anodischer Oxidation.** Das zu schützende Werkstück wird dazu als Anode in eine geeignete Elektrolytlösung (z. B. verdünnte Schwefelsäure) gehängt. An den Elektroden laufen folgende Vorgänge ab:

Anode: $2\,OH^- \rightarrow H_2O + O + 2\,e^-$ (Oxidation)

Katode: $2\,H^+ + 2\,e^- \rightarrow 2\,H$ (Reduktion)

Während der an der Katode entstehende Wasserstoff gasförmig entweicht

$$2\,H \rightarrow H_2\uparrow,$$

reagiert der Sauerstoff mit dem Aluminium der Anode:

$$2\,Al + 3\,O \rightarrow Al_2O_3$$

Auf diese Weise wird die das Metall schützende natürliche Oxidschicht des Aluminiums künstlich verstärkt.

8.8. Akkumulatoren

Akkumulatoren sind galvanische Elemente, in denen auf Grund reversibler elektrochemischer Vorgänge elektrische Energie gespeichert und bei Bedarf wieder entnommen werden kann.

Die Akkumulatoren werden als Sekundärelemente den Primärelementen (↑ 8.3.; S. 122) gegenübergestellt.

- **Primärelemente** wirken allein auf Grund ihres Aufbaus als Spannungsquelle. Die ablaufenden elektrochemischen Vorgänge sind irreversibel, so daß die Nutzungsdauer der Primärelemente eng begrenzt ist.
- **Sekundärelemente** wirken erst nach Zufuhr elektrischer Energie als Spannungsquelle. Die ablaufenden elektrochemischen Vorgänge sind reversibel, so daß die Sekundärelemente ständig wieder aufgeladen werden können und die Nutzungsdauer mehrere Jahre beträgt.

Die bekanntesten Sekundärelemente sind der **Bleiakkumulator** (Bleisammler) und der **Nickel-Cadmium-Akkumulator** (Stahlsammler).

Die Elektroden eines Sekundärelements werden durch Zufuhr von Elektroenergie *polarisiert*[1], sie haben dann unterschiedliche Potentiale. Dieser Vorgang wird als **Aufladung** bezeichnet.

[1] Unter galvanischer *Polarisation* versteht man jede durch Stromfluß bewirkte Änderung eines Elektrodenpotentials.

Bei einer Entnahme von Elektroenergie aus einem Sekundärelement geht die Polarisation der Elektroden langsam zurück. Dieser Vorgang wird als **Entladung** bezeichnet.

Aufladung und Entladung eines Sekundärelements sind einander entgegengesetzte elektrochemische Vorgänge.

Bei der **Aufladung** eines Sekundärelements wird **elektrische Energie in chemische Energie** umgewandelt,
bei der **Entladung** umgekehrt **chemische Energie in elektrische Energie.**

$$\textbf{elektrische Energie} \underset{\text{Entladung}}{\overset{\text{Aufladung}}{\rightleftarrows}} \textbf{chemische Energie}$$

Die Sekundärelemente bieten auf diese Weise die Möglichkeit, *elektrische Energie in Form von chemischer Energie zu speichern.* Hierauf beruht ihre Bezeichnung als **Akkumulatoren**[1] bzw. **Sammler.**

Beim **Bleiakkumulator** handelt es sich um eine galvanische Kette

$$Pb/H_2SO_4/PbO_2,$$

bei der die **Bleielektrode** der **Minuspol**, die **Bleidioxidelektrode** der **Pluspol** ist. Die im Bleiakkumulator ablaufenden chemischen Reaktionen sind recht kompliziert. Die Elektrodenvorgänge beruhen auf dem Übergang zwischen den verschiedenen Wertigkeitsstufen (Oxidationszahlen; ↑ S. 94) des Bleis:

Minuspol: $$Pb^{2+} + 2\,e^- \underset{\text{Entladung}}{\overset{\text{Aufladung}}{\rightleftarrows}} Pb$$

Pluspol: $$Pb^{2+} \underset{\text{Entladung}}{\overset{\text{Aufladung}}{\rightleftarrows}} Pb^{4+} + 2\,e^-$$

Die Gesamtreaktion kann wie folgt wiedergegeben werden:

$$2\,PbSO_4 + 2\,H_2O + \text{Elektroenergie} \underset{\text{Entladung}}{\overset{\text{Aufladung}}{\rightleftarrows}} Pb + PbO_2 + 2\,H_2SO_4$$

Da beim Entladungsvorgang Wasser entsteht, nimmt die Konzentration der Säure mit fortschreitender Entladung des Akkumulators ab. Dadurch wird es möglich, den Ladungszustand eines Bleiakkumulators zu kontrollieren, indem die Dichte[2] der Säure gemessen wird.

Beim **Nickel-Cadmium-Akkumulator** handelt es sich um eine galvanische Kette

$$Cd/KOH/Ni(OH)_3,$$

bei der die **Cadmiumelektrode** der **Minuspol,** die **Nickelelektrode** der **Pluspol** ist. Die im Nickel-Cadmium-Akkumulator ablaufenden Elek-

[1] *accumulare* (lat.) anhäufen
[2] Über den Zusammenhang zwischen Dichte und Konzentration ↑ S. 38

trodenvorgänge können durch folgende Gesamtgleichung wiedergegeben werden:

$$2\,Ni(OH)_2 + Cd(OH)_2 + \text{Elektro-energie} \underset{\text{Entladung}}{\overset{\text{Aufladung}}{\rightleftarrows}} 2\,Ni(OH)_3 + Cd$$

Neben dem Nickel-Cadmium-Akkumulator gibt es auch einen **Nickel-Eisen-Akkumulator,** bei dem anstelle des Cadmiums Eisen verwendet wird. Da die Gehäuse dieser beiden Akkumulatoren aus vernickeltem Stahlblech bestehen, sind sie auch unter der Bezeichnung *Stahlsammler* bekannt.

8.9. Faradaysche Gesetze

Zwischen der bei einer Elektrolyse aufgewandten Elektrizitätsmenge und den Stoffmengen, die an den Elektroden abgeschieden werden, besteht ein Zusammenhang, der zuerst (1834) von dem englischen Chemiker Michael Faraday erkannt wurde und heute als **1. Faradaysches Gesetz** bekannt ist:

Die bei einer Elektrolyse an einer Elektrode abgeschiedene Masse *m* eines Stoffes ist der durch den Elektrolyten hindurchgegangenen Elektrizitätsmenge *Q* proportional.

Die mathematische Formulierung des 1. Faradayschen Gesetzes lautet:

$$\boxed{m = \ddot{A}Q} \tag{1}$$

Wird die Masse m des abgeschiedenen Stoffes in mg (Milligramm), die Elektrizitätsmenge Q in As (Amperesekunden) angegeben, so erhält der Proportionalitätsfaktor $\ddot{A}$, das sog. *elektrochemische Äquivalent*, die Einheit mg/As.

Da die Elektrizitätsmenge Q das Produkt aus Stromstärke I und Zeit t ist

$$Q = It, \tag{2}$$

kann das 1. Faradaysche Gesetz auch wie folgt formuliert werden:

$$\boxed{m = \ddot{A}It} \tag{3}$$

Das elektrochemische Äquivalent ist eine für jedes Ion spezifische Konstante:

Das elektrochemische Äquivalent ist der Quotient aus der abgeschiedenen Masse und der aufgewandten Elektrizitätsmenge.

$$\ddot{A} = \frac{m}{Q} \tag{4}$$

Beispiel: Das elektrochemische Äquivalent des Silbers beträgt 1,118 17 mg/As. Das heißt, bei einer Stromstärke von 1 A werden in einer Sekunde aus einer Lösung, die Silberionen Ag^{+} enthält, 1,118 17 mg Silber abgeschieden.

FARADAY erkannte weiterhin, daß zwischen den Massen *verschiedener* Stoffe, die von der *gleichen* Elektrizitätsmenge abgeschieden werden, eine bestimmte Beziehung besteht. Diese Erkenntnis ist als **2. Faradaysches Gesetz** bekannt. Für den einfachsten Fall, daß die Abscheidung zweier Ionen mit *gleicher Wertigkeit* (Ionenladung) verglichen werden soll, lautet es: Von der gleichen Elektrizitätsmenge Q werden gleiche Stoffmengen n abgeschieden.

Beispiel: Die Elektrizitätsmenge, die 1 mol Cu^{2+}-Ionen entlädt, entlädt stets auch 1 mol Ni^{2+}-Ionen.

Sind *unterschiedliche Wertigkeiten* zu berücksichtigen, so gilt:

Die von der gleichen Elektrizitätsmenge Q abgeschiedenen Stoffmengen n verschiedener Stoffe sind den Wertigkeiten z dieser Stoffe umgekehrt proportional.

$$n_A : n_B = z_B : z_A \qquad (5)$$

Beispiel: Zwei Elektrolysezellen mit Kupfer(II)-sulfatlösung und Silber(I)-nitratlösung sind hintereinandergeschaltet. Von der Elektrizitätsmenge Q, die 1 mol Kupfer abscheidet, werden 2 mol Silber abgeschieden:

$$n_{Cu^{2+}} : n_{Ag^{+}} = z_{Ag^{+}} : z_{Cu^{2+}}$$

$$1\ \text{mol} : 2\ \text{mol} = 1 : 2$$

Um von diesem Vergleich der abgeschiedenen Stoffmengen zu einem Vergleich der abgeschiedenen *Massen* zu kommen, müssen in Gleichung (5) für die Stoffmengen n die Quotienten aus Masse m und molarer Masse M (↑ S. 44) eingesetzt werden:

$$n = \frac{m}{M}$$

Das ergibt:

$$\frac{m_A}{M_A} : \frac{m_B}{M_B} = z_B : z_A$$

Über die Schritte

$$\frac{m_A M_B}{M_A m_B} = \frac{z_B}{z_A} \quad \text{und}$$

$$\frac{m_A}{m_B} = \frac{z_B M_A}{z_A M_B}$$

erhalten wir daraus:

$$m_A : m_B = \frac{M_A}{z_A} : \frac{M_B}{z_B} \tag{6}$$

Auf Grund dieser Gleichung kann das 2. FARADAYsche Gesetz auch formuliert werden:

Die Massen *m* verschiedener Stoffe, die von der gleichen Elektrizitätsmenge *Q* abgeschieden werden, verhalten sich zueinander wie die Quotienten aus molarer Masse *M* und Wertigkeit *z*.

Beispiel: molare Masse $M_{Ag} = 107{,}9$ g/mol; $M_{Cu} = 63{,}5$ g/mol

Wertigkeit $z_{Ag^+} = 1$; $z_{Cu^{2+}} = 2$

$$m_{Ag} : m_{Cu} \frac{107{,}9 \text{ g/mol}}{1} : \frac{63{,}5 \text{ g/mol}}{2}$$

$$m_{Ag} : m_{Cu} = 107{,}9 \text{ g/mol} : 31{,}75 \text{ g/mol}$$

Die Elektrizitätsmenge, die 107,9 g Silber abscheidet, vermag aus einer Kupfer(II)-sulfatlösung 31,75 g Kupfer abzuscheiden.

Die Elektrizitätsmenge, die zur elektrolytischen Abscheidung von 1 mol ($\approx 6 \cdot 10^{23}$ Atomen) eines *einwertigen* Ions notwendig ist, wird als **Faraday-Konstante** *F* bezeichnet:

$$F = 96485 \text{ As/mol}$$

Es handelt sich dabei um eine *universale* (d. h. von der Art des abgeschiedenen Stoffes unabhängige) *Konstante*. Für einfache chemische Berechnungen kann die FARADAY-Konstante mit

96500 As/mol oder 26,8 Ah/mol

angesetzt werden (As Amperesekunden, Ah Amperestunden).

Die *Faraday-Konstante F* ermöglicht es, aus *molarer Masse M* und *Wertigkeit z* eines Ions dessen *elektrochemisches Äquivalent Ä* zu berechnen:

$$\boxed{\ddot{A} = \frac{M}{zF}} \tag{7}$$

Durch Einsetzen der Gleichung (7) in die Gleichung (3) ergibt sich:

$$\boxed{m = \frac{MIt}{zF}} \tag{8}$$

In dieser Gleichung sind:

m	Masse des abgeschiedenen Stoffes (in g)
M	molare Masse des abgeschiedenen Stoffes (in g/mol)
I	Stromstärke (in A)
z	Wertigkeit des entladenen Ions
F	FARADAY-Konstante (96500 As/mol)

Mit Hilfe dieser Gleichung können alle auf den FARADAYschen Gesetzen beruhenden Berechnungen ausgeführt werden. Dazu muß diese Gleichung jeweils nach dem gesuchten Gliede aufgelöst werden.

9. Chemisches Gleichgewicht

9.1. Gleichgewichtsreaktionen

Bei chemischen Reaktionen wird im allgemeinen zwischen *Ausgangsstoffen* und *Reaktionsprodukten* unterschieden (↑ S. 31). Damit verbindet sich die Vorstellung, daß die chemische Reaktion in einer bestimmten Richtung, nämlich von den Ausgangsstoffen zu den Reaktionsprodukten, abläuft. In Wirklichkeit können chemische Reaktionen aber in beiden Richtungen ablaufen.

Chemische Reaktionen sind im Prinzip umkehrbar.

Beispiel: $2\,Hg + O_2 \rightarrow 2\,HgO$

$2\,HgO \rightarrow 2\,Hg + O_2$

Zu einer Gleichung vereinigt:

$2\,Hg + O_2 \rightleftarrows 2\,HgO$

Die Umkehrbarkeit einer chemischen Reaktion wird mit Hilfe des Doppelpfeils $\rightleftarrows$ gekennzeichnet.

Die beiden einander entgegengesetzten Reaktionen werden als **Hinreaktion** und **Rückreaktion** bezeichnet.

Beispiel: Magnesiumcarbonat zerfällt beim Erhitzen in Magnesiumoxid und Kohlendioxid. Umgekehrt vereinigt sich Magnesiumoxid mit Kohlendioxid leicht zu Magnesiumcarbonat. Je nachdem, von welchem Stoff man ausgeht, kann die Gleichung formuliert werden:

$$MgCO_3 \xrightleftharpoons[\text{Rückreaktion}]{\text{Hinreaktion}} MgO + CO_2$$

oder

$$MgO + CO_2 \xrightleftharpoons[\text{Rückreaktion}]{\text{Hinreaktion}} MgCO_3$$

Beide Gleichungen drücken das gleiche aus.

Als *Hinreaktion* wird stets die Reaktion bezeichnet, die in der chemischen Gleichung *von links nach rechts* verläuft, als *Rückreaktion* die Reaktion, die *von rechts nach links* verläuft.

Die Richtung, in der eine chemische Reaktion abläuft, hängt von den äußeren Bedingungen (Druck, Temperatur, Konzentration) ab.

Viele Reaktionen laufen *praktisch nur in einer Richtung* ab, da für den Ablauf in der entgegengesetzten Richtung extreme Reaktionsbedingungen nötig wären. Bei diesen Reaktionen kommt es zu einer vollständigen Umsetzung der Ausgangsstoffe zu den Endprodukten.

Beispiel: Eisen und Schwefel vereinigen sich bei erhöhter Temperatur zu Eisensulfid:

$$Fe + S \rightarrow FeS$$

Bei chemischen Reaktionen, die in *beiden Richtungen* ablaufen können, kommt es dagegen in der Regel *nicht* zu einer restlosen Umsetzung. Das trifft vor allem für homogene Systeme (Gasreaktionen, Lösungen) zu.

Beispiel: $$N_2 + 3\,H_2 \underset{\text{Rückreaktion}}{\overset{\text{Hinreaktion}}{\rightleftarrows}} 2\,NH_3$$

In einem Stickstoff-Wasserstoff-Gasgemisch bildet sich unter geeigneten Bedingungen (z. B. 400 °C, 20 MPa, Katalysator) Ammoniak (Hinreaktion). Bei höherer Temperatur zerfällt das Ammoniak wieder in Stickstoff und Wasserstoff (Rückreaktion).

Hinreaktion und Rückreaktion stehen in engem Zusammenhang. Sie laufen gleichzeitig ab und wirken einander entgegen.

Beispiel: In dem Stickstoff-Wasserstoff-Gemisch setzt die Rückreaktion (Zerfall des Ammoniaks) ein, sobald sich die ersten Ammoniakmoleküle gebildet haben. Mit fortschreitender *Hinreaktion* (Bildung von Ammoniak) stehen immer mehr Ammoniakmoleküle für den Zerfall zur Verfügung, so daß die Geschwindigkeit der *Rückreaktion* immer größer wird. Gleichzeitig wird die Geschwindigkeit der Hinreaktion immer geringer, da immer weniger Stickstoff und Wasserstoff für die Ammoniakbildung zur Verfügung stehen.

Was hier an einem Beispiel gezeigt wurde, gilt für alle chemischen Reaktionen, die sich aus Hinreaktion und Rückreaktion zusammensetzen:

Die Geschwindigkeit[1] der *Hinreaktion nimmt* ständig *ab*, die *Geschwindigkeit* der *Rückreaktion nimmt* ständig *zu*. Auf diese Weise wird schließlich ein Zustand erreicht, in dem die *Geschwindigkeit* der *Hinreaktion gleich* der *Geschwindigkeit* der *Rückreaktion* ist. Hin- und Rückreaktion halten sich dann die *Waage*. Damit ist die Reaktion, von außen betrachtet, zum Stillstand gekommen. Dieser Zustand wird als **Gleichgewichtszustand** bezeichnet. Da jedoch Hin- und Rückreaktion weiter-

[1] Fußnote siehe S. 141

hin ablaufen, handelt es sich hier um ein *dynamisches Gleichgewicht*. Alle Reaktionen, bei denen sich ein solcher Gleichgewichtszustand einstellt, werden als **Gleichgewichtsreaktionen** bezeichnet.

Bei allen **Gleichgewichtsreaktionen**
nimmt die Geschwindigkeit[1] der Hinreaktion ab,
die Geschwindigkeit der Rückreaktion zu,

bis beide Geschwindigkeiten gleich sind und damit **ein Gleichgewichtszustand erreicht ist.**

Das Verhältnis, in dem die Stoffe im Gleichgewichtszustand vorliegen, wird als **Lage des Gleichgewichts** bezeichnet.

Beispiel: Im Dissoziationsgleichgewicht des Wassers ist der Anteil der Moleküle, die dissoziiert sind, außerordentlich gering (↑ S. 114). Man sagt daher: Das Gleichgewicht liegt weit auf der Seite der undissoziierten Moleküle. Durch einen starken Pfeil wird das zum Ausdruck gebracht:

$$H_2O \rightleftarrows H^+ + OH^-$$

Jede chemische Reaktion zeigt eine andere Lage des Gleichgewichts. Für eine bestimmte Reaktion ist die *Lage des Gleichgewichts* stets *von den äußeren Bedingungen* (Druck, Temperatur, Konzentration) *abhängig*.

Beispiel: Bei 400 °C und 20 MPa stehen 36 Vol.-% Ammoniak mit Stickstoff und Wasserstoff im Gleichgewicht. Dieser Gleichgewichtszustand stellt sich unabhängig davon ein, ob von einem Stickstoff-Wasserstoff-Gemisch oder von Ammoniak ausgegangen wurde (↑ Bild 36).

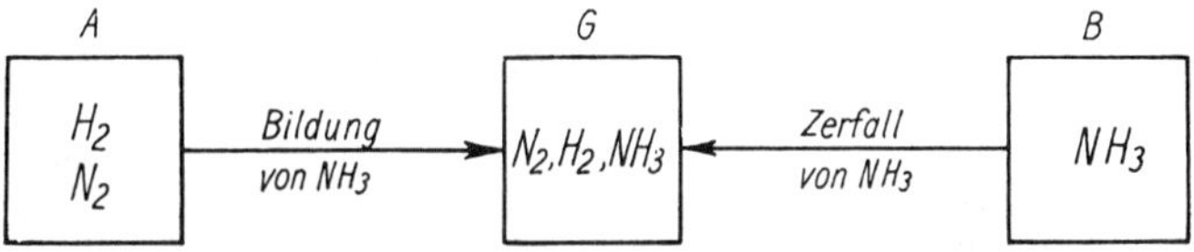

Bild 36. Der Gleichgewichtszustand *G* des Ammoniakgleichgewichtes $N_2 + 3\,H_2 \rightarrow 2\,NH_3$ stellt sich sowohl vom Ausgangszustand *A* (Stickstoff-Wasser-Gemisch) als auch vom Ausgangszustand *B* (Ammoniak) her ein.

In welcher Weise die Lage eines chemischen Gleichgewichts von den äußeren Bedingungen abhängt, wird in 9.2. behandelt.

[1] Als **Reaktionsgeschwindigkeit** gilt der Quotient aus umgesetzter Stoffmenge und Zeit, bezogen auf die Volumeneinheit:

$$\text{Reaktionsgeschwindigkeit} = \frac{\text{umgesetzte Stoffmenge}}{\text{Zeit} \cdot \text{Volumen}} = \frac{\text{Konzentrationsänderung}}{\text{Zeit}}$$

9.2. Prinzip vom kleinsten Zwang

Die **Lage eines chemischen Gleichgewichts** hängt ab von

Temperatur,
Druck und
Konzentration.

Der Einfluß, den diese Faktoren auf die Lage eines chemischen Gleichgewichts ausüben, unterliegt einer allgemeinen Gesetzmäßigkeit, die um 1885 von dem französischen Chemiker LE CHATELIER und dem deutschen Physiker BRAUN erkannt wurde und daher heute als **Prinzip von Le Chatelier und Braun,** aber auch als **Prinzip vom kleinsten Zwang** bekannt ist:

Wird auf ein im Gleichgewichtszustand befindliches System durch Änderung der äußeren Bedingungen ein Zwang ausgeübt, so verschiebt sich die Lage des Gleichgewichts derart, daß der äußere Zwang vermindert wird.

Kurz gesagt:

Ein im Gleichgewichtszustand befindliches System weicht einem äußeren Zwang aus.

9.2.1. Einfluß der Temperatur auf die Lage eines chemischen Gleichgewichts

Alle chemischen Reaktionen sind mit Energieumsetzungen verbunden.

Es kann *Elektroenergie* (↑ 8.8.; S. 134; 8.9.; S. 136), *Lichtenergie* oder *Wärmeenergie* aufgenommen oder abgegeben werden. Bei den mit Umsetzungen von Wärmeenergie verbundenen Reaktionen ist zu unterscheiden zwischen

- **exothermen[1] Reaktionen,**
  bei denen *Wärme* an die Umgebung *abgegeben* wird, und
- **endothermen[2] Reaktionen,**
  bei denen *Wärme* aus der Umgebung *aufgenommen* wird.

Beispiel: Die Verbrennung von Kohlenstoff zu Kohlendioxid ist eine *exotherme Reaktion:*

$$C + O_2 \rightarrow CO_2 \qquad \Delta H = -393\ \text{kJ/mol}$$

Bei dieser Reaktion werden je Mol des entstehenden Kohlendioxids 393 kJ frei[3].

[1] *exo* (grch.) heraus
[2] *endo* (grch.) hinein
[3] Die Einheit der Wärmemenge ist das **Joule** (gesprochen: *schul*, mit stimmhaftem *sch*). $1\ J = 1\ m^2 \cdot kg \cdot s^{-2} = 1\ W\ s$ (Wattsekunde). In älterer Literatur findet man noch die Einheit *Kalorie* (1 cal = 4,1868 J).

Soll für eine chemische Reaktion die Energieumsetzung angegeben werden, so wird in der Regel die Reaktionsenthalpie ΔH hinter die Reaktionsgleichung gesetzt.
Die **Reaktionsenthalpie** ΔH ist die mit einer chemischen Reaktion *bei gleichbleibendem Druck* einhergehende Energieumsetzung. (Sie ist zu unterscheiden von der *Reaktionsenergie* ΔU, die sich auf *gleichbleibendes Volumen* bezieht.[1])

Weiteres Beispiel: Die Umsetzung von glühendem Koks mit Wasserdampf ist eine *endotherme Reaktion:*

$$C + 2\,H_2O \rightarrow CO_2 + 2\,H_2 \qquad \Delta H = +90\ \text{kJ/mol}$$

Bei dieser Reaktion werden je Mol des entstehenden Kohlendioxids 90 kJ verbraucht, d. h., diese Energiemenge muß dem Reaktionsgemisch zugeführt werden.

Die Energieumsetzungen bei chemischen Reaktionen werden heute meist vom Standpunkt des Energiegehalts der reagierenden Stoffe (des reagierenden Systems) aus betrachtet[2]:

- **Bei exothermen Reaktionen ist die innere Energie der Reaktionsprodukte geringer als die innere Energie der Ausgangsstoffe.** Die *Reaktionsenthalpie* ΔH hat hier ein *negatives* Vorzeichen.
  Das reagierende System *gibt Energie ab*, wodurch sich das *Reaktionsgemisch erwärmt.*
- **Bei endothermen Reaktionen ist die innere Energie der Reaktionsprodukte höher als die innere Energie der Ausgangsstoffe.** Die *Reaktionsenthalpie* ΔH hat hier ein *positives* Vorzeichen.
  Das reagierende System *nimmt Energie auf*, wodurch sich das *Reaktionsgemisch abkühlt.*

(Die *innere Energie des reagierenden Systems* darf nicht mit der *Temperatur des Reaktionsgemischs* verwechselt werden.)
Bei jeder Gleichgewichtsreaktion verläuft eine der Teilreaktionen (Hinreaktion, Rückreaktion) *exotherm*, die andere *endotherm.*

Beispiel: Ammoniak-Gleichgewicht

$$N_2 + 3\,H_2 \underset{\text{endotherm}}{\overset{\text{exotherm}}{\rightleftarrows}} 2\,NH_3 \qquad \Delta H = -92\ \text{kJ}$$

[1] Die *Reaktionsenergie* ΔU ist die Änderung der *inneren Energie* des reagierenden Systems. Bei chemischen Reaktionen, die nicht bei konstantem Volumen, sondern bei konstantem Druck stattfinden – und das sind die weitaus meisten –, muß außer der Änderung der inneren Energie noch die Arbeit $p\Delta V$ berücksichtigt werden, die bei der *Volumenänderung* gegen den äußeren *Druck* geleistet wird. Als Summe erhält man die *Reaktionsenthalpie* ΔH:

$$\Delta U + p\Delta V = \Delta H.$$

[2] Nach einer anderen Betrachtungsweise wird die Wärmeenergie in die chemischen Gleichungen selbst eingesetzt, d. h., sie wird wie ein reagierender Stoff behandelt (s. S. 144 unten).

Für den *Einfluß*, den eine *Temperaturänderung* auf die Lage eines chemischen Gleichgewichts ausübt, gelten folgende Beziehungen:

- **Eine Temperaturerhöhung begünstigt die endotherme Reaktion.**

Bei jeder endothermen Reaktion wird Wärme verbraucht. Das System weicht dem äußeren Zwang der Temperaturerhöhung aus, bis wieder ein Gleichgewichtszustand erreicht ist.

- **Eine Temperaturerniedrigung begünstigt die exotherme Reaktion.**

Bei jeder exothermen Reaktion wird Wärme frei. Das System weicht dem äußeren Zwang der Temperaturerniedrigung aus, bis wieder ein Gleichgewichtszustand erreicht ist.

Beispiel: Im Ammoniak-Gleichgewicht begünstigt eine niedrige Temperatur die Bildung von Ammoniak, eine hohe Temperatur den Zerfall des Ammoniaks. Bei 20 MPa hängt der Ammoniakgehalt im Gleichgewicht mit Stickstoff und Wasserstoff wie folgt von der Temperatur ab:

300 °C	63 Vol.-% NH_3
400 °C	36 Vol.-% NH_3
500 °C	18 Vol.-% NH_3
600 °C	8 Vol.-% NH_3
700 °C	4 Vol.-% NH_3

Das Gleichgewicht liegt also bei niedrigen Temperaturen auf der Seite des Ammoniaks, bei hohen Temperaturen auf der Seite des Stickstoff-Wasserstoff-Gemischs.

9.2.2. Einfluß des Drucks auf die Lage eines chemischen Gleichgewichts

Bei allen Gasreaktionen, bei denen sich die *Stoffmenge* (Anzahl der Mole) und infolgedessen auch das *Volumen ändern*, hat auch der *Druck* einen Einfluß auf die Lage des chemischen Gleichgewichts.

- **Durch Druckerhöhung wird das Gleichgewicht nach der Seite der Stoffe mit dem geringeren Volumen verschoben.**
- **Durch Druckverminderung wird das Gleichgewicht nach der Seite der Stoffe mit dem größeren Volumen verschoben.**

In beiden Fällen weicht das System dem äußeren Zwange aus, bis wieder ein Gleichgewichtszustand erreicht ist.

Fortsetzung der Fußnote 2 von S. 143:

- Bei *exothermen Reaktionen* wird die frei werdende Energie auf die rechte Seite der Gleichung gesetzt.

  Beispiel: $C + O_2 \rightleftarrows CO_2 + 393\ kJ$

- Bei *endothermen Reaktionen* wird die zuzuführende Energie auf die linke Seite (oder mit umgekehrtem Vorzeichen auf die rechte Seite) der Gleichung gesetzt.

  Beispiel: $C + 2\,H_2O + 90\ kJ \rightleftarrows CO_2 + 2\,H_2$ bzw.

  $C + 2\,H_2O \rightleftarrows CO_2 + 2\,H_2 - 90\ kJ$

Beispiel: Bei der Ammoniaksynthese entstehen aus einem Mol Stickstoff und drei Mol Wasserstoff zwei Mol Ammoniak:

$$N_2 + 3\,H_2 \rightleftarrows 2\,NH_3$$

Bei vollständiger Umsetzung würden also aus vier Volumenteilen der Ausgangsstoffe zwei Volumenteile des Reaktionsprodukts entstehen. Das Gesamtvolumen würde sich auf die Hälfte vermindern.

N_2	+	H_2	+	H_2	+	H_2	$\rightleftarrows$	NH_3	+	NH_3

4 Volumenteile — 2 Volumenteile

Je höher der Druck ist, um so mehr wird das Ammoniak-Gleichgewicht in Richtung dieser Volumenverminderung, also in Richtung der Ammoniakbildung, verschoben. Bei 400 °C hängt der Ammoniakgehalt im Gleichgewicht mit Stickstoff und Wasserstoff wie folgt vom Druck ab:

0,1 MPa	≈	0,4 Vol.-% NH_3
10 MPa	≈	26 Vol.-% NH_3
20 MPa	≈	36 Vol.-% NH_3
30 MPa	≈	46 Vol.-% NH_3
60 MPa	≈	66 Vol.-% NH_3
100 MPa	≈	80 Vol.-% NH_3

9.3. Einflüsse auf die Geschwindigkeit der Gleichgewichtseinstellung

Bei den Gleichgewichtsreaktionen vergeht eine unterschiedlich lange Zeit, bis sich der Gleichgewichtszustand eingestellt hat. Bei Ionenreaktionen geschieht das praktisch momentan. Bei Gasreaktionen und Reaktionen der organischen Chemie vergehen beträchtliche Zeiten, bis der Gleichgewichtszustand erreicht ist. Es gibt auch Reaktionen, bei denen sich der Gleichgewichtszustand bei Zimmertemperatur nie einstellt.

Beispiel: Zwischen Wasserstoff und Sauerstoff einerseits und Wasser andererseits besteht ein chemisches Gleichgewicht, das bei Zimmertemperatur weit auf der Seite des Wassers liegt:

$$2\,H_2 + O_2 \rightleftarrows 2\,H_2O \qquad \Delta H = -572\ \text{kJ}$$

In einem Gemisch aus Wasserstoff und Sauerstoff bildet sich aber bei Zimmertemperatur auch im Verlauf von Jahren kein Wasser.

Durch zwei Faktoren kann erreicht werden, daß sich ein *chemisches Gleichgewicht beschleunigt einstellt*,

durch **Temperaturerhöhung** und
durch **Katalysatoren.**

9.3.1. Einfluß der Temperatur auf die Geschwindigkeit, mit der sich ein chemisches Gleichgewicht einstellt

Für den Einfluß der Temperatur auf chemische Reaktionen gilt allgemein:

Chemische Reaktionen verlaufen bei höheren Temperaturen schneller als bei niedrigen Temperaturen.

Für den Zusammenhang zwischen **Temperatur** und **Reaktionsgeschwindigkeit** gilt als grobe Regel:

Eine Temperaturerhöhung um 10 K beschleunigt eine Reaktion auf das Doppelte.

Die *Temperatur* ist ein Maß für die Bewegungsenergie der kleinsten Teilchen (Atome, Moleküle, Ionen) der Stoffe. Je rascher sich die Teilchen bewegen, um so häufiger stoßen sie mit anderen Teilchen zusammen, mit denen sie reagieren können. Die Bewegungsenergie der Teilchen nimmt mit abnehmender Temperatur ab. Beim absoluten Nullpunkt (−273,15 °C) würde die Bewegung der Teilchen ganz aufhören, so daß dann auch keinerlei chemische Reaktionen mehr abliefen. Der absolute Nullpunkt ist aber nicht erreichbar; es ist nur eine asymptotische (unendliche) Annäherung an den absoluten Nullpunkt möglich.

Für *Gleichgewichtsreaktionen* gilt:

Je höher die Temperatur ist, um so schneller wird der Gleichgewichtszustand erreicht.

Es ist zu beachten, daß die Temperatur gleichzeitig auf die **Lage des Gleichgewichts** einwirkt (↑ S. 142):

Eine **Temperaturerhöhung** bewirkt nicht nur, daß sich das Gleichgewicht schneller einstellt, sie **verschiebt** gleichzeitig die **Lage des Gleichgewichts in Richtung der endothermen Reaktion.**

Bei vielen technisch genutzten Gleichgewichtsreaktionen ist die Hinreaktion *exotherm.*

Beispiele: $N_2 + 3\,H_2 \rightleftarrows 2\,NH_3$ $\Delta H = -92$ kJ

$2\,SO_2 + O_2 \rightleftarrows 2\,SO_3$ $\Delta H = -184$ kJ

In diesen Fällen verschiebt eine Temperaturerhöhung die Lage des Gleichgewichts in Richtung der Ausgangsstoffe. Der erwünschte Einfluß der Temperaturerhöhung (Beschleunigung der Gleichgewichtseinstellung) ist hier untrennbar mit einem unerwünschten Einfluß (Verschlechterung der Gleichgewichtslage) verbunden. In solchen Fällen wird bei einer mittleren Temperatur gearbeitet, bei der die Reaktionsgeschwindigkeit hinreichend, die Gleichgewichtslage aber noch nicht allzu ungünstig ist. Vielfach ist es nur mit Hilfe von *Katalysatoren* (↑ 9.3.2.) möglich, solche Verfahren wirtschaftlich zu gestalten.

9.3.2. Einfluß von Katalysatoren auf die Geschwindigkeit, mit der sich ein chemisches Gleichgewicht einstellt

Viele technische Reaktionen lassen sich nur mit Hilfe von *Katalysatoren* wirtschaftlich durchführen.

Katalysatoren sind Stoffe, die die Geschwindigkeit einer chemischen Reaktion erhöhen und dadurch bewirken, daß sich das chemische Gleichgewicht schneller einstellt.

Die Katalysatoren werden dabei nicht verbraucht.

Der von den Katalysatoren ausgelöste Vorgang wird als **Katalyse** bezeichnet.
Die Katalysatoren beeinflussen – im Gegensatz zu einer Temperaturerhöhung – die *Lage* eines chemischen Gleichgewichts *nicht*. Auf ein im Gleichgewichtszustand befindliches System übt ein Katalysator *keinen* Einfluß aus, da er Hin- und Rückreaktion gleichermaßen beschleunigt.
Durch Einsatz eines geeigneten Katalysators wird die *Temperatur*, bei der eine chemische Reaktion mit *hinreichender Geschwindigkeit* abläuft, *herabgesetzt*. Für alle exothermen Reaktionen hat das zur Folge, daß bei einer verhältnismäßig günstigen Gleichgewichtslage gearbeitet werden kann (↑ S. 142). Der Einsatz von Katalysatoren kann auch dadurch notwendig werden, daß Reaktionsteilnehmer gegen höhere Temperaturen empfindlich sind.

Beispiele für technische Verfahren, die mit Hilfe von Katalysatoren durchgeführt werden:

Ammoniaksynthese (↑ S. 211),
OSTWALD-Verfahren (↑ S. 215),
Schwefelsäure-Kontaktverfahren (↑ S. 232),
Hochdruckhydrierung nach BERGIUS (↑ S. 293),
FISCHER-TROPSCH-Verfahren (↑ S. 294),
Butadien-Gewinnung (↑ S. 296).

Bei den Katalysatoren handelt es sich um Stoffe von sehr unterschiedlichem *Charakter*: Metalle, Metalloxide, Nichtmetalloxide, Basen, Säuren, aber auch organische Stoffe. Besonders gute katalytische Wirkung zeigen bestimmte *Stoffgemenge* (sog. *Mischkatalysatoren*).
Viele Katalysatoren besitzen eine *spezifische Wirkung*, d. h., sie vermögen nur eine ganz bestimmte chemische Reaktion zu beschleunigen. Dieser spezifische Charakter eines Katalysators verhütet, daß unerwünschte Nebenreaktionen gleichfalls beschleunigt werden. Andererseits ist es möglich, mit Hilfe verschiedener Katalysatoren aus den gleichen Ausgangsstoffen verschiedene Reaktionsprodukte zu gewinnen, indem von mehreren möglichen Reaktionen jeweils eine andere

beschleunigt wird (z. B. entstehen aus Wassergas mit Cobaltoxid: Kohlenwasserstoffe, mit Quecksilber: Methanal, mit Zinkoxid und Chromiumoxid: Methanol).

Nach den Aggregatzuständen, in denen die reagierenden Stoffe und der Katalysator vorliegen, wird unterschieden:

- **Homogene Katalyse**
  Der Katalysator bildet mit den reagierenden Stoffen ein homogenes Gemenge (Gasgemenge, Lösung).
- **Heterogene Katalyse**
  Reaktionsgemenge und Katalysator bilden verschiedene Phasen. Die Katalyse findet an einer Phasengrenzfläche statt.

Die wichtigste Art der heterogenen Katalyse ist die sog. *Kontaktkatalyse*, bei der das (gasförmige oder flüssige) Reaktionsgemisch über einen fest angeordneten Katalysator strömt. Die Reaktionsbeschleunigung tritt hier bei der Berührung des Reaktionsgemisches mit der Oberfläche des Katalysators ein, der daher in diesem Falle auch als *Kontakt* bezeichnet wird.

Die *Wirkungsweise* der Katalysatoren ist unterschiedlich und erst zum Teil aufgeklärt. Es gibt Katalysatoren, die mit den Stoffen, deren Reaktion sie beschleunigen, Zwischenprodukte bilden. Nach der Reaktion liegen diese Katalysatoren wieder in ihrer ursprünglichen Form vor. Mitunter übertragen die Katalysatoren einen anderen Stoff auf das reagierende System (z. B. Sauerstoff beim Schwefelsäure-Kontaktverfahren). Vielfach beruht aber die katalytische Wirkung eines Stoffes weniger auf dessen chemischen Eigenschaften als vielmehr auf dessen Oberflächenbeschaffenheit. Dabei können sowohl besondere Kristallstrukturen als auch an der Oberfläche auftretende freie Valenzen (Wertigkeiten) wirksam sein.
Auch in den Stoffwechselvorgängen der lebenden Organismen spielen Katalysatoren, die in diesem Falle als *Biokatalysatoren*[1] bezeichnet werden, eine wichtige Rolle. Dabei handelt es sich um die sog. *Fermente*[2] oder *Enzyme*[2]. Im weiteren Sinne gehören auch die *Vitamine* und *Hormone* dazu.

Neben der *positiven Katalyse*, durch die Reaktionen *beschleunigt* werden, gibt es auch die **negative Katalyse** oder *Antikatalyse*, durch die der Ablauf einer Reaktion *gehemmt* wird. So wird z. B. dem Wasserstoffperoxid, um dessen Zerfall zu verhüten, meist etwas Phosphorsäure zugesetzt. Stoffe, die eine Reaktion hemmen, werden als *Antikatalysatoren*, *Inhibitoren*[3] oder *Passivatoren* bezeichnet. Inhibitoren spielen im Korrosionsschutz eine zunehmende Rolle.

[1] *bios* (grch.) das Leben
[2] *fermentum* (lat.) Sauerteig; *zyme* (grch.) Sauerteig, *en* (grch.) in. Die Bezeichnungen „Fermente“ und „Enzyme“ sind also gleichbedeutend. Die Wirkung von Sauerteig und Hefe beruht auf dem Vorhandensein solcher Biokatalysatoren.
[3] *inhibere* (lat.) hemmen

9.4. Massenwirkungsgesetz

Zwischen der Lage eines chemischen Gleichgewichts und der Konzentration der Reaktionsteilnehmer besteht ein gesetzmäßiger Zusammenhang, der 1867 von den Norwegern WAAGE (Chemiker) und GULDBERG (Mathematiker) erkannt und als Massenwirkungsgesetz bezeichnet wurde:

Die chemische Wirkung eines Stoffes ist seiner aktiven Masse proportional.

Unter „aktiver Masse" verstanden GULDBERG und WAAGE die Konzentration, d. h. die Masse je Volumeneinheit.

Heute kann das Massenwirkungsgesetz (oft kurz als MWG bezeichnet) wie folgt formuliert werden:

Eine chemische Reaktion ist dann im Gleichgewichtszustand, wenn das Verhältnis zwischen

- **dem Produkt der Konzentrationen der Reaktionsprodukte und**
- **dem Produkt der Konzentrationen der Ausgangsstoffe**

einen für die betreffende Reaktion charakteristischen – bei gegebener Temperatur konstanten – Wert erreicht hat.

Für Reaktionen vom Typ

$$A + B \rightleftarrows C + D,$$

d. h. für Reaktionen, bei denen aus je 1 mol zweier Ausgangsstoffe je 1 mol zweier Reaktionsprodukte entstehen, gilt für das Massenwirkungsgesetz folgende mathematische Formulierung (die Massenwirkungsgleichung):

$$\frac{c_C c_D}{c_A c_B} = K_c, \quad \text{gleichbedeutend ist:} \quad \frac{[C]\,[D]}{[A]\,[B]} = K_c$$

Dabei ist c die *Konzentration* der als Index angefügten Stoffe und K_c die *Gleichgewichtskonstante*. (Mitunter wird die Konzentration auch durch die in eckige Klammern gesetzten Formeln bezeichnet.)

Als *Konzentrationsangaben* können dienen:

- die **Molarität** (mol/l; ↑ S. 37), sie wird vor allem bei Gleichgewichtsreaktionen *in Lösungen* angewandt;
- der **Molenbruch,** das ist der Anteil eines Reaktionsteilnehmers in einem Mol Reaktionsgemisch:

$$\textbf{Molenbruch des Stoffes A} = \frac{\textbf{Stoffmenge des Stoffes A}}{\textbf{Stoffmenge des Gemischs}}$$

Beispiel: Für das Gleichgewicht, das sich bei der *Konvertierung von Wassergas* einstellt:

$$CO + H_2O \rightleftarrows CO_2 + H_2 \qquad \Delta H = -41\ \text{kJ/mol}$$

gilt die Massenwirkungsgleichung:

$$\frac{c_{CO_2}c_{H_2}}{c_{CO}c_{H_2O}} = K_c$$

Bei 800 K hat K_c den Wert 4. Legen wir 1 mol Reaktionsgemisch zugrunde, so ergeben sich folgende *Molenbrüche:*

$$\frac{{}^2/_6\,\text{mol} \cdot {}^2/_6\,\text{mol}}{{}^1/_6\,\text{mol} \cdot {}^1/_6\,\text{mol}} = 4$$

Bei dieser Temperatur ist also der Anteil der Reaktionsprodukte im Reaktionsgemisch gerade doppelt so groß wie der Anteil der Ausgangsstoffe.

Die **Gleichgewichtskonstante K_c** hat für jede chemische Reaktion andere Werte. Für jede bestimmte Reaktion ändert sich ihr Wert mit der Temperatur. Die Werte der Gleichgewichtskonstanten werden aus experimentell gewonnenen Daten berechnet und in Tabellenbüchern zusammengestellt.

Bei *Gasreaktionen* können statt der Konzentrationen auch die *Partialdrücke* der Reaktionsteilnehmer in die Massenwirkungsgleichung eingesetzt werden. Die Gleichgewichtskonstante wird in diesem Falle mit K_p bezeichnet.

Der Partialdruck (Teildruck) eines Reaktionsteilnehmers ist der Druck, den dieser zum Gesamtdruck des Gasgemischs beisteuert.
Der Gesamtdruck eines Gasgemischs ist die Summe der Partialdrücke der im Gemisch enthaltenen Gase.

Der *Partialdruck* ist der *Anzahl der Moleküle je Volumeneinheit proportional*, er kann daher *als Maß für die Konzentration* verwendet werden.

Werden in den Massenwirkungsgleichungen – wie es in der Regel geschieht – die Konzentrationen bzw. Partialdrücke der *Reaktionsprodukte über den Bruchstrich* gesetzt und die der *Ausgangsstoffe unter den Bruchstrich*, so gilt folgendes:

Hat die **Gleichgewichtskonstante K_c** bzw. **K_p**

- einen **hohen Wert,** so liegt das Gleichgewicht auf der **rechten Seite** der Gleichung, also bei den **Reaktionsprodukten,**
- einen **niedrigen Wert,** so liegt das Gleichgewicht auf der **linken Seite** der Gleichung, also bei den **Ausgangsstoffen.**

Beispiel: Bei 2000 K hat K_c bei der Wassergaskonvertierung (↑ voriges Beispiel) den Wert 0,20. Dem entsprechen folgende Molenbrüche:

$$\frac{0{,}155\,\text{mol} \cdot 0{,}155\,\text{mol}}{0{,}345\,\text{mol} \cdot 0{,}345\,\text{mol}} = 0{,}20$$

Der Anteil der Ausgangsstoffe ist also mehr als doppelt so groß wie der Anteil der Reaktionsprodukte, das Gleichgewicht liegt weit auf der linken Seite der Gleichung.

9.4.1. Einfluß der Temperatur

Ein Vergleich der beiden letzten Beispiele zeigt die **Temperaturabhängigkeit** der Gleichgewichtskonstanten.

Die Gleichgewichtskonstante K_c bzw. K_p wird mit steigender Temperatur
- **bei exothermen Reaktionen kleiner,**
- **bei endothermen Reaktionen größer.**

Beispiel: Während die Wassergaskonvertierung exotherm ist (↑ Beispiel S. 149), verläuft die Synthese von *Stickstoffmonoxid*, NO, *endotherm:*

$$N_2 + O_2 \rightleftarrows 2\,NO \qquad \Delta H = +180\ \text{kJ/mol}$$

Hierfür gilt die Massenwirkungsgleichung:

$$\frac{p^2_{NO}}{p_{N_2} \cdot p_{O_2}} = K_p$$

p ist der Partialdruck der Reaktionsteilnehmer. K_p wird bei dieser Reaktion mit steigender Temperatur größer:

$$1000\ \text{K}: 6{,}8 \cdot 10^{-9}; \qquad 4000\ \text{K}: 8{,}3 \cdot 10^{-2}$$

Aber auch bei 4000 K ist K_p noch kleiner als 1, so daß das Gleichgewicht noch auf der Seite der Ausgangsstoffe liegt.

Wie aus vorstehendem Beispiel ersichtlich, treten die *Koeffizienten* der chemischen Gleichungen in den Massenwirkungsgleichungen als *Exponenten der Konzentrationen* auf.

9.4.2. Einfluß des Drucks

Druckänderungen haben nach dem MWG nur dann einen Einfluß auf die Lage des Gleichgewichts, wenn es sich um Gasreaktionen handelt, die mit einer *Volumenänderung* verbunden sind, d. h., bei denen die Stoffmenge (in Mol) der Reaktionsprodukte von der Stoffmenge der Ausgangsstoffe abweicht (↑ S. 145).

Beispiel: Das ist beim Ammoniakgleichgewicht der Fall, bei dem aus 4 mol Ausgangsstoffen 2 mol Reaktionsprodukt entstehen:

$$N_2 + 3\,H_2 \rightleftarrows 2\,NH_3$$

$$\frac{p^2_{NH_3}}{p_{N_2} \cdot p^3_{H_2}} = K_p$$

Wird der Gesamtdruck auf das Doppelte erhöht, steigen auch alle Partialdrücke auf das Doppelte:

$$\frac{(2p_{NH_3})^2}{2p_{N_2} \cdot (2p_{H_2})^3} = \frac{1}{4}\,\frac{p^2_{NH_3}}{p_{N_2} \cdot p^3_{H_2}}$$

Der Quotient hat damit nicht mehr den Wert K_p, sondern nur noch ein Viertel dieses Wertes. Das System befindet sich also nicht mehr im Gleichgewicht. Es stellt sich ein neuer Gleichgewichtszustand ein.

Wird der **Wert des Quotienten** durch die **Druckänderung**

- **kleiner als K_p**, so wird das Gleichgewicht in Richtung der **Reaktionsprodukte** verschoben,
- **größer als K_p**, so wird das Gleichgewicht in Richtung der **Ausgangsstoffe** verschoben,

bis der Quotient den Wert der Gleichgewichtskonstante K_p wieder erreicht hat.

Beispiel: Im Ammoniakgleichgewicht erhöht sich also durch Druckerhöhung der Anteil des Ammoniaks, weshalb die Ammoniaksynthese als Hochdruckverfahren durchgeführt wird (↑ S. 212).

9.4.3. Einfluß der Konzentration

Konzentrationsänderungen der Reaktionsteilnehmer haben in jedem Falle einen Einfluß auf die Lage des chemischen Gleichgewichts.
Wird die **Konzentration eines Ausgangsstoffs erhöht,** so wird das Gleichgewicht so weit **in Richtung der Reaktionsprodukte verschoben,** bis der Quotient der Massenwirkungsgleichung wieder den Wert der Gleichgewichtskonstanten K_c (bzw. K_p) angenommen hat.

Beispiel: Werden bei der Wassergaskonvertierung die Ausgangsstoffe nicht im stöchiometrischen Verhältnis (also 1 : 1) eingesetzt, sondern wird Wasserdampf im Überschuß zugeführt, so wird der Wert des Quotienten

$$\frac{c_{CO_2} c_{H_2}}{c_{CO} c_{H_2O}} = K_c$$

kleiner als die Gleichgewichtskonstante K_c. Es stellt sich ein neuer Gleichgewichtszustand ein, indem die Konzentration der Reaktionsprodukte auf Kosten der Konzentration der Ausgangsstoffe zunimmt. Damit wird eine weitgehende Umsetzung des Kohlenmonoxids erreicht, worauf dieses technische Verfahren hinzielt (↑ S. 149).
Zu beachten ist aber: Der *prozentuale Anteil der Reaktionsprodukte* an dem im Gleichgewichtszustand vorliegenden Gesamtgemisch ist stets dann *am größten*, wenn die *Ausgangsstoffe im stöchiometrischen Verhältnis* eingesetzt werden.

9.4.4. Dissoziationskonstante

Die **elektrolytische Dissoziation** (↑ 7.2.; S. 99) läßt sich, vom MWG ausgehend, ebenfalls quantitativ erfassen. Für Dissoziationsgleichgewichte vom Typ

$$AB \rightleftarrows A^+ + B^-$$

gilt die Massenwirkungsgleichung:

$$\frac{c_{A^+} \cdot c_{B^-}}{c_{AB}} = K_D$$

Die Gleichgewichtskonstante wird hier als **Dissoziationskonstante K_D** bezeichnet. Wird die Konzentration in mol/l eingesetzt, so erhält auch die Dissoziationskonstante diese Einheit. Jeder Elektrolyt hat eine eigene Dissoziationskonstante.

Da jede Dissoziation ein *endothermer Vorgang* ist, wird der Wert der *Dissoziationskonstante mit steigender Temperatur größer* (↑ S. 144). Die Dissoziationskonstante K_D ist ein *Maß für die Stärke der Elektrolyte* (↑ 7.6.2.; S. 109). Sie ist

- bei *starken Elektrolyten größer* als 10^{-4} mol/l,
- bei *schwachen Elektrolyten kleiner* als 10^{-4} mol/l.

Beispiele: Phosphorsäure ist ein starker Elektrolyt:

$$H_3PO_4 \rightleftarrows H^+ + H_2PO_4^- \qquad K_D = 7{,}5 \cdot 10^{-3}\ \text{mol/l}$$

Essigsäure ist ein schwacher Elektrolyt:

$$CH_3COOH \rightleftarrows H^+ + CH_3COO^- \qquad K_D = 4{,}8 \cdot 10^{-10}\ \text{mol/l}$$

Zwischen der *Dissoziationskonstanten* K_D und dem *Dissoziationsgrad* α (↑ S. 107) besteht (für Reaktionen vom Typ $AB \rightleftarrows A^+ + B^-$) folgende Beziehung (OSTWALDsches Verdünnungsgesetz):

$$\frac{\alpha^2}{1-\alpha} c = K_D$$

Da K_D für eine gegebene Temperatur konstant ist, wird mit zunehmender Verdünnung (abnehmender Konzentration c) der Dissoziationsgrad α größer. Das heißt:

Wird eine Elektrolytlösung verdünnt, so zerfällt ein immer größerer Anteil der Moleküle in Ionen.

ANORGANISCHE CHEMIE

Die Hauptgruppenelemente und ihre Verbindungen

10. Wasserstoff

10.1. Allgemeines

a) *Symbol:* H [*hydrogenium* (lat.) Wasserbildner];
Wertigkeiten: +1, selten −1.

b) *Isotope:* ^{1}H = Protium (leichter Wasserstoff; 99,984%)
^{2}H = Deuterium (schwerer Wasserstoff; 0,016%)
^{3}H = Tritium (überschwerer Wasserstoff; Spuren; auf der Erde insgesamt 1,8 kg)

c) *Vorkommen:* wahrscheinlich häufigstes Element des Weltalls (Fixsterne, interstellare Materie; auch die großen Planeten, z. B. Jupiter und Saturn, bestehen überwiegend aus Wasserstoff). Auf der Erde kommt Wasserstoff fast nur chemisch gebunden vor (Wasser, Organismen, Erdöl, Kohle, einige Minerale), frei in den höchsten Stratosphärenschichten, hier z. T. ionisiert. In der Erdkruste bis 17 km Tiefe ist H mit 0,9 Massen-% bzw. 15,4 Atom-% massenmäßig das neunt-, atomzahlmäßig das dritthäufigste Element.

10.2. Elementarer Wasserstoff

a) *Formel:* H_2; *Struktur:* H : H.

b) *Entdeckung:* 1766 durch H. Cavendish (England).

c) *Herstellung:*

- aus verdünnten Säuren und Metallen (außer Kupfer und Edelmetallen); z. B. $Zn + 2\,HCl \rightarrow ZnCl_2 + H_2$.

  Ionengleichung: $Zn + 2\,H^+ \rightarrow Zn^{2+} + H_2$;
  d. h., die Zn-Atome geben an je 2 H^+-Ionen 2 Elektronen ab; sie reduzieren die H^+-Ionen und werden selbst oxidiert.

- aus verdünnten Laugen und amphoteren Metallen, z. B. Aluminium (↑ S. 187).
- durch Reduktion von Wasser mit sehr unedlen Metallen:

  Flüssiges Wasser reagiert mit Alkali- und einigen Erdalkalimetallen, z. B.

  $$2\,Na + 2\,H_2O \rightarrow 2\,NaOH + H_2$$

oder:

$$Ca + 2\,H_2O \rightarrow Ca(OH)_2 + H_2.$$

Natrium und Kalium reagieren sehr heftig, wobei sich der frei werdende Wasserstoff bei K stets, bei Na meist entzündet; mit Ca erfolgt gemäßigtere Reaktion.

Heißer Wasserdampf wird z. B. auch von Magnesium, Zink und Eisen reduziert.

- technisch durch (z. T. katalytische) Reduktion von Wasserdampf mit carbo- oder petrolchemischen „Kohlenstoffträgern" (Koks, Kohle, Heizöl, Benzine, Erdgas, Methan) bei höheren Temperaturen. Mit Koks entsteht gemäß $H_2O + C \rightarrow CO + H_2$ in endothermer Reaktion **Wassergas.**
  Wassergas dient als Heizgas, für Synthesen (Ammoniak, Methanol, Paraffin, Benzin) und Hydrierungen sowie zur Herstellung von Wasserstoff.
  Die Isolierung des Wasserstoffs erfolgt durch „*Konvertierung*" (katalytische Umsetzung mit Wasserdampf bei 350 ... 500 °C: $CO + H_2O \rightarrow CO_2 + H_2$) und Auswaschen des entstandenen Kohlendioxids mit Wasser.
- durch Elektrolyse verdünnter Alkalilauge oder Schwefelsäure; auch bei der Alkalichloridelektrolyse (↑ S. 164) entsteht Wasserstoff als Nebenprodukt.

d) *Physikalische Eigenschaften:* farb-, geruch- und geschmackfreies Gas; rund 14mal leichter als Luft (Dichte: 0,09 g/l bei 101,3 kPa und 0 °C) und damit leichtester Stoff überhaupt; nächst Helium am zweitschwersten zu verflüssigen; Schmelzpunkt: −259,5 °C; Siedepunkt: −252,8 °C; in Wasser sehr wenig löslich, leicht dagegen in manchen Metallen (Platin, Palladium; im Stahl bewirkt er die bei der Säurebeize oft auftretende „Wasserstoffsprödigkeit").

e) *Chemische Eigenschaften:* bei gewöhnlicher Temperatur sehr beständig; an der Luft und in Chlorgas brennbar:

$$2\,H_2 + O_2 \rightarrow 2\,H_2O$$

(schwach blaue, fast unsichtbare Flamme) bzw.

$$H_2 + Cl_2 \rightarrow 2\,HCl.$$

Gemische mit Luft, Sauerstoff oder Chlor sind explosiv (*Knallgas* bzw. *Chlorknallgas*). Auch mit anderen Nichtmetallen vereinigt er sich beim Erhitzen, z. B. $H_2 + S \rightarrow H_2S$. Mit Alkali- und Erdalkalimetallen entstehen in der Hitze *Hydride.* – Wasserstoff reduziert in der Hitze viele Metalloxide, z. B. $WO_3 + 3\,H_2 \rightarrow W + 3\,H_2O$ (techn. Wolframherstellung). – *Hydrierung* ist die Anlagerung von Wasserstoff, *Dehydrierung* das Gegenteil.

f) *Verwendung:* für Synthesen und Hydrierungen (Ammoniak, Methanol, Chlorwasserstoff, Benzin, Paraffin, Buna, Sorbit, Fettalkohole, Fetthärtung u. a.); ferner zum Füllen von Ballons und zur Erzeugung hoher Temperaturen im Knallgasgebläse (z. B. für synthetische Edelsteine). Wasserstoff ist Bestandteil von *Stadt-*, *Fern-*, *Kokerei-*, *Schwel-* und *Wassergas*. Er kommt in Stahlflaschen (rote Kennzeichnung; Linksgewinde) mit ≈ 15 MPa in den Handel.

10.3. Wasser

a) *Formel:* H_2O; die Moleküle sind über Wasserstoffbrückenbindung assoziiert: $(H_2O)_x$; hierauf beruht der höhere Schmelz- und Siedepunkt des H_2O im Vergleich zu H_2S.

b) *Reines Wasser:* geruch- und geschmackfrei; in dicken Schichten (über 5 m) himmelblau; unter normalem Luftdruck bei 100 °C siedend; bei 0 °C unter Ausdehnung um $^1/_{11}$ seines Volumens zu *Eis* erstarrend; größte Dichte ($1\ g \cdot cm^{-3}$) bei +4 °C; sehr geringe elektrische Leitfähigkeit.

c) *Natürliches Wasser* ist stets verunreinigt. *Regenwasser* und *Schnee* enthalten Staub, Sauerstoff, Stickstoff, Kohlendioxid und Spuren von Ammoniumnitrat; *Quell-*, *Fluß-* und *Grundwasser* enthalten 0,01 bis 0,2% gelöste Stoffe, z. B. Calcium- und Magnesiumsalze („Härtebildner", ↑ S. 180). Im *Meerwasser* sind etwa 3,5% Salze gelöst (Ostsee 1%; Totes Meer 30%). Große Wasserflächen wirken klimatisch ausgleichend, da zur Erwärmung von Wasser um 1 Grad mehr Wärme erforderlich ist und umgekehrt beim Abkühlen mehr Wärme abgegeben wird als bei anderen Stoffen. Etwa 70% der Erdoberfläche sind mit Wasser bzw. Eis bedeckt.

d) *Trinkwasser* ist aufbereitetes natürliches Wasser. Es soll klar, farb- und geruchlos, möglichst keimarm und frei von Kolibakterien sein.

- *Entkeimung:* durch Einblasen von Chlorgas („Chlorung") oder ozonreichem Sauerstoff („Ozonierung"); durch Filtration über Kies, der mit einem Bakterienrasen bedeckt ist.
- *Enteisenung:* durch Versprühen und Verdüsen unter Zuführung von viel Luft, evtl. nach Zugabe von Kalkmilch gemäß

$$4\ Fe(HCO_3)_2 + O_2 + 2\ H_2O \rightarrow 4\ Fe(OH)_3 \downarrow + 8\ CO_2 .$$

  Das ausfallende braune Eisen(III)-hydroxid wird durch Kiesfiltration entfernt.
- *Entmanganung:* erfolgt gleichzeitig mit der Enteisenung.
- *Entsäuerung* (von überschüssiger Kohlensäure, die Rohrleitungen angreift): durch Filtration über Marmorkalk oder „Decarbolith" ($MgO + CaCO_3$).
- *Desodorierung* (Entfernung unangenehmer Geruchs- und Geschmacksstoffe): durch Filtration über Aktivkohle.
- *Fluoridierung:* wird mancherorts zur Bekämpfung der Zahnkaries durchgeführt; Zugabe von Natriumhexafluorosilicat, $Na_2[SiF_6]$.

e) *Kristallwasser* ist komplex gebundenes Wasser (Aquokomplexe); beim Erhitzen entweicht es; man berücksichtigt es in chemischen Formeln nur nach Bedarf.

Beispiele:
Kupfersulfat-5-Wasser, $CuSO_4 \cdot 5\,H_2O$; 3-Cadmiumsulfat-8-Wasser, $3\,CdSO_4 \cdot 8\,H_2O$. (Der Punkt wird nicht „mal" gelesen, sondern „mit"!)

f) *Nachweis:* durch Blaufärbung entwässerten Kupfersulfats.

10.4. Wasserstoffperoxid

a) *Herstellung:*

- aus Bariumperoxid und Schwefelsäure:

$$BaO_2 + H_2SO_4 \rightarrow BaSO_4 + H_2O_2$$

- technisch durch Elektrolyse von mittelkonzentrierter Schwefelsäure mit hohen Stromdichten und Vakuumdestillation der entstehenden Lösung:

$$2\,SO_4^{2-} - 2\,e^- \rightarrow S_2O_8^{2-}; \qquad S_2O_8^{2-} + 2\,H^+ \rightarrow H_2S_2O_8;$$

$$H_2S_2O_8 + 2\,H_2O \rightarrow H_2O_2\uparrow + 2\,H_2SO_4.$$

b) *Eigenschaften:* in wasserfreiem Zustand farblos, ölig, sehr explosibel; die im Handel befindlichen 30%igen („*Perhydrol*") und 3%igen Lösungen werden durch Licht und Katalysatoren (Staub, Blut, Braunstein, Platin, auch durch das Ferment Katalase) leicht zersetzt: $2\,H_2O_2 \rightarrow 2\,H_2O + O_2$. Starkes Oxidationsmittel. 30%iges H_2O_2 erzeugt auf der Haut brennende, weiße Flecke, die nach einiger Zeit wieder verschwinden.

c) *Verwendung:* als Bleichmittel (Haare, Baumwolle) und Desinfektionsmittel.

10.5. Deuterium, schweres Wasser, Tritium

a) **Deuterium,** *schwerer Wasserstoff,* Symbol D oder ^2H, hat die Massenzahl 2 (Atommasse 2,0141). Freies Deuterium, D_2, ist doppelt so schwer wie $^1H_2$; es ergibt die gleichen Reaktionen, jedoch meist mit geringerer Geschwindigkeit.

b) **Schweres Wasser,** *Deuteriumoxid,* D_2O, das im natürlichen Wasser im Massenverhältnis 1 : 5500 enthalten ist, reichert sich im Rückstand der Elektrolyse wäßriger Lösungen an, ist auf Grund verminderter Lösefähigkeit giftig und wird als Moderator in Kernreaktoren verwendet. Schmelzpunkt +3,8 °C; Siedepunkt 101,4 °C; Dichte 1,105 $g \cdot cm^{-3}$. – *Halbschweres Wasser* ist HDO.

c) **Tritium,** *überschwerer Wasserstoff,* Symbol T oder ^3H, ist im Gegensatz zu Deuterium radioaktiv, wird in Kernreaktoren aus ^6Li hergestellt, entsteht auch in der Hochatmosphäre durch die Höhenstrahlung und zerfällt unter β-Strahlung (Halbwertszeit 12 Jahre) zu ^3He; Gesamtmenge auf der Erde: etwa 2 kg.

d) **Kernfusion:** Bei etwa 100 Millionen °C reagieren die Atomkerne von Tritium und Deuterium gemäß $D + T \rightarrow {}^4He + n$ zu Helium, wobei etwa der millionenfache Betrag der bei chemischen Reaktionen frei werdenden Energie abgegeben wird. Die technische Beherrschung dieser oder ähnlicher Reaktionen wird die Energieversorgung der Menschheit entscheidend beeinflussen. – Auf der Sonne werden pro Sekunde 300 Millionen Tonnen Wasserstoff in Helium verwandelt. Bisher sind 20% des Wasserstoffvorrates der Sonne verbraucht worden; der Rest reicht noch für Milliarden von Jahren aus.

11. Elemente der I. Hauptgruppe (Alkalimetalle)

11.1. Allgemeines

a) *Elemente:* Lithium (Li), Natrium (Na), Kalium (K), Rubidium (Rb), Caesium (Cs) und Francium (Fr).

Über das in der Natur nur in Spuren vorhandene, erst 1939 durch PEREY entdeckte *Francium* ist noch sehr wenig bekannt. Es ist radioaktiv und zerfällt mit einer Halbwertszeit von nur 21 min; es wird deshalb im folgenden nicht berücksichtigt.

b) *Eigenschaften der Alkalimetalle:* sehr leicht; sehr weich (mit Ausnahme des Lithiums mit dem Messer schneidbar); unter allen Metallen am reaktionsfähigsten. Ihr sehr starker Silberglanz verschwindet an der Luft sofort; Rb und Cs sind selbstentzündlich. Wasser wird in stark exothermer Reaktion sofort zersetzt, z. B. $2\,K + 2\,H_2O \rightarrow 2\,KOH + H_2$; der frei werdende Wasserstoff entzündet sich bei Na oft, bei K, Rb und Cs stets. Aufbewahrung unter luftabschirmenden Schutzflüssigkeiten, z. B. Petroleum, Paraffinöl.

Warnung! Es dürfen als Schutzflüssigkeiten keine Halogenkohlenwasserstoffe wie Tetrachlormethan oder Chloroform verwendet werden! Beim Fall aus bereits 1 m Höhe können damit heftigste Explosionen aufreten, z. B. $CCl_4 + 4\,Na \rightarrow 4\,NaCl + C$.

c) *Alkalimetall-Ionen:* Diese, z. B. Na^+ oder K^+, sind farblos, demzufolge auch die Alkaliverbindungen, sofern kein farbiges Säurerest-Ion (wie MnO_4^-, CrO_4^{2-}, $Cr_2O_7^{2-}$) vorhanden ist. Sie können durch Elektrolyse aus wäßrigen Lösungen nur an Hg-Katoden abgeschieden werden; anderenfalls sind nichtwäßrige Lösungsmittel oder Schmelzflußelektrolyse anzuwenden.

d) Die *Alkalihydroxide* sind starke Basen und sehr leicht in Wasser löslich. Die Basenstärke nimmt von LiOH bis zum CsOH zu.

e) *Nachweis:* Flammenfärbung, Spektralanalyse.

f) **Tabelle 13: Alkalimetalle**

	Lithium	**Natrium**	**Kalium**	**Rubidium**	**Caesium**
Symbol	Li	Na	K	Rb	Cs
Kernladungszahl	3	11	19	37	55
Relative Atommasse	6,94	22,99	39,10	85,47	132,90
Schmelzpunkt (in °C)	179	97,7	63,5	39,0	28,5
Siedepunkt (in °C)	1 372	883	776	713	690
Dichte (in $g \cdot cm^{-3}$ bei 20 °C)	0,534	0,97	0,86	1,532	1,90
Härte	weich	abnehmend →			
Wertigkeit	+1	+1	+1	+1	+1
Reaktionsfähigkeit	zunehmend →				
Basenstärke	zunehmend →				
Flammenfärbung	karminrot	gelb	blau-violett	blau-violett	blau-violett
Schwer lösliche Salze	LiF Li_2CO_3 Li_3PO_4	$NaSb(OH)_6$ Na-Uranylacetat	$KClO_4$ K_2PtCl_6	$RbClO_4$ Rb_2PtCl_6	$CsClO_4$ Cs_2PtCl_6

11.2. Lithium und Lithiumverbindungen

a) *Symbol:* Li [*lithos* (grch.) Stein]; *Wertigkeit:* +1.

b) *Vorkommen:* in Gesteinen (nicht in Salzlagern!) verbreitet, doch nur in geringer Menge; in einigen Mineralwässern („Lithiumwässer", z. B. in Bad Dürkheim); in Pflanzenasche (Tabakasche bis 0,5%).

c) *Entdeckung:* 1817 durch ARFVEDSON (Schweden).

d) *Minerale:*

Spodumen .... $LiAlSi_2O_6$
Lepidolith (Lithionglimmer) ..... K-, OH-, F-haltiges Li-Al-Silicat

e) *Herstellung:* Aufschluß der Minerale mit Schwefelsäure; aus der entstandenen Li_2SO_4-Lösung wird mit Natriumcarbonat Li_2CO_3 gefällt; daraus werden mit Säuren andere Salze hergestellt. Li-Metall erzeugt man durch Elektrolyse einer LiCl/KCl-Schmelze; auch aus einer LiCl-Lösung in Pyridin läßt sich Li elektrolytisch abscheiden.

f) *Eigenschaften:* leichtester Feststoff; leichtestes Metall: unter Petrolether aufzubewahren, da es auf Benzin schwimmt; verbrennt bei 180 °C mit weißer Flamme zu weißem Oxid: $4\ Li + O_2 \rightarrow 2\ Li_2O$.

g) *Verwendung:* als Legierungszusatz für Achslagermetalle; zur Herstellung metallorganischer Katalysatoren für organisch-chemische Synthesen.

h) *Lithiumverbindungen:* meist farblos und wasserlöslich (unlöslich: LiF, Li_2CO_3, Li_3PO_4); färben die Flamme intensiv karminrot (*Nachweis!*). **Lithiumcarbonat,** Li_2CO_3, für Emails und Glasuren; **Lithiumfluorid,** LiF, für ultraviolettdurchlässiges Glas und zur Vergütung optischer Linsen.

11.3. Natrium und Natriumverbindungen

11.3.1. Allgemeines

a) *Symbol:* Na [*neter* (hebr.) Soda]; *Wertigkeit:* +1.

b) *Vorkommen:* sechsthäufigstes Element der Erdkruste (2,8 Massen-%); kommt nur gebunden vor: in Mineralen (z. B. in Salzlagern), natürlichem Wasser und Organismen. 1 l Meerwasser enthält 10,6 g Na^+-Ionen.

c) *Minerale:*

Steinsalz (*Halit*)	NaCl
Natronsalpeter (*Chilesalpeter*)	$NaNO_3$
Kryolith (*Eisstein*)	Na_3AlF_6
Natronfeldspat (*Albit*)	$NaAlSi_3O_8$

d) *Entstehung der Salzlager:*

Die an der Erdoberfläche befindlichen unlöslichen alkalihaltigen Silicatgesteine, z. B. Feldspäte, verwittern allmählich unter Wasseraufnahme zu Tonen und löslichen Alkaliverbindungen. Letztere werden durch Bäche und Flüsse ins Meer getragen; bei der Verdunstung abflußloser oder abgeschnittener Meeresteile reichern sich die Salze an (Totes Meer!) und kristallisieren schließlich in Reihenfolge zunehmender Löslichkeit aus. Bei den entstehenden Salzschichten liegen also die schwerstlöslichen Stoffe zuunterst. Bei Überlagerung mit Tonen, Sandstein usw., erneutem Meereseinbruch und erneutem Auskristallisieren entstehen mehrere Schichtenfolgen übereinander. Die mitteldeutschen Salzlager sind vor 200 ... 300 Millionen Jahren aus dem Zechsteinmeer entstanden.

e) *Zusammensetzung der Salzlager:* Die unterste Schicht besteht jeweils aus Anhydrit ($CaSO_4$); dann folgen starke Steinsalzschichten (NaCl); darüber befinden sich, falls nicht ausgewaschen, die am leichtesten löslichen Kalium- und Magnesiumsalze („Abraumsalze", „Edelsalze").

f) *Gewinnung der Salze:*
- durch Sprengung,
- durch Aussolen (Lösen unter Tage, Hochpumpen der Salzsole und Eindampfen).

g) *Nachweis:* intensiv gelbe Flammenfärbung, die durch ein Cobaltglas verschluckt (absorbiert) wird.

h) *Physiologie:* Na^+-Ionen sind für Tiere und einen Teil der Pflanzen lebensnotwendig. Im Gegensatz zu den K^+-Ionen befinden sie sich fast durchweg außerhalb der Zellen und regeln dort osmotisch deren Wassergehalt.

11.3.2. Metallisches Natrium

a) *Erstherstellung:* 1807 durch DAVY (England); Elektrolyse geschmolzenen Natriumhydroxids mit VOLTAschen Säulen.

b) *Herstellung:* durch Schmelzelektrolyse von Natriumhydroxid oder von Natriumchlorid + Calciumchlorid.

c) *Eigenschaften:* stark silberglänzendes, weiches, mit dem Messer schneidbares Metall, das an der Luft unter Bildung von Natriumhydroxid und -carbonat rasch anläuft. Mit Wasser reagiert es heftig zu Natronlauge und Wasserstoff: $2\,Na + 2\,H_2O \rightarrow 2\,NaOH + H_2$. Mit Alkoholen erfolgt gemäßigtere Reaktion (Verwendung zur Beseitigung von Natriumresten) unter Bildung von Natriumalkoholat, z. B. $2\,Na + 2\,C_2H_5OH \rightarrow 2\,C_2H_5ONa + H_2$. – An der Luft erhitzt, verbrennt Na mit gelber Flamme zu Natriumperoxid, in Chlorgas zu Natriumchlorid: $2\,Na + O_2 \rightarrow Na_2O_2$ bzw. $2\,Na + Cl_2 \rightarrow 2\,NaCl$. Mit Quecksilber entsteht unter Feuererscheinung Natriumamalgam.

d) *Verwendung:* für Natriumdampflampen; als Wärmetransportflüssigkeit in Kernkraftwerken; zur Herstellung von Natriumcyanid, -peroxid, Indigo und Bleitetraethyl; als Trockenmittel für Ether und andere halogenfreie organische Flüssigkeiten.

11.3.3. Natriumchlorid, NaCl

a) *Vorkommen:* als Steinsalz (Halit) in Salzlagern; in Salzsolen; im Meerwasser zu rund 2,7%; in Salzkohle; in Organismen.

b) *Gewinnung:*
- aus Salzlagern durch Sprengung oder Aussolung.
- aus Salzsolen durch Eindampfen in Siedepfannen oder durch Gradieren.

  Beim *Gradieren* tropft die Salzsole in Gradierhäusern über Dornenreisig, wobei so viel Wasser verdunstet, daß sich die schwerer löslichen Salze, z. B. Gips, als „Dornstein“ abscheiden.

Durch wiederholtes Überpumpen wird die Lösung bis auf 20% konzentriert und dann in flachen Eisenpfannen oder in Vakuumverdampfern eingedampft („Siedesalz").

- aus Meerwasser durch Verdunsten oder Ausfrieren („Seesalz").

c) *Reinigung:* ist für chemische Zwecke meist erforderlich. Natriumcarbonatlösung fällt Ca^{2+} und Mg^{2+}, Calciumhydroxid SO_4^{2-} aus.

d) *Eigenschaften:* farblose Kristallwürfel, die bei 801 °C schmelzen und in heißem wie in kaltem Wasser nahezu gleich gut löslich sind (daher keine Reinigung durch Umkristallisation möglich). 100 g Wasser lösen bei 20 °C 35,8 g NaCl; die Lösung ist dann 26,4%ig. Die gesättigte Lösung siedet bei 109 °C. Bei mäßigem Erhitzen knistern die Kristalle, wobei sie durch sich ausdehnende Mutterlauge oder eingeschlossene Gase zersprengt werden (kein Kristallwasser!). – NaCl ist nicht hygroskopisch, während Kochsalz infolge eines geringen Gehalts an Magnesiumchlorid leicht feucht wird (Vermeidung durch Zusatz von Natriumphosphat, das unlösliches Magnesiumphosphat bildet). – Schwerer flüchtige Säuren, z. B. Schwefelsäure, reagieren mit NaCl unter Bildung von Chlorwasserstoff: $2\,NaCl + H_2SO_4 \rightarrow Na_2SO_4 + 2\,HCl$.

e) *Verwendung:* sehr wichtiger Rohstoff für die Herstellung fast aller Natrium- und Chlorverbindungen:

Natriumchlorid, NaCl

- Alkalichloridelektrolyse
  - Natriumhydroxid, NaOH
  - Wasserstoff, H_2 — Chlorwasserstoff, HCl
  - Chlor, Cl_2 — Chlorwasserstoff, HCl
- Alkalichloridelektrolyse
  - Natriumhypochlorit, NaClO, oder
  - Natriumchlorat, $NaClO_3$
- Schmelzflußelektrolyse
  - Natrium, Na
  - Chlor, Cl_2
- Ammoniak-Soda-Verfahren
  - Natriumcarbonat, Na_2CO_3
  - Calciumchlorid, $CaCl_2$
- Kalkstickstoffschmelze
  - Natriumcyanid, NaCN
- Schwefelsäure
  - Natriumsulfat, Na_2SO_4
  - Chlorwasserstoff, HCl

Weitere Verwendung: als Konservierungs- (Pökelsalz) und Würzmittel; als Tausalz und Kühlsolensalz; zum Aussalzen von Seife und organischen Farbstoffen; zur chlorierenden Erzröstung; zum Glasieren in der keramischen Industrie; als Zusatz zu Aluminiumbeizen und Nickelelektrolyten; als Zusatz zu Wettersprengstoffen. – „Viehsalz" ist durch Zusatz von rotem Eisen(III)-oxid denaturiertes, steuerfreies NaCl.

f) *Physiologie:*
Der Mensch enthält in Blut und Gewebesäften 150 ... 300 g NaCl; täglich sind 10 ... 15 g zu ergänzen. Übermäßiger Salzgenuß ist gesundheitsschädlich (kochsalzfreie Diätkost bei Nierenerkrankungen); akut

toxische Dosis: etwa 5 g/kg. Blut enthält 0,9% NaCl; gleich konzentriert ist die „physiologische Kochsalzlösung", die als zeitweiliger Ersatz für Blutplasma dient.

11.3.4. **Natriumhydroxid,** NaOH

a) *Trivialnamen:* NaOH = Ätznatron; wäßrige Lösung = Natronlauge.

b) *Technische Herstellung:*

α) aus Natriumchloridlösung durch Elektrolyse („*Alkalichloridelektrolyse*"). 2 Verfahren:

- *Quecksilberverfahren* (Amalgamverfahren):

  Über den schwach geneigten Boden eines geschlossenen Elektrolysiergefäßes (z. B. 12 m lang, 1,20 m breit) fließt katodisch geschaltetes Quecksilber: Edelmetalloxid-Titan-Anoden ragen von oben in die Natriumchloridlösung hinein.
  Katode: Infolge der großen Überspannung, die zur Entladung von H^+ an Hg erforderlich ist, wird Na^+ reduziert: $Na^+ + e^- \rightarrow Na$. Natrium bildet mit Quecksilber Natriumamalgam, $NaHg_x$, (bis 0,2% Na); dies fließt ständig in einem mit katalytisch wirkender Aktivkohle gefüllten *Zersetzer*, wo mit Wasser sehr reine (chloridfreie), konzentrierte Natronlauge entsteht:

  $$2\,NaHg_x + 2\,H_2O \rightarrow 2\,NaOH + H_2 + 2x\,Hg$$

  Das Quecksilber wird kontinuierlich wieder in das Elektrolysiergefäß zurückgepumpt. – *Anode:* $2\,Cl^- - 2\,e^- \rightarrow Cl_2$. Das Chlorgas wird abgeleitet und verwertet; ↑ S. 240.

- *Diaphragmaverfahren:*

  Katoden- und Anodenraum werden durch eine poröse Wand (*Diaphragma*) getrennt; damit wird eine Vermischung der gelösten Reaktionsprodukte, die zur Bildung von Natriumhypochlorit führen würde ($2\,NaOH + Cl_2 \rightarrow NaClO + NaCl + H_2O$), weitgehend verhindert.
  An der Eisenkatode werden H^+-Ionen (aus dem Wasser stammend) reduziert: $2\,H^+ + 2\,e^- \rightarrow H_2$. Dadurch bleiben OH^- zusammen mit Na^+ zurück, d. h., es liegt Natronlauge vor. Der Prozeß wird abgebrochen, wenn eine etwa 15%ige Lauge vorliegt; durch teilweise vorgenommenes Abdampfen kann der größte Teil des noch vorhandenen NaCl ausgeschieden werden.

β) aus Natriumcarbonat durch „Kaustifizierung". Ältestes, auch heute noch angewandtes Verfahren. Nach der Gleichung $Na_2CO_3 + Ca(OH)_2 \rightarrow 2\,NaOH + CaCO_3$ entsteht mit Ätzkalk ein Niederschlag von Calciumcarbonat, welches abfiltriert wird. Die Lösung enthält Natronlauge (früher als „kaustifizierte Soda" bezeichnet).

c) *Eigenschaften:* weiße, kristalline, hygroskopische, stark ätzende Masse (Brocken, Stangen, Schuppen, Plätzchen), die aus der Luft CO_2 bindet und daher verschlossen aufbewahrt werden muß. In Wasser unter Erwärmung sehr leicht löslich (Vorsicht! Verspritzende Lauge gefährdet das Augenlicht!); die entstehende Natronlauge ist eine sehr starke Base. Sie muß in Flaschen mit Gummistopfen aufbewahrt werden, da Glasstopfen festbacken und Korkstopfen zerstört werden. – NaOH macht schwächere und flüchtige Basen aus ihren Salzen frei, z. B. $NaOH + NH_4Cl \rightarrow NH_3 + H_2O + NaCl$. Aluminium und Zink werden leicht, Blei und Zinn schwerer, die meisten übrigen Metalle nicht angegriffen.

d) *Verwendung:* zur Herstellung vieler Natriumsalze (Nitrat, Nitrit, Sulfit, Phosphate, Hypochlorit bzw. Natronbleichlauge, Silicat bzw. Wasserglas, Fluorid, Chromat, Stannat, organische Salze); zur Gewinnung von Zellstoff aus Holz (Sulfatverfahren); zur Herstellung von Viskoseseide und -zellwolle, Seife, synthetischen waschaktiven Substanzen, Netz- und Emulgiermitteln, Farbstoffen, von Aluminiumoxid aus Bauxit, von Phenolen aus Mineralölen; zur Bereitung von Brünierbädern, Metallentfettungsmitteln und einigen galvanischen Elektrolyten (Zinn, Zink); als Beizmittel für Aluminium (z. B. vor dem Eloxieren).

11.3.5. Natriumcarbonat, Na_2CO_3

a) *Trivialnamen:* Na_2CO_3 = wasserfreie (calcinierte) Soda; $Na_2CO_3 \cdot 10\,H_2O$ = Kristallsoda (Natriumcarbonat-10-Wasser; 63% Kristallwasser).

b) *Vorkommen:* in Sodaseen (Ägypten, Ostafrika, Kalifornien, Mexiko); das Salz liegt teilweise auskristallisiert vor.

c) *Technische Herstellung:*

- aus Natriumchlorid und Calciumcarbonat nach dem **Ammoniak-Soda-Verfahren** (SOLVAY-Verfahren); seit 1863.

  Durch Einleiten von Ammoniak und Kohlendioxid (durch Brennen von Kalkstein erzeugt) in gesättigte Natriumchloridlösung fällt Natriumhydrogencarbonat aus:

  $$\underbrace{NH_3 + H_2O + CO_2}_{NH_4HCO_3} + NaCl \rightarrow NaHCO_3\downarrow + NH_4Cl$$

  Durch Erhitzen in Drehrohröfen entsteht daraus Natriumcarbonat:

  $$2\,NaHCO_3 \rightarrow Na_2CO_3 + H_2O + CO_2$$

  Da Kohlendioxid in den Prozeß zurückgeführt und auch Ammoniak gemäß

  $$2\,NH_4Cl + Ca(OH)_2 \rightarrow CaCl_2 + 2\,NH_3 + 2\,H_2O$$

  zurückgewonnen wird, ist der Prozeß sehr wirtschaftlich.

Schema des Ammoniak-Soda-Verfahrens:

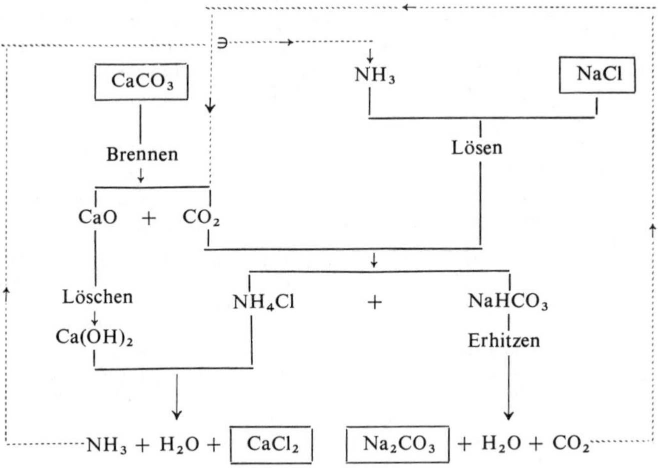

- Das ältere **Leblanc-Verfahren** (seit 1791), das als Rohstoffe Natriumchlorid, Schwefelsäure und Kohle benötigt und neben Soda Chlorwasserstoff und Calciumsulfid liefert, wird nicht mehr durchgeführt, ist aber von historischer Bedeutung, da mit ihm die Entwicklung der chemischen Großindustrie beginnt.
- Ferner wird Soda noch gewonnen:
  aus der Asche von Meerespflanzen;
  aus Natronlauge und Kohlendioxid.

d) *Eigenschaften:* wasserfrei weißes Pulver; wasserhaltig farblose Kristalle, die an der Luft „verwittern“ (Kristallwasser abgeben). Beide Formen lösen sich in Wasser zu einer infolge Hydrolyse alkalischen Flüssigkeit. – Bei Einwirkung fast aller anderen Säuren geht Soda in deren Natriumsalze über, wobei unter Aufbrausen CO_2 entweicht.

Beispiele:

$$Na_2CO_3 + 2\,HNO_3 \rightarrow 2\,NaNO_3 + CO_2 + H_2O;$$

$$Na_2CO_3 + 2\,CH_3COOH \rightarrow 2\,CH_3COONa + H_2O + CO_2$$

e) *Verwendung:* zur Herstellung von Glas, Seife, synthetischen waschaktiven Substanzen, verschiedenen anderen Natriumverbindungen, Email und Ultramarin; zur Wasserenthärtung; zur Metallentfettung in Abkochlaugen; zur Entschweflung von Roheisen.

11.3.6. Natriumsulfat, Na_2SO_4

a) *Trivialnamen:* Na_2SO_4 = wasserfreies (calciniertes) „Sulfat"; $Na_2SO_4 \cdot 10\,H_2O$ = Glaubersalz.

b) *Vorkommen:* in Lagerstätten am Kaspischen Meer und in Kanada.

c) *Technische Herstellung:*

- aus Rückständen der Kaliindustrie bei −5 °C gemäß $MgSO_4 + 2\,NaCl \rightarrow Na_2SO_4 + MgCl_2$;
- aus Natriumchlorid und Schwefelsäure;
- als Nebenprodukt bei chlorierender Röstung sulfidischer Erze.

d) *Verwendung:* zur Herstellung von Glas, Wasserglas, Natriumsulfid, Zellstoff (Sulfatverfahren) und pharmazeutischen Präparaten; in Färbereien zum Auftreiben des Farbstoffs auf die Faser; in Wasch- und Spülmitteln.

11.3.7. Weitere Natriumverbindungen

a) **Natriumoxid,** Na_2O: weißes, hygroskopisches Pulver; entsteht aus Natriumperoxid oder Natriumhydroxid und metallischem Natrium.

b) **Natriumperoxid,** Na_2O_2: blaßgelbes Pulver; hergestellt durch Verbrennung von Natrium in Drehrohröfen; entflammt Watte, Papier und Aluminiumpulver in Gegenwart kleiner Mengen Wasser. *Verwendung* für Bleichlösungen und für Atmungspatronen (Aufnahme von Kohlendioxid, dafür Abgabe von Sauerstoff: $2\,Na_2O_2 + 2\,CO_2 \rightarrow 2\,Na_2CO_3 + O_2$).

c) **Natriumsulfit,** Na_2SO_3; **Natriumhydrogensulfit,** $NaHSO_3$; **Natriumdisulfit,** $Na_2S_2O_5$. Farblose Salze, die aus Natriumhydroxid- oder -carbonatlösung durch Einleiten von Schwefeldioxid entstehen; sie ergeben mit Säuren wieder SO_2. *Verwendung:* als Bleich-, Desinfektions- und Konservierungsmittel; als Zusatz zu fotografischen Entwicklern und Fixierbädern; als Reduktionsmittel chromsaurer Abwässer.

d) **Natriumthiosulfat,** *Fixiernatron,* $Na_2S_2O_3 \cdot 5\,H_2O$: farblose Kristalle, deren Lösungen beim Abkühlen zur Übersättigung neigen. Beim Ansäuern der Lösung mit verdünnten Säuren entsteht kolloider Schwefel: $Na_2S_2O_3 + 2HCl \rightarrow 2NaCl + (H_2S_2O_3)$; $(H_2S_2O_3) \rightarrow H_2O + SO_2 + S$. Silberchlorid und andere schwerlösliche Silbersalze werden durch Thiosulfat komplex gelöst; daher Anwendung als wirksamer Bestandteil der fotografischen Fixierbäder. *Weitere Verwendung:* als „Antichlor" nach der Chlorbleiche (Papierindustrie); in der Maßanalyse zur Titration von Iod: $2\,Na_2S_2O_3 + I_2 \rightarrow Na_2S_4O_6$ (Natriumtetrathionat) $+ 2\,NaI$.

e) **Natriumnitrat,** *Natronsalpeter,* $NaNO_3$: weiße, hygroskopische, in Wasser leicht lösliche Kristalle, die sich bei 380 °C zu Nitrit und Sauerstoff zersetzen: $2\,NaNO_3 \rightarrow 2\,NaNO_2 + O_2$. Beim Erhitzen mit konz. Schwefelsäure destilliert Salpetersäure über: $2\,NaNO_3 + H_2SO_4 \rightarrow Na_2SO_4 + 2\,HNO_3$.
Natriumnitrat kommt in großen Mengen im *Chilesalpeter* („Caliche") vor, wird in Europa jedoch aus Salpetersäure und Natriumhydroxid oder -carbonat erzeugt. *Verwendung:* als Düngesalz; als Bestandteil von Explosivstoffen; als Oxidationsmittel in Glas- und Emailschmelzen.

f) **Natriumhydrogencarbonat,** $NaHCO_3$ (früher: „doppeltkohlensaures Natron"): weißes, nicht hygroskopisches, mäßig wasserlösliches Kristallpulver, das bei 300 °C zu Carbonat und Kohlendioxid zerfällt:

$$2\,NaHCO_3 \rightarrow Na_2CO_3 + H_2O + CO_2.$$

CO_2 entsteht auch durch Einwirkung von Säuren. *Herstellung* ↑ Natriumcarbonat; S. 165! *Verwendung:* für Waschmittel, Feuerlöscher, Back- und Limonadenpulver (z. B. im Gemisch mit Wein- oder Zitronensäure); Mittel gegen Sodbrennen (Neutralisation der Magensäure).

11.4. Kalium und Kaliumverbindungen

11.4.1. Allgemeines

a) *Symbol:* K [*al kalja* (arab.) Pflanzenasche]; *Wertigkeit:* +1.

b) *Vorkommen:* siebenthäufigstes Element der Erdkruste (2,8 %); kommt chemisch gebunden in Mineralen, im Meerwasser und in Organismen vor.

1 l Meerwasser enthält 0,38 g K^+-Ionen; dieser im Vergleich zu Na^+ wesentlich geringere Gehalt beruht darauf, daß die K^+-Ionen, die durch Gesteinsverwitterung entstehen, vom Erdboden stärker adsorbiert werden.

c) *Minerale:*

Sylvin	KCl
Carnallit	$KCl \cdot MgCl_2 \cdot 6\,H_2O$
Kainit	$KCl \cdot MgSO_4 \cdot 3\,H_2O$
Kalifeldspat (*Orthoklas*)	$KAlSi_3O_8$

d) *Nachweis:* blauviolette Flammenfärbung (auch durch Cobaltglas sichtbar). *Fällungsreagenzien:* Perchlorsäure (→ weißes Kaliumperchlorat); empfindlicher ist Natriumtetraphenylboranat, $Na[B(C_6H_5)_4]$.

e) *Physiologie:* K ist für Pflanzen und Tiere lebensnotwendig (Kalidünger!). K^+-Ionen befinden sich im Gegensatz zu den Na^+-Ionen innerhalb der Zellen; der menschliche Körper enthält etwa 175 g; täglich sind etwa 4 g zu ergänzen.

11.4.2. Metallisches Kalium

a) *Erstherstellung:* 1807 durch Davy (England).

b) *Herstellung:*

- durch Schmelzelektrolyse von Kaliumhydroxid;
- durch Erhitzen von Kaliumfluorid mit Calciumcarbid:

$$2\,KF + CaC_2 \rightarrow 2\,K + 2\,C + CaF_2.$$

c) *Eigenschaften:* reaktionsfähiger als Natrium. Wird K auf Wasser geworfen, so entzündet sich der entwickelte Wasserstoff sofort und verbrennt mit violetter Flamme. An der Luft erhitzt, verbrennt Kalium zu orangefarbenem Kaliumhyperoxid, KO_2. – Kaliumreste beseitigt man am besten mit Pentanol (Amylalkohol): $2\,C_5H_{11}OH + 2\,K \rightarrow 2\,C_5H_{11}OK + H_2$.

11.4.3. **Kaliumhydroxid,** KOH

a) *Trivialnamen:* KOH = Ätzkali; KOH-Lösung = Kalilauge.

b) *Herstellung:* analog NaOH durch Elektrolyse von KCl-Lösung nach dem Quecksilber- oder Diaphragmaverfahren.

c) *Eigenschaften:* weiße, kristalline, hygroskopische, stark ätzende Masse (Brocken, Stangen, Schuppen, Plätzchen), die aus der Luft CO_2 bindet. KOH löst sich sehr leicht in Wasser unter Erwärmung (Vorsicht vor Verspritzen!). Die entstehende Kalilauge ist eine sehr starke Base; sie macht schwächere und flüchtigere Basen, z. B. NH_4OH, aus ihren Salzen frei. – „*Alkoholische Kalilauge*" ist eine Lösung von KOH in Ethanol.

d) *Verwendung:* zur Herstellung anderer Kaliumsalze sowie von Seife (Schmierseife) und Farbstoffen; als Ätzmittel in der Chirurgie; als Elektrolyt in Nickel-Cadmium-Akkumulatoren. Alkoholische Kalilauge zur Erzeugung von Flotationshilfsmitteln (Xanthogenate). Im allgemeinen bevorzugt man die preiswertere Natronlauge.

11.4.4. **Kaliumnitrat,** KNO_3

a) *Trivialname:* „Salpeter" (Kalisalpeter).

b) *Vorkommen:* vereinzelt in kleinen Lagern und in Salpeterwüsten.

c) *Herstellung:*

- aus Kaliumhydroxid oder -carbonat und Salpetersäure;
- durch „Konversion" gemäß:

$$NaNO_3 + KCl \rightarrow NaCl + KNO_3 .$$

Aus heißgesättigter Natriumnitratlösung fällt bei Zugabe von Kaliumchlorid das schwerer lösliche Natriumchlorid aus; beim Abkühlen des Filtrats scheidet sich der „Konversionssalpeter" ab.

d) *Eigenschaften:* farblose, kühlend-bitter schmeckende, nicht hygroskopische Kristalle, die sich in der Hitze leicht, in der Kälte wesentlich weniger in Wasser lösen. Das Salz schmilzt bei 337 °C und zersetzt sich bei weiterem Erhitzen zu Nitrit und Sauerstoff: $2\,KNO_3 \rightarrow 2\,KNO_2 + O_2$. Schwefel, Holz usw. verbrennen in geschmolzenem KNO_3 sehr lebhaft.

e) *Verwendung:* seit dem Mittelalter für Schwarzpulver (75% Kaliumnitrat + 15% Holzkohle + 10% Schwefel), das heute nur noch zur Sprengung weicher Minerale (Salze, Schiefer) benutzt wird; weiter in der Feuerwerkerei („Pyrotechnik"), bei der Glasherstellung und in Düngesalzen.

11.4.5. Kaliumcarbonat, K_2CO_3

a) *Trivialname:* Pottasche (das Salz wurde früher durch Auslaugen von Holzasche und Eindampfen in eisernen „Pötten" gewonnen).

b) *Herstellung:* Pottaschelösung fällt bei der Fabrikation von Kaliumdichromat und -permanganat an.

c) *Eigenschaften:* weißes, hygroskopisches, sehr leicht in Wasser lösliches Pulver; die Lösung reagiert infolge Hydrolyse alkalisch. Mit Säuren entstehen unter Kohlendioxid-Entwicklung die entsprechenden Kaliumsalze.

d) *Verwendung:* zur Herstellung von Kaligläsern, Seifen, Kaliumpolysulfid, fotografischen Entwicklern; als Treibmittel für Backwaren (Lebkuchen).

11.4.6. Weitere Kaliumverbindungen

a) **Kaliumchlorid,** KCl: farblose, scharf salzig schmeckende, wasserlösliche Kristalle; hergestellt aus Kalirohsalz durch Flotation oder Löse- und Kristallisationsprozesse; Rohstoff für fast alle anderen K-Verbindungen; wesentlicher Bestandteil vieler Kalidüngesalze.

b) **Kaliumbromid,** KBr: farblose Kristallwürfel; leichter löslich als KCl; hergestellt aus Kalilauge, Brom und Ammoniak:

$$6\,KOH + 3\,Br_2 + 2\,NH_3 \rightarrow 6\,KBr + 6\,H_2O + N_2$$

Verwendung: als verzögerndes und schleierverhütendes Mittel in fotografischen Entwicklern; zur Herstellung von Silberbromid; als Beruhigungsmittel.

c) **Kaliumiodid,** KI: farblose, sehr leicht lösliche Kristallwürfel; die Lösung löst Iod mit brauner Farbe zu $KI \cdot I_2$ („Iodiodkaliumlösung"). – *Herstellung:* aus Kalilauge und Iod ($6\,KOH + 3\,I_2 \rightarrow 5\,KI + KIO_3 + 3\,H_2O$) und nachfolgendes Glühen des entstehenden Iodid-Iodat-Gemisches mit Kohle ($2\,KIO_3 + 3\,C \rightarrow 2\,KI + 3\,CO_2$). *Verwendung:* zur Herstellung von Silberiodid; zum Iodieren von Speisesalz; für Pharmazeutika.

d) **Kaliumsulfat,** K_2SO_4: farblose, leicht lösliche Kristalle; hergestellt aus Kaliumchlorid und Magnesiumsulfat; Verwendung für Düngesalze, Kaliwasserglas und Alaune.

11.5. Rubidium und Caesium

a) *Symbole:* Rb [*rubidus* (lat.) dunkelrot]; Cs [*caesius* (lat.) himmelblau]; benannt nach Spektrallinien; *Wertigkeit:* +1.

b) *Entdeckung:* 1860/61 durch Bunsen und Kirchhoff mittels Spektralanalyse im Dürkheimer Mineralwasser.

c) *Vorkommen:* Begleiter des Kaliums in Mineralquellen, Salzlagern und Gesteinen, jedoch nur in geringer Menge. Carnallit enthält 0,015 bis 0,040% Rb; der Cs-Gehalt ist noch geringer.

d) *Herstellung:* aus den Chloriden durch Erhitzen mit Calcium im Vakuum oder durch Schmelzelektrolyse.

e) *Eigenschaften:* reaktionsfähigste Metalle! An der Luft entsteht sofort eine graue Oxidhaut; selbst bei großen Stücken tritt nach wenigen Sekunden Selbstentzündung ein. Mit Wasser erfolgt Reaktion unter Aufglühen. Cs besitzt von allen beständigen Elementen das größte Atomvolumen. Rb und Cs strahlen bei Lichteinwirkung Elektronen aus („fotoelektrischer Effekt").

12. Elemente der II. Hauptgruppe (Berylliumgruppe)

12.1. Allgemeines

a) *Elemente:* Beryllium (Be), Magnesium (Mg), Calcium (Ca), Strontium (Sr), Barium (Ba) und Radium (Ra); letzteres ist radioaktiv. Unter „*Erdalkalimetallen*" versteht man nur Ca, Sr, Ba und Ra.

b) *Allgemeine Eigenschaften:* etwas schwerer, härter, höher schmelzend und weniger reaktionsfähig als die Alkalimetalle. Gegenüber kaltem Wasser sind Be und Mg beständig, während die übrigen vom Ca bis zum Ra mit zunehmender Heftigkeit reagieren; das entsprechende Verhalten zeigt sich gegenüber Luft. – Die Affinität zu Stickstoff ist jedoch größer als bei den Alkalimetallen; Ca, Sr, Ba und Ra verbinden sich bereits bei gewöhnlicher Temperatur langsam mit N_2 zu Nitriden.

c) *Hydroxide:* schwächere Basen als die entsprechenden Hydroxide der I., jedoch stärkere Basen als die der III. Hauptgruppe. Dementsprechend werden sie und die Salze mit flüchtigen Säureanhydriden (Carbonate, Sulfite, Sulfate) beim Erhitzen leichter zersetzt als die analogen Alkaliverbindungen.

d) *Ionen:* farblos. Aus wäßrigen Lösungen sind sie durch Elektrolyse nur an Hg-Katoden abscheidbar; anderweitige Entladung ist nur aus nichtwäßrigen Lösungsmitteln oder aus Schmelzen möglich.

e) *Löslichkeit von Salzen:*

leicht löslich: Chloride, Bromide, Iodide, Sulfide, Nitrate, Nitrite, Cyanide, Acetate;

schwer löslich: Fluoride (außer Be), Sulfate (außer Be und Mg), Phosphate, Carbonate, Silicate, Borate.

f) **Tabelle 14: Berylliumgruppe**

	Beryllium	**Magnesium**	**Calcium**	**Strontium**	**Barium**	**Radium**
Symbol	Be	Mg	Ca	Sr	Ba	Ra
Kernladungszahl	4	12	20	38	56	88
Relative Atommasse	9,01	24,30	40,08	87,62	137,34	226,02
Schmelzpunkt (in °C)	1280	657	850	757	710	700
Siedepunkt (in °C)	2967	1102	1439	1364	1638	1140
Dichte (in $g \cdot cm^{-3}$ bei 20 °C)	1,85	1,74	1,55	2,6	3,5	≈ 5
Härte	abnehmend →					
Wertigkeit	+2	+2	+2	+2	+2	+2
Reaktionsfähigkeit	zunehmend →					
Basenstärke	zunehmend →					
Löslichkeit der Hydroxide	zunehmend →					
Löslichkeit der Sulfate	abnehmend			sehr schwer löslich →		
Zerfallstemperatur der Carbonate	zunehmend →					
Flammenfärbung	–	–	orange	zinnoberrot	hellgrün	karminrot

12.2. Beryllium und Berylliumverbindungen

a) *Symbol:* Be (nach dem Edelstein „Beryll"); *Wertigkeit:* +2.

b) *Entdeckung:* 1798 entdeckte VAUQUELIN (Paris) das Oxid; das Metall wurde erstmals 1828 durch WÖHLER hergestellt.

c) *Vorkommen:* sehr selten; nur gebunden. *Wichtigstes Mineral:* **Beryll** $= Be_3Al_2Si_6O_{18}$, farblos. **Smaragd** ist durch 0,3% Cr_2O_3 grün, **Aquamarin** ein durch Fe-Verbindungen hellblaugrün gefärbter Beryll.

d) *Herstellung:* sehr verschiedenartig, z. B. durch Schmelzelektrolyse von Berylliumhalogeniden oder durch Erhitzen von BeF_2 mit Ca im Vakuum.

e) *Eigenschaften:* silberweißes, hartes, in nicht extrem reinem Zustand sprödes Metall; löslich in verdünnten Säuren; wird in kalter, konzentrierter Salpetersäure passiv.

f) *Verwendung:* als Reflektormaterial für Neutronen in Atomreaktoren; als Legierungsmetall, z. B. mit Kupfer legiert, für funkenfreie Werkzeuge (*Berylliumbronze*); für Röntgenfenster (läßt Röntgenstrahlen besser durch als Aluminium).

g) *Verbindungen:* giftig, oft süß schmeckend. **Berylliumhydroxid,** $Be(OH)_2$, ist amphoter. – **Berylliumoxid,** BeO, dient als hochfeuerfester Werkstoff, z. B. für Verbrennungskammern in Raketen.

12.3. Magnesium und Magnesiumverbindungen

12.3.1. Allgemeines

a) *Symbol:* Mg (von Magnesia: Stadt in Kleinasien); *Wertigkeit:* +2.

b) *Vorkommen:* achthäufigstes Element der Erdkruste (2,1 %), auch im Erdinneren reichlich vorhanden („Sima"-Schicht); chemisch gebunden in Mineralien, Meerwasser und Organismen. Im Wasser wirken Mg^{2+} als Härtebildner. 1 l Meerwasser enthält 1,27 g Mg^{2+}. Auch das Chlorophyll der grünen Pflanzen ist eine Magnesiumverbindung.

c) *Minerale:*

Carbonate:	Dolomit	$CaCO_3 \cdot MgCO_3$ (gebirgsbildend)
	Magnesit	$MgCO_3$
Silicate:	Talk, Meerschaum, Asbest, Olivin, Serpentin	
Sulfate:	Kieserit	$MgSO_4 \cdot H_2O$ } in Abraumsalzen
	Kainit	$KCl \cdot MgSO_4 \cdot 3\,H_2O$ } in Abraumsalzen
	Bittersalz (*Epsomit*) ..	$MgSO_4 \cdot 7\,H_2O$ in Mineralwässern
Chloride:	Carnallit	$KCl \cdot MgCl_2 \cdot 6\,H_2O$ in Abraumsalzen

d) *Nachweis:* keine Flammenfärbung! Nach Abtrennung der Schwermetalle, des Aluminiums und der Erdalkalimetalle entsteht durch Zugabe von $NH_3 + NH_4Cl + Na_2HPO_4$ eine weiße, kristalline Fällung von $Mg(NH_4)PO_4 \cdot 6\,H_2O$.

e) *Physiologie:* für höhere Pflanzen und Tiere lebensnotwendig; zentrale Rolle des Chlorophylls bei der CO_2-Assimilation der grünen Pflanzen; Magnesiumdüngung von Kulturböden; für den Menschen sind täglich 0,2 ... 0,5 g notwendig; es ist für Knochenbildungsprozesse, den Muskelstoffwechsel und die Aktivierung von Fermenten von Bedeutung.

12.3.2. Metallisches Magnesium

a) *Erstherstellung:* 1808 durch Davy (England).

b) *Herstellung:*

- durch Schmelzelektrolyse von $MgCl_2$ (mit Zusätzen anderer Chloride) bei 740 °C mit Stahlkatoden und Kohleanoden; das erzeugte Mg schwimmt auf der Schmelze. Katodische Reaktion: $Mg^{2+} + 2\,e^- \rightarrow Mg$.

- wesentlich seltener durch das silicothermische Verfahren: Erhitzen von Ferrosilicium mit Dolomit und Flußspat im Vakuum auf 1200 ... 1300 °C; Mg destilliert über.

c) *Eigenschaften:* silberweiß, sehr leicht, weich und dehnbar; durch Legierung widerstandsfähiger. An der Luft Oxidschutzschicht; beim Erhitzen Verbrennung mit sehr hellem, weißem, UV-reichem Licht zum Oxid, MgO.

Die Verbrennung kann bereits durch unsachgemäße spanabhebende Bearbeitung hervorgerufen werden. Mg-Brände nicht mit Wasser oder Sand, sondern mit Graugußspänen oder Abdecksalzen löschen, da Wasserdampf und Sand gemäß $Mg + H_2O \rightarrow MgO + H_2$ bzw. $2\,Mg + SiO_2 \rightarrow 2\,MgO + Si$ (beide Reaktionen stark exotherm!) reduziert werden.

Auch siedendes Wasser wird reduziert: $Mg + 2\,H_2O \rightarrow Mg(OH)_2 + H_2$. Beim Glühen in sauerstoffarmer Luft oder Stickstoff entsteht grünlichgelbes Magnesiumnitrid, Mg_3N_2. In Säuren, auch schwachen, löst sich Mg leicht, dagegen nicht in Alkalilaugen (Gegensatz zu Al!). Organische Halogenverbindungen reagieren mit Mg in wasserfreiem Ether zu GRIGNARD-Verbindungen, z. B. $Mg + C_2H_5Br \rightarrow C_2H_5MgBr$, Ethylmagnesiumbromid. – Mg ist sehr unedel und kann elektrolytisch aus wäßriger Lösung nicht abgeschieden werden.

d) *Legierungen:* Die „Elektron"-Legierungen enthalten bis zu 8% Al, ferner Zn, Mn oder Zr.

e) *Verwendung:* legiert als Konstruktionsmaterial im Flug- und Fahrzeugbau (leichtestes Gebrauchsmetall!); für Al-Legierungen; rein für Blitzlichtpulver, Leuchtkugeln u. dgl. sowie für Synthesen in der organisch-präparativen Chemie.

12.3.3. Magnesiumverbindungen

a) **Magnesiumoxid,** MgO, „*Magnesia*". Weißes Pulver oder gesinterte weiße Masse; schmilzt bei etwa 2600 °C; hergestellt durch Glühen von Magnesiumcarbonat; entsteht auch als Nebenprodukt bei der Erzeugung von Schwefelsäure aus Kieserit. *Verwendung:* für feuerfeste Steine und Geräte (z. B. Magnesiastäbchen im Labor); als mildes Neutralisationsmittel (z. B. für Magensäure); für Magnesiazement.

b) **Magnesiumsulfat,** $MgSO_4$, kristallisiert aus warmem Wasser mit 1 H_2O als **Kieserit,** aus kaltem Wasser mit 7 H_2O als **Bittersalz**; beide schmecken bitter und sind im Gegensatz zu den eigentlichen Erdalkalisulfaten leicht wasserlöslich. – Kieserit ist Rohstoff für Schwefelsäure, Mg-Düngesalze und Leichtbauplatten; Bittersalz findet medizinische Anwendung.

c) **Magnesiumhydroxid,** $Mg(OH)_2$: weißes, in Wasser nur sehr wenig lösliches Pulver; fällt als flockiger Niederschlag aus Mg-Salzlösungen durch Natronlauge aus ($MgSO_4 + 2\,NaOH \rightarrow Mg(OH)_2 + Na_2SO_4$). Ammoniumsalze verhindern die Fällung.

d) **Magnesiumcarbonat,** $MgCO_3$, kommt als „*Magnesit*" vor; ergibt beim Erhitzen Magnesiumoxid („magnesia usta"). **Magnesiumhydroxidcarbonat,** „magnesia alba", etwa $4\,MgCO_3 \cdot Mg(OH)_2 \cdot 4\,H_2O$, ein weißes, lockeres, sehr leichtes Pulver, wird durch Fällung von $MgSO_4$-Lösung mit Na_2CO_3 hergestellt und für Puder, Zahn- und Wundstreupulver, Metallputzmittel usw. sowie als Füllstoff für Papier und Kautschuk verwendet.

e) **Magnesiumchlorid,** $MgCl_2$, kristallisiert aus wäßriger Lösung mit 6 H_2O. Weißes, sehr hygroskopisches Kristallpulver.

12.4. Calcium und Calciumverbindungen

12.4.1. Allgemeines

a) *Symbol:* Ca [*calx* (lat.) = Kalkstein; Stein]; *Wertigkeit:* +2.

b) *Vorkommen:* fünfthäufigstes Element der Erdkruste (3,26%); in Gesteinen, Böden, Organismen und Gewässern weitverbreitet. 1 l Meerwasser enthält 0,4 g Ca^{2+}; Ca^{2+}-Ionen wirken als Härtebildner.

c) *Minerale:*

Carbonate:	Calcit (*Kalkspat, Kalkstein, Marmor, Kreide*), $CaCO_3$
	Dolomit, $CaCO_3 \cdot MgCO_3$
Sulfate:	Anhydrit, $CaSO_4$
	Gips, $CaSO_4 \cdot 2\,H_2O$
Fluorid:	Flußspat (*Fluorit*), CaF_2
Silicate:	Kalkfeldspat (*Anorthit*), $CaAl_2Si_2O_8$, und viele andere.
Phosphate:	Apatite: Hydroxylapatit (*Phosphorit*),
	$3\,Ca_3(PO_4)_2 \cdot Ca(OH)_2 \triangleq Ca_5(PO_4)_3(OH)$
	Apatit,
	$3\,Ca_3(PO_4)_2 \cdot Ca(F, Cl)_2$[1] $\triangleq Ca_5(PO_4)_3(F, Cl)$

[1] Diese Schreibweise bedeutet, daß sich Cl und F beliebig ersetzen können.

d) *Nachweis:* Flammenfärbung orangerot, falls die Verbindungen bei Flammentemperatur flüchtig sind. Ammoniumoxalat fällt weißes Calciumoxalat, $(COO)_2Ca$.

e) *Physiologie:* für Tiere und Pflanzen lebensnotwendig. Der erwachsene Mensch enthält etwa 2% Ca, davon 99% in Form verschiedener Apatite in Knochen und Zähnen: auch für die Blutgerinnung sind Ca^{2+} wichtig. Tägliche Ergänzung: 1 g Ca^{2+}; Ca-Mangel führt zu Knochenerweichung und -brüchigkeit. Vitamin-D-Mangel bewirkt infolge gestörten und Kalk-Phosphorstoffwechsels Rachitis. – $CaCO_3$ bildet das Gerüstmaterial von Korallen, Muscheln, Foraminiferen u. a.

12.4.2. Metallisches Calcium

a) *Erstherstellung:* 1808 durch DAVY (England).

b) *Herstellung:* durch Schmelzelektrolyse von Calciumchlorid mit KCl bei 850 °C an Eisenkatoden.

c) *Eigenschaften:* silberweiß, relativ weich, doch zäh, mit dem Messer nicht schneidbar; läuft an der Luft infolge Bildung von Hydroxid und Carbonat rasch an, verbrennt beim Erhitzen mit hellroter Flamme zu Oxid und Nitrid (Ca_3N_2). Mit Wasser gemäßigt-lebhafte Reaktion: $Ca + 2\,H_2O \rightarrow Ca(OH)_2 + H_2$; das entstehende Kalkwasser trübt sich, sobald es gesättigt ist. Da Ca schwerer flüchtig ist als K, Rb und Cs, verdrängt es diese Metalle beim Erhitzen, z. B. $2\,CsCl + Ca \rightarrow CaCl_2 + 2\,Cs\uparrow$.

12.4.3. Calciumcarbonat, $CaCO_3$

a) *Vorkommen:* sehr rein als **Kalkspat** (z. B. durchsichtiger *isländischer Doppelspat*; spaltet Licht in 2 polarisierte Strahlen auf); weniger rein, meist mit Ton vermengt, als **Kalkstein** (gebirgsbildend; Kalk im Boden); als **Marmor** und **Kreide**. Kalkstein und Kreide sind aus Meeresorganismen entstanden, Marmor ebenfalls durch nachfolgende Umbildung und Kristallisation („Kontaktmetamorphose"). **Kalktuff** (*Travertin*) entsteht mit Hilfe von Pflanzenwuchs aus kalkhaltigem Wasser. – **Mergel** = Kalkstein + Ton.

b) *Verwitterung:* Durch Wasser und Kohlendioxid (Regen-, Sickerwasser) entsteht allmählich lösliches Calciumhydrogencarbonat: $CaCO_3 + H_2O + CO_2 \rightleftarrows Ca(HCO_3)_2$; daher sind Kalkgebirge zerklüftet und höhlenreich, auch wasserarm, da das Regenwasser ins Innere abfließt. Wenn das kalkhaltige („harte") Wasser an anderen Stellen verdunstet, scheidet sich infolge Störung des chemischen Gleichgewichts wieder Kalkstein ab, z. B. als *Tropfstein* („Stalaktiten" von oben, „Stalagmiten" von unten). Die ins Meer gelangenden Ca^{2+}-Ionen werden dort von Organismen aufgenommen und in Form von Muschelschalen, Korallenriffen usw. wieder ausgeschieden.

c) *Eigenschaften:* rein farblos oder weiß, sehr schwer löslich; zerfällt bei etwa 900 °C in Calciumoxid und Kohlendioxid (thermische Dissoziation): $CaCO_3 \rightarrow CaO + CO_2$; reagiert mit Säuren unter CO_2-Entwicklung und Bildung der betreffenden Calciumsalze (Marmor nicht mit Säure reinigen!).

d) *Verwendung:*

Calciumcarbonat (Kalkstein), $CaCO_3$

—Brennen	—Calciumoxid (Branntkalk), CaO —Kohlendioxid, CO_2
—Glühen mit Ton →	Zement (Calciumaluminatsilicat)
—Schmelzen mit Sand, Soda u. a. →	Glas (Alkalicalciumsilicat)
—Metallurgische Zuschläge und Auskleidungen →	Hochofen-, Kupfer-, Thomas-, Siemens-Martin-Schlacke
—Schweflige Säure →	Calciumhydrogensulfit („Sulfitlauge")
—Salpetersäure →	Calciumnitrat (Kalksalpeter)
—Verschiedene Säuren →	Verschiedene Calciumsalze

Weitere Verwendung: **Doppelspat** zur Erzeugung polarisierten Lichtes, **Marmor** als Baustoff sowie zur Erzeugung von Kohlendioxid im Labor, **Kreide** in der Anstrichtechnik, für Glaserkitt (85% $CaCO_3$ + 15% Firnis). Gefälltes $CaCO_3$ ist in Putzmitteln, Zahnpasten und z. B. auch als Füllstoff in Papieren enthalten.

12.4.4. **Calciumoxid,** CaO

a) *Trivialnamen:* Branntkalk, Ätzkalk (letzterer Name auch für $Ca(OH)_2$ gebräuchlich!).

b) *Herstellung:* durch Glühen von $CaCO_3$ (technisch: Kalkbrennen). Stückiger Kalkstein wird mit Koks unter Luftzufuhr in Schacht-, Ring- oder Drehrohröfen auf 900 ... 1200 °C erhitzt. Koks verbrennt und erzeugt die erforderliche Wärme. Gleichung: $CaCO_3 \rightarrow CaO + CO_2$.

c) *Eigenschaften:* weißes, bei 2500 °C schmelzendes Pulver; sendet beim Glühen sehr helles weißes Licht aus. Branntkalk: graue bis braune, poröse Stücke. Mit Wasser entsteht unter starker Wärmeentwicklung Calciumhydroxid: $CaO + H_2O \rightarrow Ca(OH)_2$, wobei ein Teil des Wassers verdampft („Kalklöschen").

d) *Verwendung:*

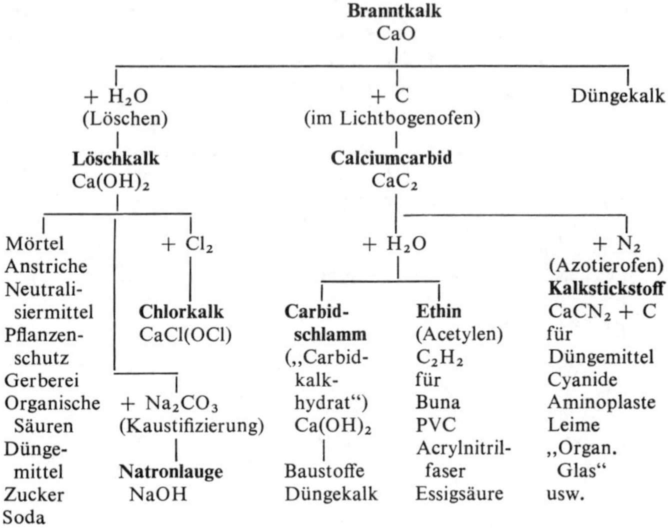

12.4.5. Calciumhydroxid, $Ca(OH)_2$

a) *Trivialnamen:* Löschkalk, Ätzkalk. *Kalkbrei* ist eine dicke, *Kalkmilch* eine dünne Aufschlämmung mit Wasser; *Kalkwasser* ist die klare wäßrige Lösung.

b) *Herstellung:* durch Löschen von Branntkalk (↑ S. 177).

c) *Eigenschaften:* weißes Pulver; in Wasser nur wenig löslich (0,16 g in 100 g Wasser). Kalkwasser reagiert alkalisch und trübt sich an der Luft infolge Ausfällung von Calciumcarbonat: $Ca(OH)_2 + CO_2 \rightarrow CaCO_3 + H_2O$. – Beim Einleiten von CO_2 in Kalkwasser löst sich der anfangs ausfallende Niederschlag unter Bildung von Hydrogencarbonat wieder auf: $CaCO_3 + CO_2 + H_2O \rightleftarrows Ca(HCO_3)_2$; beim Erwärmen dieser Lösung scheidet sich $CaCO_3$ wieder ab (Umkehrung der Reaktion).

d) *Verwendung:* für Kalkmörtel, Chlorkalk, verschiedene Calciumverbindungen, Pflanzenschutzmittel (Schwefel- und Kupferkalkbrühe); zur Kaustifizierung von Soda und Pottasche zu Alkalihydroxiden; zur Wasserenthärtung; in der Gerberei; zur Neutralisation saurer Abwässer; als Anstrichmittel; zur Isolierung organischer Säuren aus Pflanzensäften, wobei die ausfallenden unlöslichen Calciumsalze durch Schwefelsäure wieder zerlegt werden; ↑ auch Zuckergewinnung.

e) **Mörtel:** streichbarer, weicher Brei zum Verbinden und Verputzen von Ziegelsteinen und anderen Baumaterialien. Zusammensetzung: Sand + Bindemittel (Löschkalk, Zement, Gips u. a.) + Wasser. *Luftmörtel* erhärten an der Luft, *Wassermörtel* (hydraulische Mörtel) auch unter Wasser. Erhärten = Abbinden.

12.4.6. Calciumsulfat, $CaSO_4$

a) *Vorkommen:* wasserfrei als **Anhydrit,** z. B. unterhalb von Salzlagerstätten; wasserhaltig ($CaSO_4 \cdot 2\,H_2O$) als **Gipsstein, Alabaster** (schneeweiß, körnig), **Marienglas** (durchsichtig), **Fasergips** (Platten mit Faserung senkrecht zur Plattenebene). Gips ist eines der verbreitetsten Minerale.

b) *Eigenschaften:* weißes, in Wasser schwer lösliches Kristallpulver (0,2 g in 100 g Wasser; die Löslichkeit nimmt beim Erhitzen ab!). Aus $CaSO_4 \cdot 2\,H_2O$ entsteht beim Erhitzen das „Halbhydrat" (Semihydrat), $CaSO_4 \cdot \frac{1}{2}\,H_2O$, (auch $2\,CaSO_4 \cdot H_2O$ geschrieben), bei weiterem Erhitzen Anhydrit. Bei Temperaturen über 1000 °C erfolgt Zersetzung in CaO und SO_3.

c) **Gebrannter Gips** (Stuckgips) wird technisch bei 150 °C hergestellt. Mit Wasser bindet er nach kurzer Zeit in exothermer Reaktion ab: $CaSO_4 \cdot \frac{1}{2}\,H_2O + 1\frac{1}{2}\,H_2O \rightarrow CaSO_4 \cdot 2\,H_2O$. Bei längerem Erhitzen über 200 °C wird der Gips „totgebrannt"; der entstehende Anhydrit nimmt dann kein Wasser mehr auf.

d) *Verwendung:* zur Herstellung von Schwefelsäure und Ammoniumsulfat; als Mörtelbindemittel; gebrannter Gips für Gipsabdrücke, -wände, -verbände usw. und Schreib„kreide".

12.4.7. Calciumcarbid, CaC_2

a) *Struktur:* Calciumcarbid ist als Calciumsalz des Ethins H—C≡C—H aufzufassen und enthält dessen Dreifachbindung.

b) *Herstellung:* aus Branntkalk und Koks bei 2320 °C im Lichtbogenofen: $CaO + 3\,C \rightarrow CaC_2 + CO$. Sehr stromintensiv, jedoch keine Elektrolyse!

c) *Eigenschaften:* in reinem Zustand farblos, technisch graue bis braune Brocken, die nur 80 ... 82% CaC_2 enthalten (Rest: CaO, Ca_3P_2, CaS, Ca_3N_2, SiC u. a.). Mit Wasser entsteht Ethin (Acetylen): $CaC_2 + 2\,H_2O \rightarrow C_2H_2 + Ca(OH)_2$; dieses riecht durch die beigemengten Stoffe PH_3, NH_3 und H_2S unangenehm. Verschlossen aufbewahren, da auch mit dem Wasserdampf der Luft Reaktion erfolgt!

d) *Verwendung:* zur Herstellung von Ethin, Kalkstickstoff und deren Folgeprodukten.

12.4.8. Weitere Calciumverbindungen

a) **Calciumfluorid,** CaF_2: weißes, unlösliches Pulver; bildet mit Schwefelsäure Flußsäure: $CaF_2 + H_2SO_4 \rightarrow CaSO_4 + 2\,HF$. Kommt in der Natur als **Flußspat** (*Fluorit*) vor: große, farblose Kristalle, durch Beimengungen oft gelb, grün, violett. Ausgangssubstanz für die „Fluorchemie"; weitere Verwendung: als Flußmittel in Stahlgießereien und Metallschmelzereien.

b) **Calciumchlorid,** $CaCl_2$: sehr hygroskopisch, sehr leicht löslich; dient als Trockenmittel im Labor, z. B. in Exsikkatoren (nicht für NH_3 gebrauchen!); Nebenprodukt der Sodafabrikation.

12.4.9. Wasserhärte

a) *Ursachen:* „Härtebildner" sind Ca^{2+}- und Mg^{2+}-Ionen. Je mehr davon natürliches Wasser aus Erdboden und Gesteinen aufgenommen hat (Kalkgebirge, kalk- und gipshaltige Böden), desto härter ist es. Wasser, das aus Urgesteinen oder anderen wenig verwitterten Silicaten entspringt, ist „weich", ebenso Regenwasser oder das Kondenswasser industrieller Anlagen.

b) *Härtegrade:* Zur Angabe von Härtegraden werden der Ca^{2+}- und Mg^{2+}-Gehalt auf CaO umgerechnet. 1° dH (= 1 Grad deutscher Härte) bedeutet einen Gehalt von 10 mg CaO in 1 l Wasser. Dies entspricht 7,15 mg Ca^{2+} bzw. 4,34 mg Mg^{2+}.
Man nennt Wasser mit den Härtegraden:

0 ... 4: sehr weich	12 ... 18: ziemlich hart
4 ... 8: weich	18 ... 30: hart
8 ... 12: mittelhart	über 30: sehr hart

c) *Einteilung:*

Gesamthärte =	temporäre	+ permanente Härte
	vorübergehende	+ bleibende Härte
	Carbonat-	+ Nichtcarbonathärte

- *Temporäre Härte:* verschwindet beim Erhitzen; sie beruht auf dem Gehalt an Calcium- und Magnesiumhydrogencarbonat, $Ca(HCO_3)_2$, und $Mg(HCO_3)_2$, d. h. also auf dem Anteil Ca^{2+} und Mg^{2+}, der dem Gehalt des Wassers an HCO_3^- entspricht.
- *Permanente Härte:* bleibt beim Erhitzen bestehen; sie beruht auf dem restlichen Gehalt an Ca^{2+} und Mg^{2+}. Als zugehörige Anionen betrachtet man willkürlich die im Wasser vorhandenen Sulfationen, SO_4^{2+}, so daß dieser Teil der Härte auf dem Gehalt an $CaSO_4$ und $MgSO_4$ beruht und auch „Sulfathärte" genannt wird.

d) *Auswirkungen:*

- *Wassersteinbildung:*
  In Dampfkesseln, Rohrleitungen u. dgl. setzt sich fester, harter Wasserstein ab, vornehmlich Calciumcarbonat und -sulfat. Da dieser die Wärme schlecht leitet, tritt Überhitzung (Glühen) der Kesselwände ein, welche dadurch rascher korrodieren. Oft löst sich der Stein von den überhitzten Stellen; das Wasser kommt mit der glühenden Kesselwand in Berührung und verdampft explosionsartig rasch. Infolge des starken Druckanstiegs kann der Kessel zerstört werden.

- *Kalkseifebildung:*
  Hartes Wasser erfordert einen erheblichen Mehrverbrauch an Seife (für 100 l Wasser von 10° dH etwa 200 g), da diese von den Härtebildnern als unlösliche Kalk- bzw. Magnesiumseife ausgefällt und dadurch ihrer Waschwirkung beraubt wird:

  $$2\,C_{17}H_{35}COONa + Ca(HCO_3)_2 \rightarrow (C_{17}H_{35}COO)_2Ca\downarrow + 2\,NaHCO_3$$

  Die Kalkseife setzt sich auf dem Faserstoff ab, vergilbt und verschmiert die Wäsche und verleiht ihr einen muffigen Geruch. Erst wenn alle Härtebildner ausgefällt worden sind, schäumt das Wasser mit Seife und entfaltet Waschwirkung. Synthetische waschaktive Substanzen bilden keine unlöslichen Ca- und Mg-Salze und waschen deshalb auch in hartem Wasser.

e) *Enthärtung* (Entfernung der Ca^{2+} und Mg^{2+}):

- *durch Erhitzen.* Hierbei wird nur die Carbonathärte beseitigt:

  $$Ca(HCO_3)_2 \rightarrow CaCO_3\downarrow + H_2O + CO_2.$$

- *durch Ionenaustauscher* (Natriumaustauscher). Das Wasser durchläuft ein Gefäß, das mit Ionenaustauscher-Kunstharzen gefüllt ist; dabei werden die Härtebildner gegen Na^+-Ionen ausgetauscht: Na_2-Austauscher + Ca^{2+} → Ca-Austauscher + 2 Na^+. Von Zeit zu Zeit werden die Austauscher durch konzentrierte Kochsalzlösung regeneriert (Umkehrung der Reaktion nach dem Massenwirkungsgesetz).
- *durch Zusatz niederschlagbildender Chemikalien* (Soda, Kalk + Soda, Trinatriumphosphat, Borax), z. B.

  $$Ca(HCO_3)_2 + Ca(OH)_2 \rightarrow 2\,CaCO_3\downarrow + 2\,H_2O$$

  $$CaSO_4 + Na_2CO_3 \rightarrow CaCO_3\downarrow + Na_2SO_4$$

  $$3\,CaSO_4 + 2\,Na_3PO_4 \rightarrow Ca_3(PO_4)_2\downarrow + 3\,Na_2SO_4$$

  Da Calciumphosphat noch schwerer löslich ist als -carbonat, erzielt man durch Trinatriumphosphat eine weitgehendere Enthärtung als durch Soda.

  Die Niederschläge läßt man in Klärbecken absetzen.

- für Waschzwecke *durch Zusatz von Komplexbildnern* oder löslichen Ionenaustausch-Chemikalien (Natriumpolyphosphate, Natriummetaphosphate).

  Hierbei fällt kein Niederschlag aus, sondern die Härtebildner werden komplex oder nach Art der Ionenaustauscher gebunden. Durch die Komplexbindung werden sie „maskiert", d. h. gegenüber Seife unwirksam gemacht.

12.5. Strontium, Barium und ihre Verbindungen

a) *Symbole:* Sr (von Strontian: schottischer Ort); Ba [*barys* (grch.) schwer]; *Wertigkeit:* +2.

b) *Minerale:*

Strontianit	$SrCO_3$	Witherit	$BaCO_3$
Coelestin	$SrSO_4$	Baryt (Schwerspat)	$BaSO_4$

c) *Nachweis: Flammenfärbungen* (Sr zinnoberrot, Ba hellgrün). *Fällungsreaktion:* Sulfate und Schwefelsäure fällen auch in Gegenwart von Salzsäure weiße, sehr feinpulvrige Niederschläge von $SrSO_4$ und $BaSO_4$ aus.

d) *Physiologie:* Sr-Verbindungen sind wenig giftig, lösliche Ba-Verbindungen dagegen sehr (Erbrechen, Darmkoliken, Arterienkrämpfe, Lähmungen; bereits 0,5 ... 0,8 g können tödlich wirken!).

e) **Strontium- und Barium-Metall:** Erstherstellung 1808 durch DAVY (England). Darstellung durch Erhitzen der Oxide mit Calcium oder Aluminium im Vakuum oder durch Erhitzen der Amalgame, die bei der Elektrolyse von Sr- und Ba-Salzlösungen mit Hg-Katoden entstehen. Die Metalle ähneln dem Calcium, sind aber noch reaktionsfähiger. Barium dient als Gettermetall für evakuierte Gefäße, d. h., es bindet die zurückgebliebenen Spuren von Luft zu Oxid und Nitrid, wodurch das notwendige Hochvakuum erreicht wird.

f) *Strontiumverbindungen:* **Strontiumnitrat,** $Sr(NO_3)_2$, und **-chlorat,** $Sr(ClO_3)_2$, für Rotfeuer.

g) **Bariumhydroxid,** „*Ätzbaryt*", $Ba(OH)_2 \cdot 8\,H_2O$: farblose Kristalle, in Wasser mäßig löslich zu alkalischem *Barytwasser* (Reagens auf Kohlendioxid).

h) **Bariumsulfat,** $BaSO_4$: weißes, sehr schwer lösliches Pulver. Als natürlicher „Schwerspat" Rohstoff für andere Ba-Verbindungen. Aufschluß durch Glühen mit Kohle zu Bariumsulfid, BaS. Gefälltes $BaSO_4$ dient als „blanc fixe" (*Permanentweiß*) für Malerfarben, ist auch im *Lithoponeweiß* ($BaSO_4$ + ZnS) enthalten. Weitere Verwendung: Füllstoff für Papier und Kautschuk; Substrat für organische Farbpigmente; Röntgenkontrastmittel (ungiftig, da unlöslich!).

i) *Weitere Bariumverbindungen:* **Bariumnitrat,** $Ba(NO_3)_2$, und **-chlorat,** $Ba(ClO_3)_2$, für Grünfeuer.

12.6. Radium und Radiumverbindungen

Radium [Symbol Ra; *radius* (lat.) Strahl] wurde 1898 von M. und P. CURIE in der Joachimsthaler Pechblende entdeckt. Es bildet sich über mehrere

Zwischenprodukte durch radioaktiven Zerfall von Uranium 238 und ist deshalb in geringen Mengen (1 : [3 · 10^{-7}]) in Uranerzen enthalten. Es zerfällt unter α-Strahlung zunächst in Radon und schließlich in Blei, ^{206}Pb. **Ra-Verbindungen** leuchten ständig und sind um einige Grad wärmer als ihre Umgebung. Radium ähnelt sehr stark dem Barium; das gleiche gilt auch für die Verbindungen. Die Verwendung in der Medizin ist seit Einführung künstlicher Radionuklide stark zurückgegangen.

13. Elemente der III. Hauptgruppe (Borgruppe)

13.1. Allgemeines

a) *Elemente:* Bor (B), Aluminium (Al), Gallium (Ga), Indium (In) und Thallium (Tl)

Tabelle 15: Borgruppe

	Bor	**Aluminium**	**Gallium**	**Indium**	**Thallium**
Symbol	B	Al	Ga	In	Tl
Kernladungszahl	5	13	31	49	81
Relative Atommasse	10,81	26,98	69,72	114,82	204,37
Schmelzpunkt (in °C)	≈ 2300	660	30	156	303
Dichte (in g · cm^{-3})	2,34	2,70	5,9	7,31	11,83
Wertigkeit					
beständig	+3	+3	+3	+3	+1 (+3)
unbeständig	–	+1	+1, +2	+1, +2	
Reaktionsfähigkeit	mäßig	stark	abnehmend →		
Element(III)-hydroxide	H_3BO_3 schwach sauer	$Al(OH)_3$ amphot.	$Ga(OH)_3$ amphot.	$In(OH)_3$ amphot.	$Tl(OH)_3$ schwach basisch
Salzname der Anionen	Borat	Aluminat	Gallat	Indat	–
Element(I)-hydroxide	–	–	–	–	TlOH
Charakter	–	–	–	–	stark basisch
Löslichkeit	–	–	–	–	leicht löslich

b) *Wertigkeit:* hauptsächlich +3; niedere Wertigkeitsstufen werden vom Al bis zum Tl beständiger; Tl(I)-Verbindungen sind beständiger als Tl(III)-Verbindungen.

c) *Metallischer Charakter:* nimmt vom B bis zum Tl zu. B ist ein typisches Nichtmetall, während elementares Al bereits metallischen Charakter aufweist.

d) *Hydroxide:* $B(OH)_3 = H_3BO_3$ ist eine schwache Säure; die Element(III)-hydroxide von Al, Ga und In sind amphoter; $Tl(OH)_3$ ist eine schwache, Tl(OH) dagegen eine starke Base. Verglichen mit den entsprechenden Verbindungen der II. Hauptgruppe besitzen alle Element(III)-hydroxide schwächer basischen bzw. stärker sauren Charakter.

e) *Eigenschaften von Verbindungen:*

leicht löslich:	Chloride, Sulfate, Nitrate; Alkaliborate.
schwer löslich:	Fluoride, Phosphate Hydroxide, Oxide; alle Borate außer Alkaliboraten.
unbeständig:	sind die Carbonate, die bereits bei gewöhnlicher Temperatur in Metalloxid und Kohlendioxid zerfallen.

f) *Ionen:* farblos; aus wäßrigen Lösungen sind durch Elektrolyse nur Ga, In und Tl abscheidbar.

g) Tabelle 15

13.2. Bor und Borverbindungen

13.2.1. Allgemeines

a) *Symbol:* B [*boron* (lat.), von *buraq* (arab.) Salpeter]; *Wertigkeit:* +3.

b) *Vorkommen:* nur chemisch gebunden; relativ selten. Borsäure findet sich gelöst in heißen vulkanischen Quellen, z. B. den Fumarolen Toskanas.

c) *Minerale:*

Boracit (Staßfurtit)	$MgCl_2 \cdot 6\,MgO \cdot 8\,B_2O_3$	
Borax	$Na_2B_4O_7 \cdot 10\,H_2O$	in Lagerstätten und
Kernit	$Na_2B_4O_7 \cdot 4\,H_2O$	Boraxseen

d) *Nachweis:* grüne Flammenfärbung nach Überführung in Borsäure und deren Methylester.

e) *Physiologie:* B ist ein für höhere Pflanzen wichtiges Spurenelement. Bormangel verursacht z. B. die Herz- und Trockenfäule der Rüben.

13.2.2. Elementares Bor

a) *Erstherstellung:* 1808 durch GAY-LUSSAC und THENARD (Paris).

b) *Herstellung:* durch Reduktion von B_2O_3 mittels Magnesiums.

c) *Eigenschaften:* **Amorphes Bor** ist ein braunes, geruchloses, unlösliches Pulver; verbrennt an der Luft oberhalb 700 °C zu B_2O_3; bildet mit konz. Salpetersäure Borsäure. – **Kristallines Bor** bildet sehr harte, grauschwarze, glänzende Kristalle, die chemisch widerstandsfähiger sind als amorphes Bor.

d) *Verwendung:* als **Ferrobor** (Eisen mit 10 ... 20% B) in der Stahlindustrie.

13.2.3. Borsäure, H_3BO_3, und Borax

a) *Herstellung der Borsäure:* aus Borax und Schwefelsäure:

$$Na_2B_4O_7 + H_2SO_4 + 5\,H_2O \rightarrow 4\,H_3BO_3 + Na_2SO_4$$

b) *Eigenschaften der Borsäure:* weiße, geruchlose Schuppen; mit sehr schwach saurer Reaktion; in kaltemWasser schwer, in heißem leicht löslich. Bereits 5 g können tödlich wirken; kleinere Mengen bewirken starke Abmagerung.

c) *Verwendung der Borsäure:* als Desinfektionsmittel (Borwasser, Borsalbe); zur Herstellung von Email und temperaturwechselbeständigen Gläsern (Jenaer Glas); als Puffersubstanz in Nickelelektrolyten; zur Bordüngung.

d) *Nachweis von Borsäure und Boraten:* Durch Übergießen mit Methanol und Schwefelsäure entsteht Trimethylborat, $B(OCH_3)_3$, das mit charakteristisch grüner Flamme brennt.

e) **Natriumtetraborat,** *Borax*, $Na_2B_4O_7 \cdot 10\,H_2O$. Weißes Kristallpulver, in kaltem Wasser mäßig, in heißem sehr leicht löslich. Beim Erhitzen entsteht wasserfreier Borax, der bei 878 °C schmilzt und dann Metalloxide auflöst (Boraxperle in der analytischen Chemie; Löten!). *Verwendung:* zum Löten; zur Wasserenthärtung für kosmetische Zwecke; zur Herstellung von Spezialglas, Glasuren und Email; zur Bordüngung.

13.3. Aluminium und Aluminiumverbindungen

13.3.1. Allgemeines

a) *Symbol* Al [*alumen* (lat.) Alaun; *lumen* (lat.) Licht; Alaun wurde zum Färben verwendet]; *Wertigkeit:* +3.

b) *Vorkommen:* dritthäufigstes Element (häufigstes Metall) der Erdkruste (8,13%); ist auch im Erdinnern reichlich vorhanden (Sial-Schicht); kommt nur gebunden vor, meist in Form von Alumosilicaten.

c) *Minerale:*

Silicate: *Feldspäte* (in Granit, Porphyr, Basalt, Gneis, Schiefer); *Glimmer*, Verwitterungsprodukte dieser Gesteine und Minerale sind die *Tone*. Reiner Ton = *Kaolin*; unreine Tone: *Mergel, Letten, Lehm.*

Hydroxid: *Bauxit*, $Al(OH)_3$ bis $AlO(OH)$.

Oxid: *Tonerde, Korund*, Al_2O_3. Unreiner Korund ist *Schmirgel.* Reines Oxid mit färbenden Beimengungen sind die Edelsteine: *Rubin* (mit 0,3% Cr_2O_3); *Saphir* (mit 0,2% TiO_2 und wenig FeO).

Fluorid: *Kryolith* (Eisstein), Na_3AlF_6.

d) *Nachweis:*

- Gefälltes $Al(OH)_3$ gibt mit Alizarin-S-Lösung einen roten Farblack.
- Glühen des Hydroxids mit verdünnter Cobaltnitratlösung ergibt blaues Cobaltaluminat (THENARDS Blau).

13.3.2. Metallisches Aluminium

a) *Erstherstellung:* 1825 durch OERSTED; da die Darstellung nicht sicher erwiesen ist, wird oft F. WÖHLER (1827) als Entdecker angesehen.

b) *Herstellung:* technisch seit 1886 nach dem Kryolith-Tonerde-Verfahren (Schmelzelektrolyse).

- Eine 2 ... 8%ige Lösung von Al_2O_3 in geschmolzenem Kryolith (Na_3AlF_6) wird elektrolysiert. Die Temperatur von 950 °C wird durch die Stromwärme aufrecht erhalten.
- Katode: Kohle-Auskleidung des Behälters; Vorgang: $2\,Al^{3+} + 6\,e^- \rightarrow 2\,Al$. Al sammelt sich flüssig am Boden an, wird dadurch selbst zur Katode und wird z. B. alle 2 Tage in Chargen von etwa 1 t mittels eines Saugrohrs entnommen.
- Anoden: Kohle (z. B. SÖDERBERG-Elektroden). Vorgang: $3\,O^{2-} + 6\,e^- \rightarrow 1\frac{1}{2}\,O_2\uparrow$; der Sauerstoff vergast die Anoden langsam zu CO und CO_2.
- Spannung: etwa 5 V; Stromstärke: 50000 ... 100000 A.
- Das entstehende 99,75%ige Hüttenaluminium kann in einer Dreischichten-Schmelzelektrolyse zu „Vierneuner-Aluminium“ (99,99% Al) raffiniert werden.
- Der benötigte Kryolith (Vorkommen nur in Grönland) wird künstlich aus Natriumaluminat und Flußsäure hergestellt.

Über die Herstellung von Aluminiumoxid ↑ S. 188.

c) *Physikalische Eigenschaften:* silberweißes, stark glänzendes Leichtmetall. Der Glanz läßt an der Luft rasch nach, da sich eine dünne Oxidhaut bildet; durch Glanzeloxierung kann er erhalten bleiben.

Al ist sehr weich und dehnbar, läßt sich zu dünnsten Folien auswalzen (Blattaluminium), leitet den elektrischen Strom sehr gut (63% der Leitfähigkeit des Cu); bei Rotglut schmilzt es.

d) *Chemische Eigenschaften:* sehr unedel; läßt sich aus wäßriger Lösung elektrolytisch nicht abscheiden; auch die Reduktion des Oxids mit Kohle gelingt nicht, daher die Herstellung durch Schmelzelektrolyse. Al reagiert heftig mit Salzsäure und Natronlauge, weniger heftig mit Schwefelsäure, während es sich gegenüber Salpetersäure in der Kälte passiv verhält. Die Reaktion mit Natronlauge (amphoterer Charakter!) führt gemäß der Gleichung

$$Al + NaOH + 3\,H_2O \rightarrow Na[Al(OH)_4] + 1\tfrac{1}{2}\,H_2$$

zu Na-Aluminat.

e) *Legierungen:* Durch Legierung wird meist die Festigkeit erhöht, die Korrosionsbeständigkeit dagegen erniedrigt. Wichtigste Legierungsmetalle: Cu, Mg, Si, Mn, auch Ni, Zn, jedoch stets nur in geringen Mengen. Man unterscheidet Al-Knet- und Gußlegierungen; letztere enthalten bis 10% Si. Manche Legierungen, z. B. das frühere *Dural* (Duraluminium; dur = hart) erfahren durch Glühen, Abschrecken und Aushärten (tagelanges Lagern) eine wesentliche Erhöhung der Festigkeitseigenschaften. *Aluminiumbronze*, golden aussehend, ist Cu mit 5 ... 10% Al; dient als Münzmetall und für Anstrichfarben.

f) *Verwendung:* legiert als Konstruktionsmaterial, besonders im Fahrzeug- und Flugzeugbau; reinst als Leiter in der Elektrotechnik; Hüttenaluminium für Apparateteile und Gebrauchsgegenstände; Al-Grieß zum Thermitschweißen und zur aluminothermischen Metallgewinnung, auch zur Herstellung aluminiumorganischer Katalysatoren für die Erzeugung von Plasten (Niederdruck-Polyethylen); Al-Pulver für Anstrichmittel.

g) *Aluminothermie:* Al-Grieß reduziert nach Zündung (Zündgemisch) viele Metalloxide, z. B. $Cr_2O_3 + 2\,Al \rightarrow 2\,Cr + Al_2O_3$; oder $3\,V_2O_5 + 10\,Al \rightarrow 6\,V + 5\,Al_2O_3$. Hierdurch entstehen sehr reine, insbesondere kohlenstofffreie Metalle (Fe, Cr, Ni, Co, V, Ti, Mn u. a.). Infolge der stark exothermen Reaktion schmelzen die Metalle und sammeln sich unter der Schlacke am Boden des Gefäßes als „Regulus".
Thermit (Thermogen-Schweißgemisch) = Fe_3O_4 (oder Fe_2O_3) + Al; das bei Zündung entstehende flüssige Eisen verschweißt Schienen u.dgl.

h) *Eloxal-Verfahren* (= **el**ektrolytische **Ox**idation des **Al**uminiums): Verfahren zur Erhöhung der Oberflächenhärte sowie der Korrosions- und Verschleißfestigkeit von Al durch anodisches Einbringen der Gegenstände in 25%ige Schwefelsäure oder 5%ige Oxalsäure bei etwa 13 V Spannung und Temperaturen unter 25° C. Hierdurch wird die natürliche Oxidschicht des Al von 0,2 auf 20 μm verstärkt. *Glanzeloxierung* erreicht man durch vorheriges *elektrolytisches Polieren* (anodisch in 75%iger Phosphorsäure + Chromium(VI)-oxid). Die Schichten können eingefärbt werden; Goldton entsteht durch Ammonium-trioxalatoferrat(III), $(NH_4)_3[Fe(C_2O_4)_3] \cdot 3\,H_2O$, die übrigen Farbtöne durch organische Beizenfarbstoffe.

13.3.3. **Aluminiumoxid,** Al_2O_3

a) *Trivialnamen: Tonerde* (pulvrig); *Korund* (grobkristallin).

b) *Herstellung:* Da die Gewinnung aus Ton noch nicht wirtschaftlich ist, stellt man Al_2O_3 aus Bauxit her.

α) *Nasser Aufschluß* (BAYER-Verfahren):

- Aufschluß von Bauxit mit Natronlauge (40%ig; 400 ... 600 kPa; 160 °C; 6 ... 8 h). Produkte:
  Aluminatlauge: $Al(OH)_3 + NaOH \rightarrow Na[Al(OH)_4]$;
  Rotschlamm [unlöslicher Rückstand, hauptsächlich $Fe(OH)_3$]. Verarbeitung auf TiO_2; Verwendung als Reinigungsmasse (Luxmasse, Lautamasse) für Stadtgas.
- Ausfällung von Aluminiumhydroxid („*Tonerdehydrat*"): Impfen der verdünnten Aluminatlauge mit kristallinem $Al(OH)_3$; dann ständiges Rühren. Umkehrung des Lösevorganges, da kristallines $Al(OH)_3$ schwerer löslich ist als amorphes; Gleichung: $Na[Al(OH)_4] \rightarrow Al(OH)_3 \downarrow + NaOH$. Produkte:
  Aluminiumhydroxid, $Al(OH)_3$;
  Restlauge. Diese, noch schwach aluminathaltig, wird nach Eindampfen erneut zum Bauxitaufschluß benutzt. Aus der Restlauge können Vanadium(V)-oxid und Gallium gewonnen werden.
- Glühen des Aluminiumhydroxids zu „*Tonerde*". Drehrohröfen; 1300 °C; $2\,Al(OH)_3 \rightarrow Al_2O_3 + 3\,H_2O$.

β) *Trockener Aufschluß* (für kieselsäurereiche Bauxite): Glühen mit Na_2CO_3 und $CaCO_3$ in Drehrohröfen; Auslaugen des erzeugten Aluminats mit Wasser; daraus Fällen des Hydroxids mit Kohlendioxid.

c) *Eigenschaften:* weißes Pulver oder sehr harte, farblose Kristalle; bei 2050 °C schmelzend; nach Glühen in Säuren und Basen unlöslich.

d) *Verwendung:* zur Herstellung von Aluminium; als Poliermittel für Metalle („*Poliertonerde*"); als Adsorptionsmittel für die chromatografische Analyse; als Schleifmittel (*Elektrokorund*, seltener natürlicher Korund; unrein als *Schmirgel*).

e) *Künstliche Aluminiumoxid-Edelsteine:* Reinstes Al_2O_3-Pulver, vermischt mit farbgebenden Metalloxiden, wird im Knallgasgebläse geschmolzen; die Schmelze tropft auf einen Schamottestift, wo sie kristallin erstarrt (künstliche Rubine, Saphire und andere). Verwendung z. B. für Achslager in Uhren; für Laser.

13.3.4. **Aluminiumhydroxid,** $Al(OH)_3$

a) *Trivialname:* Tonerdehydrat.

b) *Herstellung* und *Eigenschaften:* fällt aus Al-Salzlösungen durch Ammoniak oder wenig Natronlauge als weißes Gel aus:

$$AlCl_3 + 3\,NaOH \rightarrow Al(OH)_3 + 3\,NaCl$$

Im Überschuß von Natronlauge (nicht Ammoniak) tritt Lösung zu Natriumaluminat ein:

$$Al(OH)_3 + NaOH \rightarrow Na[Al(OH)_4]$$

Aus Aluminatlösung fällt durch Säure wieder das Hydroxid aus und löst sich im Säureüberschuß zu Aluminiumsalz.

$$\text{Aluminiumsalz} \underset{\text{Säure}}{\overset{\text{Base}}{\rightleftharpoons}} Al(OH)_3 \underset{\text{Säure}}{\overset{\text{Base}}{\rightleftharpoons}} \text{Aluminat}$$

c) *Verwendung:* Zwischenprodukt bei der Al-Herstellung; zur Erzeugung organischer Farblacke (mit organischen Farbstoffen und -pigmenten).

13.3.5. Sonstige Aluminiumverbindungen

a) **Aluminiumsulfat,** $Al_2(SO_4)_3 \cdot 18\ H_2O$: farblos, wasserlöslich (infolge Hydrolyse saure Reaktion!); wichtigstes Al-Salz. Verwendung zur Wasserreinigung, zum Leimen von Papier (zusammen mit Harzseife), zur Beizenfärberei.

b) **Kaliumaluminiumsulfat,** „*Alaun*", $KAl(SO_4)_2 \cdot 12\ H_2O$, auch verdoppelt als $K_2SO_4 \cdot Al_2(SO_4)_3 \cdot 24\ H_2O$ geschrieben; farbloses, gut kristallisierendes Doppelsalz. Verwendung wie Aluminiumsulfat; auch als „Rasierstein" zum Blutstillen. Über *Alaune* ↑ Sulfate (S. 234).

c) **Aluminiumacetat,** $(CH_3COO)_3Al$, sowie Hydroxyacetate werden in wäßriger Lösung als *essigsaure Tonerde* für entzündungswidrige Umschläge sowie zum Wasserdichtmachen von Geweben verwendet.

13.4. Gallium, Indium, Thallium

a) **Gallium** (Ga, von „Gallien" = Frankreich): entdeckt 1875 durch Lecoq de Boisbaudran; vorausgesagt durch Mendelejew. Sehr selten; wesentlich teurer als Gold. Herstellung aus Bauxiten und z. B. aus Kupferschiefer. Silberglänzend; eignet sich wegen seines niedrigen Schmelzpunktes (30 °C) und hohen Siedepunktes (über 2000 °C) zum Füllen von Thermometern; Verwendung in Halbleitertechnik und Mikroelektronik.

b) **Indium** (In, von Indigo; benannt nach indigoblauer Spektrallinie): entdeckt 1863 von Reich und Richter in der Freiberger Zinkblende. Sehr selten; Herstellung aus Zink- und Bleierzen. Silberweiß, stark glänzend, sehr weich (mit dem Messer schneidbar), niedrig schmelzend. Verwendung in der Halbleitertechnik; eingeschmolzene galvanische Indiumüberzüge auf Blei für Gleitlager, z. B. in Flugzeugmotoren.

c) **Thallium** [Tl, von *thallos* (grch.) grüner Zweig; benannt nach grüner Spektrallinie]: entdeckt 1861 durch Crookes (England). Herstellung aus Pyrit oder Kupferschiefer. Bleiähnliches, schweres, weiches Metall, das im Gegensatz zu Ga und In an der Luft rasch anläuft; in HNO_3 und H_2SO_4 leicht löslich; technisch noch ohne Bedeutung. **Thallium(I)-oxid,**

Tl_2O, schwarz, löst sich in Wasser zur starken Base **Thallium(I)-hydroxid,** TlOH.

14. Elemente der IV. Hauptgruppe (Kohlenstoffgruppe)

14.1. Allgemeines

a) *Elemente:* Kohlenstoff (C), Silicium (Si), Germanium (Ge), Zinn (Sn), Blei (Pb).

Tabelle 16: Kohlenstoffgruppe

	Kohlenstoff	**Silicium**	**Germanium**	**Zinn**	**Blei**
Symbol	C	Si	Ge	Sn	Pb
Kernladungszahl	6	14	32	50	82
Relative Atommasse	12,01	28,09	72,59	118,69	207,2
Schmelzpunkt (in °C)	3850 subl.	1414	958	232	327
Dichte (in $g \cdot cm^{-3}$)	Diam. 3,51 Gr. 2,22	2,33	5,35	7,28	11,34
Wertigkeit	+4	Beständigkeit abnehmend →			
	–	+2	Beständigkeit zunehmend →		
Element(IV)-hydroxide	H_2CO_3 schwache[1] Säure	$SiO_2 \cdot x\,H_2O$ sehr schwache Säure	$Ge(OH)_4$	$Sn(OH)_4$	$Pb(OH)_4$
			amphoter, saurer als $Me(OH)_2$		
Element(II)-hydroxide	–	–	$Ge(OH)_2$	$Sn(OH)_2$	$Pb(OH)_2$
			amphoter, basischer als $Me(OH)_4$		
Salznamen der Anionen	Carbonat	Silicat	**IV:** Germanat(IV) **II:** Germanat(II)	Stannat(IV) Stannat(II)	Plumbat(IV) Plumbat(II)

[1] Kohlensäure erscheint nur deshalb schwach, weil im Gleichgewicht mit CO_2 und H_2O nur sehr wenige H_2CO_3-Moleküle vorhanden sind; die H_2CO_3-Moleküle ihrerseits sind mittelstark dissoziiert, einer mittelstarken Säure entsprechend.

b) *Wertigkeit:* +4 und +2, seltener −4. Die Beständigkeit der +4wertigen Stufe nimmt vom C zum Pb ab, die der +2wertigen Stufe zu. Pb(II)-Verbindungen sind beständiger als Pb(IV)-Verbindungen.

c) *Metallischer Charakter:* nimmt von C zu Pb zu. C kommt elementar in einer nichtmetallischen (Diamant) und einer halbmetallischen Form (Graphit) vor. Si und Ge sehen metallisch aus, verhalten sich dagegen in ihren Verbindungen überwiegend nichtmetallisch.

d) *Element(IV)-hydroxide:* sind bei C und Si zunehmend schwache Säuren [$C(OH)_4$ geht spontan unter H_2O-Abspaltung in H_2CO_3, Kohlensäure, über], bei Ge, Sn und Pb sind es amphotere Stoffe mit überwiegend saurem Charakter; die Hydroxide sind saurer als die entsprechenden Verbindungen der III. Hauptgruppe. – Die *Metall(II)-hydroxide,* nur von Ge, Sn und Pb bekannt, sind stärker basisch als die der 4wertigen Metalle, jedoch durchweg noch amphoter.

e) *Wasserstoffverbindungen:* Die Beständigkeit nimmt vom C zum Pb ab. Da sich C-Atome praktisch unbegrenzt miteinander verbinden können, existiert eine ebenso unbegrenzte Zahl von Kohlenwasserstoffen; Siliciumwasserstoffe (Silane) gibt es nur wenige; die Zahl nimmt zum Pb hin weiter ab. Die Kohlenwasserstoffe sind neutral; vom Si zum Pb nimmt der saure Charakter zu, ist jedoch nur schwach ausgeprägt.

f) Tabelle 16

14.2. Kohlenstoff und Kohlenstoffverbindungen

14.2.1. Allgemeines

a) *Symbol:* C [*carboneum*; *carbo* (lat.) Kohle]; *Wertigkeit:* +4, seltener −4; vereinzelt auch Oxidationsstufe 2.

b) *Verbindungsfähigkeit:* C-Atome können sich im Gegensatz zu anderen Atomen in praktisch unbegrenztem Maße zu Ketten und Ringen verbinden. Daher sind weit mehr C-Verbindungen (über 5 Millionen) bekannt als C-freie Verbindungen (etwa 500000). Die Vielzahl dieser C-Verbindungen wird in der organischen Chemie behandelt. Lediglich C selbst sowie einige seiner einfachsten Verbindungen (Oxide, Sulfide, Kohlensäure, Carbonate, Carbide und einfache Cyanverbindungen) rechnet man willkürlich zur anorganischen Chemie.

c) *Vorkommen:* C ist Bestandteil aller Organismen; dennoch ist es in der Erdkruste (einschließlich Atmo- und Hydrosphäre) mit 0,09% nur das dreizehnthäufigste Element. In der nichtlebenden Materie kommt C teils frei (Diamant, Graphit), teils gebunden vor (Kohlendioxid, Carbonate, Kohle, Erdöl, Erdgas, Schieferöl).

d) *Carbonat-Minerale:*

$CaCO_3$: Kalkstein, Kalkspat, Kreide, Marmor
$CaCO_3 \cdot MgCO_3$: Dolomit
$SrCO_3$: Strontianit
$ZnCO_3$: Zinkspat
$PbCO_3$: Weißbleierz (Cerussit)
$CuCO_3 \cdot Cu(OH)_2$: Malachit
$MgCO_3$: Magnesit
$BaCO_3$: Witherit
$FeCO_3$: Eisenspat; Spateisenstein (Siderit)
$MnCO_3$: Manganspat; Himbeerspat

14.2.2. Elementarer Kohlenstoff

a) *Modifikationen:* **Diamant** und **Graphit**[1]. Die früher als „amorpher *Kohlenstoff*" bezeichneten Formen *Ruß*, *Retortengraphit*, *Aktivkohle* usw. sind feinkristalline Abarten des Graphits; ihre mechanischen Eigenschaften weichen oft stark von denen des grobkristallinen Graphits ab.

b) *Eigenschaften:* C ist in allen Formen geruch- und geschmacklos, löst sich nur in geschmolzenen Metallen und ist bei gewöhnlicher Temperatur sehr reaktionsträge. Der Kohlenstoff verbrennt bei höherer Temperatur mit genügend Sauerstoff zu Kohlendioxid, CO_2, anderenfalls zu Kohlenmonoxid, CO. Mit vielen Metallen und Nichtmetallen entstehen beim Erhitzen Carbide; viele Metalloxide werden in der Hitze durch C zu den Metallen reduziert. In Luft aufgewirbelter Kohlenstoff (Kohlenstaub, Ruß) kann explosionsartig verbrennen (Kohlenstaubexplosion).

Eigenschaft	Diamant	Graphit
Farbe	farblos	grauschwarz
Härte	härtester Stoff	sehr weich
Kristallgitter	regulär	hexagonal
Dichte (in $g \cdot cm^{-3}$)	3,51	2,22
Elektr. Leitfähigkeit	Nichtleiter	Leiter
Verhalten beim Erhitzen	geht bei 1 500 °C in Graphit über	sublimiert bei einer Temperatur über 3 800 °C

c) **Diamant:** Edelstein; härtester natürlicher Stoff, nur in seinem eigenen Pulver schleifbar. In reinem Zustand farblos, klar durchsichtig, stark farbstreuend; durch geeigneten Schliff (*Brillanten*) kommt das Farbenspiel besonders zur Geltung. 1 Karat (Masse eines Johannisbrotkerns) = 200 mg. Weniger reine Diamanten sind farbig und trüb, z. B. Bord (bleigrau), Carbonados (tiefschwarz). *Vorkommen:* Südafrika, Zaïre, Sibirien, Brasilien, Ostindien. *Technische Verwendung:* für Bohrerspit-

[1] auch *Grafit*

zen, Glasschneider, Drahtziehösen, Achslager für Präzisionsinstrumente. Seit 1955 künstliche Herstellung aus Graphit bei 3000 °C und 5300 MPa (53000 at) Druck, bisher in Größen von wenigen Karat.

d) **Graphit:** besteht aus ebenen C-Schichten, die miteinander nur lose verbunden und daher gegeneinander verschiebbar sind (Schichtengitter); ist daher sehr weich, in Blättchen spaltbar, abfärbend; kann aus Kohle auch künstlich gewonnen werden. *Verwendung:* für Schreibstiftminen (mit Ton gepreßt), Graphittiegel (mit Ton gebrannt), Schmiermittel, Rostschutzanstrich; für Kohle„bürsten" in Elektromotoren; als Moderator in Kernreaktoren.

e) **Ruß:** feinste Graphitkriställchen; entsteht bei der unvollständigen Verbrennung von Kohlenstoffverbindungen; wird technisch auf diese Weise aus Ethin oder Naphthalen hergestellt. *Verwendung:* wertverbessernder Füllstoff für Gummi (erhöht die Abriebfestigkeit in Autoreifen); für Druckerschwärze, Schuhkrem, Tusche usw.

f) **Aktivkohle:** aus organischem Material (Holz, Knochen, Zucker, Blut, Nußschalen) durch Tränken mit Zinkchlorid- oder Kaliumcarbonatlösung und nachfolgendes Erhitzen unter Luftabschluß hergestellte, äußerst poren- und deshalb oberflächenreiche Kohle (je Gramm bis 800 m^2 Oberfläche!). Wegen der großen Oberfläche adsorbiert sie viele Gase und gelöste Stoffe. *Verwendung:* zur Reinigung, Isolierung und Wiedergewinnung von Gasen und Dämpfen, z. B. von Benzen aus Leuchtgas, von Xylen aus Druckfarben, von Lösungsmitteln in der Lackindustrie, ferner für Gasmasken; zur Entfärbung von Zuckerdicksaft; zur Reinigung des Ethanols von Fuselalkoholen; als medizinische Kohle gegen Magen- und Darmstörungen.

14.2.3. Kohlenmonoxid (*Kohlenoxid*), CO

a) *Struktur:* vermutlich :C:::O:, wobei ein bindendes Elektronenpaar völlig vom Sauerstoff geliefert wird.

b) *Herstellung:*

- durch Verbrennung von Kohlenstoff und -verbindungen (z. B. Koks, Kohle, Benzin) bei über 1000 °C bei Sauerstoffmangel: $2\,C + O_2 \rightarrow 2\,CO$.

  Kohlenmonoxid kommt deshalb in Auspuffgasen von Kraftfahrzeugen und im „Kohlendunst" schlecht ziehender Öfen vor (Vergiftungsgefahr!); auch im Tabakrauch ist es zu 4% enthalten.

- durch Reduktion von Kohlendioxid mit glühendem Koks (Boudouard-Gleichgewicht, z. B. im Hochofen): $CO_2 + C \rightleftarrows 2\,CO$;
- durch Reduktion von Wasserdampf mit glühendem Koks (Wassergasprozeß): $C + H_2O \rightarrow CO + H_2$;
- im Labor durch Wasserentzug aus Methansäure mit konz. Schwefelsäure: $H{-}COOH - H_2O \xrightarrow{H_2SO_4} CO$.

c) *Eigenschaften:* farb- und geruchloses Gas; in Wasser nur wenig löslich; mit blauer Flamme brennbar; fast ebenso schwer wie Luft; nur bei sehr niedrigen Temperaturen verflüssigbar (Siedepunkt −192 °C); durch Aktivkohle nicht adsorbierbar.

d) *Toxikologie:* sehr giftig; bereits 0,2% in der Luft sind tödlich. CO wird vom Hämoglobin des Blutes fester gebunden als Sauerstoff und blockiert daher den Sauerstofftransport. Kopfschmerz, Bewußtlosigkeit, Atemlähmung, Tod; kirsch- bis scharlachrotes Blut („Kohlenoxidhämoglobin").

e) *Technische kohlenmonoxidhaltige Gase:*

- **Luftgas, Generatorgas:** $CO + 2\,N_2$; entsteht in exothermer Reaktion durch Vergasung von Kohle oder Koks mit Luft in Generatoren: $2\,C + O_2 + 4\,N_2 \rightarrow 2\,CO + 4\,N_2$. Verwendung als Heizgas und zur Ammoniaksynthese.
- **Wassergas:** $CO + H_2$; entsteht in endothermer Reaktion durch Vergasung von weißglühender Kohle oder von Koks mit Wasserdampf: $C + H_2O \rightarrow CO + H_2$. Verwendung als Heizgas (Heizwert zwischen dem von Luftgas und Leuchtgas); zur Herstellung von Wasserstoff; zur Synthese von Benzin, Paraffin und Methanol.
- **Mischgas:** CO, H_2, N_2; entsteht durch Vergasung von Kohlepulver mit Wasserdampf und sauerstoffangereicherter Luft, z. B. in WINKLER-Generatoren.
  Ähnliche Gase werden auch durch *Dampfreforming* von Erdölkohlenwasserstoffen (↑ S. 212) sowie durch *Öldruckvergasung* flüssiger Kohlenwasserstoffe hergestellt.
- **Kokerei- und Stadtgas:** H_2, CH_4, CO u. a.; entsteht durch Entgasung (Verkokung) von Kohle. Durch *Druckvergasung* von Braunkohle mit Wasserdampf und Sauerstoff bildet sich ein ähnliches, jedoch methanärmeres **Druckgas.** Verwendung: zu Heiz- und Beleuchtungszwecken.
- **Sonstige Gase:** Braunkohlenschwelgas; Gichtgas (Hochofen).

14.2.4. Kohlendioxid, CO_2

a) *Vorkommen:* Luft (0,03 Vol.-%); Meerwasser; Mineralwässer (Sprudel, Säuerlinge); Vulkangase; technische Verbrennungsgase.

b) *Herstellung:*

- durch vollständige Verbrennung von Koks:

  $$C + O_2 \rightarrow CO_2$$

  Reinigung durch K_2CO_3-Lösung, die CO_2 in der Kälte aufnimmt ($KHCO_3$-Bildung) und in der Hitze wieder abgibt;

- durch thermische Zersetzung von Carbonaten, z. B. beim Kalkbrennen:
  $CaCO_3 \rightarrow CaO + CO_2$;
- als Nebenprodukt bei der alkoholischen Gärung:
  $C_6H_{12}O_6 \rightarrow 2\,C_2H_5OH + 2\,CO_2$;
- aus Carbonaten und Säuren, z. B. aus Marmor:
  $CaCO_3 + 2\,HCl \rightarrow CaCl_2 + H_2O + CO_2$.

c) *Physikalische Eigenschaften:* farbloses Gas von schwach säuerlichem Geruch und Geschmack; 1,5mal so schwer wie Luft, läßt sich aus Gefäßen umgießen; sammelt sich am Boden von Gärkellern und Brunnen, auch in Höhlen (Hundsgrotte Neapel); nicht brennbar (erstickt eine eingeführte Flamme); in kaltem Wasser reichlich löslich, besonders unter Druck.

d) *Flüssiges und festes Kohlendioxid:* Durch einen Druck von 5 MPa (50 at) läßt sich CO_2 bei Raumtemperatur verflüssigen; in dieser Form kommt es in Stahlflaschen (graue Kennzeichnung) in den Handel. Bei Entnahme von CO_2-Gas verdampft eine entsprechende Menge Flüssigkeit, und der Druck bleibt so lange konstant, wie noch flüssiges CO_2 vorhanden ist. Daher kann der Verbrauch nicht am Manometer abgelesen, sondern muß durch Wägung ermittelt werden.
Läßt man flüssiges CO_2 ausströmen, z. B. aus einer geneigten Stahlflasche, tritt infolge der sofortigen Verdampfung so starke Abkühlung ein, daß ein Teil zu einer schneeartigen Masse erstarrt. Dieser „*Kohlendioxidschnee*" kommt gepreßt als „*Trockeneis*" in den Handel; es schmilzt nicht, sondern sublimiert bei −78 °C. Durch Mischen mit Aceton erreicht man Kältegrade von −90 °C.

e) *Chemische Eigenschaften:* mit Wasser entsteht Kohlensäure; mit Basen bilden sich Carbonate und Hydrogencarbonate (Abbinden von Kalkmörtel!). Reduktion zu schwarzem, flockigem Kohlenstoff gelingt durch Einführen brennenden Magnesiums: $CO_2 + 2\,Mg \rightarrow C + 2\,MgO$.

f) *Nachweis:* durch Trübung von Baryt- oder Kalkwasser (Tropfen am Glasstab oder Hindurchleiten des Gases): $Ba(OH)_2 + CO_2 \rightarrow BaCO_3\downarrow + H_2O$.

g) *Verwendung:* zur technischen Herstellung von Harnstoff; in Feuerlöschern; als Schutzgas zur Lagerung feuergefährlicher Stoffe; in Gießereien zum Härten wasserglashaltigen Formsands; für Getränke; zum Bierausschank; Trockeneis zum Kühlhalten von Lebensmitteln.

h) *Physiologie:* CO_2 wird in Anwesenheit von *Chlorophyll* (Blattgrün) unter Aufnahme von *Lichtenergie* von den grünen Pflanzen zu organischer Substanz (zunächst Traubenzucker) gebunden („*assimiliert*" = angeglichen); hierbei wird Sauerstoff frei. Die aufgenommene Energie wird bei der Atmung („*Dissimilation*") der Tiere und Pflanzen wieder frei und dient den Lebensprozessen. Der bei der Atmung aufgenommene Sauerstoff oxidiert die organische Substanz in Gegenwart von Atmungsfermenten zu Kohlendioxid und Wasser:

$$6\,CO_2 + 6\,H_2O \underset{\text{Abbau; Abgabe von Wärme- und mechanischer Energie}}{\overset{\text{Aufbau; Aufnahme von Lichtenergie}}{\rightleftarrows}} C_6H_{12}O_6 + 6\,O_2\uparrow$$

Vom Menschen ausgeatmete Luft enthält 4% CO_2.
Reines CO_2 wirkt auf den Menschen infolge Sauerstoffmangels rasch tödlich; auch Luft mit über 15% CO_2 erzeugt Schwindel, Bewußtlosigkeit und schließlich Tod.

14.2.5. Kohlensäure, H_2CO_3

Kohlensäure ist nur in wäßriger Lösung beständig; hier steht sie sowohl im Gleichgewicht mit ihrem Anhydrid, CO_2, als auch mit ihren elektrolytischen Dissoziationsprodukten:

$$CO_2 + H_2O \rightleftarrows H_2CO_3 \rightleftarrows H^+ + HCO_3^- \rightleftarrows 2\,H^+ + CO_3^{2-}$$

Da das Gleichgewicht fast völlig auf seiten von $CO_2 + H_2O$ liegt (nur 1% CO_2 ist an H_2O gebunden), sind nur wenige H^+-Ionen vorhanden, und Kohlensäure wirkt als sehr schwache Säure. Da sie in Form ihres Anhydrids zudem leicht flüchtig ist, wird sie durch fast alle anderen Säuren aus ihren Salzen in Freiheit gesetzt. Sie selbst vermag lediglich Kieselsäure, Blausäure, Phenole und ähnlich schwach saure Stoffe aus ihren Salzen zu verdrängen.

14.2.6. Carbonate

a) *Allgemeines:* Carbonate sind Salze (und Ester) der Kohlensäure; bei den Hydrogencarbonaten (früher „Bicarbonate" genannt) ist 1 H-Atom mehrbasiger Säuren durch Metall ersetzt.

b) *Wichtige Carbonate:* sind neben den Carbonat-Mineralen (↑ S. 192)

Na_2CO_3 .... Soda[1]
$NaHCO_3$ .... „Natron", doppeltkohlensaures Natron
K_2CO_3 .... Pottasche
NH_4HCO_3 .... Hirschhornsalz

c) *Verhalten beim Erhitzen:* Zerfall in Metalloxid + Kohlendioxid, z. B. $CuCO_3 \rightarrow CuO + CO_2$. Je stärker die Base ist, desto höher ist die Zersetzungstemperatur. $Al_2(CO_3)_3$ zerfällt bereits bei gewöhnlicher Temperatur.

d) *Verhalten gegenüber Säuren:* Da Kohlensäure in Form ihres Anhydrids leicht flüchtig ist, werden Carbonate durch nahezu alle

[1] Der Name „Soda" bedeutet in Getränken Kohlendioxid.

Säuren unter Kohlendioxidentwicklung zersetzt, z. B. $Na_2CO_3 + 2\,HCl \rightarrow 2\,NaCl + H_2O + CO_2$. Marmorplatten nicht mit Salzsäure reinigen!

e) *Nachweis:* Das durch Säuren unter Aufbrausen entstehende CO_2 wird mit Barytwasser nachgewiesen; ↑ S. 195.

14.2.7. Carbide

Carbide sind Verbindungen zwischen Kohlenstoff und einem metallischeren Element.

- Manche Carbide ergeben mit Wasser oder Säuren *Kohlenwasserstoffe:* **Calciumcarbid**, CaC_2, ergibt Ethin (Acetylen); **Aluminiumcarbid,** Al_4C_3, ergibt Methan.
- Andere Carbide sind beim Erhitzen *explosiv*, z. B. **Silber-** und **Kupfer(I)-carbid,** Ag_2C_2 bzw. Cu_2C_2.
- Durch besondere Härte zeichnen sich aus: **Borcarbid,** B_4C, **Siliciumcarbid,** SiC, und **Wolframcarbid,** W_2C.
- Im *Stahl* tritt auf: das metallische **Eisencarbid,** *Cementit*, Fe_3C.

14.2.8. Derivate der Kohlensäure

a) *Übersicht:*

Phosgen	$COCl_2$
Kohlendisulfid (Schwefelkohlenstoff)	CS_2
Kohlenoxidsulfid	COS
Harnstoff	$CO(NH_2)_2$

b) **Phosgen,** $COCl_2$, das Chlorid der Kohlensäure, ist ein farbloses, sehr giftiges Gas von schwach heuartigem Geruch; *Herstellung* aus Kohlenmonoxid und Chlor gemäß $CO + Cl_2 \rightarrow COCl_2$; *Verwendung* zur Gewinnung der Isocyanatkomponente für Polyurethane.

c) **Kohlendisulfid,** *Schwefelkohlenstoff*, CS_2, ist eine farblose, stark farbstreuende, giftige, äußerst feuergefährliche, bei 46 °C siedende Flüssigkeit von rettichartigem Geruch; löst Fette, Harze, Kautschuk, Phosphor, Schwefel, Iod; *Verwendung* zur Herstellung von Tetrachlormethan, Viscose u. a.

d) **Kohlenoxidsulfid,** COS, ist ein brennbares, farb- und geruchloses Gas.

e) **Harnstoff,** $CO(NH_2)_2$, das Diamid der Kohlensäure, bildet farb- und geruchlose, wasserlösliche Kristalle von bitterem Geschmack. Er ist das Endprodukt des Eiweißstoffwechsels von Mensch und Säugetier; der Mensch scheidet täglich etwa 25 ... 30 g aus. Technisch erzeugt man Harnstoff gemäß $2\,NH_3 + CO_2 \rightleftarrows CO(NH_2)_2 + H_2O$ aus Ammoniak und Kohlendioxid bei 15 ... 200 °C und 10 ... 20 MPa (100 ... 200 at). *Verwendung* als Stickstoffdünger und Viehfutterzusatz, zur Herstellung von Melamin und Aminoplasten.

14.2.9. Cyan und Cyanverbindungen

a) **Cyan,** *Dicyan,* $(CN)_2$, Struktur N≡C—C≡N. Farbloses giftiges Gas; entsteht durch Erhitzen von Quecksilber(II)-cyanid, $Hg(CN)_2$. Es verbrennt mit rotvioletter, sehr heißer Flamme (mit O_2 bei Normaldruck 4500 °C):

$$(CN)_2 + 2\,O_2 \rightarrow 2\,CO_2 + N_2$$

b) **Cyanwasserstoff,** *Blausäure,* HCN: farblose, bereits bei 26 °C siedende wasserlösliche, äußerst giftige Flüssigkeit von fischig-mandelartigem Geruch. 50 mg wirken in wenigen Sekunden tödlich, da HCN die Atmungsfermente blockiert. Blausäure bildet sich aus Cyaniden durch Säuren, wird technisch gemäß $2\,CH_4 + 2\,NH_3 + 3\,O_2 \rightarrow 2\,HCN + 6\,H_2O$ durch katalytische Oxidation eines Ammoniak-Methan-Gemisches hergestellt, ist Zwischenprodukt bei der Herstellung von „organischem Glas" und Polyacrylnitrilfaserstoffen und dient als Schädlingsbekämpfungsmittel.

c) **Cyanide:** Salze der Blausäure, z. B. **Natriumcyanid,** NaCN, oder **Kaliumcyanid,** KCN, beide leicht lösliche, sehr giftige Salze (tödliche Dosis: 150 mg), die bereits durch Luftkohlensäure zersetzt werden und deshalb nach Blausäure riechen:

$$2\,KCN + H_2O + CO_2 \rightarrow K_2CO_3 + 2\,HCN.$$

Verwendung: für galvanische Elektrolyte; zur Cyanidlaugerei (Gold- und Silbergewinnung); zur Erzeugung von Blausäure, den Blutlaugensalzen, Berliner Blau und anderen Cyaniden.

d) **Komplexe Cyanide:**

$K_4[Fe(CN)_6]$ = Kaliumhexacyanoferrat(II) = Gelbes Blutlaugensalz = Gelbkali

$K_3[Fe(CN)_6]$ = Kaliumhexacyanoferrat(III) = Rotes Blutlaugensalz = Rotkali

$Fe_4[Fe(CN)_6]_3$ = Eisen(III)-hexacyanoferrat(II) = Berliner Blau

e) **Rhodan und -verbindungen:** Freies **Rhodan,** $(SCN)_2$, farblose Kristalle, ist ein sehr unbeständiges Pseudohalogen. **Rhodanide** (*Thiocyanate*) sind die Salze der **Rhodanwasserstoffsäure** (*Thiocyansäure*), HSCN; sie entstehen durch Kochen von Cyanidlösungen mit Schwefel: KCN + S → KSCN. **Kaliumrhodanid,** KSCN, farblos, ist ein Reagens auf Fe^{3+}-Ionen (blutrote Färbung).

14.3. Silicium und Siliciumverbindungen

14.3.1. Allgemeines

a) *Symbol:* Si [*silex* (lat.) Kieselstein]; *Wertigkeit:* +4, (−4).

b) *Vorkommen:* zweithäufigstes Element der Erdkruste (27,7 Massen-%; 16,3 Atom-%); kommt chemisch gebunden in den meisten

Gesteinen und deren Verwitterungsprodukten vor, und zwar als Oxid und als Silicate (↑ S. 200); beide machen zusammen fast 90% der Erdkruste aus.

14.3.2. Elementares Silicium

a) *Entdeckung:* 1822 durch J. J. BERZELIUS (Schweden).

b) *Herstellung:* aus Quarz und Koks oder Calciumcarbid im elektrischen Ofen; in kleinen Mengen auch aluminothermisch.

c) *Eigenschaften:* dunkelgraue, schwach metallisch glänzende, harte, spröde Kristalle; Halbleiter; in Säuren unlöslich (nur feinverteiltes, sog. „amorphes" Si löst sich in Flußsäure); mit warmen Alkalilaugen entstehen unter Wasserstoffentwicklung Silicate:

$$Si + 2\,NaOH + H_2O \rightarrow Na_2SiO_3 + 2\,H_2$$

d) *Verwendung:* zur Herstellung von Siliconen; extrem rein als Halbleiter in der Mikroelektronik und für Sonnenbatterien; mit Eisen legiert als „Ferrosilicium" für Siliciumstähle.

14.3.3. Siliciumdioxid, SiO_2

a) *Vorkommen:*

- kristallin als **Quarz**, der den Hauptbestandteil des Granits, der Gneise, des Seesands und Sandsteins bildet;
- gutausgebildete Quarzkristalle, häufig mit färbenden Beimengungen, sind: **Bergkristall** (farblos), **Rauchquarz** = **Rauchtopas** (grau bis braun), **Rosenquarz** (rosa), **Amethyst** (violett), **Citrin** (gelb);
- erdig als **Kieselgur** (Infusorien-, Diatomeenerde aus den Panzern von Kieselalgen);
- schwach wasserhaltig als **Opal, Chalcedon (Achat, Karneol, Jaspis)** und **Feuerstein;**
- in Organismen in Form feinster Kriställchen als Stützsubstanz (Gräser, Getreide. Rohr, Bambus, Kieselschwämme und Kieselalgen).

b) *Herstellung:* Große Quarzkristalle werden künstlich durch „Hydrothermalzüchtung" gewonnen: Umkristallisation aus überkritischem Wasser bei 300 ... 400 °C und 100 ... 200 MPa (1000 ... 2000 at) Druck.

c) *Eigenschaften:* weißes Pulver oder farblose Kristalle; schmilzt je nach Modifikation zwischen 1500 und 1705 °C; die Schmelze erstarrt zu einem amorphen Glas **(Quarzglas).** Als einzige Säure greift Flußsäure an (Bildung von SiF_4 und $H_2[SiF_6]$); in geschmolzenen Alkalihydroxiden und -carbonaten löst es sich leicht zu Silicaten.

d) *Verwendung:* **Quarzsand** für Quarzglas (durchsichtig) und Quarzgut (durchscheinend), Glas, Wasserglas, Porzellan, Mörtel: als Formsand in Gießereien; zur Herstellung von Silicium. – **Bergkristall** als Schmuckstein und für optische Instrumente; **Kieselgur** infolge ihres Saugvermögens als Verpackungsmaterial für Säureflaschen, als schall- und wärmeisolierendes Material. **Quarz**kristalle auch für Quarzuhren sowie zur Erzeugung von Ultraschall.

e) **Quarzglas:** temperatur-, temperaturwechsel- und chemikalienbeständiger als gewöhnliches Glas; ist im Gegensatz zu diesem auch durchlässig für Ultraviolettstrahlung. Verwendung für chemische Geräte und UV-Lampen (Höhensonnen, Elektronenblitzgeräte).

14.3.4. Kieselsäuren und Silicate

a) *Herstellung* nicht aus SiO_2 und H_2O, sondern:

- aus Alkalisilicatlösungen (z. B. Wasserglaslösung) durch stärkere Säuren;
- aus Siliciumtetrachlorid durch Wasser:

$$SiCl_4 + 4\,H_2O \rightarrow H_4SiO_4 + 4\,HCl$$

b) *Formeln und Eigenschaften:* **Orthokieselsäure,** $H_4SiO_4 = Si(OH)_4 = SiO_2 \cdot 2\,H_2O$, ist nicht beständig; ihre Moleküle treten spontan unter Wasserabspaltung und Bildung von $-\overset{|}{\underset{|}{Si}}-O-\overset{|}{\underset{|}{Si}}-O-$-Ketten zu höhermolekularen, schließlich kolloiden Aggregaten zusammen; es entstehen Molekülnetzwerke, die viel Wasser adsorbieren und einschließen. Ein Gemisch aus verdünnter Wasserglaslösung und Salzsäure wird dabei immer dickflüssiger („viskoser") und erstarrt schließlich zu einer farblosen Gallerte („*Kieselgel*") der allgemeinen Formel $SiO_2 \cdot n\,H_2O$. Beim Stehen an der Luft entstehen unter weiterer Wasserabgabe (n wird stetig kleiner) trübe, weiße, äußerst poröse Massen („*Silicagel*"), die wie Aktivkohle als Adsorptionsmittel Verwendung finden. Bei starkem Glühen hinterbleibt schließlich nach Auswaschen des Natriumchlorids feinstes weißes Siliciumdioxid, SiO_2.

c) *Salze:* Die Salze leiten sich formal von Kieselsäuren der allgemeinen Formel $m\,SiO_2 \cdot n\,H_2O$ (m und n ganzzahlig) ab, z. B. von

$SiO_2 \cdot 2\,H_2O = H_4SiO_4$ = **Orthokieselsäure:** *Orthosilicate*
$SiO_2 \cdot H_2O = H_2SiO_3$ = **Metakieselsäure:** *Metasilicate*
$2\,SiO_2 \cdot 3\,H_2O = H_6Si_2O_7$ = **Ortho-dikieselsäure:** *Orthodisilicate*

Metakieselsäure usw. sind polymere Entwässerungsstufen der Orthokieselsäure.

14.3.5. Natürliche Silicate

a) *Vorkommen:* Silicate, hauptsächlich von K, Na, Ca, Mg, Al und Fe, bilden die Hauptmasse der Gesteine und ihrer festen Verwitterungsprodukte.

b) *Gesteine und Minerale:* **Gesteine** bestehen stets aus mehreren, meist bereits mit bloßem Auge unterscheidbaren Mineralen. Ein **Mineral** ist jeder chemisch einheitliche, feste, auf der Erde natürlich entstandene Stoff.

- **Petrographie** = Gesteinskunde
- **Mineralogie** = Mineralkunde
- **Geologie** = Lehre vom Aufbau und Geschichte der Erdkruste
- **Geochemie** = Lehre von der chemischen Zusammensetzung und Veränderung des Erdkörpers

c) *Beispiele für Silicatgesteine:*

Granit = Feldspat + Quarz + Glimmer (Hauptbestandteile!).
Gneis = Feldspat + Quarz + Glimmer mit meist streifigem, schiefrigem Gefüge (durch Belastungsdruck umgewandelter Granit).
Basalt = Augit + Plagioklas + Magnetit u. a.
Porphyr = Gesteine sehr verschiedener Zusammensetzung, bei denen größere Kristalle in einer einheitlicheren, bisweilen glasigen Grundmasse eingesprengt sind.

d) *Wichtige Silicatminerale* (die Bruttoformeln werden meist zu den übersichtlicheren „Oxidformeln" auseinandergezogen):

- **Feldspat** (Kalifeldspat = **Orthoklas**): $KAlSi_3O_8$ oder $K_2Al_2Si_6O_{16} = K_2O \cdot Al_2O_3 \cdot 6\,SiO_2$; außerdem gibt es Natron- **(Albit)** und Kalkfeldspäte **(Anorthit).** Die Feldspäte machen massenmäßig 60% aller Minerale der Erdkruste aus.

- **Tone:** entstehen bei der Verwitterung des Feldspats; hierbei wird Wasser aufgenommen, während lösliche Kaliumverbindungen abgegeben werden. Die Tone werden häufig weggeschwemmt und anderwärts wieder abgelagert. – **Lehm** ist sand- und eisen(III)-oxidhaltiger Ton; **Mergel** ist kalkhaltiger Ton. – Besonders reiner Ton heißt **Kaolin.**

- **Kaolinit,** $Al_2(OH)_4Si_2O_5 = Al_2O_3 \cdot 2\,SiO_2 \cdot 2\,H_2O$, ist der Hauptbestandteil des *Kaolins* („Porzellantonerde").

- **Glimmer,** farblos bis schwarz, durchsichtig, leicht in Blättchen spaltbar, kann als Hauptbestandteil **Muscovit,** $KAl_2(OH)_2[AlSi_3O_{10}]$, oder **Biotit,** $K(Mg, Fe)_3(OH)_2[AlSi_3O_{10}]$, enthalten; Verwendung als Elektroisoliermaterial.

- **Talk** (Speckstein), $3\,MgO \cdot 4\,SiO_2 \cdot H_2O$, ist sehr weich und fühlt sich fettig an. Verwendung als Puder in der Gummiindustrie und Körperpflege, als Papierfüllstoff und als Trägerstoff für Schädlingsbekämpfungsmittel.

- **Asbest,** meist $3\,MgO \cdot 2\,SiO_2 \cdot 2\,H_2O$, hat Faserstruktur; Verwendung als wärme- und chemikalienbeständiger Faserstoff, z. B. für Feuerschutzanzüge, Asbestdrahtnetze u. a.

14.3.6. Künstliche Silicate

a) *Übersicht:*

Wasserglas	=	Alkalisilicat (meist Na-Silicat)
Glas und Email	=	Alkali-Calcium-Silicat (oft mit weiteren Bestandteilen)
Keramische Massen	=	Aluminiumsilicat mit Zusätzen
Zement und Beton	=	Calcium-aluminat-silicat
Ultramarin	=	schwefelhaltiges Natrium-aluminat-silicat.

b) **Wasserglas:** Gemisch verschiedener Natrium- oder Kaliumsilicate („Natron-" bzw. „Kaliwasserglas"). Graue, glasartige Stücke, die beim Erhitzen mit Wasser unter Druck zähflüssige Lösungen ergeben; hergestellt durch Schmelzen von Quarzsand mit Soda bzw. Pottasche. – Verwendung von Wasserglaslösung: Flammschutzmittel für Holz und Gewebe; Klebstoff für Porzellan, Glas und andere Silicate; Kernbindemittel in Metallgießereien; Zusatz zu Anstrichfarben und Waschmitteln.

c) **Glas:** aus dem Schmelzfluß amorph erstarrtes Gemisch verschiedener Silicate, hauptsächlich Alkali-Calcium-Silicate.

Amorphe („gestaltlose") Stoffe wie Glas weisen im Gegensatz zu kristallinen Stoffen keine innere Ordnung der Moleküle oder Ionen auf („unterkühlte Flüssigkeiten"); sie haben deshalb keinen festen Schmelzpunkt, sondern erweichen allmählich.

„*Entglasung*" = Übergang aus dem amorphen in den kristallinen Zustand.

Chemische Eigenschaften: sehr widerstandsfähig, wird nur von Flußsäure und Alkalihydroxidschmelzen rasch angegriffen.

Herstellung: durch Zusammenschmelzen der Rohstoffe, im einfachsten Fall Quarzsand, Kalk ($CaCO_3$) und Soda, in Glashäfen oder Wannenöfen: Beheizung mit Generatorgas. Die Reaktionen sind vom Typus $Na_2CO_3 + SiO_2 \rightarrow Na_2SiO_3 + CO_2$; es findet also Gasentwicklung statt.

Formung: durch Blasen, Gießen, Walzen, Ziehen, Pressen, Verdüsen (für Glasfaser). Wichtig ist gleichmäßige, langsame Abkühlung zur Vermeidung innerer Spannungen.

Wichtige Glasarten:

- **Natron-Kalk-Glas:** aus Quarzsand, Kalk und Soda (oder statt Soda auch Natriumsulfat + Kohle). Preiswertes, leicht schmelzbares „Normalglas", z. B. für Fenster. *Flaschenglas* wird aus noch billigeren (weniger reinen) Rohstoffen erschmolzen und enthält daher auch Eisen- (Grünfärbung!) und Aluminiumsilicat.

- **Kali-Kalk-Glas:** aus Quarzsand, Kalk und Pottasche. Schwerer schmelzbar; „*böhmisches Kristallglas*", „*Kronglas*" für optische Zwecke.

- **Kali-Blei-Glas:** aus Quarzsand, Mennige und Pottasche. Schwer schmelzbar, stark farbstreuend. Optisches Glas; als „*Bleikristall*" (jedoch amorph!) Schmuckglas; als „*Straß*" (gefärbt) Edelsteinimitation.

- **Borat-Aluminat-Glas:** ein Teil des SiO_2 ist durch B_2O_3 und Al_2O_3 (in die Schmelze eingeführt als Borsäure oder Borax bzw. Kaolin oder Feldspat) ersetzt, z. B. *Jenaer Glas*, für Chemie und Haushalt; sehr temperaturwechselbeständig.

- **Verschiedene Spezialgläser,** z. B. Thermometerglas; ultraviolettdurchlässiges Glas, blaues Cobaltglas (Co_3O_4 in der Schmelze). *Glasuren* sind leicht schmelzbare Gläser. Es gibt auch völlig silicatfreies Glas (Phosphat, Borat).

d) **Email** (das „Email" oder die „Emaille"): auf Metalle aufgeschmolzenes, meist getrübtes, oft farbiges, leicht schmelzbares Glas; meist auf Eisen als Korrosionsschutz, seltener auf Edelmetallen. Kupfer oder Tombak als Schmuckemail (z. B. für Plaketten und Abzeichen). Die Haftung auf dem Metall wird durch „Haftoxide" (Nickel- und Cobaltoxide) in der Schmelze des Grundemails bewirkt.

e) **Silicatkeramik** [*keramos* (grch.) Ton]: durch Brennen (Erhitzen) von geformtem, feuchtem Ton, evtl. mit Zuschlägen von Quarzsand und Feldspat, bis zum Sintern (nicht Schmelzen) erzeugte Materialien, die in der Hauptsache aus Aluminiumsilicat (**Mullit,** $3\ Al_2O_3 \cdot 2\ SiO_2$) bestehen.
„Geschirr" = dünnwandige, „Baustoffe" = dickwandige Erzeugnisse. Je nach dem Grad der Sinterung unterscheidet man:

α) **Irdengut (Tongut)**

Brenntemperatur niedrig (900 ... 1200 °C); Scherben porös (klebt an der Zunge), wasserdurchlässig (durch Glasur wasserdicht), nicht durchscheinend, durch Stahl leicht ritzbar.

- **Ziegelware:** Mauer-, Dachziegel, Dränrohre. Die rote Farbe mancher Ziegel beruht auf Fe_2O_3. Stärker, bis zur Sinterung gebrannte Ziegel = **Klinker.**

- **Feuerfeste Baustoffe:** Schamottesteine.

- **Gemeines Geschirr:** Blumentöpfe, Töpfergeschirr, Ofenkacheln.

- **Weißes Geschirr: Steingut,** z. B. Waschbecken, Sanitärkeramik, Wandplatten; aus reineren Rohstoffen; doppelter Brand, dazwischen Glasur und evtl. Färbung.

β) **Sintergut (Tonzeug)**

Brenntemperatur hoch (1200 ... 1500 °C); Scherben dicht, wasserundurchlässig, mit Stahl kaum ritzbar.

- **Steinzeug:** Scherben nicht durchscheinend; aus Ton, Kaolin, Quarz und Feldspat, z. B. Ausgußbecken, Kanalisationsrohre, Fliesen, chemische Gefäße; doppelter Brand; Zwischenglasur.

- **Porzellan:** Scherben durchscheinend, weiß, hart, klingend. Edelstes keramisches Erzeugnis; auch als Elektroisoliermaterial verwendet. In China bereits im 6. Jahrhundert, in Europa seit 1709 (Friedrich Böttger, Meißen) hergestellt. Ausgangsstoffe: reiner, geschlämmter Kaolin, Quarzsand und Feldspat (2 : 1 : 1). Nach einer gewissen Lagerung wird die Masse auf der Drehscheibe oder durch Gießen in Gipsformen geformt, langsam getrocknet, in Porzellanöfen bei 900 °C rohgebrannt, in Glasurflüssigkeit (Aufschlämmung von Kalk + Feldspat + Kaolin) getaucht und dann bei 1 500 °C gargebrannt (glattgebrannt). Farben werden unter oder auf die Glasur gebracht; erstere sind besonders haltbar (blau durch Co_3O_4, grün durch Cr_2O_3). Beim Brennen tritt Schwindung ein, d. h., die Ausmaße verkleinern sich.

f) **Zement:** graues, seltener weißes Pulver aus Calcium-aluminat-silicat, das angefeuchtet unter chemischer Bindung von Wasser zu einer steinharten Masse erstarrt. Da hierbei kein Kohlendioxid benötigt wird, kann Zement auch unter Wasser verwendet werden.
Beton besteht aus erhärtetem Zement mit grobem Kies und Steinsplitt.

14.3.7. Weitere Siliciumverbindungen

a) **Siliciumcarbid**, *Carborundum*, SiC: sehr harte, farblose, jedoch meist graue, trübe Kristalle; hergestellt aus Kohle und Sand im elektrischen Ofen. Verwendung als Schleif- und Poliermittel sowie als elektrischer Heizwiderstand (Silitstäbe).

b) **Silicone** enthalten —Si—O—Si—O—-Ketten und -Netze, wobei die restlichen Valenzen des Si durch organische Reste (Alkylgruppen u. dgl.) abgesättigt sind; ↑ S. 382.

14.4. Germanium

a) *Symbol:* Ge (von Germanien = Deutschland); *Wertigkeit:* +4, (+2).

b) *Entdeckung:* von Mendelejew 1871 als „Ekasilicium" vorausgesagt; von Cl. Winkler 1885 in Freiberg/Sa. im Silbererz **Argyrodit,** Ag_8GeS_6, entdeckt.

c) *Vorkommen:* weit verbreitet, jedoch in sehr geringer Konzentration; fast immer als Begleiter anderer Minerale (Kupferschiefer; Freiberger Zinkblende), auch in Steinkohlenflugasche.

d) **Elementares Germanium:** sprödes, silberglänzendes Metall; an der Luft sehr beständig; elektrischer Halbleiter. Verwendung in der Halbleitertechnik; das hierfür verwendete Ge muß extrem rein sein (Reinheitsstufe 9 = 99,9999999 %ig).
Die Reinheitsstufen extrem reiner Stoffe werden durch Auszählen der Neunerstellen angegeben, z. B. Stufe 5 = 99,999 %.

14.5. Zinn und Zinnverbindungen

14.5.1. Allgemeines

a) *Symbol:* Sn [*stannum* (lat.); vgl. Stanniol]; *Wertigkeit:* +2, +4.

b) *Vorkommen:* recht selten; nur chemisch gebunden. Einzig wichtiges Mineral: *Zinnstein* (Kassiterit), SnO_2.

c) *Nachweis:* „Leuchtprobe". Die Probe wird mit Zink und Salzsäure versetzt, ein mit Wasser gefülltes Reagenzglas in die Flüssigkeit gehalten und anschließend in die Bunsenbrennerflamme eingebracht. Ein blaues Leuchten zeigt die Anwesenheit von Zinn an.

14.5.2. Elementares Zinn

a) *Entdeckung:* seit dem Altertum bekannt (Bronzezeit).

b) *Herstellung:*

- technisch aus Zinnstein durch Erhitzen mit Kohle im Flammofen bei 1000 °C: $SnO_2 + 2\,C \rightarrow Sn + 2\,CO$. Das Rohzinn wird elektrolytisch oder durch Seigern gereinigt.
  (*Seigern* = Ablaufenlassen geschmolzenen Metalls auf einer geneigten Eisenplatte. Reines Metall rinnt ab, während schwerer schmelzbare Legierungen körnig zurückbleiben.)
- aus Zinnsalzen durch Elektrolyse oder durch Einwirkung unedler Metalle, z. B. Zink, in schönen Kristallen („Zinnbaum"): $SnCl_2 + Zn \rightarrow ZnCl_2 + Sn$; bzw. $Sn^{2+} + Zn \rightarrow Zn^{2+} + Sn$.

c) *Modifikationen:*

- **α-Zinn,** *graues Zinn* (unterhalb 13 °C beständig): graues Pulver. „Zinnpest" = Umwandlung des normalen Zinns in α-Zinn bei niedrigen Temperaturen; die Gegenstände zerfallen dabei langsam zu grauem Pulver.

- **β-Zinn** (13 ... 161 °C): stark silberglänzend, sehr weich, jedoch härter als Blei. „Zinngeschrei" beim Biegen!

- **γ-Zinn:** Oberhalb 161 °C wird Zinn sehr spröde und leicht pulverisierbar. Man schrieb dies früher einer Modifikation „γ-Zinn" zu, jedoch haben neuere Forschungen ergeben, daß eine solche Modifikation nicht existiert und daß die beobachtete Eigenschaftsänderung auf Spuren von Verunreinigungen zurückzuführen ist.

d) *Chemische Eigenschaften:* an der Luft sehr beständig; in Salz- und Schwefelsäure langsam zu Zinn(II)-salzen löslich; mit Salpetersäure entsteht weiße, unlösliche „Zinnsäure"; mit warmer Natronlauge Natriumstannat(II) und -stannat(IV).

e) *Verwendung:* für Weißblech (verzinntes Eisen, z. B. für Konservendosen, da Zinn schwer angegriffen wird und Zinnverbindungen praktisch ungiftig sind); für sonstige Verzinnung; für Weichlot und andere Legierungen.

f) *Legierungen:*

Weichlot = 2 ... 90% Sn + 98 ... 10% Pb
Britanniametall = 70 ... 90% Sn + Cu + Sb
Zinnbronze = 80 ... 90% Cu + 20 ... 10% Sn;

ferner Rotguß, Schriftmetalle, Lagermetalle.

14.5.3. Zinnverbindungen

a) *Allgemeines:* Zinn(II)-verbindungen gehen leicht in Zinn(IV)-verbindungen über; sie wirken dadurch reduzierend. Die meisten Zinnverbindungen sind farblos.

b) **Zinn(II)-chlorid,** $SnCl_2 \cdot 2\,H_2O$: weiße Kristalle, die nur in Gegenwart freier Säure in Wasser klar löslich sind, anderenfalls Niederschläge von Hydroxidsalzen, z. B. Sn(OH)Cl, ergeben.

c) **Zinn(IV)-chlorid,** $SnCl_4$: farblose, an der Luft rauchende Flüssigkeit; entsteht aus Zinn + Chlor, z. B. bei der Entzinnung von Weißblechabfällen; ergibt mit Salzsäure **Hexachlorozinn(IV)-säure,** $H_2[SnCl_6]$.

d) *Zinnoxide:* **Zinn(II)-oxid,** SnO: blauschwarzes Pulver; **Zinn(IV)-oxid,** SnO_2: weißes Pulver.

e) **Stannate(II),** früher *Stannite*, entstehen aus dem amphoteren Zinn(II)-hydroxid oder aus Zinn durch Auflösen in Natronlauge, z. B. $Na_2[Sn(OH)_4]$.
Stannate(IV) entstehen ebenso aus Zinn(IV)-hydroxid bzw. Zinnsäure, z. B. $Na_2[Sn(OH)_6]$.

f) **Zinnsäure** ist $SnO_2 \cdot x\,H_2O$, oft als H_2SnO_3 formuliert. Weiße, unlösliche Flocken oder weißes Pulver; bildet mit Säuren Zinn(IV)-salze, mit Alkalien Stannate(IV).

14.6. Blei und Bleiverbindungen

14.6.1. Allgemeines

a) *Symbol*: Pb [*plumbum* (lat.); vgl. Plombe]; *Wertigkeit:* +2, +4.

b) *Minerale:*

Bleiglanz (*Galenit*) .... PbS (meist Ag-haltig!)
Weißbleierz (*Cerussit*) .... $PbCO_3$

c) *Physiologie:* Blei und seine Verbindungen sind sehr giftig; insbesondere kommt es bei dauernder Aufnahme kleiner Bleimengen (auch durch die Haut) zu chronischen Vergiftungen. Symptome: Abmagerung, Bleikoliken, Nierenschädigungen, Muskelschwäche, „Bleisaum“ (PbS) am Zahnfleisch.

14.6.2. Metallisches Blei

a) *Herstellung:*

- *Röstreduktionsverfahren:*

  Nach Anreicherung durch Flotation wird Bleiglanz an der Luft geröstet ($2\,PbS + 3\,O_2 \rightarrow 2\,PbO + 2\,SO_2$). Durch Reduktion des Oxids im Schachtofen mit Koks und Kohlenmonoxid ($PbO + CO \rightarrow Pb + CO_2$) entsteht „Werkblei", das noch entsilbert sowie von Cu, Fe, Sn, As und Sb befreit wird; Bi beläßt man im Blei. Besonders reines Blei entsteht durch elektrolytische Raffination mit Fluorosilicat-Elektrolyten.

- *Röstreaktionsverfahren:*

  Besonders reine Erze röstet man nur teilweise ab; hierbei erfolgt die Reaktion: $PbS + 2\,PbO \rightarrow 3\,Pb + SO_2$.

- aus Pb-Salzen durch Elektrolyse oder durch Einwirkung von Zink („Bleibaum"-Bildung): $Pb(NO_3)_2 + Zn \rightarrow Zn(NO_3)_2 + Pb$; auch durch Erhitzen von Bleioxid im Wasserstoffstrom: $PbO + H_2 \rightarrow Pb + H_2O$.

b) *Eigenschaften:* schweres, bläulich-weißes, sehr weiches Metall; an der Luft, in hartem Wasser und in Schwefelsäure sehr beständig (Ausbildung unlöslicher Oxid-, Carbonat- bzw. Sulfatdeckschichten), nicht dagegen in weichem Wasser mit viel CO_2 [Bildung von löslichem Bleihydrogencarbonat, $Pb(HCO_3)_2$]. Leicht löslich in Salpetersäure: $3\,Pb + 8\,HNO_3 \rightarrow 3\,Pb(NO_3)_2 + 2\,NO + 4\,H_2O$; auch lufthaltige Essigsäure greift ziemlich rasch an.

c) *Verwendung:* für Kabelmäntel, Akkumulatoren, Verchromungsanoden, Bleiauskleidungen als Schutz gegen Schwefelsäure, Tetraethylblei und andere Pb-Verbindungen; für Lot-, Schrift-, Lagermetalle und andere Legierungen.

d) *Legierungen:*

Hartblei: Pb mit 7% Sb (für Akkus und Anoden).
Schriftmetalle (Monometall, Letternmetall): Pb mit 12 ... 28% Sb und 3 ... 5% Sn.
Weichlot: Pb mit 10 ... 70% Sn.
Bleibronzen: Cu mit bis 40% Pb; dazu noch Sn und andere Metalle (für Gleitlager).

14.6.3. Bleiverbindungen

a) *Allgemeines:* Blei(IV)-verbindungen gehen leicht in die beständigeren Blei(II)-verbindungen über. Pb^{2+}-Ionen sind farblos; manche Verbindungen sind jedoch farbig. Schwer löslich sind: Bleicarbonat, -sulfat, -phosphat (weiß); -chromat, -iodid (gelb); -sulfid (schwarz). PbO sieht gelb, Pb_3O_4 rot, PbO_2 dunkelbraun aus.

b) *Bleioxide:* **Blei(II)-oxid,** *Bleiglätte*, PbO, bildet sich auf geschmolzenem Blei an der Luft; gelbes Pulver, auch in einer roten Form erhältlich; dient zur Herstellung von Mennige. – **Blei(II, IV)-oxid,** *Tribleitetroxid*, *Bleimennige*, Pb_3O_4: hochrotes Pulver; aus PbO an der Luft bei 500 °C; Verwendung für Rostschutzanstriche und Bleiglas. – **Blei(IV)-oxid,** PbO_2, dunkelbraun, bildet sich beim Aufladen von Blei-Akkumulatoren auf den positiven Platten.

c) **Blei(II)-hydroxid,** $Pb(OH)_2$, fällt aus Bleisalzlösungen durch Alkalilaugen als weißer Niederschlag; im Überschuß der Lauge zu **Plumbat(II)** löslich: $Pb(OH)_2 + 2\,NaOH \rightarrow Na_2[Pb(OH)_4]$.

d) **Bleinitrat,** $Pb(NO_3)_2$, farblos, leicht löslich, zerfällt beim Erhitzen gemäß $2\,Pb(NO_3)_2 \rightarrow 2\,PbO + 4\,NO_2 + O_2$.

e) **Bleisulfat,** $PbSO_4$, ist schwer löslich und fällt beim Auflösen von Bleisalzen in Leitungswasser als Trübung aus.

f) **Tetraethylblei,** *Bleitetraethyl*, $Pb(C_2H_5)_4$, eine farblose, sehr giftige Flüssigkeit, dient als Antiklopfmittel zum „Verbleien“ von Vergaserkraftstoffen.

15. Elemente der V. Hauptgruppe (Stickstoffgruppe)

15.1. Allgemeines

a) *Elemente:* Stickstoff (N), Phosphor (P), Arsen (As), Antimon (Sb), Bismut (Wismut, Bi).

b) *Wertigkeit:* +5, +3, −3. Die Beständigkeit der +5- und −3wertigen Stufe nimmt von N zu Bi ab, die der +3wertigen dagegen zu. Bi(III)-Verbindungen sind weitaus beständiger als Bi(V)-Verbindungen.

c) *Metallischer Charakter:* nimmt von N zu Bi zu. P, As und Sb existieren in metallischen und nichtmetallischen Modifikationen, während N nur als Nichtmetall, Bi nur als Metall vorkommt.

d) *Hydroxide:* Die **Element(V)-hydroxide** sind in wasserärmeren Formen durchweg Säuren, deren Stärke von HNO_3 über H_3PO_4, H_3AsO_4, H_3SbO_4 zu $HBiO_3$ abnimmt. Die **Element(III)-hydroxide** sind schwächer sauer bzw. stärker basisch: HNO_2 und H_3PO_3 sind schwache Säuren; $As(OH)_3$ und $Sb(OH)_3$ sind amphoter, und $Bi(OH)_3$ ist eine Base. – Verglichen mit den entsprechenden Verbindungen der IV. Hauptgruppe, haben alle Hydroxide der V. Gruppe stärker sauren, verglichen mit denen der VI. Hauptgruppe, schwächer sauren Charakter.

e) *Hydride:* Die Beständigkeit der Wasserstoffverbindungen nimmt von N zu Bi ab. NH_3 ergibt mit Säuren Ammoniumsalze, PH_3 unbeständigere Phosphoniumsalze; andererseits lassen sich die

H-Atome der Hydride unter Bildung von Nitriden, Phosphiden usw. vom N zum Bi zunehmend leichter durch Metall ersetzen; der saure Charakter nimmt also zu.

f) **Tabelle 17: Stickstoffgruppe**

	Stickstoff	**Phosphor**	**Arsen**	**Antimon**	**Bismut**
Symbol	N	P	As	Sb	Bi
Kernladungszahl	7	15	33	51	83
Relative Atommasse	14,007	30,97	74,92	121,75	208,98
Schmelzpunkt (in °C)	−210	weiß: 44,1	817[1]	630	271
Siedepunkt (in °C)	−196	weiß: 280	633[1]	1 640	1 560
Dichte (in $g \cdot cm^{-3}$ bei 20 °C)	(0,96)[2]	weiß: 1,82	5,72	6,69	9,80
Wertigkeiten	+5	Beständigkeit abnehmend →			
	+3	Beständigkeit zunehmend →			
	−3	Beständigkeit abnehmend →			
Charakter	Nichtmetall	Nichtmetall	zunehmend metallisch →		Metall
Element(V)-hydroxide	HNO_3 starke Säure	H_3PO_4	H_3AsO_4	H_3SbO_4	$(HBiO_3)$
		Säurestärke abnehmend →			
Salze	Nitrat	Phosphat	Arsenat	Antimonat(V)	Bismutat
Element(III)-hydroxide	HNO_2 schwache Säuren	H_3PO_3	$As(OH)_3$ amphoter	$Sb(OH)_3$ amphoter	$Bi(OH)_3$ Base
		Säurestärke abnehmend →			
Salze	Nitrit	Phosphit	Arsenit	Antimonat(III)	–
Hydride	NH_3 Ammoniak basisch	PH_3 Phosphin	AsH_3 Arsin	SbH_3 Stibin	(BiH_3) –
		zunehmend sauer →			
Salze	Nitrid	Phosphid	Arsenid	Stibid (Antimonid)	–

[1] Bei Normaldruck sublimiert As bei 633 °C; unter rund 4 MPa Druck schmilzt As bei 817 °C.

[2] bezieht sich auf festen Stickstoff beim Schmelzpunkt

15.2. Stickstoff und Stickstoffverbindungen

15.2.1. Allgemeines

a) *Symbol:* N [*nitrogenium* (lat.) Salpeterbildner]; *Wertigkeiten* (*Oxidationsstufen*)*:* +1 bis +5; −3.

b) *Vorkommen:*

- *frei* als Hauptbestandteil der Luft (78,1 Vol.-%);
- *anorganisch gebunden* im **Natronsalpeter** ($NaNO_3$; Vorkommen als *Chilesalpeter*) und **Kalisalpeter** (KNO_3) sowie im **Ammoniak** (Fäulnisprodukt);
- *organisch gebunden* in sämtlichen Organismen [in den **Eiweißstoffen** (*Proteine* und *Proteide*), den **Nukleinsäuren** und in den Ausscheidungsstoffen **Harnstoff** und **Harnsäure**] sowie in der Kohle.

c) *Biologische Bedeutung:* Stickstoff ist als Bestandteil der Eiweißstoffe und Nukleinsäuren für alle Organismen lebensnotwendig. Jedoch vermögen nur bestimmte Bakterien den Luftstickstoff unmittelbar zu binden; alle anderen Organismen sind auf Zufuhr von Stickstoffverbindungen angewiesen. Die Pflanzen entnehmen dem Boden anorganisch gebundenen Stickstoff (Nitrate; Ammoniumverbindungen); die Tiere verwerten den organisch gebundenen Stickstoff ihrer tierischen oder pflanzlichen Nahrung.
Bei der Verwesung der Organismen entsteht aus den Eiweißstoffen hauptsächlich Ammoniak. Endprodukt des Stickstoff-Stoffwechsels der höheren Organismen ist Harnstoff, seltener (bei Vögeln und Reptilien) Harnsäure.

15.2.2. Elementarer Stickstoff

a) *Formel:* N_2; *Struktur:* $:N\vdots\vdots N:$ $(N{\equiv}N)$

b) *Entdeckung:* in der 2. Hälfte des 18. Jahrhunderts; die Existenz wurde erstmals 1777 durch Scheele klar formuliert.

c) *Herstellung:*

α) *chemisch rein* durch Erhitzen von Ammoniumnitrit:

$$NH_4NO_2 \rightarrow N_2 + 2\,H_2O;$$

β) als „*Luftstickstoff*“ (edelgashaltig)

- physikalisch nach dem Linde-Verfahren (fraktionierte Kondensation und Destillation von Luft bei tiefen Temperaturen),

- chemisch durch Bindung des Luftsauerstoffs an Koks (↑ Luftgas, S. 194), glühendes Kupfer, Eisenpulver oder alkalische Pyrogallollösung.

d) *Eigenschaften:* farb-, geruch- und geschmackloses Gas; im Gegensatz zu Sauerstoff auch im flüssigen und festen Zustand farblos. Stickstoff ist chemisch sehr reaktionsträge; er verbindet sich bei gewöhnlicher Temperatur nur mit Lithium, bei höherer auch mit einigen anderen Elementen, z. B. Ca und Mg, zu Nitriden:

$3\,Mg + N_2 \rightarrow Mg_3N_2$.

e) *Technische Bindung des Luftstickstoffs:* Infolge der Seltenheit N-haltiger Minerale und anderer N-Quellen (Gaswasser der Kohleentgasung; tierische und pflanzliche Produkte; Steinkohlenteerbasen) ist der Luftstickstoff trotz seiner Reaktionsträgheit Ausgangsstoff für die Herstellung fast aller wichtigen Stickstoffverbindungen. 2 Verfahren:

- *Bindung an Wasserstoff:* Ammoniaksynthese nach Haber-Bosch (wichtigstes Verfahren); s. u.
- *Bindung an Calciumcarbid:* Kalkstickstoffsynthese nach Frank-Caro; ↑ S. 217.

f) *Verwendung:* kommt unter ≈ 15 MPa (150 at) Druck in grün gekennzeichneten Stahlflaschen in den Handel. Schutzgas für Lagerung, Transport und chemische Umsetzungen feuergefährlicher oder sauerstoffempfindlicher Stoffe, z. B. auch beim Schmelzspinnen von Polyamidfaserstoffen (Perlon).

15.2.3. Ammoniak, NH_3

a) *Vorkommen:* Verwesungsprodukt organischer Stoffe.

b) *Herstellung:*

- durch „Verdrängen" aus Ammoniumsalzen mit weniger flüchtigen Basen, z. B. Alkalihydroxiden: $NH_4Cl + KOH \rightarrow KCl + H_2O + NH_3$, oder durch Erhitzen von Ammoniakwasser und Trocknen des Gases durch „Natronkalk" ($NaOH + CaO$);
- technisch in kleinen Mengen aus dem Gaswasser der Kokereien und Gaswerke, in sehr großen Mengen durch Synthese ($N_2 + 3\,H_2 \rightleftarrows 2\,NH_3$) nach dem Haber-Bosch-Verfahren.

c) *Die technische Ammoniaksynthese:*

α) *Geschichte:* 1905 ... 1910 von F. Haber theoretisch begründet, wurde das Verfahren von 1913 an durch C. Bosch in Oppau bei Ludwigshafen praktisch erprobt und seit 1916 in den eigens dafür erbauten Leunawerken großtechnisch durchgeführt.

β) *Theorie:* Die Bildung von NH_3 gemäß der Gleichung $N_2 + 3\,H_2 \rightleftarrows 2\,NH_3$ ist exotherm und verläuft nach AVOGADRO unter Volumenverkleinerung (1 Vol. N_2 + 3 Vol. H_2 ergeben 2 Vol. NH_3). Deshalb wird die Ausbeute an NH_3 nach LE CHATELIER durch erhöhten Druck und niedrige Temperatur verbessert. Reaktionshemmungen bei niedrigen Temperaturen werden durch Katalysatoren erst oberhalb 450 °C wirksam beseitigt. Man erzielt bei 500 °C und 25 MPa (≈ 250 at) Druck in Anwesenheit von Eisen-Alkalihydroxid-Tonerde-Katalysatoren Ausbeuten von etwa 15%. Vollständiger Umsatz wird dadurch erreicht, daß man das erzeugte NH_3 aus dem Gleichgewicht entfernt und das Restgas, ergänzt durch Frischgas, erneut über den Katalysator leitet.

γ) *Praxis:*

- *Erzeugung von Synthesegas*

  aus *festen Einsatzprodukten* (Steinkohlenkoks, Braunkohlenkoks, Trockenbraunkohle) durch **Feststoffvergasung** mit Wasserdampf, Sauerstoff und Luft in Gasgeneratoren. Es entstehen Gemische aus N_2, H_2, CO und wenig CO_2, die entschwefelt, konvertiert, vom CO_2 befreit und feingereinigt werden.

  aus *flüssigen Einsatzprodukten* (Heizöle, Rückstandsöle der Erdöldestillation) durch **Öldruckvergasung** bei 3 ... 6 MPa (30 bis 60 at) und 1200 ... 1600 °C mit Sauerstoff und Wasserdampf. Das im wesentlichen aus CO und H_2 entstehende Produkt wird entschwefelt, konvertiert, feingereinigt und mit N_2 versetzt.

  aus *gas- oder dampfförmigen Einsatzprodukten* (Erdgas, Methan, Raffineriegase, Flüssiggas, Benzin) durch das **Dampfreformierverfahren** (*Dampfreforming*). Die entschwefelten Gase bzw. verdampften Flüssigkeiten werden bei etwa 700 °C katalytisch mit Wasserdampf umgesetzt, z. B. $CH_4 + H_2O \rightleftarrows CO + 3\,H_2$, z. T. unter Zufügung von Luft, wodurch N_2 eingeführt wird. Das Produkt gelangt über Konvertierung, Kohlendioxidwäsche und Feinreinigung zur Synthese.

- *Konvertierung der Produkte* durch katalytische Reaktion mit Wasserdampf bei 200 ... 250 °C: $CO + H_2O \rightleftarrows CO_2 + H_2$. Hierdurch wird einerseits neuer Wasserstoff für die Synthese erzeugt, andererseits das schwer entfernbare CO in leicht abtrennbares CO_2 übergeführt.

- *Auswaschen des Kohlendioxids* durch Gegenstromberieselung mit Wasser oder heißer Kaliumcarbonatlösung bei etwa 3 MPa (30 at) und 100 ... 150 °C sowie anschließende Feinreinigung von Kohlenmonoxid gemäß $CO + 3\,H_2 \rightleftarrows CH_4 + H_2O$; Wasser wird durch Tiefkühlung entfernt.

- *Stickstoffzugabe* zur genauen Einstellung des Volumenverhältnisses $N_2 : H_2 = 1 : 3$.

- *Synthese des Ammoniaks:* Im Ammoniakreaktor, einem bis 60 m hohen Sonderstahlrohr, durchläuft das Synthesegas bei 25 bis 35 MPa (250 ... 350 at) und 450 ... 550 °C mehrere Fe_3O_4-

K_2O-Al_2O_3-Katalysatorschichten, zwischen denen es durch Zufuhr von kaltem Synthesegas wieder auf optimale Temperatur gekühlt wird.

- *Isolierung des Ammoniaks* aus dem erzeugten Gasgemisch [15% NH_3; 85% (N_2 und H_2)] erfolgt durch Tiefkühlung (−25 °C; ergibt flüssiges NH_3) oder Auswaschen mit Wasser (ergibt Ammoniakwasser); das Restgas wird, ergänzt durch Frischgas, im Kreislauf erneut den Kontaktöfen zugeführt. Aus dem Kreislaufgas wird *Argon* (für Schweißzwecke) gewonnen.

d) *Eigenschaften:* farbloses, stechend riechendes, außerordentlich leicht wasserlösliches Gas; läßt sich bei Normaltemperatur durch 850 kPa (8,5 at) Druck verflüssigen. NH_3 brennt nur in reinem Sauerstoff oder beim Einblasen in eine andere Flamme.
Es bildet mit Wasser Ammoniumhydroxid (↑ unten), mit Säuren Ammoniumsalze (z. B. $NH_3 + HCl \rightarrow NH_4Cl$), mit manchen Metallsalzen Amminkomplexe, z. B.

$$CuSO_4 + 4\,NH_3 \rightarrow [Cu(NH_3)_4]SO_4$$

e) *Nachweis:* durch Bläuung angefeuchteten Lackmuspapiers; durch Salmiakrauchbildung mit konz. Salzsäure (z. B. am Glasstab).

f) *Verwendung:* für chemische Synthesen, z. B. von Salpetersäure und deren Folgeprodukte (Düngesalze, Explosivstoffe, Farbstoffe usw.), von Ammoniumsalzen, Harnstoff, Blausäure, Methylamin; vgl. auch das Ammoniaksodaverfahren. NH_3 dient weiterhin als Umlaufstoff in Kühlanlagen, als hochwertiges Stickstoffdüngemittel und zum Entwickeln von Lichtpausen.

15.2.4. Ammoniumverbindungen

a) *Allgemeines:* Ammoniumverbindungen enthalten das Ion NH_4^+ (Ammoniumion). Dieses ist farblos, folglich im allgemeinen auch die Ammoniumsalze. Die NH_4-Salze ähneln stark den K-Salzen, zersetzen sich jedoch beim Erhitzen unter Bildung von Ammoniak; auch mit Alkalilaugen wird Ammoniak frei. Nahezu alle NH_4-Salze sind wasserlöslich.
Freies Ammonium ist nur in Form einer Quecksilberlegierung (*Ammoniumamalgam*) einige Zeit beständig, die aus Natriumamalgam und Ammoniumsalzen entsteht und bereits bei gewöhnlicher Temperatur binnen weniger Minuten in Quecksilber, Ammoniak und Wasserstoff zerfällt.

b) **Ammoniakwasser,** *Salmiakgeist:* Lösung von NH_3 in Wasser. In der Lösung besteht folgendes Gleichgewicht:

$$NH_3 + H_2O \rightleftarrows (NH_4OH) \rightleftarrows NH_4^+ + OH^-$$

Ammoniakwasser enthält also die Ionen des als Molekül nicht existenzfähigen **Ammoniumhydroxids,** NH_4OH, und fungiert als schwache Base, von der sich die Ammoniumsalze ableiten. *Verwendung:* zum Neutralisieren von Säuren; zur Herstellung von Ammoniumsalzen.

c) **Ammoniumchlorid,** *Salmiak*, *Salmiaksalz*, NH_4Cl: aus Ammoniak und Salzsäure; zerfällt beim Erhitzen („thermische Dissoziation") in Umkehrung der Bildungsreaktion gemäß: $NH_4Cl \rightarrow NH_3 + HCl$. Verwendung als Lötsalz (HCl löst die Oxidschicht des Metalls, so daß das Lot haften kann); für Trockenbatterien: LECLANCHÉ-Element = Zink-Salmiak-Kohle-Element); als Düngemittel; in der Medizin als schleimlösendes Mittel.

d) **Ammoniumsulfat,** $(NH_4)_2SO_4$: wichtiges Düngesalz („*schwefelsaures Ammoniak*"). Herstellung durch Einleiten von CO_2 in eine ammoniakalische Aufschlämmung von Gips oder Anhydrit:

$$\text{I. } 2\,NH_3 + CO_2 + H_2O \rightarrow (NH_4)_2CO_3$$
$$\text{II. } (NH_4)_2CO_3 + CaSO_4 \rightarrow CaCO_3\downarrow + (NH_4)_2SO_4$$

Das ausfallende Calciumcarbonat wird abfiltriert, die Sulfatlösung eingedampft.

e) **Ammoniumnitrat,** *Ammonsalpeter*, NH_4NO_3; hergestellt aus Ammoniak und Salpetersäure; ergibt beim Erhitzen „Lachgas", N_2O. Verwendung als Bestandteil von Düngesalzen und Explosivstoffen.

f) **Ammoniumhydrogencarbonat,** NH_4HCO_3, ist neben *Ammoniumcarbaminat*, NH_2—CO—ONH_4, im *Hirschhornsalz* vorhanden. Letzteres wurde früher aus Hirschgeweih erzeugt, heute jedoch aus $NH_3 + CO_2 + H_2O$ synthetisiert. Hirschhornsalz zersetzt sich an der Luft allmählich gemäß $NH_4HCO_3 \rightarrow NH_3 + H_2O + CO_2$ und ist deshalb in verschlossenen Gefäßen aufzubewahren. Verwendung als Backtriebmittel.

15.2.5. Oxide des Stickstoffs

a) *Allgemeines:* In den Oxiden besitzt Stickstoff die Oxidationsstufen +1, +2, +3, +4 und +5. – Nur N_2O_3 und N_2O_5 sind Säureanhydride; N_2O_4 verhält sich wie ein „gemischtes" Säureanhydrid. – Unter „*nitrosen Gasen*" versteht man NO, NO_2 und N_2O_4.

b) **Distickstoffmonoxid,** „*Lachgas*", N_2O: farblos, schwach angenehm (leicht süßlich) riechend; entsteht durch Erhitzen von Ammoniumnitrat: $NH_4NO_3 \rightarrow N_2O + 2\,H_2O$. Rauschartige Zustände beim Einatmen; dient im Gemisch mit Sauerstoff als Narkosemittel („Lachgasnarkose").

c) **Stickstoffmonoxid,** NO: farbloses, in Wasser unlösliches Gas, das an der Luft in braunes NO_2 übergeht: $2\,NO + O_2 \rightarrow 2\,NO_2$. Es entsteht aus Salpetersäure und Metallen, z. B. Cu, sowie auch beim Durchschlag elektrischer Funken durch Luft, z. B. bei Gewittern.

d) **Distickstofftrioxid,** N_2O_3, Anhydrid der salpetrigen Säure: tiefblaue Flüssigkeit; zerfällt oberhalb 0 °C in $NO + NO_2$; ergibt mit Wasser salpetrige Säure und mit Basen Nitrite.

e) **Stickstoffdioxid,** NO_2: rotbraunes, eigenartig riechendes, sehr giftiges Gas; Hauptbestandteil der „nitrosen Gase", die bei der Einwirkung von Salpetersäure auf Metalle, beim Erhitzen von Schwermetallnitraten, bei der Zersetzung von Nitriten durch Säuren und z. B. auch beim autogenen Schweißen und beim „Glanzbrennen" von Kupfer und Messing entstehen. Die schweren Vergiftungserscheinungen (Lungenödem) treten meist erst nach 5 ... 25 Stunden auf.

f) **Distickstoffpentoxid,** *Stickstoff(V)-oxid,* N_2O_5, Anhydrid der Salpetersäure: farblose, explosible Kristalle, die mit Wasser stürmisch Salpetersäure ergeben und aus dieser durch Einwirkung von P_2O_5 gewonnen werden können: $2\,HNO_3 + P_2O_5 \rightarrow 2\,HPO_3 + N_2O_5$.

15.2.6. Salpetersäure und Nitrate

a) *Formel:* HNO_3; *Struktur:* $HO—NO_2$; in wäßriger Lösung liegen H^+- und NO_3^--Ionen vor.

b) *Herstellung:*

- durch katalytische Oxidation von Ammoniak (OSTWALD-Verfahren; seit 1908 technisch entwickelt).

  Ein Ammoniak-Luft-Gemisch wird rasch ($^1/_{5000}$ s Berührungszeit) durch heiße Platin-Rhodium-Netz-Katalysatoren geleitet. Bei 800 °C entsteht gemäß $4\,NH_3 + 5\,O_2 \rightarrow 4\,NO + 6\,H_2O$ Stickstoffmonoxid, das beim Abkühlen mit überschüssigem Sauerstoff zu Stickstoffdioxid und dann in Rieseltürmen mit Wasser gemäß $4\,NO_2 + O_2 + 2\,H_2O \rightarrow 4\,HNO_3$ zu etwa 60%iger Salpetersäure reagiert.

- früher aus Chilesalpeter durch Erhitzen mit Schwefelsäure: $2\,NaNO_3 + H_2SO_4 \rightarrow Na_2SO_4 + 2\,HNO_3\uparrow$.

c) *Eigenschaften:* Wasserfreie Salpetersäure ist eine farblose, infolge geringfügiger Zersetzung meist gelb gefärbte, rauchende Flüssigkeit, die bei 86 °C siedet. „Rote, rauchende Salpetersäure" enthält überschüssige Stickoxide (N_2O_4, NO_2, N_2O_5). Die handelsübliche „konzentrierte Salpetersäure" ist 68%ig und siedet bei 122 °C. Konzentrierte Salpetersäure wirkt (infolge ihres Gehalts an nichtdissoziierten HNO_3-Molekülen) unter Bildung nitroser Gase stark oxidierend, z. B. auf Stroh, Holz, Phosphor und viele Metalle, darunter auch Kupfer, Quecksilber und Silber, z. B. $3\,Cu + 8\,HNO_3 \rightarrow 3\,Cu(NO_3)_2 + 2\,NO + 4\,H_2O$.

Keine Reaktion tritt ein mit Gold und Platin; diese werden jedoch durch **Königswasser** (HCl und HNO_3 im Verhältnis 3 : 1) angegriffen.
Infolge „Passivierung" verhalten sich auch Aluminium und Eisen gegenüber kalter, Chromium auch gegenüber heißer Salpetersäure resistent.

Stark verdünnte Salpetersäure enthält kaum noch Moleküle und greift deshalb Kupfer und edlere Metalle nicht an; infolge ihres

Gehalts an H^+-Ionen löst sie unter Wasserstoffentwicklung unedle Metalle zu Nitraten auf, z. B. $Zn + 2\,HNO_3 \rightarrow Zn(NO_3)_2 + H_2$.

d) *Verwendung:* Salpetersäure ist einer der wichtigsten Grundstoffe der chemischen Industrie.

Salpetersäure, HNO_3

- *Salzbildung*
  - Neutralisation mit Basen → Nitrate → Düngesalze; Explosivstoffe
  - Silber → Silbernitrat → Fotografie; Versilbern
  - als Königswasser mit Gold → Goldsalze → Vergolden
  - Beizen und Brennen von Metallen (grafische und galvanische Technik)
- *Nitrierung*
  - Benzen → Nitrobenzen → Anilin; Benzidin → Farbstoffe, Heilmittel
  - Toluen → Trinitrotoluen → Explosivstoffe
  - Phenol → Nitrophenole → Desinfektionsmittel
  - andere Kohlenwasserstoffe und Phenole → Farbstoffe, Heilmittel u. a.
- *Veresterung*
  - Glycol → Glycoldinitrat → Sprengöl → Explosivstoffe
  - Glycerol → Glyceroltrinitrat → Sprengöl → Explosivstoffe
  - Cellulose → Kollodium (C.-dinitrat) → Celluloid; Nitro-, Zaponlacke; Explosivstoffe
  - Cellulose → Schießbaumwolle (C.-trinitrat) → Explosivstoffe
- *Oxidation*
  - p-Xylen → Terephthalsäure → Polyesterfaserstoffe; Polyesterplaste
  - Cyclohexanon → Adipinsäure → Polyamidfaserstoffe (Nylon); Polyamidplaste

e) **Nitrate:** Salze (und Ester) der Salpetersäure. Alle Metallnitrate sind leicht löslich. Verhalten der Salze beim Erhitzen:

- *Alkalinitrate* ergeben Nitrit und Sauerstoff: $2\,KNO_3 \rightarrow 2\,KNO_2 + O_2$.
- *Ammoniumnttrat* ergibt Distickstoffmonoxid (↑ S. 214) und Wasser: $NH_4NO_3 \rightarrow N_2O + 2\,H_2O$.

- Die *übrigen Nitrate* ergeben Metalloxid, Stickstoffdioxid und Sauerstoff, z. B. $2\,Pb(NO_3)_2 \rightarrow 2\,PbO + 4\,NO_2 + O_2$.

Wichtige Nitrate sind:

KNO_3	Kalisalpeter	$Ca(NO_3)_2$	Kalksalpeter
$NaNO_3$	Natronsalpeter	$AgNO_3$	Höllenstein
NH_4NO_3	Ammonsalpeter		

Nachweis:

- Fällung mit der organischen Base „*Nitron*" (weißer Niederschlag).
- „*Ringprobe*": Beim Unterschichten der mit $FeSO_4$ versetzten Probelösung mit konz. Schwefelsäure entsteht bei Anwesenheit von Nitrat ein brauner Ring von Eisen(II)-nitrososulfat, $[Fe(NO)]SO_4$.

15.2.7. Kalkstickstoff

a) *Zusammensetzung:* Calciumcyanamid + Kohlenstoff. Calciumcyanamid ist Ca=N—C≡N, CaNCN, $CaCN_2$.

b) *Herstellung:* aus Calciumcarbid und Stickstoff bei 900 °C („Azotierung" FRANK-CARO-Verfahren): $CaC_2 + N_2 \rightarrow CaCN_2 + C$.

c) *Eigenschaften:* graues, meist schwach nach Ammoniak und Ethin riechendes Pulver.

d) *Verwendung:* als Unkrautvertilgungs- und Düngemittel; zur Herstellung von *Dicyandiamid* H_2N—C(=NH)—NH—CN (für Aminoplastpreßmassen und Holzleime).

15.2.8. Salpetrige Säure

Salpetrige Säure, HNO_2, ist nur in verdünnter wäßriger Lösung beiständig; beim Konzentrieren zerfällt sie in H_2O, NO und NO_2. Ihre Salze, die **Nitrite,** sind leicht wasserlöslich, giftig und ergeben mit stärkeren Säuren braune nitrose Gase, z. B. $2\,NaNO_2 + H_2SO_4 \rightarrow Na_2SO_4 + H_2O + NO + NO_2$.

15.3. Phosphor und Phosphorverbindungen

15.3.1. Allgemeines

a) *Symbol:* P [*phosphoros* (grch.) Lichtträger]; *Wertigkeiten:* +5, +3, −3.

b) *Vorkommen:* chemisch gebunden in Organismen und Mineralen. Die Organismen enthalten P in Form von Phosphatiden (z.B. Lecithin in Nerven- und Gehirnsubstanz), Phosphorproteiden (Fermente), verschiedenen Phosphorsäureestern und Calciumphosphat (in Knochen und Zähnen). – Aus Vogelexkrementen bildet sich der *Guano*.

c) *Minerale:*

Phosphorit .... $Ca_3(PO_4)_2 \cdot Ca(OH)_2$
Apatit .... $3\,Ca_3(PO_4)_2 \cdot Ca(F, Cl, OH)_2$
Monazit .... $CePO_4$

Phosphate sind auch in manchen Eisenerzen vorhanden.

d) *Physiologie:* P-Verbindungen sind für alle Organismen lebensnotwendig; ↑ Vorkommen, S. 217.

15.3.2. Elementarer Phosphor

a) *Entdeckung:* 1669 durch den Alchimisten H. BRAND (durch starkes Glühen eingedampften Harns).

b) *Modifikationen:* weißer, roter und schwarzer Phosphor.

c) **Tabelle 18: Modifikationen des Phosphors**

Eigenschaft bzw. Kennwert	$P_{weiß}$	P_{rot}	$P_{schwarz}$
Farbe	weiß	rot bis violett	grauschwarz
Charakter	nichtmetallisch	nichtmetallisch	metallisch
Schmelzpunkt	44 °C	beide nur unter Druck schmelzbar; oberhalb 280 °C Übergang in gasförmigen weißen Phosphor	
Siedepunkt	280 °C		
Härte	wachsweich	hart	ziemlich weich
Dichte (bei 20 °C)	$1{,}82\ g \cdot cm^{-3}$	$2{,}36\ g \cdot cm^{-3}$	$2{,}70\ g \cdot cm^{-3}$
Reaktionsfähigkeit	stark	gering	mittel
Geruch	knoblauchartig	geruchlos	geruchlos
Giftigkeit	sehr giftig	ungiftig	ungiftig
Lumineszenz	vorhanden	—	—
Entzündungstemperatur	≈ 60 °C	oberhalb 400 °C	oberhalb 400 °C
Löslichkeit	in Wasser schwer, in CS_2 leicht	unlöslich	unlöslich

d) **Weißer Phosphor:**

- *Herstellung:* aus Rohphosphat durch Erhitzen mit Sand und Koks: $Ca_3(PO_4)_2 + 3\,SiO_2 + 5\,C \rightarrow 3\,CaSiO_3 + 2\,P + 5\,CO$.

  Der gasförmig entweichende Phosphor wird unter Wasser kondensiert.

- *Eigenschaften:* ↑ Tabelle! $P_{weiß}$ besteht aus Molekülen P_4. Das grünliche, im Dunkeln wahrnehmbare Leuchten an der Luft beruht auf langsamer Oxidation zu P_2O_3; die dabei entwickelte Wärme bringt den Phosphor zum Schmelzen und zur Entzündung (daher unter Wasser aufbewahren!). Beim Verbrennen entsteht ein weißer Rauch von Phosphor(V)-oxid: $P_4 + 5\,O_2 \rightarrow 2\,P_2O_5$. Beim Erhitzen unter Luftabschluß wandelt sich $P_{weiß}$ allmählich in P_{rot} um. Brennenden Phosphor nicht mit Wasser löschen, sondern mit Sand abdecken! $P_{weiß}$ reagiert im Gegensatz zu P_{rot} mit heißer Alkalilauge zu Hypophosphit und Phosphin: $P_4 + 3\,KOH + 3\,H_2O \rightarrow 3\,KPO_2H_2 + PH_3$.
- *Verwendung:* Zur Herstellung von P_{rot}, Phosphorsäuren und Phosphaten.
- *Giftigkeit:* tödliche Dosis: 50 ... 500 mg; kann durch Mund, Wunden und auch intakte Haut in den Körper gelangen. Chronische Vergiftung führt zu Knochenschädigungen und Verfettung.

e) **Roter Phosphor:** stabiler als $P_{weiß}$. An sich ungiftig, jedoch kann ein im Handelsphosphor vorhandener Gehalt an $P_{weiß}$ Giftigkeit bewirken. P_{rot} schmilzt nicht, sondern gibt bei stärkerem Erhitzen Dämpfe von $P_{weiß}$ ab. *Verwendung:* für Zündholzreibflächen.

Zündhölzer: Die Reibflächen enthalten P_{rot} mit Glaspulver und Dextrin, die Zündköpfe Kaliumchlorat und Antimon(V)-sulfid. Beim Reiben oxidiert das Chlorat den Phosphor unter Entzündung des Antimonsulfids und des mit Paraffin getränkten Holzes. *Überallzünder* enthalten Kaliumchlorat und Tetraphosphortrisulfid, P_4S_3, im Zündkopf.

f) **Schwarzer Phosphor:** besitzt wie Graphit ein Schichtengitter; leitet den elektrischen Strom.

15.3.3. Phosphorsäuren und Phosphate

a) **Phosphor(V)-oxid,** *Diphosphorpentoxid,* P_2O_5 (genauer P_4O_{10}): Anhydrid der Phosphorsäure; hygroskopisches, weißes Pulver, das sich unter heftigem Zischen mit Wasser zu verschiedenen Säuren vereinigt (s. u.). *Verwendung:* als Trockenmittel.

b) **Phosphorsäuren:** P_2O_5 vereinigt sich mit verschiedenen Mengen Wasser zu

Metaphosphorsäure:	$P_2O_5 + H_2O \rightarrow 2\,HPO_3$ [genauer $(HPO_3)_x$]
Diphosphorsäure:	$P_2O_5 + 2\,H_2O \rightarrow H_4P_2O_7$
Orthophosphorsäure:	$P_2O_5 + 3\,H_2O \rightarrow 2\,H_3PO_4$

Diphosphorsäure wurde früher auch als *Pyrophosphorsäure* bezeichnet.

Alle diese Säuren bilden Salze: *Meta-*, *Di-* (*Pyro-*) und *Orthophosphate*. „Phosphorsäure" schlechthin ist die Orthosäure.

c) **Orthophosphorsäure,** *Phosphorsäure*, H_3PO_4: farblose Kristalle; bereits mit wenig Wasser entstehen sirupartige, ungiftige Lösungen von rein saurem Geschmack. *Verwendung:* zur Herstellung von Phosphaten; zum Phosphatieren von Eisen und Zink; für elektrolytische und chemische Polierlösungen (mit Schwefel- oder Chromiumsäure). *Nachweis:* Beim Eingießen einer Orthophosphorsäure- oder -phosphatlösung in eine stark salpetersaure Ammoniummolybdatlösung entsteht in der Wärme ein gelber, pulvriger Niederschlag von *Ammoniummolybdatophosphat*.

d) **Orthophosphate,** *Phosphate:* 3 Reihen von Salzen; z. B.

Natriumdihydrogenphosphat,	NaH_2PO_4	(primäres Phosphat)
Dinatriumhydrogenphosphat,	Na_2HPO_4	(sekundäres Phosphat)
Trinatriumphosphat,	Na_3PO_4	(tertiäres Phosphat)

15.4. Arsen und Arsenverbindungen

a) *Symbol:* As (Name griechischen Ursprungs); *Wertigkeit:* +5, +3, −3.

b) *Entdeckung:* seit dem Mittelalter bekannt (Albertus Magnus, um 1250).

c) *Vorkommen:* selten frei („*Scherbenkobalt*", „*Fliegenstein*"), meist sulfidisch gebunden. Arsen begleitet viele Metallsulfide; daher sind aus sulfidischen Erzen gewonnene Metalle meist arsenhaltig, z. B. Zink, Blei, Bismut.

d) *Minerale:*

Arsenkies (*Arsenopyrit*)	FeAsS
Realgar (rot)	As_4S_4
Auripigment (gelb)	As_2S_3
Rotnickelkies	NiAs

e) *Modifikationen:*

- **Gelbes Arsen:** sehr unbeständig, nichtmetallisch, phosphorähnlich, löslich in Kohlendisulfid.
- **Graues Arsen:** beständig, stahlgraue, metallisch glänzende, spröde Kristalle, die beim Erhitzen an der Luft zu einem weißen Rauch von Arsen(III)-oxid verbrennen; hierbei tritt ein charakteristischer Knoblauchgeruch auf.

f) **Arsen(III)-oxid,** *Arsenik*, As_2O_3: weißes Pulver, farblose, glasige oder porzellanartig weiße Masse; in Wasser mäßig löslich; sehr giftig (0,1 g tödlich). *Verwendung:* zur Herstellung anderer Arsenverbindungen (Schädlingsbekämpfungs- und Heilmittel); in der Galvanotechnik als Glanzzusatz für Messingelektrolyte.

g) *Nachweis:* MARSHsche Probe. Die Substanz wird mit Zink und Salzsäure (beide arsenfrei!) versetzt; der entstehende arsenhaltige Wasserstoff ergibt beim Durchleiten durch ein erhitztes Glasrohr einen braunschwarzen, glänzenden, in Hypochloritlösung löslichen Arsenspiegel.

15.5. Antimon und Antimonverbindungen

a) *Symbol:* Sb [*stibium* (lat.) schwarze Grauspießglanzschminke]; *Wertigkeiten:* +5, +3, −3.

b) *Entdeckung:* bereits seit dem Altertum bekannt.

c) *Vorkommen:* fast immer chemisch gebunden, häufig als Begleiter von Blei-, Kupfer- und Silbererzen.

d) *Minerale:*

Grauspießglanz (*Antimonit*) .... Sb_2S_3
Weißspießglanz (*Antimonblüte*; *Valentinit*) .... Sb_2O_3

e) *Herstellung:* z. B. durch Erhitzen von Grauspießglanz mit Eisenpulver: $Sb_2S_3 + 3\,Fe \rightarrow 2\,Sb + 3\,FeS$.

f) *Modifikationen:*

- **Metallisches Antimon** (*graues Antimon*): beständigste Modifikation.
- **Schwarzes Antimon:** entsteht aus Antimondampf durch Abschrecken an kalten Flächen; amorph; wandelt sich beim Erhitzen in metallisches Antimon um; sehr reaktionsfähig.
- **Explosives Antimon:** entsteht elektrolytisch; geht beim Ritzen unter Aufglühen und Versprühen explosionsartig in metallisches Antimon über.

- Das *gelbe Antimon* ist keine besondere Modifikation, sondern ein unbeständiges Mischpolymerisat aus Antimon und Wasserstoff.

g) **Metallisches Antimon:** glänzend silberweiß, spröde, an der Luft beständig; verbrennt bei starkem Erhitzen zu Antimon(III)-oxid, Sb_2O_3; vereinigt sich unter Feuererscheinung mit Chlor; ist in Salz- und Schwefelsäure unlöslich; mit Salpetersäure entstehen (ähnlich wie bei Zinn) unlösliche Antimon(III)- und Antimon(V)-oxidhydrate.

h) *Antimon(III)-verbindungen:* **Antimon(III)-hydroxid** (genauer: -oxidhydrat), *antimonige Säure*, $Sb(OH)_3$, ist amphoter; mit Alkalien entstehen **Antimonate(III)**, z. B. $Na_3[Sb(OH)_6]$, mit Säuren **Antimon(III)-salze.**

15.6. Bismut (Wismut) und Bismutverbindungen

a) *Symbol:* Bi [*bismutum* (lat.)]; der Name ist deutschen Ursprungs und rührt wahrscheinlich von „Wiesenmutung" her (Wiesen = erzgebirgischer Flurname; Mutung = Anspruch auf bergmännische Erzschürfung). *Wertigkeiten:* +3, (+5), (−3).

b) *Entdeckung:* Bi ist seit etwa 1500 bekannt.

c) *Vorkommen:* sehr selten, meist chemisch gebunden; oft begleitet Bismut Bleierze in geringen Mengen; deshalb ist das handelsübliche Blei meist bismuthaltig.

d) *Minerale:* Bismutglanz (*Bismutin*) .... Bi_2S_3
Bismutocker (*Bismit*) .... Bi_2O_3

e) *Herstellung:* Oxidische Erze werden mit Kohle reduziert, sulfidische mit Eisen verschmolzen; Reinigung durch elektrolytische Raffination (Elektrolyse aus $BiCl_3$ + HCl). Bismut läßt sich leicht durch Zink aus seinen Salzlösungen abscheiden; auch läßt sich das Oxid im Wasserstoffstrom reduzieren.

f) *Eigenschaften:* rötlich-silberglänzendes, bereits bei 271 °C schmelzendes, diamagnetisches Metall. Es ist edler als Wasserstoff und löst sich demnach nicht in verdünnter Salz- und Schwefelsäure, leicht dagegen in Salpetersäure unter Stickoxidentwicklung.

g) *Verwendung:* Bismut-Elektroden dienen zur *p*H-Messung; fast das gesamte übrige Bismut wird zur Herstellung von Verbindungen (besonders für die Pharmazie) und niedrigschmelzenden Legierungen verwendet.

h) *Leichtschmelzbare Bismutlegierungen:*

Woodsches Metall (Schmelzpunkt 70 °C): 7 ... 8 Massenteile Bi + 4 Massenteile Pb + 2 Massenteile Sn + 1 ... 2 Massenteile Cd.
Lipowitzsches Metall (Schmelzpunkt 60 °C): 15 Massenteile Bi + 8 Massenteile Pb + 4 Massenteile Sn + 3 Massenteile Cd.
Rosesches Metall (Schmelzpunkt 94 °C): 2 Massenteile Bi + 1 Massenteil Sn + 1 Massenteil Pb.

i) *Bismutverbindungen:* **Bismutoxid,** Bi_2O_3: gelbes Pulver. – **Bismuthydroxid,** $Bi(OH)_3$, weiß; nicht amphoter. – **Bismutnitrat,** $Bi(NO_3)_3 \cdot 5H_2O$: farblose, leicht lösliche Kristalle.

16. Elemente der VI. Hauptgruppe (Chalkogene)

16.1. Allgemeines

a) *Elemente:* Sauerstoff (O), Schwefel (S), Selen (Se), Tellur (Te), Polonium (Po). „Chalkogene" = Erzbildner.

b) *Wertigkeit:* Sauerstoff tritt nur −2wertig auf; die übrigen Elemente sind hauptsächlich +6-, +4- und −2wertig. Die Beständigkeit der +6wertigen Stufe nimmt von S bis Po ab, die der +4wertigen zu; vom Po existiert außerdem noch die unbeständige Wertigkeit +2.

Tabelle 19: Chalkogene

	Sauerstoff	**Schwefel**	**Selen**	**Tellur**	**Polonium**
Symbol	O	S	Se	Te	Po
Kernladungszahl	8	16	34	52	84
Relative Atommasse	15,9994	32,06	78,96	127,60	210
Schmelzpunkt (in °C)	−219	119	220	452	252
Siedepunkt (in °C)	−183	445	688	1390	962
Dichte (in $g \cdot cm^{-3}$ bei 20 °C)	(1,27)[1]	2,1	4,8[2]	6,2	9,3
Wertigkeiten:					
+6	–	Beständigkeit abnehmend →			
+4	–	Beständigkeit zunehmend →			
−2	Beständigkeit abnehmend →				
Element(VI)-hydroxide	–	H_2SO_4	H_2SeO_4	H_6TeO_6	–
	Säuren:	sehr stark	stark	schwach	
Salze		Sulfat	Selenat	Tellurat(VI)	
Element(IV)-hydroxide	–	H_2SO_3	H_2SeO_3	H_2TeO_3	$Po(OH)_4$
	Säuren:	mittel	schwach	sehr schwach	Base
Salze		Sulfit	Selenit	Tellurat(IV)	
Hydride	H_2O	H_2S	H_2Se	H_2Te	H_2Po
	neutral	schwache Säure	Säurestärke zunehmend →		
Beständigkeit	abnehmend →				
Siedepunkt (in °C)	+100	−60,8	−41,5	−1,8	+37
Salze	(Oxid)	Sulfid	Selenid	Tellurid	Polonid

[1] fester Sauerstoff beim Schmelzpunkt
[2] metallisches Selen

c) *Metallischer Charakter:* nimmt vom O bis Po zu. O und S sind Nichtmetalle; Se existiert metallisch und nichtmetallisch; beim Te ist die nichtmetallische Form nur im Gaszustand bekannt; Po ist ein Metall.

d) *Hydroxide:* Die **Element(VI)-hydroxide** sind – z. T. in wasserärmeren Formen – durchweg Säuren, deren Stärke von H_2SO_4 über H_2SeO_4 zu H_6TeO_6 abnimmt; eine entsprechende Po-Verbindung ist nicht bekannt. Die **Element(IV)-hydroxide** sind von H_2SO_3 über H_2SeO_3 zu H_2TeO_3 ebenfalls Säuren abnehmender Stärke, jedoch schwächer als die (VI)-Verbindungen. $Po(OH)_4$ ist bereits eine Base; $Po(OH)_2$ eine stärkere Base.
Verglichen mit den entsprechenden Verbindungen der V. Hauptgruppe, haben alle Hydroxide der VI. Hauptgruppe stärker sauren, verglichen mit denen der VII. Hauptgruppe schwächer sauren Charakter.

e) *Hydride:* Die Beständigkeit der Chalkogenwasserstoffe (H_2O, H_2S usw. bis H_2Po) nimmt von O zu Po ab, die Säurestärke dagegen zu; H_2O ist neutral; die Stärke von H_2Te entspricht etwa der der Phosphorsäure. Die Chalkogenwasserstoffe sind stärker sauer als die entsprechenden Verbindungen der V., jedoch schwächer sauer als die der VII. Gruppe.

f) Tabelle 19

16.2. Sauerstoff und Sauerstoffverbindungen

16.2.1. Allgemeines

a) *Symbol:* O [*oxygenium* (lat.) Säurebildner]; *Wertigkeit:* −2.

b) *Vorkommen:* häufigstes Element der Erdkruste (46,6 Massen-%; 55,1 Atom-%). Freier Sauerstoff findet sich in Luft und Meerwasser; der weitaus meiste Sauerstoff ist in Form von Wasser, Silicaten, Quarz usw. sowie in Organismen gebunden.

c) *Modifikationen:*

- **Disauerstoff,** *gewöhnlicher Sauerstoff,* O_2
- **Trisauerstoff,** *Ozon,* O_3

d) *Physiologie:* Alle organismischen Stoffe sind Sauerstoffverbindungen; elementarer Sauerstoff ist für fast alle Organismen (Ausnahme: anaerobe Bakterien) lebensnotwendig. Über Atmung und Assimilation ↑ S. 195.
Beim Menschen geht der eingeatmete Sauerstoff durch die Lungenbläschen ins Blut über, wo er vom roten Farbstoff *Hämoglobin* in den roten Blutkörperchen als *Oxyhämoglobin* locker gebunden und den Zellen zugeführt wird. Dort oxidiert er in Gegenwart von Fermenten vornehmlich den ebenfalls vom Blut transportierten Traubenzucker (Glucose) zu Kohlendioxid und Wasser; die dabei frei werdende Energie dient zur Erhaltung der Lebensvorgänge (Muskelarbeit, Körperwärme usw.)

e) **Luft:** Die atmosphärische Luft (Gesamtmenge $5 \cdot 10^{15}$ t) ist ein Gemisch aus

Stickstoff	78,09 Vol.-%	75,51 Massen-%
Sauerstoff	20,95 Vol.-%	23,15 Massen-%
Argon	0,93 Vol.-%	1,28 Massen-%
Kohlendioxid ...	0,03 Vol.-%	0,046 Massen-%

ferner: H_2O (bei 25 °C maximal 3 Vol.-%), Ne, He, CH_4, Kr, Stickoxide, Xe und Spuren weiterer Stoffe.

Die Dichte der Luft beträgt bei 0 °C und 101,3 kPa: 1,293 g/l. Über flüssige Luft ↑ S. 226.

16.2.2. Disauerstoff (*gewöhnlicher Sauerstoff*)

a) *Formel:* O_2; *Struktur:* $:\dot{\underset{\cdot}{O}}::\dot{\underset{\cdot}{O}}: \;=\; O{=}O$

b) *Geschichte:* Entdeckung um 1770 unabhängig voneinander durch C. W. Scheele und J. Priestley („Salpeterluft", „Feuerluft"). Die Rolle des Sauerstoffs bei der Verbrennung klärte A. L. Lavoisier 1775; seine Theorie löste die Phlogistonhypothese (G. E. Stahl, 1697) ab.

c) *Herstellung:*

α) technisch aus Luft durch fraktionierte Kondensation und Destillation (Linde-Verfahren);

β) durch Erhitzen sauerstoffreicher Salze, z. B.

- von Chloraten ($2\,KClO_3 \rightarrow 2\,KCl + 3\,O_2$, am besten mit Braunstein als Katalysator);
- von Nitraten ($2\,KNO_3 \rightarrow 2\,KNO_2 + O_2$);
- von Permanganaten ($2\,KMnO_4 \rightarrow K_2MnO_4 + MnO_2 + O_2$, oder bei höherer Temperatur: $4\,KMnO_4 \rightarrow 2\,K_2O + 4\,MnO_2 + 3\,O_2$);
- von Peroxiden ($2\,BaO_2 \rightarrow 2\,BaO + O_2$).

γ) durch katalytische Zersetzung von Wasserstoffperoxid, z. B. mit Braunstein: $2\,H_2O_2 \rightarrow 2\,H_2O + O_2$;

δ) durch Elektrolyse von Hydroxid- oder Sulfatlösungen an unangreifbaren Anoden (Platin) unter Entladung von OH^--Ionen: $4\,OH^- - 4\,e^- \rightarrow 2\,H_2O + O_2$;

ε) aus Alkaliperoxiden durch Kohlendioxid (Atemgeräte): $2\,Na_2O_2 + 2\,CO_2 \rightarrow 2\,Na_2CO_3 + O_2$.

d) *Physikalische Eigenschaften:* farb-, geruch- und geschmackloses Gas; in Wasser mäßig löslich, jedoch reichlicher als Stickstoff; daher enthält in Wasser gelöste Luft 36 Vol.-% Sauerstoff. Flüssiger und fester Sauerstoff sehen hellblau aus.

e) *Chemische Eigenschaften:* bei gewöhnlicher Temperatur verhältnismäßig reaktionsträge; bei höherer sehr reaktionsfähig. Die chemische Vereinigung mit Sauerstoff heißt *Oxidation*; sie kann langsam und rasch erfolgen. Langsame Oxidationen sind z. B. das Rosten des Eisens, der Abbau der Nahrungsmittel im Organismus, die Verwesung organismischer Stoffe, das Altern des Gummis, das Festwerden von Ölfarbe. Rasche, unter Flammenerscheinung verlaufende Oxidationen werden *Verbrennungen* genannt. In reinem (auch flüssigem) Sauerstoff brennen die Stoffe mit intensiverem Licht als an der Luft, z. B. flammt ein glimmender Holzspan auf. Durch Oxidation entstehen aus Elementen und zahlreichen Verbindungen *Oxide*, z. B. $S + O_2 \rightarrow SO_2$; $2\,H_2S + 3\,O_2 \rightarrow 2\,H_2O + 2\,SO_2$.

Es gibt jedoch Verbrennungen auch *ohne* Sauerstoff, z. B. brennt Wasserstoff in Chlorgas oder Bromdampf weiter, wobei sich Chlor- bzw. Bromwasserstoff bilden.

f) *Nachweis:* durch Aufflammen eines glimmenden Holzspans (bei einem Gehalt von über 30% Sauerstoff); durch Braunfärbung alkalischer Pyrogallollösung.

g) *Verwendung:* O_2 kommt unter 15 MPa (≈ 150 at) Druck in blau gekennzeichneten Stahlflaschen in den Handel (metallische Teile wegen Entzündungs- und Explosionsgefahr nicht fetten!). Verwendung zum Schweißen und Schneiden von Metallen, für Atemgeräte, für viele chemisch-technische Prozesse. Man verwendet z. B. für zahlreiche metallurgische Prozesse sauerstoffangereicherte Luft.

h) **Flüssige Luft:** *Herstellung:* nach dem LINDE-Verfahren. Luft wird komprimiert und die dabei frei werdende Wärme abgeführt; bei nachfolgender Expansion tritt Abkühlung ein. Durch mehrfache Wiederholung unter Anwendung von Vorkühlung erfolgt bei etwa −190 °C Verflüssigung. – *Eigenschaften:* hellblaue Flüssigkeit, die allmählich verdampft (Aufbewahrung in Thermosgefäßen, die nicht fest verschlossen werden dürfen). Die Farbtiefe nimmt beim Stehen zu, da der farblose Stickstoff bevorzugt verdampft. – Gemische aus flüssiger Luft mit Aktivkohle, Holzmehl u. dgl. sind explosibel.

16.2.3. Trisauerstoff (*Ozon*), O_3

a) *Entstehung:* Ozon bildet sich in Sauerstoff oder Luft durch Funkenüberschlag, stille elektrische Entladungen oder Einwirkung ultravioletter Strahlen (künstl. Höhensonne) gemäß $3\,O_2 \rightarrow 2\,O_3$.

b) *Eigenschaften:* hellblaues, beim Erhitzen explodierendes Gas von intensivem, „elektrischem" Geruch [*ozo* (grch.) ich rieche]. Stärkstes Oxidationsmittel; ergibt z. B. mit Silber schwarzes Silberperoxid und entzündet Ether und Alkohol sofort.

c) *Verwendung:* zur Desinfektion von Trinkwasser und Krankenhausluft.

d) *Atmosphärische Ozonschicht:* In etwa 25 km Höhe erzeugt die Sonnenstrahlung geringe Mengen Ozon („Ozonschicht"). Dieses absorbiert weitgehend den lebensvernichtenden Ultraviolettanteil der Strahlung. Die Ozonschicht schützt somit das Leben auf der Erde.

16.2.4. Oxide und Hydroxide

a) *Herstellung der Oxide:*

- durch Reaktion von Elementen mit Sauerstoff („Oxidation"), z. B. bei der Verbrennung;
- durch Erhitzen von Hydroxiden (und Oxidhydraten), z. B. $Cu(OH)_2 \rightarrow CuO + H_2O$;
- durch Erhitzen von Salzen mit flüchtigem Säureanhydrid (Carbonate, Sulfate, Sulfite, Nitrate u. a.), z. B. $CuCO_3 \rightarrow CuO + CO_2$; $Cu(NO_3)_2 \rightarrow CuO + 2\,NO_2 + \frac{1}{2}\,O_2$.

b) *Eigenschaften der Oxide:* Die meisten *Nichtmetalloxide* (Ausnahmen: CO, NO, N_2O) sind Säureanhydride, d. h., sie ergeben mit Wasser Säuren, z. B. $SO_3 + H_2O \rightarrow H_2SO_4$. – Auch *Metalloxide mit 5- bis 7wertigem Metall* sind Säureanhydride. z. B. $CrO_3 + H_2O \rightarrow H_2CrO_4$ (Chromiumsäure). – *Metalloxide mit 1- bis 4wertigem Metall* sind Basenanhydride, z. B. $CaO + H_2O \rightarrow Ca(OH)_2$.

c) *Hydroxide:* Hydroxide enthalten die Gruppe —O—H. Je nach Bindung an Metall oder Nichtmetall liegt eine Base, eine Säure oder ein amphoterer Stoff vor.
Die meisten **Metallhydroxide** fallen aus, wenn man eine Salzlösung mit einer Alkalilauge versetzt, z. B. $CuSO_4 + 2\,NaOH \rightarrow Cu(OH)_2\downarrow + Na_2SO_4$. Sie bilden dann schleimige oder flockige, oft farbige Niederschläge, die meist mehr Wasser gebunden enthalten, als ihrer Formel entspricht, und dann besser als **Oxidhydrate** bezeichnet werden.

Farben einiger schwerlöslicher Oxidhydrate:

$Al(OH)_3$, $Zn(OH)_2$, $Cd(OH)_2$, $Pb(OH)_2$, $Sn(OH)_2$, $Bi(OH)_3$, $Mg(OH)_2$ *weiß*;
$Fe(OH)_2$ *hellgrün bis weiß* [an der Luft *braun* werdend infolge Bildung von $Fe(OH)_3$];
$Mn(OH)_2$ *hellbraun bis weiß* [an der Luft dunkelbraun werdend infolge Übergangs in $Mn(OH)_4$];
$Ni(OH)_2$ *apfelgrün*; $Cr(OH)_3$ *graugrün*; $Cu(OH)_2$ *blau*; $Co(OH)_2$ *blau* oder *rosa*; $Fe(OH)_3$ *rostbraun*.

Unbeständig sind Silber- und Quecksilber(II)-hydroxid, die spontan in Oxid und Wasser zerfallen. Beim Erhitzen erleiden die übrigen Hydroxide den gleichen Zerfall.

16.3. Schwefel und Schwefelverbindungen

16.3.1. Allgemeines

a) *Symbol:* S [*sulfur* (lat.) Schwefel]; *Wertigkeiten:* +6, +4, −2.

b) *Vorkommen:* teils frei (in vulkanischen Gebieten), teils chemisch gebunden in Sulfiden und Sulfaten, in Kohle, Erdöl und den Eiweißstoffen (besonders im Keratin der Haare, Federn und Häute).

c) *Minerale:*

- *Sulfide* (*Kiese:* hell, metallisch glänzend; *Glanze:* dunkel, metallisch glänzend; *Blenden:* dunkel, nichtmetallisch glänzend, oft auch hell, durchscheinend):

Pyrit (*Schwefelkies*, *Eisenkies*)	FeS_2	Molybdänglanz	MoS_2
Kupferkies	$CuFeS_2$	Silberglanz	Ag_2S
Arsenkies	FeAsS	Grauspießglanz	Sb_2S_3
Bleiglanz	PbS	Zinkblende	ZnS
Kupferglanz	Cu_2S	Zinnober	HgS
		Realgar	As_4S_4

- *Sulfate:*

Gips	$CaSO_4 \cdot 2\,H_2O$	Schwerspat (Baryt)	$BaSO_4$
Anhydrit	$CaSO_4$	Cölestin	$SrSO_4$
Kieserit	$MgSO_4 \cdot H_2O$		
Kainit	$KCl \cdot MgSO_4 \cdot 3\,H_2O$		

d) *Physiologie:* Schwefel ist in gebundener Form für alle höheren Organismen lebensnotwendig (Bestandteil vieler Eiweißstoffe); er wird auch in Form verschiedener Sulfatdünger dem Ackerboden zugeführt (Ammonsulfat, Superphosphat).

16.3.2. Elementarer Schwefel

a) *Geschichte:* seit dem Altertum bekannt; wird z. B. von HOMER erwähnt.

b) *Herstellung:*

- durch Ausschmelzen gediegenen Schwefels aus Gestein, z. B. mit Wasserdampf; Reinigung des Rohschwefels durch Destillation; bei rascher Abkühlung der Dämpfe entsteht sublimierter Schwefel als feines Pulver (*Schwefelblume*, *Schwefelblüte*).
- durch Entschweflung der Ver- und Entgasungsprodukte der Kohle (Wasser-, Generator-, Leuchtgas), z. B. mit Luft und katalytisch wirkender Aktivkohle: $2\,H_2S + O_2 \rightarrow 2\,H_2O + 2S$, oder mit $Fe(OH)_3$-haltigen Gasreinigungsmassen; ↑ auch *Alkacidverfahren*, S. 237.

c) *Modifikationen:* Bei gewöhnlicher Temperatur ist α-**Schwefel** (*rhombisch*) in Form gelber, spröder, geruch- und geschmackfreier Kristalle beständig, die sich nicht in Wasser, dagegen leicht in Kohlendisulfid (Schwefelkohlenstoff) lösen. Oberhalb 96 °C erfolgt langsame Umwandlung in β-**Schwefel** (*monoklin*), der fast farblose Kristallnadeln bildet. α-S schmilzt bei 113 °C, β-S bei 119 °C zu gelbem, dünnflüssigem, wie die festen Schwefelarten aus ringförmigen S_8-Molekülen bestehendem λ-**Schwefel.** Bei weiterem Erhitzen spalten sich die Ringe zu Ketten auf, und es entsteht ein rotbrauner, zähflüssiger μ-**Schwefel,** der bei höherer Temperatur dunkelbraun und wieder dünnflüssig wird und schließlich bei 445 °C siedet. Beim Eingießen einer Schwefelschmelze in Wasser entsteht als unterkühlte Schmelze gelbbrauner, gummiartiger, durchscheinender **plastischer Schwefel** (Gemisch aus λ- und μ-Schwefel), der an der Luft binnen weniger Minuten wieder gelb, trüb und spröde wird.

d) *Chemische Eigenschaften:* S verbrennt beim Erhitzen an der Luft mit blauer Flamme zu Schwefeldioxid, SO_2, und kleinen Mengen Schwefeltrioxid, SO_3. Bei höherer Temperatur reagiert er mit Metallen zu Sulfiden, mit Wasserstoff (und Paraffin) zu Schwefelwasserstoff, H_2S. In Ammoniumsulfidlösung löst er sich zu gelben bis roten Polysulfiden; beim Erhitzen mit Sulfitlösungen entstehen Thiosulfate, mit Cyanidlösungen Rhodanide.

e) *Verwendung:* zur Herstellung von Schwefelsäure, Kohlendisulfid, Natriumthiosulfat, Schwefelfarbstoffen, Ultramarinblau; zur Vulkanisation des Kautschuks; gegen Hautkrankheiten; im Pflanzenschutz als „Schwefelkalkbrühe" gegen Rebenmehltau.

f) *Physiologie:* S ist für den Menschen ungiftig. Feinverteilter Schwefel wird auf der Haut chemisch umgewandelt, worauf seine medizinische Wirkung beruht.

16.3.3. Schwefelwasserstoff, H_2S

a) *Vorkommen:* in Schwefelquellen, Vulkan- und Erdgasen; bei faulenden Eiweißstoffen.

b) *Herstellung:*

α) in der Technik durch Isolierung aus Wasser-, Leucht- und Kokereigas, z. B. nach dem *Alkazid-Verfahren:* Natriumsalze von Aminosäuren nehmen H_2S in der Kälte auf und geben es in der Wärme wieder ab.

β) im Labor:

- aus Eisen(II)-sulfid und Salzsäure: $FeS + 2\,HCl \rightarrow FeCl_2 + H_2S$;
- aus Paraffin und Schwefel beim Erhitzen;
- synthetisch aus Wasserstoff und flüssigem Schwefel.

c) *Eigenschaften:* farbloses, nach faulen Eiern riechendes Gas, das mit blauer Flamme verbrennt: $2\,H_2S + 3\,O_2 \rightarrow 2\,H_2O + 2\,SO_2$. Ein in die Flamme gehaltener kalter Gegenstand beschlägt mit gelbem Schwefel, da dann das Gas unvollständig verbrennt: $2\,H_2S + O_2 \rightarrow 2\,H_2O + 2\,S$; dieser Vorgang entspricht dem Rußen von brennendem Ethin. H_2S ist in Wasser nur mäßig löslich; das „*Schwefelwasserstoffwasser*" trübt sich an der Luft allmählich infolge Ausscheidung von Schwefel; es ist eine sehr schwache Säure (Salze: *Sulfide*).

d) *Nachweis:* Schwarzbraunfärbung von „Bleipapier" (mit Bleisalzlösung getränktes und getrocknetes Papier); metallisches Silber läuft schwarz an (Ag_2S-Bildung).

e) *Verwendung:* als Trennungsmittel in der anorganischen chemischen Analyse; zur Herstellung von Schwefel.

f) *Physiologie:* Sehr giftig! In der Atemluft wirken bereits 0,08 Vol.-% nach 5 ... 10 min tödlich; Schwefelwasserstoff blockiert wie Blausäure lebenswichtige Atmungsfermente. Mit H_2S darf nur in gut ziehenden Abzügen gearbeitet werden.

g) **Sulfide:** Salze des Schwefelwasserstoffs. *Schwermetallsulfide* sind wichtige Erze (↑ S. 228); sie werden vor ihrer Verhüttung durch „Rösten" (Erhitzen unter Luftzufuhr) in Oxide umgewandelt, z. B. gemäß $2\,PbS + 3\,O_2 \rightarrow 2\,PbO + 2\,SO_2$. Nur die *Alkali-* und *Erdalkalisulfide* sowie *Ammoniumsulfid* sind in Wasser löslich; die übrigen werden aus den Metallsalzlösungen durch Ammoniumsulfidlösung, einige extrem schwerlösliche sogar durch Schwefelwasserstoff aus saurer Lösung als charakteristisch gefärbte Niederschläge ausgefällt.

Beispiele:

$FeSO_4 + (NH_4)_2S \rightarrow FeS\downarrow + (NH_4)_2\,SO_4$;

$2\,BiCl_3 + 3\,H_2S \rightarrow Bi_2S_3\downarrow + 6\,HCl$.

h) *Fällungen durch Schwefelwasserstoff und Ammoniumsulfid:*

durch H_2S aus saurer Lösung	(durch $(NH_4)_2S$ aus ammoniakalischer Lösung
schwarz: HgS, Ag_2S, PbS, CuS	schwarz: FeS, NiS, CoS
braun: SnS, Bi_2S_3	rosa: MnS
orange: Sb_2S_3, Sb_2S_5	weiß: ZnS
gelb: As_2S_3, As_2S_5, SnS_2, CdS	

In $(NH_4)_2S$ zu *Thiosalzen* löslich sind:	Als *Hydroxide* fallen durch $(NH_4)_2S$:
SnS_2, Sb_2S_3, As_2S_3, Sb_2S_5, As_2S_5	weiß: $Al(OH)_3$
ferner MoS_3, WS_3, V_2S_5	braun: $Fe(OH)_3$
	graugrün: $Cr(OH)_3$

16.3.4. Schwefeldioxid, SO_2

a) *Vorkommen:* in Vulkangasen; in Abgasen von Kohlefeuerungen.

b) *Herstellung:*

- durch Verbrennen von Schwefel oder Schwefelwasserstoff;
- durch Rösten sulfidischer Erze, z. B. von Pyrit:

  $$4\,FeS_2 + 11\,O_2 \rightarrow 2\,Fe_2O_3 + 8\,SO_2;$$

- aus Sulfiten durch stärkere Säuren:

  $$Na_2SO_3 + 2\,HCl \rightarrow 2\,NaCl + H_2O + SO_2$$

c) *Eigenschaften:* farbloses, schweres, stechend riechendes, hustenreizendes Gas, das bereits bei −10 °C flüssig wird, nicht brennbar ist und sich sehr leicht in Wasser löst. SO_2 wirkt bleichend auf viele Farbstoffe; im Gegensatz zur Chlorbleiche wird in manchen Fällen beim Ansäuern der Farbstoff zurückgebildet.

d) *Verwendung:* als Zwischenprodukt zur Herstellung von Schwefelsäure und anderen S-Verbindungen; zum Bleichen von Papier, Stroh und Wolle; zum Ausschwefelh von Weinfässern; für die Sulfochlorierung von Paraffin; flüssig zum Reinigen von Erdöl.

16.3.5. Schweflige Säure und Sulfite

a) **Schweflige Säure,** H_2SO_3, steht stets im Gleichgewicht mit ihren Zerfallsprodukten ($SO_2 + H_2O \rightleftarrows H_2SO_3$) und ist daher nur in wäßriger Lösung existenzfähig. Schwache bis mittelstarke Säure; Salze: *Sulfite.* Die Säure geht leicht in Schwefelsäure über, wobei sie andere Stoffe, z. B. Kaliumpermanganat, reduziert.

b) **Sulfite:** In Wasser leicht löslich sind nur die Alkalisulfite; sie gehen beim Kochen mit Schwefel in Thiosulfate über. Alle Sulfite werden durch stärkere oder weniger flüchtige Säuren unter Schwefeldioxidentwicklung zersetzt. Wichtige Sulfite sind: **Natriumsulfit,** Na_2SO_3, und **Natriumhydrogensulfit,** $NaHSO_3$. Eine Lösung von **Calciumhydrogensulfit,** $Ca(HSO_3)_2$, aus Kalkstein, Schwefeldioxid und Wasser gewonnen, dient als „*Sulfitlauge*" zum Herauslösen des Lignins aus Holz bei der Zellstoffgewinnung.

c) **Disulfite:** leiten sich von der in freiem Zustand nicht bekannten *dischwefligen Säure*, $H_2S_2O_5$, ab; die Salze (früher *Pyrosulfite* und *Metabisulfite* genannt) entstehen durch Erhitzen von Hydrogensulfiten, z. B. $2\,KHSO_3 \rightarrow K_2S_2O_5 + H_2O$. **Kaliumdisulfit** wird in fotografischen Entwicklern und Fixierbädern verwendet.

16.3.6. Schwefeltrioxid, SO_3

a) *Herstellung:* durch katalytische Oxidation von Schwefeldioxid (↑ S. 232).

b) *Eigenschaften:* 3 Modifikationen; die bekannteste bildet seidenglänzende Nadeln, die bei 40 °C zu schmelzen beginnen, an der Luft stark rauchen und mit Wasser explosionsartig heftig zu Schwefelsäure reagieren.

16.3.7. Schwefelsäure, H_2SO_4

16.3.7.1. Herstellung

a) *Allgemeines:* Die Herstellung aus den Salzen (Sulfaten) durch Verdrängen mittels schwerer flüchtiger oder stärkerer Säuren ist nicht möglich, da Schwefelsäure zu stark ist und sich oberhalb 300 °C zersetzt. Nach allen heute üblichen Verfahren stellt man zunächst Schwefeldioxid her, oxidiert es zu Schwefeltrioxid und setzt dieses mit Wasser um.

b) **I. Reaktionsstufe:** *Herstellung von Schwefeldioxid*
4 Möglichkeiten:

- *Rösten sulfidischer Erze*, z. B. von Pyrit: $4\,FeS_2 + 11\,O_2 \rightarrow 2\,Fe_2O_3 + 8\,SO_2$. Hierzu dienen Drehrohr-, Etagen- oder Wirbelschichtröstöfen, Buntmetallhütten enthalten infolge des Anfalls von SO_2 beim Rösten der Erze stets Schwefelsäureanlagen.
- *Erzeugung aus Gips oder Anhydrit* (Müller-Kühne-Verfahren). Besonders wichtig, da die Rohstoffe in Deutschland fast unbegrenzt vorhanden sind und wertvoller Zement als Nebenprodukt entsteht. Gips oder Anhydrit wird im Drehrohrofen mit Koksgrus, Sand und Ton auf etwa 1 300 °C erhitzt:

$$2\,CaSO_4 + C \xrightarrow{1300\,°C} 2\,CaO + 2\,SO_2 + CO_2$$

$$\underset{}{CaO} + \underset{(SiO_2)}{\text{Sand}} + \underset{(\text{Al-Silicat})}{\text{Ton}} \rightarrow \underset{(\text{Ca-Al-Silicat})}{\text{Zement}}$$

c) **II. Reaktionsstufe:** Oxidation des Schwefeldioxids
Kontaktverfahren: seit etwa 1900; liefert konzentrierte Säure. Schwefeldioxid, das durch Waschprozesse und Elektrofiltration von Kontaktgiften (z. B. As-Verbindungen aus sulfidischen Erzen) und Flugstaub befreit wurde, wird bei 450 °C mit Luft über Katalysatoren aus Vanadium(V)-oxid, V_2O_5, oder Platinasbest geleitet. Gemäß $2\,SO_2 + O_2 \rightleftarrows 2\,SO_3$ entstehen mit 98%iger Ausbeute weiße Nebel von *Schwefeltrioxid.* Diese werden in Rieseltürmen von konz. Schwefelsäure zu *Dischwefelsäure* gebunden: $SO_3 + H_2SO_4 \rightarrow H_2S_2O_7$. Hieraus entsteht durch vorsichtiges Verdünnen reine, wasserfreie *Schwefelsäure:* $H_2S_2O_7 + H_2O \rightarrow 2\,H_2SO_4$.
Nitroseverfahren: etwa 20% der Weltproduktion; Weiterentwicklung des Bleikammerverfahrens; liefert etwa 80%ige Säure. In einem System von Türmen (daher auch „Turmverfahren" genannt) wird SO_2 im Endeffekt durch Stickstoffdioxid, NO_2, oxidiert; stark vereinfachte Reaktionsfolge: $SO_2 + NO_2 \rightarrow SO_3 + NO$; $NO + \frac{1}{2}\,O_2 \rightarrow NO_2$; NO_2 reagiert wieder mit SO_2 usw.; das SO_3 wird mit Wasser zu H_2SO_4 umgesetzt.

16.3.7.2. Eigenschaften und Verwendung

a) *Physikalische Eigenschaften:* farblose, ölige, geruchlose Flüssigkeit (Dichte 1,84 g · cm^{-3} bei 20 °C), die bei 338 °C unter Bildung hustenreizender SO_3-Nebel siedet. Sie ist sehr hygroskopisch und eignet sich daher zum Trocknen von Gasen (nicht Ammoniak!). Beim Verdünnen tritt starke Erwärmung auf (Hydratbildung, z. B. $H_2SO_4 \cdot H_2O$); deshalb:

Verdünnungsregel für Schwefelsäure:

Stets unter Umrühren Säure zu Wasser gießen, nie umgekehrt!

b) *Chemische Eigenschaften:* Sehr starke, zweiwertige Säure (Salze: *Sulfate*); schon bei mäßiger Verdünnung ist sie in der 1. Stufe praktisch vollständig dissoziiert: $H_2SO_4 \rightleftarrows H^+ + HSO_4^-$; die Hydrogensulfat-Ionen sind z. T. weiterdissoziiert: $HSO_4^- \rightleftarrows H^+ + SO_4^{2-}$.
Da die Säure schwer flüchtig und sehr stark ist, verdrängt sie viele andere aus ihren Salzen. Beispiele:

$$CaF_2 + H_2SO_4 \rightarrow CaSO_4 + 2\,HF;$$
$$2\,CH_3COONa + H_2SO_4 \rightarrow Na_2SO_4 + 2\,CH_3COOH$$

Im Gegensatz zu verdünnter Säure greift die aus Molekülen bestehende konzentrierte Säure Metalle erst beim Erhitzen an; sie wirkt dann wie HNO_3 oxidierend (auch auf Cu, Hg und Ag) und wird dabei zu schwefliger Säure bzw. Schwefeldioxid reduziert:

$$Cu + 2\,H_2SO_4 \rightarrow CuSO_4 + SO_2 + 2\,H_2O$$

Verdünnte Säure entwickelt mit Metallen, die unedler als Wasserstoff sind, Wasserstoff.

Konzentrierte Säure entzieht vielen organischen Stoffen die Elemente O und H in Form von Wasser; sie wird deshalb in der organischen Chemie häufig als wasserentziehender Hilfsstoff verwendet (Veresterung, Veretherung, Nitrierung). Kohlenhydrate wie Zucker, Stärke, auch Papier und einige Textilfaserstoffe werden unter Freisetzung von Kohlenstoff vollständig zerstört.

c) *Nachweis:* Konz. Säure wird am einfachsten durch Verkohlung eines eingetauchten Holzstabes von anderen Säuren unterschieden.
SO_4^{2-}-Ionen geben auch in salzsaurer Lösung mit $BaCl_2$-Lösung einen weißen, feinpulvrigen Niederschlag von Bariumsulfat:

$$H_2SO_4 + BaCl_2 \rightarrow BaSO_4 \downarrow + 2\,HCl.$$

d) *Verwendung:* H_2SO_4 gehört zu den wichtigsten chemisch-technischen Grundchemikalien. Sie dient zur Erzeugung von Chemiefaserstoffen (Viskoseseide und -zellwolle), Düngesalzen (Superphosphat), Explosivstoffen, Wasch-, Netz- und Emulgiermitteln, Teerfarbstoffen, Arzneimitteln, Sulfaten, Ethern, Estern, Säuren (Flußsäure, Weinsäure u. a.), zur Raffination von Mineralölen, zum Beizen von Metallen, für galvanische Elektrolyte (Verchromung, Eloxierung u. a.), für Blei-Akkumulatoren und für viele andere Zwecke.

16.3.7.3. Rauchende Schwefelsäure („*Oleum*")

Rauchende Schwefelsäure enthält überschüssiges Schwefeltrioxid, das in Form von **Dischwefelsäure** (*Pyroschwefelsäure*), $H_2S_2O_7$, gebunden ist. Die **Disulfate** (*Pyrosulfate*) entstehen durch Erhitzen von Hydrogensulfaten: $2\,NaHSO_4 \rightarrow Na_2S_2O_7 + H_2O$.

16.3.8. Sulfate

a) *Übersicht:*

Wichtige Sulfate sind:

Glaubersalz	$Na_2SO_4 \cdot 10\,H_2O$	ferner die *Minerale:*
Bittersalz	$MgSO_4 \cdot 7\,H_2O$	Gips, Anhydrit, Kieserit,
Ammonsulfat	$(NH_4)_2SO_4$	Schwerspat, Cölestin (↑ S. 228)

● **Vitriole** sind kristallwasserhaltige Sulfate 2wertiger Metalle:

Eisenvitriol	$FeSO_4 \cdot 7\,H_2O$	(grün)
Kupfervitriol	$CuSO_4 \cdot 5\,H_2O$	(blau)
Nickelvitriol	$NiSO_4 \cdot 7\,H_2O$	(smaragdgrün)
Cobaltvitriol	$CoSO_4 \cdot 7\,H_2O$	(himbeerrot)
Zinkvitriol	$ZnSO_4 \cdot 7\,H_2O$	(farblos)

● **Alaune** sind Doppelsulfate der allgemeinen Formel

$$Me^{I}_2SO_4 \cdot Me^{III}_2(SO_4)_3 \cdot 24\,H_2O$$

(Me^{I} = 1wertiges Metall: K, NH_4, Rb, Cs)
[Me^{III} = 3wertiges Metall: Cr, Al, Fe, V(III)]

Beispiele:

„Alaun" = Kaliumaluminiumsulfat, $K_2SO_4 \cdot Al_2(SO_4)_3 \cdot 24\,H_2O$

„Chromiumalaun" = Kaliumchromiumsulfat, $K_2SO_4 \cdot Cr_2(SO_4)_3 \cdot 24\,H_2O$

„Eisenalaun" = Kaliumeisen(III)-sulfat, $K_2SO_4 \cdot Fe_2(SO_4)_3 \cdot 24\,H_2O$

b) *Löslichkeit:* Die Sulfate von Pb, Ca, Sr und Ba sind in Wasser schwer löslich bis praktisch unlöslich; die meisten übrigen lösen sich leicht in Wasser.

c) *Nachweis:* ↑ S. 233.

16.4. Selen und Selenverbindungen

a) *Symbol:* Se [*selene* (grch.) Mond; benannt nach der Vergesellschaftung mit Tellur; *tellus* (lat.) Erde]; *Wertigkeiten:* +6, +4, −2.

b) *Entdeckung:* 1817 durch J. J. BERZELIUS.

c) *Vorkommen:* selten; begleitet in geringen Mengen (zusammen mit Tellur) den Schwefel in Sulfiden; eigene Erze gibt es nur wenig.

d) *Herstellung:* aus dem Anodenschlamm der Kupferraffination und dem Bleikammerschlamm der Schwefelsäuregewinnung. Die Schlämme werden alkalisch ausgelaugt; Schwefeldioxid fällt das Se wieder aus; Reinigung durch Destillation.

e) *Modifikationen und Eigenschaften:*

- **Graues (metallisches) Selen:** graue, schwach glänzende Masse, deren elektrischer Widerstand mit zunehmender Belichtung abnimmt. In Kohlendisulfid unlöslich.
- **Rotes Selen:** rote, nichtmetallische, in CS_2 mit gelber Farbe lösliche Kristalle. Unbeständigere Modifikation.

Beide Formen verbrennen beim Erhitzen an der Luft mit blauer Flamme und rettichartigem Geruch zu einem weißen Rauch von Selen(IV)-oxid, SeO_2. Rotes Selen entsteht aus grauem durch Auflösen in heißer, konzentrierter Schwefelsäure und Eingießen der grünen Lösung in viel Wasser.

f) *Verwendung:* für Fotozellen (z. B. fotoelektrische Belichtungsmesser) und Gleichrichter.

g) *Verbindungen:* ähnlich den entsprechenden Schwefelverbindungen, z. B. **Selenwasserstoff,** H_2Se (Salze: **Selenide**). **Selendioxid,** SeO_2, weiß, fest, ergibt mit Wasser **selenige Säure,** H_2SeO_3 (Salze: **Selenite**). – **Selensäure,** H_2SeO_4, ähnelt stark der Schwefelsäure (Salze: **Selenate**); so ist auch das Bariumsalz, $BaSeO_4$, sehr schwer löslich.

16.5. Tellur und Tellurverbindungen

Tellur [Symbol Te; von *tellus* (lat.) Erde; vgl. Selen] begleitet Selen und Schwefel in Sulfiden, ist jedoch noch seltener. Entdeckt 1782 durch MÜLLER VON REICHENBACH in siebenbürgischen Golderzen. – Silberweiß-metallische, weiche, jedoch spröde Kristalle; Anwendung in der Halbleitertechnik. – **Tellurwasserstoff,** H_2Te (Salze: **Telluride**) ist stärker, jedoch gegen Luftsauerstoff weit unbeständiger als Selenwasserstoff.

16.6. Polonium und Poloniumverbindungen

Polonium (Symbol Po; benannt nach Polen) wurde 1898 von P. und M. CURIE in der Uraniumpechblende entdeckt. Es ist radioaktiv, äußerst selten und wird heute künstlich durch Bestrahlung von Bismut in Kernreaktoren gewonnen. Silberweißes, glänzendes, im Dunkeln blau leuchtendes Metall. Auch in den Verbindungen verhält sich Polonium ähnlich dem Bismut wie ein typisches Metall.

Tabelle 20: Halogene

	Fluor	**Chlor**	**Brom**	**Iod**
Symbol	F	Cl	Br	I
Kernladungszahl	9	17	35	53
Relative Atommasse	19,00	35,45	79,91	126,90
Schmelzpunkt (in °C)	−218	−102,4	−7,3	+113,7
Siedepunkt (in °C)	−187,9	−34,0	+58,8	+184,5
Dichte (flüssig) (in g · cm^{-3})	1,11[1]	1,57[1]	3,14[2]	4,94[2]
Farbe (gasförmig)	schwach gelblich-grün	gelblich-grün	rotbraun	violett
Farbintensität	schwach	zunehmend →		
Löslichkeit				
in Wasser	Reaktion	schwach	abnehmend →	
in Kohlendisulfid	Reaktion	löslich	löslich	löslich
Wertigkeiten	**−1**	**−1** +7, +5 +3, +1	**−1** +5, +1	**−1** +7, +5 +3, +1
Reaktionsfähigkeit				
gegenüber H und Metallen	sehr stark	abnehmend →		
gegenüber O	sehr schwach	zunehmend →		
Halogenwasserstoffe	HF	HCl	HBr	HI
Säurestärke	mittel	stark	zunehmend →	
Beständigkeit	stark	abnehmend →		
Siedepunkt (in °C)	+19,5	−84,9	−66,8	−35,4
In Wasser schwerlösliche Salze	CaF_2, SrF_2 BaF_2, MgF_2 LiF, (NaF) AlF_3, PbF_2	AgCl, TlCl, ($PbCl_2$) Hg_2Cl_2	AgBr, TlBr, $PbBr_2$ Hg_2Br_2	AgI TlI PbI_2 Hg_2I_2 HgI_2 BiI_3

[1] für die flüssige Phase beim Siedepunkt
[2] bei 20 °C und Normaldruck

17. Elemente der VII. Hauptgruppe (Halogene)

17.1. Allgemeines

a) *Elemente:* Fluor (F), Chlor (Cl), Brom (Br), Iod (I), Astat (At) („Halogene" = Salzbildner).

b) *Wertigkeit:* F tritt nur −1wertig auf; die übrigen Elemente sind hauptsächlich −1- und +7wertig. Zunehmend unbeständiger sind die Wertigkeitsstufen +5, +3 und +1. Beim Br ist die +7wertige Stufe nicht bekannt.

c) *Metallischer Charakter:* Die Elemente sind durchweg Nichtmetalle, doch machen sich in Richtung zum At zunehmend metallische Eigenschaften bemerkbar.

d) *Hydroxide:* Die Element(VII)-hydroxide sind (in wasserärmeren Formen) nur von Cl und I bekannt. Analog zu den Verhältnissen in der VI. Gruppe nimmt die Säurestärke vom Cl zum I ab: $HClO_4$ [$= Cl(OH)_7 - 3\,H_2O$] ist die stärkste Sauerstoffsäure; H_5IO_6 ist nur schwach. – Mit abnehmender positiver Wertigkeit nimmt auch ihre Säurestärke ab, so sinkt sie z. B. in der Reihenfolge $HClO_4$, $HClO_3$, $HClO_2$, HClO. – Verglichen mit den entsprechenden Verbindungen der VI. Gruppe, besitzen alle Säuren der VII. Gruppe stärker sauren Charakter.

e) *Hydride:* Die wäßrigen Lösungen der Halogenwasserstoffe sind Säuren; ihre Stärke nimmt von HF (mittel) bis HI (sehr stark) zu (HAt ist noch zu wenig untersucht); dagegen nimmt ihre Beständigkeit gegenüber Oxidation von HF zu HI ab. Die Halogenwasserstoffsäuren sind stärker sauer als die Chalkogenwasserstoffsäuren.

f) *Verdrängungsreaktionen:* Die Reaktionsfähigkeit der Halogene gegenüber Metallen und Wasserstoff nimmt von F zu I ab; gegenüber Sauerstoff nimmt sie zu. Entsprechend verdrängt das jeweils reaktionsfähigere Halogen das weniger reaktionsfähige aus seiner Verbindung, z. B. $2\,KI + Cl_2 \rightarrow 2\,KCl + I_2$ (Ionengleichung: $2\,I^- + Cl_2 \rightarrow I_2 + 2\,Cl^-$); andererseits: $2\,KClO_3 + I_2 \rightarrow 2\,KIO_3 + Cl_2$.

g) **Tabelle 20:** Halogene (Hierbei ist das bislang nur wenig erforschte Astat nicht berücksichtigt.)

17.2. Fluor und Fluorverbindungen

17.2.1. Allgemeines

a) *Symbol:* F [*fluere* (lat.) fließen; von Flußspat, der als „Fluß"mittel für Schlacken verwendet wird]; *Wertigkeit:* −1.

b) *Vorkommen:* nur chemisch gebunden, hauptsächlich in den Mineralen:

Flußspat (*Fluorit*) .... CaF_2
Eisstein (*Kryolith*) .... Na_3AlF_6
Fluorapatit .... $3\,Ca_3(PO_4)_2 \cdot CaF_2 \triangleq Ca_5(PO_4)_3F$

c) *Physiologie:* Fluorapatit kommt in kleinen Mengen in Knochen und Zähnen vor. Bei fluoridarmem Trinkwasser tritt die Zahnkaries häufiger auf. – Lösliche Fluoride sind giftig; organische F-Verbindungen sind teils völlig ungiftig (z. B. Fluorkohlenwasserstoffe wie CF_2Cl_2), teils außerordentlich giftig (z. B. Fluorethansäure, $CH_2F—COOH$).

17.2.2. Elementares Fluor, F_2

a) *Erstherstellung:* 1886 durch Moissan.

b) *Herstellung:*

- durch Elektrolyse von KF in flüssigem Fluorwasserstoff mit Spezial-Kohle- oder Nickel-Anoden in Geräten aus Mg oder Cu (bilden Fluoridschutzschicht);
- durch Erhitzen solcher Fluoride, in denen das Metall in höheren als den normalen Wertigkeitsstufen auftritt, z. B.

$$2\,CoF_3 \rightarrow 2\,CoF_2 + F_2$$

c) *Eigenschaften:* schwach gelblich-grünes Gas mit durchdringend chlorähnlichem Geruch. Reaktionsfähigstes Nichtmetall; verbindet sich mit fast allen anderen Elementen zu Fluoriden; reagiert mit H_2 selbst unterhalb $-200\,°C$ noch explosionsartig; verdrängt die übrigen Halogene und auch Sauerstoff aus ihren Verbindungen mit Wasserstoff und den Metallen, zersetzt z. B. Wasser gemäß:

$$2\,H_2O + 2\,F_2 \rightarrow 4\,HF + O_2$$

d) *Verwendung:* erstmals 1941 zur Herstellung von UF_6 für die Isotopentrennung des Uraniums; weiter: zur „*Fluorierung*" organischer Verbindungen; zur Erzeugung sehr heißer Flammen, z. B. im Wasserstoff-Fluor-Gebläse 3700 °C.

17.2.3. Fluorverbindungen

a) **Fluorwasserstoff,** HF: farbloses, an feuchter Luft Nebel bildendes Gas von stechend-saurem Geruch, das bei +19,6 °C flüssig wird. *Herstellung:* aus Fluoriden (technisch Flußspat) durch konz. Schwefelsäure: $CaF_2 + H_2SO_4 \rightarrow CaSO_4 + 2\,HF$. Fluorwasserstoff ätzt Glas und andere Silicate unter Bildung des gasförmigen SiF_4: $SiO_2 + 4\,HF \rightarrow SiF_4 + 2\,H_2O$. *Verwendung:* zum Mattätzen von Glas und zur Herstellung anderer F-Verbindungen, z. B. von Fluorcarbonen.

b) **Flußsäure** ist die wäßrige Lösung von HF (handelsübliche Konzentrationen: 72%ig, 50%ig, 40%ig). Mittelstarke Säure; Salze: Fluoride. Aufbewahrung in PVC- oder Polyethylenflaschen. Flußsäure ist giftig und besonders schädlich für Schleimhäute und verletzte Haut. *Verwendung:* zum Blankätzen von Glas, zum Beizen von Gußeisen, zur Herstellung anderer F-Verbindungen.

c) **Fluoride:** Salze der Flußsäure. **Natriumfluorid,** NaF, ist giftig, schützt Holz vor Fäulnis und dient in kleinen Dosen zum Fluoridieren von Trinkwasser zur Bekämpfung der Zahnkaries. – **Calciumfluorid,** CaF_2, in der Natur als „*Flußspat*" vorkommend, ist im Gegensatz zu den übrigen Ca-Halogeniden schwer löslich und dient in der Metallurgie als Flußmittel (erniedrigt den Schmelzpunkt von Schlacken). – **Natriumhexafluoroaluminat,** $Na_3[AlF_6]$, „*Kryolith*", wird auch künstlich hergestellt und dient als Lösungsmittel für Al_2O_3 bei der Al-Gewinnung. – Von den Alkalimetallen und Ammonium existieren auch komplexe Hydrogenfluoride, z. B. $K[HF_2]$

17.3. Chlor und Chlorverbindungen

17.3.1. Allgemeines

a) *Symbol:* Cl [*chloros* (grch.) gelbgrün]; *Wertigkeiten:* −1; +7; +5; +3; +1; (+4).

b) *Vorkommen:* nur gebunden, besonders im Meerwasser (enthält 2% Cl^--Ionen) und den daraus entstandenen Salzlagern; elfthäufigstes Element der Erdkruste.

c) *Minerale:*

Steinsalz (*Halit*)	NaCl	Carnallit ..	$KCl \cdot MgCl_2 \cdot 6\,H_2O$
Sylvin	KCl	Kainit	$KCl \cdot MgSO_4 \cdot 3\,H_2O$

d) *Physiologie:* Cl^--Ionen sind für die tierischen Organismen lebensnotwendig (z. B. für die Magensaftbildung und den Wasserhaushalt des Organismus).

17.3.2. Elementares Chlor, Cl_2

a) *Entdeckung:* 1774 durch C. W. Scheele.

b) *Herstellung:*

- durch Oxidation von Salzsäure mit Kaliumpermanganat, Braunstein, Chlorkalk u. a.:

$$2\,KMnO_4 + 16\,HCl \rightarrow 2\,KCl + 2\,MnCl_2 + 8\,H_2O + 5\,Cl_2$$
$$MnO_2 + 4\,HCl \rightarrow MnCl_2 + 2\,H_2O + Cl_2$$
$$CaCl(OCl) + 2\,HCl \rightarrow CaCl_2 + H_2O + Cl_2$$

- technisch durch Alkalichloridelektrolyse (↑ S. 164).

c) *Eigenschaften:* gelbgrünes, nicht brennbares, stechend riechendes Gas; 2,5mal schwerer als Luft; in Wasser mäßig löslich zu Chlorwasser. Chlor ist sehr reaktionsfähig, verdrängt Brom und Iod aus ihren Wasserstoff- und Metallverbindungen und verbindet sich mit vielen anderen Elementen zu Chloriden.
Gemische aus Chlor und Wasserstoff (*Chlorknallgas*) explodieren bei Zufuhr von Wärme oder Licht (Sonnen- oder Mg-Licht): $H_2 + Cl_2 \rightarrow 2\,HCl$. Mit Natronlauge entstehen Hypochlorit und Chlorid: $2\,NaOH + Cl_2 \rightarrow NaClO + NaCl + H_2O$. Mit Kohlenwasserstoffen entstehen durch Substitution oder Addition Chlorderivate, z. B. $CH_4 + Cl_2 \rightarrow CH_3Cl + HCl$; Terpentinöl entzündet sich in Chlor. Feuchtes Chlor bleicht viele Farbstoffe, da sich, besonders im Sonnenlicht, mit Wasser allmählich Monosauerstoff bildet: $H_2O + Cl_2 \rightarrow 2\,HCl + (O)$; daher ist Chlorwasser in braunen Flaschen aufzubewahren.

d) *Toxizität:* Chlorgas ätzt stark die Schleimhäute der Atmungsorgane und zerstört die Lungengewebe. Bereits 0,05% wirken nach 1 ... 2 Std. tödlich. Chlor war der erste chemische Kampfstoff (Ypern, 1915).

e) *Verwendung:* Chlor gehört zu den wichtigsten Grundchemikalien der chemischen Industrie:

Chlor, Cl_2

- + Wasserstoff → Chlorwasserstoff — → Salzsäure; → Vinylchlorid, PVC
- + Metalle → Chloride, z. B. Aluminiumchlorid
- + Löschkalk → Chlorkalk
- + Natronlauge → Natronbleichlauge (Hypochlorit) (→ Chlorat)
- + Bromide → Brom
- + Methan → Mono-, Di-, Tri-, Tetrachlormethan
- + Kohlendisulfid → Tetrachlormethan
- + Kohlenmonoxid → Phosgen
- + SO_2 + Paraffine (Sulfochlorierung) → Alkylsulfochlorid → Alkylsulfonate (Emulgier-, Waschmittel)
- + Ethin → Tetrachlorethan (→ Trichlorethen)
- + Benzen — → Chlorbenzen (→ DDT); → Hexachlorcyclohexan (HCH)
- + Kautschuk → Chlorkautschuk
- + Essigsäure → Monochloressigsäure (→ Indigo)
- Entzinnung von Weißblechabfällen
- Bleichmittel für Stroh, Zellstoff u. a.
- Desinfektionsmittel für Trinkwasser

17.3.3. **Chlorwasserstoff,** HCl, **und Salzsäure**

a) *Herstellung:*

- durch Synthese (Verbrennung von Wasserstoff in Chlor): $H_2 + Cl_2 \rightarrow 2\,HCl$;

- aus Chloriden (Kochsalz) und konz. Schwefelsäure:

bei niedriger Temp.:	$NaCl + H_2SO_4 \rightarrow NaHSO_4 + HCl$	
bei höherer Temp.:	$NaCl + NaHSO_4 \rightarrow Na_2SO_4 + HCl$	
Gesamtreaktion:	$2\,NaCl + H_2SO_4 \rightarrow Na_2SO_4 + 2\,HCl$	

- als Nebenprodukt bei der Chlorierung organischer Verbindungen, z. B. von Benzen: $C_6H_6 + Cl_2 \rightarrow C_6H_5Cl + HCl$.

b) *Eigenschaften:* farbloses, stechend riechendes, hygroskopisches Gas, das an feuchter Luft weiße Nebel bildet. In Wasser löst es sich sehr begierig zu Salzsäure, wobei elektrolytische Dissoziation eintritt: $HCl \rightarrow H^+ + Cl^-$ (genauer: $HCl + H_2O \rightarrow H_3O^+ + Cl^-$). Mit Ammoniak entsteht ein dichter, weißer Rauch von festem Ammoniumchlorid: $NH_3 + HCl \rightarrow NH_4Cl$. An Ethin wird HCl in Gegenwart von Katalysatoren zu Monochlorethen (Vinylchlorid) addiert: $CH{\equiv}CH + HCl \rightarrow CH_2{=}CHCl$.

c) *Verwendung:* zur Herstellung von Salzsäure, Chloriden und Vinylchlorid (für PVC).

d) **Salzsäure:** farblose Flüssigkeit, die ständig um so mehr HCl abgibt, je konzentrierter sie ist, und dann an der Luft stark raucht. Die handelsübliche konzentrierte Säure ist etwa 38%ig. Magensaft enthält 0,4 ... 0,5% HCl. Salzsäure löst die unedlen Metalle (nicht z. B. Kupfer) unter H_2-Entwicklung zu Chloriden, z. B. $2\,Al + 6\,HCl \rightarrow 2\,AlCl_3 + 3\,H_2$. Starke Oxidationsmittel, z.B. $KMnO_4$, machen Chlor frei.

Verwendung: zum Beizen von Metallen; für Lötwasser (Zn + HCl); zum Lösen von Metallen aus Erzen; zur Herstellung von Chloriden.

e) *Nachweis:* ↑ 17.3.4.

17.3.4. Chloride

a) *Trivialnamen und mineralogische Namen:*

NaCl	Kochsalz, Steinsalz	$HgCl_2$	Sublimat
KCl	Sylvin	Hg_2Cl_2	Kalomel
NH_4Cl	Salmiak	$(NH_4)_2SnCl_6$	Pinksalz

b) *Löslichkeit:* meist in Wasser leicht löslich. Ausnahmen: AgCl, Hg_2Cl_2, TlCl; $PbCl_2$ ist in der Kälte schwer löslich.

c) *Nachweis:* Eine Cl^--haltige Lösung ergibt auch nach dem Ansäuern mit Salpetersäure mit $AgNO_3$-Lösung einen weißen, flockigen, am Licht nachdunkelnden, in Ammoniakwasser löslichen Niederschlag von AgCl.

17.3.5. Sauerstoffsäuren des Chlors und ihre Salze

a) **Übersicht:**

Formel	Name	Anhydrid	Name der Salze
$HClO_4$	Perchlorsäure	Cl_2O_7	Perchlorat
$HClO_3$	Chlorsäure	–	Chlorat
$HClO_2$	chlorige Säure	–	Chlorit
$HClO$	hypochlorige Säure	Cl_2O	Hypochlorit

b) **Perchlorsäure,** $HClO_4$ (früher: *Überchlorsäure*) ist die stärkste Sauerstoffsäure. Wasserfrei leichtbeweglich und explosiv, nimmt sie bei mäßiger Verdünnung ölige Konsistenz an und ist wesentlich beständiger. Sie fällt aus K-Salzen weißes **Kaliumperchlorat,** $KClO_4$, aus und dient deshalb als analytisches Reagens.

c) **Chlorsäure,** $HClO_3$, ist nur verdünnt (bis 40%) beständig. Die **Chlorate** bilden sich aus Chlor und heißer Alkalilauge: $6\,NaOH + 3\,Cl_2 \rightarrow NaClO_3 + 5\,NaCl + 3\,H_2O$. Sie sind starke Oxidationsmittel, z.B. explodieren Gemische von Kaliumchlorat und Schwefel beim Verreiben (entsprechende Versuche mit Phosphor sind lebensgefährlich!); ein Stück Holz, in geschmolzenes Chlorat geworfen, verbrennt mit heftig rauschender Flamme. Beim Erhitzen geben die Chlorate (leichter als Perchlorate) ihren Sauerstoff ab; die Zersetzung wird durch Braunstein katalytisch beschleunigt: $2\,KClO_3 \rightarrow 2\,KCl + 3\,O_2$. – **Kaliumchlorat,** $KClO_3$, wird für Zündhölzer, Explosivstoffe und Feuerwerkskörper verwendet, **Natriumchlorat,** $NaClO_3$, zur Unkrautbekämpfung.

d) **Hypochlorige Säure,** $HClO$ (früher: *unterchlorige Säure*) ist ebenfalls nur verdünnt existenzfähig; die Säure besitzt einen chlorähnlichen, jedoch deutlich davon verschiedenen Geruch und ist wie ihre Salze, die **Hypochlorite,** ein starkes Oxidationsmittel. Ihre Anwesenheit im Chlorwasser geht auf die Reaktion $Cl_2 + H_2O \rightarrow HCl + HClO$ zurück. – **Natrium-** und **Kaliumhypochlorit** sind in den aus Alkalilaugen und Chlor erhältlichen *Bleichlaugen* enthalten, z. B. gemäß: $2\,KOH + Cl_2 \rightarrow KCl + KClO + H_2O$.

Natronbleichlauge = Eau de Labarraque
Kalibleichlauge = Eau de Javelle

Die Bleichlaugen riechen infolge Hydrolyse nach hypochloriger Säure (nicht nach Chlor!); sie geben leicht Sauerstoff ab und dienen als Bleich-, Desinfektions- und Entgiftungsmittel (z. B. zur Entgiftung galvanischer cyanidischer Abwässer). – **Chlorkalk,** $CaCl(ClO)$, *Calciumchloridhypochlorit*, entsteht aus Chlor und Löschkalk und dient ebenfalls zum Bleichen und Desinfizieren.

17.4. Brom und Bromverbindungen

a) *Symbol:* Br [*bromos* (grch.) übelriechend]; *Wertigkeiten:* −1; +5; +3; +1.

b) *Vorkommen:* Br begleitet Cl in dessen Vorkommen; im Meerwasser ist das Verhältnis $Br^- : Cl^- = 1 : 250$.

c) *Entdeckung:* 1826 durch A. J. BALARD (im Meerwasser).

d) *Herstellung:*

- technisch aus Bromiden, z. B. bromidhaltigen Endlaugen der Kaliindustrie, durch Chlor: $MgBr_2 + Cl_2 \rightarrow MgCl_2 + Br_2$.
- aus Bromiden, Mangan(IV)-oxid und Schwefelsäure: $4\,KBr + MnO_2 + 2\,H_2SO_4 \rightarrow 2\,K_2SO_4 + MnBr_2 + 2\,H_2O + Br_2$.

e) *Physikalische Eigenschaften:* intensiv schwarzrote Flüssigkeit, die unter Bildung brauner, stechend riechender, schwerer Dämpfe rasch verdunstet; in Chloroform und Benzen leicht, in Wasser nur wenig löslich („*Bromwasser*").

f) *Chemische Eigenschaften:* wirkt stark ätzend auf Haut und Atmungsorgane, zerstört auch Holz, Kork, Gummi rasch; verbindet sich mit vielen Elementen zu Bromiden, verdrängt Iod aus Iodiden und wird seinerseits durch Chlor und Fluor aus Bromiden verdrängt.

g) *Verwendung:* zur Herstellung von Bromiden sowie organischen Bromverbindungen, z. B. dem roten Farbstoff Eosin, bromhaltigen Pharmazeutika und vor allem *Bromethan*, C_2H_5Br, und *1,2-Dibromethan*, $C_2H_4Br_2$, die verbleitem Vergaserkraftstoff zugesetzt werden, um das Blei in flüchtiges Blei(II)-bromid, $PbBr_2$, überzuführen.

h) *Bromverbindungen:* ähneln sehr stark den Chlorverbindungen; jedoch ist die Säure $HBrO_4$ nebst Salzen nicht bekannt. **Bromwasserstoff,** HBr, ist wie HCl ein farbloses, an feuchter Luft rauchendes, stechend riechendes Gas; es ist jedoch unbeständiger, so daß es aus Bromiden und Schwefelsäure nicht rein erhalten werden kann. Die wäßrige Lösung, **Bromwasserstoffsäure,** ähnelt der Salzsäure. **Silberbromid,** AgBr, sieht gelblich-weiß aus und löst sich im Gegensatz zum Chlorid nur wenig in Ammoniak. Bromide und organische Bromverbindungen dienen in der Pharmazie als Beruhigungsmittel.

17.5. Iod (Jod) und Iodverbindungen

a) *Symbol:* I [*ioeides* (grch.) violett]; *Wertigkeiten:* −1; +7, +5, +3, +1.

b) *Vorkommen:* wesentlich seltener als die übrigen Halogene (außer Astat); findet sich angereichert in Chilesalpeter (als Iodat $NaIO_3$) und Meeresalgen, Tangen und Schwämmen (organische Iodverbindungen).

c) *Physiologie:* für den Menschen lebensnotwendiges Spurenelement; bei Iodmangel kann sich in der Schilddrüse das iodhaltige Hormon *Thyroxin* nicht bilden, und es treten Schilddrüsenstörungen (Kropf u. a.) auf. Deshalb wird mitunter das Speisesalz „iodiert" (mit NaI).

d) *Entdeckung:* 1811 durch B. COURTOIS in der Seetangasche.

e) *Herstellung:*

- aus dem Iodat des Chilesalpeters durch Natriumhydrogensulfit:
  $2\,NaIO_3 + 5\,NaHSO_3 \rightarrow 2\,Na_2SO_4 + 3\,NaHSO_4 + H_2O + I_2$;
- aus der iodhaltigen Asche von Meerespflanzen durch Behandlung mit Chlor;
- aus Iodid + Mangan(IV)-oxid + Schwefelsäure (analog der Bromherstellung, S. 243).

f) *Physikalische Eigenschaften:* grauschwarze, metallisch glänzende, scharf riechende Kristalle, die an der Luft allmählich verdampfen. Bei raschem Erhitzen sublimiert Iod; der Dampf sieht intensiv violett aus. Bei langsamem Erhitzen im geschlossenen Gefäß läßt sich Iod schmelzen (schwarze Flüssigkeit). I_2 löst sich leicht mit brauner Farbe in Ethanol („Iodtinktur"), mit violetter Farbe in Kohlendisulfid und Chloroform, mit roter Farbe in Benzen. In Wasser ist Iod nur sehr wenig löslich, leicht dagegen auf Zusatz von Kaliumiodid mit brauner Farbe („*Iodiodkaliumlösung*", enthält Anlagerungsverbindungen vom Typus $KI \cdot I_2$). Aus den wäßrigen Lösungen läßt sich Iod durch die genannten wasserunlöslichen organischen Lösungsmittel „ausschütteln".

g) *Chemische Eigenschaften:* reaktionsträger als Fluor, Chlor und Brom; wird von diesen Elementen aus Iodiden verdrängt, z. B. $2\,NaI + Br_2 \rightarrow 2\,NaBr + I_2$ ($2\,I^- + Br_2 \rightarrow 2\,Br^- + I_2$; die Iodidionen geben je 1 Elektron an die Brommoleküle ab). Dennoch ist es sehr aggressiv, bildet mit vielen Elementen Iodide, zerstört auch Kork, Gummi u. dgl. Mit Natriumthiosulfat entstehen Iodid und Tetrathionat: $2\,Na_2S_2O_3 + I_2 \rightarrow Na_2S_4O_6 + 2\,NaI$ (für die „Iodometrie", ein Titrationsverfahren, von Bedeutung).

h) *Nachweis:* Freies Iod ergibt mit Stärke intensiv blaue Iodstärke; Iodverbindungen reagieren mit Stärke nicht.

i) *Verwendung:* in der Pharmazie und der chemischen Analyse.

j) **Iodwasserstoff,** HI, ist noch zersetzlicher als HBr. Es bildet sich aus Iod und feuchtem rotem Phosphor: $2\,P + 3\,I_2 \rightarrow 2\,PI_3$; $PI_3 + 3\,H_2O \rightarrow 3\,HI + H_3PO_3$. Die wäßrige Lösung, **Iodwasserstoffsäure,** ist eine sehr starke Säure.

k) *Iodide:* ähneln den Bromiden, sind jedoch häufig intensiver farbig; AgI hellgelb, PbI_2 intensiv gelb, HgI_2 zinnoberrot. Die genannten Iodide sind zugleich unlöslich, AgI ist noch schwerer, KI noch leichter löslich als das jeweilige Bromid.

17.6. Astat und Astatverbindungen

Astat, *Astatin* [Symbol: At, *astaton* (grch.) das Unbeständige], ist ein kurzlebiges, radioaktives Element (Halbwertszeit von At 210 : 8,3 Stunden). In seinem chemischen Verhalten ähnelt es einerseits dem Iod, andererseits dem Polonium.

18. Elemente der VIII. Hauptgruppe (Edelgase)

a) *Elemente:* Helium [He; *helios* (grch.) Sonne], Neon [Ne; *to neon* (grch.) das Neue], Argon [Ar; *argos* (grch.) das Träge], Krypton [Kr; *kryptos* (grch.) verborgen], Xenon [Xe; *to xenon* (grch.) das Fremde], Radon [Rn; *radius* (lat.) Strahl, von seiner radioaktiven Strahlung].

b) *Entdeckung:* He wurde 1869 spektralanalytisch auf der Sonne nachgewiesen. Die übrigen beständigen Edelgase entdeckte W. RAMSAY 1892 bis 1897; die verschiedenen Rn-Isotope (damals „Emanationen" genannt) wurden im folgenden Jahrzehnt bekannt.

c) *Vorkommen:* in der Luft; 100 l Luft enthalten 932 ml Ar, 1,5 ml Ne, 0,5 ml He, 0,11 ml Kr und 0,008 ml Xe. – Rn findet sich in radioaktiven Quellwässern (Brambach). He kommt auch in manchen Edelgasen und in radioaktiven Mineralien vor; 15% der Sonnen-Atome sind He-Atome.

d) *Gewinnung:* aus Luft durch fraktionierte Kondensation und Destillation, kombiniert mit Adsorption an Aktivkohle. Argon reichert sich auch im Kreislaufgas der Ammoniaksynthese an und wird daraus isoliert.

e) *Physikalische Eigenschaften:* farb-, geruch- und geschmacklose, in Wasser wenig lösliche Gase. (Tabelle 21)

Helium ist das am schwersten zu verflüssigende Gas. Flüssiges He existiert in 2 *Modifikationen:* Während sich **Helium I** wie eine gewöhnliche Flüssigkeit verhält, ist **Helium II** suprawärmeleitend und suprafluid. Es leitet die Wärme zehnmillionenmal besser als Helium I (1000mal besser als Silber!) und besitzt praktisch keine Zähigkeit, fließt also rasch durch engste Kapillaren und überkriecht spontan Gefäßwände als dünner Film.

f) *Chemische Eigenschaften:* Die Edelgase sind äußerst reaktionsträge. Relativ am leichtesten reagieren die schweren Edelgase, und zwar mit Fluor.

g) *Verwendung:* Die leichten Edelgase (He, Ne, Ar) sind Füllgase für Leuchtröhren und Glimmlampen, die mittleren (Kr, Ar) setzen in Glühlampen die Lichtausbeute herauf: He-Ne-Gemische werden in Gas-Lasern verwendet. Xenon ist infolge seines sonnenähnlichen Lichtes in fotografischen Elektronenblitzgeräten enthalten. – Helium wird außerdem für Ballonfüllungen und für „Taucherluft“ (80 Vol.-% He + 20 Vol.-% O_2) verwendet, Argon als Schutzgas beim Schweißen.

h) *Edelgasverbindungen:* seit 1962 bekannt. Die schweren Edelgase (Kr, Xe, Rn) reagieren unter geeigneten Bedingungen mit Fluor und bilden in den Wertigkeitsstufen 2, 4, 6 und 8 Fluoride. Aus diesen können durch Substitution Sauerstoffverbindungen gewonnen werden. Auch Chlorverbindungen sind bekannt.

Tabelle 21: Edelgase

	Helium	Neon	Argon	Krypton	Xenon	Radon
Symbol	He	Ne	Ar	Kr	Xe	Rn
Kernladungszahl	2	10	18	36	54	86
Relative Atommasse	4,00	20,18	39,95	83,80	131,30	222
Schmelzpunkt (in °C)	−272,1[1]	−248,6	−189,4	−156,6	−111,5	−71
Siedepunkt (in °C)	−269,0	−246,0	−185,9	−152,9	−107,1	−65
Dichte (in g/l) bei Normbedingungen	0,18	0,90	1,78	3,74	5,89	9,96
Wertigkeit	0	0	0	0; 2; 4	0; 2; 4; 6; 8	0; ?

[1] bei 2,5 MPa (≈ 25 at)

DIE NEBENGRUPPENELEMENTE UND IHRE VERBINDUNGEN

19. Allgemeines

a) *Wertigkeit:* Die Nebengruppenelemente zeichnen sich durch eine große Mannigfaltigkeit an Wertigkeitsstufen aus; doch tritt stets nur positive Wertigkeit auf. Wie bei den Hauptgruppen stimmt die maximale positive Wertigkeit im allgemeinen mit der Gruppennummer überein; es gibt jedoch *2 Ausnahmen:*

I. Nebengruppe:

Bei allen drei Elementen überschreitet die maximale Wertigkeit die Gruppennummer, da nicht nur das Außenelektron an der chemischen Bindung beteiligt ist.

VIII. Nebengruppe:

Hier wird die Wertigkeitsstufe +8 nur von 2 Elementen erreicht (Ru und Os); die übrigen Elemente treten nur in niederen Wertigkeitsstufen auf.

b) *Chemisches Verhalten:* Die Nebengruppenelemente ähneln um so mehr den jeweiligen Hauptgruppenelementen, je näher sie den Trennlinien zwischen beiden (II./III. Gruppe) stehen.

Am ähnlichsten sind in den Hauptgruppenelementen die Elemente der II. und III. Nebengruppe; von der IV. bis zur VII. Nebengruppe nimmt die Ähnlichkeit stark ab, um bei der VIII. Nebengruppe völlig zu verschwinden und von der I. zur II. Nebengruppe wieder zuzunehmen.

Die Nebengruppenelemente sind ohne Ausnahme Metalle. Die Oxide in den höheren Wertigkeitsstufen (+5 ... +7) bilden jedoch mit Wasser Säuren (z. B. Chromium-, Vanadium-, Molybdän-, Permangansäure). Die Verbindungen der Nebengruppenelemente sind vielfach farbig.

20. Elemente der I. Nebengruppe (Kupfergruppe)

Tabelle 22: Kupfergruppe

	Kupfer	Silber	Gold
Symbol	Cu	Ag	Au
Kernladungszahl	29	47	79
Relative Atommasse	63,54	107,87	196,97
Schmelzpunkt (in °C)	1083	960	1063
Dichte (in $g \cdot cm^{-3}$ bei 20 °C)	8,9	10,5	19,3
Wertigkeit	**1**; 2	**1**; (2)	1; **3**

20.1. Kupfer und Kupferverbindungen

20.1.1. Allgemeines

a) *Symbol:* Cu [*cuprum* (lat.); benannt nach der Insel Cypern]; *Wertigkeiten:* +2, +1. Iodid, Cyanid und Rhodanid existieren nur in der +1wertigen Stufe; im allgemeinen ist jedoch die Oxidationsstufe +2 beständiger.

b) *Vorkommen:* selten gediegen, meist als Sulfid. Der „Mansfelder Kupferschiefer" ist kein Erz, sondern ein bituminöser Mergel, in welchem viele Erze feinverteilt eingelagert sind.

Kupfer ist ein für Pflanzen wichtiges Spurenelement. – In Mollusken kommt der Cu-haltige Blutfarbstoff *Hämocyanin* vor.

c) *Minerale:*

Kupferkies (*Chalkopyrit*) ... $CuFeS_2$
Buntkupferkies (*Bornit*) .... Cu_3FeS_3
Kupferglanz (*Chalkosin*) ... Cu_2S
Rotkupfererz (*Cuprit*)... Cu_2O
Malachit ... $CuCO_3 \cdot Cu(OH)_2$
Azurit ... $2CuCO_2 \cdot Cu(OH)_2$

20.1.2. Metallisches Kupfer

a) *Herstellung:*

- Oxidische Erze werden mit Koks reduziert.
- Aus Mansfelder Kupferschiefer wird in Kupferschachtöfen zunächst flüssiger „*Kupferstein*" (Cu_2S, FeS und andere Sulfide wie NiS und Ag_2S) erschmolzen. Im Konverter entsteht daraus durch seitliches Einblasen von Luft *Schwarzkupfer* ($Cu_2S + O_2 \rightarrow 2\,Cu + SO_2$; Schwefeldioxid → Schwefelsäure). Dieses wird oxidativ (→ *Garkupfer*) und für die meisten Zwecke noch elektrolytisch raffiniert (→ *Elektrolytkupfer*, Nebenprodukte: Silber, Selen, Nickelsulfat u. a.).

b) *Physikalische Eigenschaften:* rotglänzendes, zähes, weiches Metall (wird durch Hämmern hart, durch Abschrecken wieder weich); ist nächst Silber der beste Leiter für Elektrizität und Wärme. Kupfer ist gut lötbar, jedoch wegen O_2-Aufnahme schlecht schweiß- und gießbar.

c) *Chemische Eigenschaften:* Beim Glühen an der Luft entsteht schwarzes, abblatterndes Kupfer(II)-oxid; die grüne „*Patina*" auf Kupferdächern besteht meist aus Hydroxidsulfat. Kupfer ist edler als Wasserstoff und löst sich demnach nur in oxidierenden Säuren: in HNO_3 unter Entwicklung nitroser Gase, in heißer, konzentrierter Schwefelsäure unter Bildung von Schwefeldioxid. Auch in $FeCl_3$- und $CuCl_2$-Lösung löst sich Kupfer auf, z. B. gemäß $Cu + 2\,FeCl_3 \rightarrow CuCl_2 + 2\,FeCl_2$: Durch Polysulfidlösung wird Kupfer braun bis schwarz gefärbt („*Altkupferfärbung*").

d) *Verwendung:* als Leiter in der Elektrotechnik; für Heizschlangen; als Gefäßmaterial (z. B. in Brauereien); als Legierungsmetall; für Anoden zum Verkupfern.

e) *Legierungen:*

Messing: Cu (bis 80%, meist 70%) + Zn
Tombak: Cu (über 80%) + Zn
Zinnbronze („*Bronze*"; „*Phosphorbronze*"): Cu (80 ... 90%) + Sn
Rotguß: Cu (≈ 90%) + Sn + Zn (+ Pb)
Aluminiumbronze: Cu + Al (5 ... 10%)
Bleibronze: Cu + Pb (bis 40%)
Hartlot: 42 ... 60% Cu, Rest Ag (Schmelzbereich 600 ... 1000 °C)
Neusilber: Cu (45 ... 67%) + Zn (12 ... 45%) + Ni (10 ... 26%)

f) *Verkupfern:* galvanisch, meist als Zwischenschicht vor dem Vernickeln, jedoch auch für galvanoplastische, z. B. drucktechnische Zwecke.

Elektrolyte:

- Sulfatelektrolyt: Kupfersulfat + Schwefelsäure;
- Cyanidelektrolyt: Natriumcyanokuprat(I) + Natriumcyanid + Natriumcarbonat + wenig Natriumthiosulfat.

g) *Vermessingen:* galvanisch, meist zur dekorativen Verschönerung, z. B. in der Beleuchtungskörperindustrie. Die Elektrolyte enthalten Natriumcyanokuprat, Natriumcyanozinkat, Natriumcyanid und Natriumcarbonat, dazu wenig Arsen(III)-oxid als Glanzbildner.

20.1.3. Kupferverbindungen

a) *Kupfer(I)-verbindungen:* gehen an der Luft meist in Cu(II)-Verbindungen über; beständig sind: Cyanid (weiß), Rhodanid (weiß), Iodid (weiß), Sulfid (schwarz) und Oxid (rot). **Kupfer(I)-oxid,** Cu_2O, rotes Pulver, fällt beim Nachweis von Aldehyden mit FEHLINGscher Lösung aus. **Kupfer(I)-chlorid,** CuCl, bildet ein weißes, unlösliches Pulver.

b) *Kupfer(II)-verbindungen:* Die kristallwasserhaltigen Salze (Aquokomplexe) sehen blau bis grün aus, die wasserfreien meist weiß (Oxid und Sulfid schwarz). Das Kupfer(II)-iodid ist nicht beständig und geht in Kupfer(I)-iodid über: $2\,CuI_2 \rightarrow 2\,CuI + I_2$. Aus den Cu(II)-Lösungen fällen Eisen und Zink rotbraunes Kupferpulver aus. Ammoniakwasser färbt die Lösungen intensiv ultramarinblau, wobei sich z. B. *Tetramminkupfer(II)-sulfat*, $[Cu(NH_3)_4]SO_4$, bildet.

c) **Kupfer(II)-sulfat,** $CuSO_4$, kristallisiert mit $5\,H_2O$ als **Kupfervitriol,** $CuSO_4 \cdot 5\,H_2O$. Blaue, mäßig giftige, wasserlösliche Kristalle, die beim Erhitzen unter Abgabe des Kristallwassers zu einem weißen Pulver von wasserfreiem Kupfersulfat zerfallen. Dieses wird mit Wasser wieder blau (Nachweis für Wasser, z. B. in Alkohol).

Verwendung: als Schädlingsbekämpfungsmittel (mit Kalkmilch „Kupferkalkbrühe“ gegen Reblaus); zum Verkupfern; zur Herstellung von Spinnlösung für Kupferkunstseide.

d) *Weitere Kupfer(II)-verbindungen:* **Kupfer(II)-hydroxid,** $Cu(OH)_2$, fällt als blauer, flockiger Niederschlag aus Cu(II)-Lösungen durch Alkalilaugen aus; beim Erhitzen entsteht daraus schwarzes **Kupfer(II)-oxid,** CuO. – **Kupfer(II)-chlorid,** $CuCl_2 \cdot 2\,H_2O$, bildet grüne bis blaugrüne Kristalle; konzentrierte Lösungen sehen grün, verdünnte blau aus.

e) *Nachweis:* Cu-Verbindungen färben, besonders nach Anfeuchten mit Salzsäure, die Flamme intensiv blau oder grün. – Cu(II)-Salze ergeben mit Ammoniakwasser eine intensiv blaue Färbung (Bildung von $[Cu(NH_3)_4]^{2+}$-Ionen).

20.2. Silber und Silberverbindungen

a) *Symbol:* Ag [*argentum* (lat.)]; *Wertigkeiten:* +1, (+2).

b) *Vorkommen:* manchmal gediegen, meist an Schwefel gebunden als Begleiter von Bleiglanz und Kupferkies.

c) *Minerale:* **Silberglanz** (*Argentit*), Ag_2S; ferner die **Rotgültigerze,** Ag_3SbS_3 und Ag_3AsS_3.

d) *Herstellung:*

- aus Silbererzen durch „*Cyanidlaugerei*" mittels NaCN-Lösung: $Ag_2S + 4\,NaCN \rightarrow 2\,Na[Ag(CN)_2] + Na_2S$. Aus der Komplexsalzlösung fällt man das Silber durch Zinkpulver: $2\,Na[Ag(CN)_2] + Zn \rightarrow Na_2[Zn(CN)_4] + 2\,Ag$. Reinigung durch elektrolytische Raffination (in Silbernitratelektrolyten).
- aus silberhaltigem „Werkblei" durch Zinkentsilberung („*Parkesierung*"). Flüssiges Zink extrahiert das Silber aus dem Blei; nach Abdestillation des Zinks aus dem abgeschöpften Zinkschaum wird das restliche Blei in einem Flammofen durch Oxidation entfernt, bis die letzte Haut Bleiglätte reißt und der „Silberblick" sichtbar wird.
- aus den Anodenschlämmen der elektrolytischen Kupfer-, Nickel- und Bleiraffination durch Schmelzen und elektrolytische Raffination in Silbernitratlösung.

e) *Eigenschaften:* „silber"weißes, weiches, sehr dehnbares Edelmetall; besitzt von allen Metallen die beste Leitfähigkeit für Elektrizität und Wärme. Durch Schwefelwasserstoff wird es geschwärzt; hierauf beruht auch das Nachdunkeln an der Luft: $4\,Ag + 2\,H_2S + O_2 \rightarrow 2\,Ag_2S + 2\,H_2O$. Das Nachdunkeln kann durch eine dünne Rhodinierung (galvanisches Überziehen mit Rhodium) verhindert werden. – Wegen seines edlen Charakters wird Silber nur von oxidierenden Säuren (Salpetersäure; heiße, konz. Schwefelsäure) gelöst.

f) *Verwendung:* als Schmuck- und Münzmetall; für Spiegel, elektrische Kontakte, chemische Gefäße; als Anoden zum Versilbern; zur Herstellung von Silbersalzen (besonders für fotografische Zwecke).

g) *Legierungen:* Da reines Silber zu weich ist, wird es für viele Zwecke, z. B. Schmuck, mit Kupfer legiert. „Feingehalt 1000" bedeutet: reines Silber; „Feingehalt 900" 90%iges Silber. – **Silberlote** bestehen aus Kupfer, Zink und Silber. – **Silberamalgam** wird für Zahnfüllungen verwendet.

h) *Versilbern:* Metalle werden galvanisch in Elektrolyten aus Natriumdicyanoargentat, $Na[Ag(CN)_2]$, Natriumcyanid, Natriumcarbonat und glanzbildenden organischen Schwefelverbindungen (auch Natriumselenit) versilbert. „Silberauflage 90" (*schwere Versilberung*) heißt: 12 genormte Eßlöffel und -gabeln erhalten zusammen 90 g Silber aufgelegt; das entspricht einer durchschnittlichen Schichtdicke von 36,7 μm.

i) *Verspiegeln:* ist das Überziehen nichtmetallischer Werkstoffe (Glas, Plaste) mit Silber, z. B. für Spiegel oder zur Herstellung einer Silberleitschicht für eine nachfolgende Galvanisierung. Die Verspiegelung der entfetteten Oberflächen erfolgt durch Erwärmen in einem Gemisch aus Glucose- oder Formalinlösung und „ammoniakalischer Silbersalzlösung"

(s. u.) oder durch gleichzeitiges Aufbringen der erwärmten Lösungen aus einer Spezialspritzpistole. Reaktion mit Formaldehyd:

$HCHO + 2[Ag(NH_3)_2]NO_3 + H_2O \rightarrow HCOOH + 2\,Ag + 2\,NH_4NO_3 + 2\,NH_3$.

j) *Silberverbindungen:* meist farblos und lichtempfindlich (Aufbewahrung in braunen Flaschen!). Unedlere Metalle, auch Hg, fällen das Silber aus den Salzlösungen als schwarzen Schlamm oder in Form schöner, langer Kristalle aus. Auf der Haut bilden Silbersalze schwarze, schwer entfernbare Flecke aus metallischem Silber.

Silbernitrat, *Höllenstein,* $AgNO_3$, entsteht aus Silber und Salpetersäure; bildet farblose, sehr leicht lösliche Kristalle und wird zur Herstellung anderer Ag-Verbindungen sowie in der Medizin als Ätzmittel verwendet. **Silberchlorid, -bromid** und **-iodid,** AgCl, AgBr und AgI, fallen als „käsige" Niederschläge aus Silbersalz- und entsprechenden Halogenidlösungen aus und dienen als lichtempfindliche Stoffe in der Fotografie. AgCl sieht weiß, AgBr gelblich weiß, AgI hellgelb aus; die Löslichkeit ist bereits beim Chlorid sehr gering und sinkt bis zum Iodid weiter ab. **Silberoxid,** Ag_2O, fällt aus Silbersalzlösungen durch Alkalilaugen als brauner Niederschlag; Ammoniak löst zu **Diamminsilbersalzen**, z. B. $[Ag(NH_3)_2]NO_3$ („*ammoniakalische Silberlösung*" für die Silberspiegelreaktion mit Glucose und anderen Aldehyden).

k) *Nachweis:* Lösliche Silbersalze ergeben auch in salpetersaurer Lösung mit Cl^--Ionen (z. B. Salzsäure, Natriumchlorid) eine weiße, käsige Fällung von Silberchlorid.

l) **Fotografischer Prozeß:**

Bei der *Schwarzweißfotografie* bildet in Gelatine eingebettetes Silberhalogenid (Bromid oder Chlorid) die lichtempfindliche Schicht; gleichzeitig vorhandene organische „Sensibilisatoren" machen die an sich nur blau- und violettempfindliche Schicht auch für grünes, gelbes und rotes Licht empfindlich.
Bei der *Belichtung* entsteht infolge spurenweiser Zersetzung des Silbersalzes ein unsichtbares „latentes" (verborgenes) Bild.
Dies wird im Dunkeln *entwickelt*, d. h. sichtbar gemacht. Beim Tauchen in den *Entwickler* wird an den vorher vom Licht getroffenen Stellen, d. h. dort, wo bereits Spuren von Silber vorhanden sind (katalytische Wirkung), das Silberhalogenid zu schwarzem Silber reduziert, z. B. gemäß der vereinfachten Gleichung

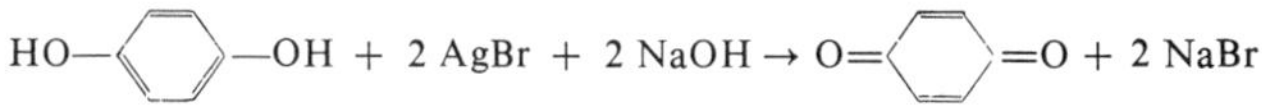

$+ 2\,H_2O + 2\,Ag$
(Aus Aminogruppen $—NH_2$ entstehen analog Iminogruppen $=NH$.)

Zur Entfernung des noch unbelichteten Silberhalogenids wird das Bild nach einer Zwischenwässerung *fixiert*, d. h. im Dunkeln mit hydrogensulfit- oder disulfithaltigen Natriumthiosulfatlösungen (*Fixierbad*) behandelt. Hierbei löst sich das Silbersalz gemäß: $AgBr + 2\,Na_2S_2O_3 \rightarrow Na_3[Ag(S_2O_3)_2] + NaBr$. Silber kann aus gebrauchten Fixierbädern durch Fällung mit Zinkstaub wiedergewonnen werden.

Nach dem Fixieren kann das Bild dem Tageslicht ausgesetzt werden; gründliches Wässern verhindert ein Nachgilben. Das Bild ist ein Negativ der Vorlage; indem man das Negativ seinerseits als Bildvorlage benutzt, lassen sich negative Negative, d. h. Positive, erzeugen.

20.3. Gold und Goldverbindungen

a) *Symbol:* Au [*aurum* (lat.); vgl. *aurora* (lat.) Morgenröte]; *Wertigkeiten:* +3, +1.

b) *Vorkommen:* meist gediegen. „*Berggold*" findet sich auf primärer Lagerstätte, „*Seifengold*" (Waschgold) auf sekundärer Lagerstätte in Flußsanden.

c) *Gewinnung:*

- durch *Schlämmen* („Goldwäscherei").
- durch das *Amalgamationsverfahren:* Quecksilber löst das Gold zu Goldamalgam; beim Erhitzen desselben verdampft Quecksilber und hinterläßt das Gold.
- durch *Cyanidlaugerei* mit lufthaltiger Natriumcyanidlösung: $4\,Au + 8\,NaCN + 2\,H_2O + O_2 \rightarrow 4\,Na[Au(CN)_2] + 4\,NaOH$; anschließend wird das Gold mit Zinkstaub gefällt und elektrolytisch (in Elektrolyten aus $H[AuCl_4] + HCl$) raffiniert.

d) *Eigenschaften:* schön gelbes, weiches Edelmetall von sehr guter Leitfähigkeit für Elektrizität und Wärme. Es ist das dehnbarste (duktilste) Metall und läßt sich z. B. zu grün durchscheinenden Blättchen von 0,1 µm Dicke (kleiner als die Wellenlänge sichtbaren Lichts!) auswalzen. An der Luft absolut beständig, wird es von Chlor, Brom und Königswasser leicht angegriffen; letzteres löst zu Tetrachlorogold(III)-säure, $H[AuCl_4]$.

e) *Verwendung:* als Schmuckmetall; als Goldbarren zur Deckung von Papiergeld; in Zahntechnik, Porzellan- und Glasmalerei; zur Goldprägung auf Büchern; zur Herstellung von Goldverbindungen, z. B. für das Vergolden. Als Schmuckmetall wird es wegen seiner Weichheit mit Silber und Kupfer legiert. Der Goldgehalt („Feingehalt") wird in Bruchteilen von Tausend oder in Karat angegeben. Reines Gold (1000 fein) entspricht 24 Karat; 333er Gold also 8 Karat.

f) *Vergolden:* durch Aufwalzen (Golddoublé), Tauchvergolden oder Galvanisieren in cyanidischen Lösungen, enthaltend Kaliumdicyanoaurat(I), $K[Au(CN)_2]$, und Kaliumcyanid.

g) *Goldverbindungen:* Gold(III)-verbindungen sind meist beständiger als Gold(I)-verbindungen. Einfache Goldsalze existieren kaum; zumindest in wäßriger Lösung sind nahezu alle Verbindungen stark komplex. Aus goldhaltigen Lösungen entsteht durch Zinn(II)-chlorid intensiv purpurrotes, kolloides Gold (Cassiusscher Goldpurpur); die gleiche Färbung erzeugen Goldverbindungen auf der Haut.

21. Elemente der II. Nebengruppe (Zinkgruppe)

Tabelle 23: Zinkgruppe

	Zink	Cadmium	Quecksilber
Symbol	Zn	Cd	Hg
Kernladungszahl	30	48	80
Relative Atommasse	65,37	112,40	200,59
Schmelzpunkt (in °C)	419,4	320,9	−38,8
Siedepunkt (in °C)	906	767	356,95
Dichte (in $g \cdot cm^{-3}$ bei 20 °C)	7,13	8,64	13,60
Wertigkeit	2	2	1; 2
Hydroxide	weiß, amphoter	weiß, nicht amphoter	unbeständig
Oxide	weiß	braun	gelb und rot
Sulfide	weiß	gelb	schwarz und rot

21.1. Zink und Zinkverbindungen

21.1.1. Allgemeines

a) *Symbol:* Zn [*zincum* (lat.); nach der „zinkigen“ = zackigen äußeren Gestalt einiger Erze]; *Wertigkeit:* +2.

b) *Entdeckung:* in Europa seit Ende des Mittelalters bekannt, im Orient früher.

c) *Minerale:*

Zinkblende (*Sphalerit*) .... ZnS
Zinkspat (*edler Galmei*; *Smithsonit*) .... $ZnCO_3$
Kieselzinkerz (*gemeiner Galmei*; *Hemimorphit*) .. $Zn_4(OH)_2Si_2O_7 \cdot H_2O$

d) *Physiologie:* Kleine Mengen Zn-Verbindungen sind für alle höheren Pflanzen und Tiere lebensnotwendig; mehrere Fermente sind Zn-Verbindungen. – Zn-Salze wirken giftig (Verätzungen der Schleimhäute; Erbrechen); Lebensmittel, z. B. saure Speisen, dürfen nicht in Zinkgefäßen aufbewahrt werden!

21.1.2. Metallisches Zink

a) *Herstellung:*

● *Nasses (elektrolytisches) Verfahren:* Geröstete Zinkblende oder carbonatisches Zinkerz wird mit Schwefelsäure ausgelaugt; nach Reinigung der entstehenden Zinksulfatlösung mittels Zinkpulvers (Ausfällung von Cu, Cd. u. a.) erfolgt Elektrolyse (Abscheidung an Al-Katoden).

- *Trockenes (chemisches) Verfahren* (wird immer mehr vom nassen abgelöst): Aus Zinkerzen durch Rösten ($2\,ZnS + 3\,O_2 \rightarrow 2\,ZnO + 2\,SO_2$) oder Brennen ($ZnCO_3 \rightarrow ZnO + CO_2$) hergestelltes Zinkoxid wird in Muffeln (kleinen Retorten, die in einem Muffelofen erhitzt werden) mit Kohle reduziert ($ZnO + C \rightarrow Zn + CO$); das Zink destilliert in luftgekühlte Vorlagen über, in denen es sich flüssig ansammelt.

b) *Eigenschaften:* bläulich-weißes Metall, das sich walzen, schweißen, löten und gießen läßt. An der Luft bildet sich allmählich „Weißrost“ (Zinkhydroxidcarbonat) aus, welcher das darunter befindliche Zink ziemlich gut schützt. Beim Erhitzen an der Luft, auch z. B. beim Gießen von Messing, verbrennt Zink mit grüner Flamme zu einem weißen Rauch von Zinkoxid, ZnO. – Zink löst sich leicht in Säuren, langsam auch in Alkalilaugen unter Wasserstoffentwicklung; mit den Laugen bildet sich Zinkat: $Zn + 2\,NaOH + 2\,H_2O \rightarrow Na_2[Zn(OH)_4] + H_2$. Infolge seines relativ unedlen Charakters, verdrängt Zink viele edlere Metalle aus ihren Salzlösungen.

c) *Verwendung:* zum Verzinken von Eisen und Stahl; als Legierungsmetall; als Konstruktionsmaterial; für Druckplatten und Anoden galvanischer Elektrolyte und galvanischer Ketten (Zink-Salmiak-Kohle-Elemente in sog. Trockenelementen bzw. -batterien).

d) *Verzinken:*

- *Feuerverzinkung:* Der gereinigte und gebeizte Stahlgegenstand wird durch einen oxidlösenden „Fluß“ aus geschmolzenem Zinkchlorid (+ Ammoniumchlorid) in eine Zinkschmelze getaucht.
- *Galvanische Verzinkung:* erfolgt in Elektrolyten aus Natriumzinkat, -cyanozinkat, -hydroxid und -cyanid mit Zink-Anoden; als Glanzbildner eignen sich Heliotropin, Vanillin u. dgl.

e) *Legierungen:* **Messing, Tombak** und **Neusilber** enthalten Zn in Mengen unter 50%. – *Zink-Knet-* und *-Spritzgußlegierungen* enthalten neben einem Zn-Gehalt über 90% kleine Mengen Cu, Al, und Mg.

21.1.3. Zinkverbindungen

a) *Allgemeines:* meist farblos oder weiß, auch Oxid und Sulfid; farbig sind nur Chromat und andere Verbindungen mit farbigem Anion.

b) **Zinkoxid,** ZnO: weißes, in der Hitze gelbes Pulver; entsteht durch Verbrennen des Metalls, durch Glühen des Hydroxids, Carbonats oder Nitrats oder durch Rösten des Sulfids. *Verwendung:* als Malerfarbe („*Zinkweiß*“), als Zusatz bei der Vulkanisation von Kautschuk und Buna, als Bestandteil pharmazeutischer Zinksalben und -pasten.

c) **Zinkhydroxid,** $Zn(OH)_2$, fällt als weißer, schleimiger Niederschlag aus Zinksalzlösungen durch Alkalilaugen ($ZnCl_2 + 2\,NaOH \rightarrow Zn(OH)_2$

$+ 2 NaCl$) und löst sich in deren Überschuß zu **Zinkat,** ($Zn(OH)_2 + 2 NaOH \rightarrow Na_2[Zn(OH)_4]$). Durch Säuren wird aus Zinkatlösungen das Hydroxid wieder ausgeschieden ($Na_2[Zn(OH)_4] + 2 HCl \rightarrow Zn(OH)_2 + 2 H_2O + 2 NaCl$). Zinkhydroxid besitzt also *amphoteren* Charakter.

d) **Zinkchlorid,** $ZnCl_2$: sehr hygroskopisches, weißes Pulver. Es ist in dem aus Zink und Salzsäure bereiteten *Lötwasser* enthalten. *Verwendung:* als Flußmittel beim Feuerverzinken und -verzinnen; zur Herstellung von Vulkanfiber und Aktivkohle.

e) **Zinksulfid,** ZnS, fällt aus Zinksalzlösungen durch Alkalisulfid als weißer Niederschlag. Mit Spuren bestimmter Schwermetalle (Cu, Mn) geglüht, sendet es nach Belichtung grünes Licht aus; es strahlt auch beim Auftreffen von Röntgen- und α-Strahlen Licht aus (SIDOT-Blende) und wird z. B. im Gemisch mit radioaktiven Stoffen für selbstleuchtende Zifferblattbeschriftung verwendet.

f) *Nachweis:* Glühen des Hydroxids mit verdünnter Cobaltnitratlösung ergibt grünes Cobaltzinkoxid (RINMANNS Grün).

21.2. Cadmium

a) *Symbol:* Cd (*cadmia* = galmai = bereits den Griechen bekanntes Zinkmineral; Namengebung auf Grund seines häufigen Vorkommens in diesem Mineral); *Wertigkeit:* +2.

b) *Entdeckung:* 1817 durch F. STROMEYER und C. HERMANN.

c) *Vorkommen:* Cd begleitet Zn in dessen Erzen; eigene Cd-Minerale sind sehr selten.

d) *Physiologie:* Cd-Verbindungen sind wie die Zn-Verbindungen giftig.

e) **Metallisches Cadmium:** silberweißes Metall; weicher, leichter schmelzbar, besser lötbar und an der Luft beständiger als Zink.
Herstellung: als Nebenprodukt der Zinkgewinnung durch Fällung aus den Zinksulfatlaugen mit Zinkstaub und elektrolytischer Raffination (in $CdSO_4$-Elektrolyten).
Verwendung: für Anoden zur galvanischen Vercadmung; für Nickel-Cadmium-Akkumulatoren; für niedrig schmelzende Legierungen; zum Bremsen der Kettenreaktion in Kernreaktoren.

f) **Vercadmen:** wirksamer Korrosionsschutz für Eisen und Stahl. Vercadmet wird galvanisch in Elektrolyten aus Natrium-tetracyanocadmat, $Na_2[Cd(CN)_4]$, Natriumcyanid, -carbonat und Dextrin unter Verwendung löslicher Cadmiumanoden.

21.3. Quecksilber und Quecksilberverbindungen

21.3.1. Allgemeines

a) *Symbol:* Hg [*hydrargyrum* (lat.) flüssiges Silber]; *Wertigkeiten:* +2, +1.

b) *Geschichte:* seit dem Altertum bekannt.

c) *Vorkommen:* teils gediegen (Tröpfchen im Gestein), teils als rotes Mineral **Zinnober** (*Cinnabarit*), HgS.

d) *Physiologie:* Metallisches Quecksilber und seine löslichen Verbindungen sind sehr giftig. Verschüttetes Quecksilber ist restlos aufzulesen (Quecksilberzange; Zink- oder Kupferpulver), da der Dampf zu chronischen Vergiftungen führt (Unruhe, Kopfschmerz, Nachlassen der Merkfähigkeit, Finger- und Augenlidzittern, schwarzer Quecksilbersaum (HgS) am Zahnfleisch, Nierenschädigung, allmählicher Verfall). Lösliche Quecksilberverbindungen bewirken in Dosen von 0,2 ... 1 g schwerste Vergiftungserscheinungen, die binnen einem Tag zum Tode führen. Zahnfüllungen aus Silberamalgam sind dagegen unschädlich.

21.3.2. Metallisches Quecksilber

a) *Herstellung:* durch Abrösten von Zinnober: $HgS + O_2 \rightarrow Hg + SO_2$.

b) *Eigenschaften:* flüssiges, silberglänzendes, an der Luft beständiges Metall, das bereits bei gewöhnlicher Temperatur langsam verdampft. Es ist recht edel, wird deshalb durch unedlere Metalle, z. B. Cu, aus seinen Lösungen verdrängt und löst sich nur in Salpetersäure, Königswasser und heißer, konzentrierter Schwefelsäure. An Quecksilberkatoden besitzt Wasserstoff eine derart hohe „Überspannung", daß sich aus wäßriger Lösung an Hg auch Alkali- und Erdalkalimetalle abscheiden lassen.

c) *Verwendung:* für Thermometer, Barometer und andere wissenschaftliche Geräte, z. B. Polarografen; für Quecksilberdampflampen zur Erzeugung von ultraviolettem Licht (künstliche Höhensonnen); für Quecksilberdampfpumpen zur Erzeugung hoher Vakua; für Quecksilbersalben; für das Quecksilberverfahren zur Gewinnung von Natronlauge; für das Amalgamverfahren zur Gewinnung von Gold und Silber; für Stia-Elektrizitätszähler.

d) *Amalgame:* Quecksilber löst viele Metalle (nicht Fe, Co, Ni) zu Legierungen, die Amalgame genannt werden. Sie sind häufig flüssig oder sehr weich, in manchen Fällen jedoch auch hart. Manche erhärten nach einer gewissen Zeit.

Silberamalgam wird für Zahnfüllungen verwendet. **Natriumamalgam** entsteht aus den Elementen in stark exothermer Reaktion (Feuererscheinung, Verspritzen) oder bei der Elektrolyse von Na-Salzlösungen an Hg-Katoden. Mit Ammoniumchlorid entsteht daraus lockeres, voluminöses **Ammoniumamalgam,** [$Na(Hg) + NH_4Cl \rightarrow NH_4(Hg) + NaCl$], das allmählich in Quecksilber, Ammoniak und Wasserstoff zerfällt.

Reinigung des Quecksilbers von beilegierten Metallen erfolgt durch Destillation oder durch mehrfaches Durchtropfen durch salpetersaure Quecksilber(II)-nitratlösung.

21.3.3. Quecksilber(I)-verbindungen

Die Quecksilber(I)-verbindungen enthalten das Ion $^{+}Hg{-}Hg^{+}$ (auch Hg_2^{2+} geschrieben), z. B.

Quecksilber(I)-chlorid, *Kalomel,* Hg_2Cl_2: weißes, unlösliches Pulver, das mit Ammoniak schwarz wird (kalon melas = schön schwarz). Verwendung für Arzneimittel und für Kalomel-Elektroden.

21.3.4. Quecksilber(II)-verbindungen

a) **Quecksilber(II)-oxid,** HgO: sehr feinkörniges gelbes, in gröberem Zustand rotes Pulver; bildet sich bei 300 °C aus dem Metall an der Luft und zerfällt bei 400 °C wieder in die Elemente:

$$2\ HgO \underset{400\,°C}{\overset{300°\,C}{\rightleftarrows}} 2\ Hg + O_2$$

Aus Quecksilber(II)-salzlösungen fällt es durch Alkalilaugen als gelber Niederschlag, da das primär entstehende Hydroxid nicht beständig ist:

$$Hg(NO_3)_2 + 2\ KOH \rightarrow HgO + H_2O + 2\ KNO_3$$

b) **Quecksilber(II)-chlorid,** *Sublimat,* $HgCl_2$: weißes, in Wasser mäßig lösliches, beim Erhitzen sublimierendes, sehr giftiges Salz, das in wäßriger Lösung nur wenig dissoziiert. Verwendung als Desinfektions- und Sterilisationsmittel (nicht für amalgambildende Metalle!). Mit Ammoniak fällt „weißer Präzipitat" (*Quecksilberaminochlorid*), $Hg(NH_2)Cl$, der in Salben gegen Hautkrankheiten verwendet wird.

c) **Quecksilber(II)-sulfid,** HgS, „*Zinnober*", kommt in einer schwarzen und einer roten Modifikation vor. Es ist extrem schwer löslich (daher ungiftig) und fällt deshalb auch aus stark sauren Quecksilbersalzlösungen durch Schwefelwasserstoff in schwarzer Form aus. Die rote Form entsteht daraus durch mehrtägige Behandlung mit Natriumpolysulfidlösung. Verwendung als Künstlermalfarbe.

22. Elemente der III. Nebengruppe (Scandiumgruppe)

22.1. Allgemeines

Die III. Nebengruppe („Scandiumgruppe") besteht aus den Elementen Scandium (Sc), Yttrium (Y), Lanthan (La) und Actinium (Ac). Weiterhin rechnet man zur III. Nebengruppe die **Lanthanoide** und die **Actinoide**, je 14 Elemente, die im Periodensystem auf das Lanthan und Actinium folgen.

22.2. Scandium, Yttrium, Lanthan und Actinium

Scandium (Sc, von Skandinavien), Yttrium (Y, von dem schwedischen Ort Ytterby), Lanthan [La; *lanthanein* (grch.) verborgen sein] und Actinium [Ac; *aktinoeis* (grch.) strahlend; nach der Radioaktivität benannt] haben zur Zeit nur geringe Bedeutung. Mit Ausnahme des Ac begleiten sie die Lanthanoide in ihren Erzen. Sc kommt meist als **Thortveitit,** $Sc_2Si_2O_7$, vor. Die Elemente lassen sich durch Elektrolyse aus Chloridschmelzen erzeugen; sie bilden silberglänzende, an der Luft unbeständige Metalle. Y, La und Ac zersetzen Wasser unter Wasserstoffentwicklung und Bildung der Hydroxide. Diese sind starke Basen; die Salze sehen meist farblos aus.

22.3. Die Lanthanoide

a) **Tabelle 24: Lanthanoide**

Kernladungszahl	Symbol	Name	Kernladungszahl	Symbol	Name
58	Ce	Cerium	65	Tb	Terbium
59	Pr	Praseodymium	66	Dy	Dysprosium
60	Nd	Neodymium	67	Ho	Holmium
61	Pm	Promethium	68	Er	Erbium
62	Sm	Samarium	69	Tm	Thulium
63	Eu	Europium	70	Yb	Ytterbium
64	Gd	Gadolinium	71	Lu	Lutetium

Zusammen mit Scandium, Yttrium und Lanthan werden diese Elemente auch als „*Seltenerdmetalle*" oder „*Erdmetalle*" bezeichnet. Die „Erden" selbst sind die Oxide. Man teilt sie ein in:

		Oxide von
Ceriterden:		Ce, La, Pr, Nd, Sm
Yttererden:	● *Yttererde:*	Y
	● *Terbinerden:*	Eu, Gd, Tb
	● *Erbinerden:*	Dy, Ho, Er, Tm
	● *Ytterbinerden:*	Yb, Lu

Promethium ist ein künstliches, radioaktives Element; entdeckt 1947.

b) *Geschichtliches:* Yttererde wurde 1794 von J. Gadolin (Finnland), Ceriterde 1803 von J. J. Berzelius entdeckt. Nach 1839 wurden die Erden weiter zerlegt. Die Reindarstellung der Metalle erfolgte relativ spät.

c) *Namen:* Ce (Ceres = altrömische Göttin); Pr [*praseos* (grch.) lauchgrün; benannt nach der grünen Farbe der Salze]; Nd [*to neon* (grch.) das Neue]; Pm (nach Prometheus); Sm (herrührend von dem nach einem Personennamen benannten Mineral Samarskit); Eu (Europa),

Gd (nach dem Mineralogen A. W. GADOLIN); Tb, Er und Yb sind wie Y nach dem schwedischen Ort Ytterby benannt; Dy [*dysprosodos* (grch.) unzugänglich]; Ho (nach dem Forscher HOLMBERG); Tm (nach „Thule" = Grönland); Lu (Lutetia = alter Name für Paris).

d) *Vorkommen:* Die Lanthanoide finden sich stets vergesellschaftet als Silicate oder Phosphate. Wichtige Minerale (die Formeln sind vereinfacht):

Gadolinit (*Ytterbit*) ... Yttererdmetall-Fe-Be-Silicat
Cerit .... wasserhaltiges Ce-Silicat mit La und Dy
Monazit .... $CePO_4$ (mit Ceriterden und etwas ThO_2)

e) *Gewinnung:* Trennung schwierig (fraktionierte Kristallisation; Ionenaustauscher); Darstellung der Metalle durch Schmelzelektrolyse der Chloride.

f) *Eigenschaften:* silberglänzende, an der Luft unbeständige Metalle; bei 20 °C betragen ihre Dichten 7 ... 10 $g \cdot cm^{-3}$. Gd ist ferromagnetisch.

g) *Verwendung:* Cerium wird mit 50% Fe („Cereisen") als Zündstein für Feuerzeuge, Gasanzünder u. dgl. verwendet. **Cerium(III)-oxid,** Ce_2O_3 ist in Gasglühkörpern enthalten (Tränkung des Gewebes mit Thorium- und Ceriumnitrat, $Th(NO_3)_4$ bzw. $Ce(NO_3)_3$, die sich beim ersten Brennen zu den Oxiden zersetzen).

22.4. Die Actinoide

22.4.1. Allgemeines

a) **Tabelle 25: Actinoide**

Kernladungszahl	Symbol	Name	Kernladungszahl	Symbol	Name
90	Th	Thorium	97	Bk	Berkelium
91	Pa	Protactinium	98	Cf	Californium
92	U	Uranium	99	Es	Einsteinium
93	Np	Neptunium	100	Fm	Fermium
94	Pu	Plutonium	101	Md	Mendelevium
95	Am	Americium	102	No	Nobelium
96	Cm	Curium	103	Lr	Lawrencium

Als „*Transurane*" bezeichnet man die auf das Uranium folgenden Elemente. Die nicht zu den Actinoiden gehörenden Elemente 104 und folgende heißen „*Transactinoide*".

b) *Radioaktivität:* Alle Actinoide sind radioaktiv. Die Elemente bis Nr. 94 finden sich in der Natur; die Transurane sind seit 1940 künstlich durch Atomumwandlung in Kernreaktoren oder Teilchenbeschleunigern hergestellt worden.

Relativ langlebig sind Th- und U-Isotope (Halbwertszeit von Th 232: $1{,}40 \cdot 10^{10}$ Jahre, U 238: $4{,}47 \cdot 10^{9}$ Jahre, U 235: $7{,}1 \cdot 10^{8}$ Jahre, U 236: $2{,}39 \cdot 10^{7}$ Jahre). Weitere Beispiele: Pu 244 ($8{,}3 \cdot 10^{7}$ Jahre), Cm 247 ($1{,}6 \cdot 10^{7}$ Jahre), Np 237 ($2{,}1 \cdot 10^{6}$ Jahre), Am 243 (7400 Jahre), Bk 247 (1400 Jahre), Fm 257 (100 Tage), Lr 260 (3 min). Die Nuklide der Elemente 103 und höher zerfallen fast ausschließlich durch Spontanspaltung.

22.4.2. Thorium

Thorium (Th, nach dem germanischen Gott Thor benannt) wurde 1828 als Oxid von J. J. Berzelius entdeckt; es findet sich hauptsächlich im Monazit (↑ S. 259). Das bei 1700 °C schmelzende, weiche Metall besitzt bei 20 °C die Dichte 11,7 $g \cdot cm^{-3}$, löst sich nur in rauchender Salzsäure und Königswasser und kommt ausschließlich +4wertig vor, z. B. im farblosen, leicht wasserlöslichen **Thoriumnitrat,** $Th(NO_3)_4$.

22.4.3. Uranium (Uran) und Uraniumverbindungen

a) *Symbol:* U (benannt nach dem Planeten Uranus); *Wertigkeiten:* +6, +4.

b) *Entdeckung:* 1780 durch Klaproth; das Metall wurde erstmals 1841 von Péligot hergestellt.

c) *Vorkommen:* oft zusammen mit Seltenerdmetallen, z. B. im Monazitsand. *Minerale:*
Uraniumpechblende (*Uraninit*) .... U_3O_8
Carnotit .... $KUO_2VO_4 \cdot 1\frac{1}{2}\, H_2O$

d) *Eigenschaften:* silberweißes, ziemlich weiches Metall; Dichte 19,0 $g \cdot cm^{-3}$ bei 20 °C; schmilzt bei 1150 °C und löst sich in verdünnten Säuren leicht zu Uranium(IV)-salzen. U 235 ist kernspaltbar.

e) *Verwendung:* fast ausschließlich – meist mit U 235 angereichert – als „Brennstoff" in Kernreaktoren.

f) *Kernkettenreaktion:* Uranium 235 ist durch langsame Neutronen spaltbar, wobei Elemente mittlerer Kernladungszahl entstehen und 2 bis 3 Neutronen frei werden. Indem diese wieder auf U-235-Atomkerne einwirken, ist eine Kettenreaktion möglich. In den Kernreaktoren wird ein lawinenartiges Anschwellen der Reaktion, wie sie in der Atombombe stattfindet, durch neutroneneinfangende Materialien, z. B. Cadmium, das beliebig weit in den Reaktor eingeführt werden kann, vermieden.
Die *kritische Masse* des Uraniums 235 (d. h. die Masse, oberhalb derer es spontan durch Kernkettenreaktion explodiert), beträgt 242 g; das entspricht einer Kugel von rund 2,5 cm Durchmesser.

g) *Uraniumverbindungen:* **Uranium(VI)-fluorid,** UF_6, ist farblos und sublie miert bereits bei 56 °C; es dient zur Trennung der U-Isotopen. – Di: **Uranylsalze** enthalten das Kation UO_2^{2+}, z. B. **Uranylnitrat,** $UO_2(NO_3)_2$-zitronengelbe, grün fluoreszierende, leicht lösliche Kristalle. – **Uranium(IV)-salze** sehen grün aus.

22.4.4. Sonstige Actinoide

a) *Namen:* Pa (Protactinium; steht „vor dem Actinium“ in der radioaktiven Zerfallsreihe!); Np (nach dem Planeten Neptun); Pu (nach dem noch weiter von der Sonne entfernten Planeten Pluto); Am (nach Amerika); Cm (nach dem Forscherehepaar CURIE); Bk (Berkeley = kalifornische Universitätsstadt); Cf (nach Kalifornien); Es (nach EINSTEIN); Fm (nach FERMI, dem Konstrukteur des ersten Kernreaktors); Md (nach MENDELEJEW); No (nach NOBEL); Lr (nach E. O. LAWRENCE, dem Erfinder des Zyklotrons).

b) **Plutonium,** Pu, entsteht aus Uranium in Kernreaktoren. Das silberglänzende Metall schmilzt bei 640 °C. Das Isotop Pu 239 ist wie U 235 spaltbar und dient als Brennstoff in Kernreaktoren und Atombomben. Es wird in Brutreaktoren aus U 238 hergestellt und ermöglicht somit die Ausnutzung auch dieses Nuklids zur Gewinnung von Kernenergie; gegenwärtiger Weltvorrat: 40 ... 50 t.

23. Elemente der IV. Nebengruppe (Titaniumgruppe)

Tabelle 26: Titaniumgruppe

	Titanium	**Zirconium**	**Hafnium**
Symbol	Ti	Zr	Hf
Kernladungszahl	22	40	72
Relative Atommasse	47,90	91,22	178,49
Schmelzpunkt (in °C)	1700	1860	2210
Dichte (in $g \cdot cm^{-3}$ bei 20 °C)	4,49	6,52	13,31
Wertigkeit	3; **4**	**4**	**4**

Kurtschatovium, Symbol Ku, Kernladungszahl 104, wurde als Transactinoidenelement der IV. Nebengruppe erstmals 1964 hergestellt; Halbwertszeit von Ku 260: 0,3 s.

23.1. Titanium (Titan) und Titaniumverbindungen

a) *Symbol:* Ti (Titanen = griechische Sagengestalten); *Wertigkeiten:* +4, +3.

b) *Erstherstellung:* 1825 durch J. J. BERZELIUS.

c) *Vorkommen:* neunthäufigstes Element der Erdkruste. Sehr verbreitet, jedoch nur selten in größeren Lagerstätten (Titaniumsande an den Küsten von Indien, Sri Lanka, Australien). Fast jeder Ackerboden enthält 0,5% Ti in chemischer Bindung.

d) *Minerale:*

Rutil .... TiO_2 Ilmenit .... $FeO \cdot TiO_2$

Herstellung: Aus Ilmenit erzeugt man zunächst (nach Abtrennung des Eisens) durch Chlorierung mit Kohle gemäß: $TiO_2 + 2\,C + 2\,Cl_2 \rightarrow TiCl_4 + 2\,CO$ Titan(IV)-chlorid, das durch Destillation gereinigt und mit flüssigem Magnesium unter Edelgasatmosphäre reduziert wird: $TiCl_4 + 2\,Mg \rightarrow Ti + 2\,MgCl_2$ (KROLL-Verfahren; technisch seit 1948).

f) *Eigenschaften:* leichtes, stahlähnlich aussehendes, bei Rotglut schmiedbares Metall, das bei gewöhnlicher Temperatur an der Luft und auch gegen feuchtes Chlor beständig ist, sich jedoch beim Erhitzen mit Sauerstoff und Stickstoff verbindet. Leicht löslich in Flußsäure, beim Erhitzen auch in Salzsäure zu violetten Ti(III)-Salzen; Salpetersäure ergibt unlösliche, weiße „*Titaniumsäure*", $TiO_2 \cdot x\,H_2O$.

g) *Verwendung:* Spezialwerkstoff für chemische Industrie, medizinische Instrumente, Galvanotechnik, Luftfahrt, Schiffsbau und Raketentechnik. Titanstähle (mit weniger als 0,8% Ti) sind sehr fest und elastisch. *Ferrotitan* enthält 10 ... 25% Ti.

h) *Titaniumverbindungen:* Die meist violetten Ti(III)-Verbindungen, z. B. **Titanium(III)-chlorid,** $TiCl_3$, sind sehr starke Reduktionsmittel und gehen an der Luft rasch in die meist farblosen Ti(IV)-Verbindungen über. – **Titanium(IV)-oxid,** TiO_2, weiß und unlöslich, wird als gut deckendes Farbpigment „*Titanweiß*" für Anstriche verwendet. – **Titanium(IV)-chlorid,** $TiCl_4$, ist flüssig und raucht an der Luft stark infolge Reaktion mit Wasserdampf: $TiCl_4 + 4\,H_2O \rightarrow Ti(OH)_4 + 4\,HCl$.

23.2. Zirconium, Hafnium und ihre Verbindungen

Zirconium (*Zirkon*; Zr, benannt nach dem Edelstein Zirkon) wurde erstmals 1824 von J. J. BERZELIUS hergestellt. **Hafnium** (Hf; Hafnia = Kopenhagen) ist dem Zirconium so ähnlich, daß es erst 1923 aus den bis dahin für einheitlich gehaltenen Zr-Verbindungen isoliert wurde, obwohl es häufiger ist als z. B. Zinn oder Brom. Zr und Hf sind weit verbreitet, finden sich jedoch nur selten in größeren Lagern. Wichtige Minerale sind: **Zirkonerde** (*Baddeleyit*), ZrO_2 und **Zirkon,** $ZrSiO_4$. Hf ist in allen Zr-Mineralen enthalten.
Zr und Hf sind stahlglänzende, sehr beständige Metalle, die von kalter Luft, Wasser, Alkalilaugen und verdünnten Säuren nicht angegriffen werden; leicht lösen Königswasser und Flußsäure. Dünner Zr-Draht läßt sich ähnlich wie Mg entzünden.

24. Elemente der V. Nebengruppe (Vanadiumgruppe)

24.1. Allgemeines

a) Tabelle 27

b) *Element(V)-oxide:* sind Säureanhydride; Vanadium-, Niobium- und Tantalsäure werden auch als „*Erdsäuren*" bezeichnet.

c) **Element 105** wurde erstmals 1968 hergestellt; Halbwertszeit 1,8 s; als Namen wurden u. a. *Bohrium* (Bo) und *Nielsbohrium* (Ns) vorgeschlagen.

Tabelle 27: Vanadiumgruppe

	Vanadium	Niobium	Tantal
Symbol	V	Nb	Ta
Kernladungszahl	23	41	73
Relative Atommasse	50,94	92,91	180,95
Schmelzpunkt (in °C)	1715	1950	2800
Dichte (in $g \cdot cm^{-3}$ bei 20 °C)	5,98	8,58	16,69
Wertigkeit	**5** (4; 3; 2)	**5** (4; 3)	**5** (4; 3)
Säuren	HVO_3	$HNbO_3$	$HTaO_3$
Salze	Vanadate	Niobate	Tantalate

24.2. Vanadium (Vanadin) und Vanadiumverbindungen

a) *Symbol:* V (Vanadis = Name der Göttin Freya); *Wertigkeiten:* +5, seltener +4, +3, +2.

b) *Entdeckung:* 1830 durch SEFSTRÖM (Schweden).

c) *Vorkommen:* in kleinen Mengen sehr verbreitet; findet sich chemisch gebunden z. B. in den meisten Bauxiten und Brauneisenerzen. In Tunikaten (Manteltiere; Meeresbewohner) ist V blutfarbstoffbildendes Metall.

d) *Minerale:*
Patronit .... V_2S_5
Carnotit ...... $KUO_2VO_4 \cdot 1\frac{1}{2}H_2O$ (statt K auch Na, Ca, Cu, Pb)

e) *Herstellung:* aluminothermisch gemäß: $3V_2O_5 + 10Al \rightarrow 6V + 5Al_2O_3$; das Vanadium(V)-oxid wird aus Erzen oder V-haltigen Schlacken gewonnen. Bei Anwesenheit von Eisenoxiden entsteht „*Ferrovanadium*" (meist mit 30% V).

f) *Eigenschaften:* stahlgraues, gewöhnlich hartes und sprödes Metall; reinstes V ist jedoch dehnbar und geschmeidig. Es ist an der Luft beständig; von den Säuren greifen nur Salpetersäure, Flußsäure und Königswasser an.

g) *Verwendung:* für Vanadiumstähle (hart, zäh, bis 1% V).

h) *Verbindungen:* **Vanadium(V)-oxid,** V_2O_5: orangegelbes, in Wasser wenig lösliches Pulver; Verwendung als Katalysator bei der Schwefelsäureherstellung. – **Vanadiumsäure,** HVO_3, ist weiß und fest; das bekannteste Salz ist **Ammonium(meta)vanadat,** NH_4VO_3.

24.3. Niobium

Niobium (Nb; Niobe = griechische Sagengestalt), 1844 von ROSE entdeckt, relativ selten, kommt in der Natur (vergesellschaftet mit Ta) als **Niobit** (*Columbit*), $Fe(NbO_3)_2$, vor. Das weißglänzende, luftbeständige Metall wird nur von Flußsäure und Alkalihydroxidschmelzen angegriffen; Verwendung für Niobiumstähle. Die Verbindungen ähneln sehr stark denen des Tantals.

24.4. Tantal

Tantal (Ta; benannt nach der Sagengestalt Tantalus), 1802 von Ekeberg entdeckt, ähnlich selten wie Niobium, kommt meist mit diesem zusammen als **Tantalit,** $Fe(TaO_3)_2$, vor. Das platinfarbene, sehr hoch schmelzende Metall ist ziemlich hart, doch sehr dehnbar; es widersteht allen Säuren außer Flußsäure und wird auch von Alkalien nicht angegriffen. Das ausgezeichnet korrosionsbeständige Metall wird als Material für chemische Apparaturen (z. B. Spinndüsen für Chemieseide), medizinische Instrumente, Heizschlangen und Schreibfedern verwendet.

25. Elemente der VI. Nebengruppe (Chromiumgruppe)

25.1. Allgemeines

a) **Tabelle 28: Chromiumgruppe**

	Chromium	Molybdän	Wolfram
Symbol	Cr	Mo	W
Kernladungszahl	24	42	74
Relative Atommasse	52,00	95,94	183,85
Schmelzpunkt (in °C)	1 800	2 600	3 380
Dichte (in g · cm^{-3} bei 20 °C)	7,2	10,2	19,1
Wertigkeit	**6**; **3** (4; 2)	**6** (5; 4; 3)	**6** (5; 4; 3; 2)

b) *Säuren und Polysäuren:*
Die Element(VI)-oxide sind Säureanhydride. **Chromiumsäure,** (H_2CrO_4; Salze: *Chromate*), **Molybdänsäure** (H_2MoO_4; *Molybdate*) und **Wolframsäure** (H_2WO_4; *Wolframate*) kommen auch in Form von Polysäuren mit mehreren Metallatomen vor, z. B. **Dichromiumsäure,** $H_2Cr_2O_7$ (*Dichromate*).

c) **Element 106** wurde erstmals 1974 hergestellt; Halbwertszeit 7 ms.

25.2. Chromium (Chrom) und Chromiumverbindungen

25.2.1. Allgemeines

a) *Symbol:* Cr [*chroma* (grch.) Farbe; benannt nach der Vielfarbigkeit seiner Verbindungen]; *Wertigkeiten:* +6, +3, seltener +4, +2.

b) *Entdeckung:* 1797 durch Vauquelin.

c) *Vorkommen:* nur chemisch gebunden, mitunter als Begleiter des Aluminiums, z. B. sind im Rubin und Smaragd einige Al-Atome durch Cr ersetzt.

d) *Minerale:*

Chromiumeisenstein (*Chromit*) ..... $FeO \cdot Cr_2O_3$
Rotbleierz (*Krokoit*) .... $PbCrO_4$

e) *Toxizität:* Lösliche Cr-Verbindungen sind recht giftig; Chromiumsäurenebel schädigen Nasenscheidewand und Atemwege; Chromate und Dichromate bewirken auf der Haut Geschwüre und Ekzeme; oft tritt Allergie (Überempfindlichkeit) ein.

25.2.2. Metallisches Chromium

a) *Herstellung:*

- *Reines Chromium* wird aluminothermisch erzeugt: $Cr_2O_3 + 2\,Al \rightarrow Al_2O_3 + 2\,Cr$; das erforderliche Chromium(III)-oxid gewinnt man aus Chromiumeisenstein.
- „*Ferrochromium*" entsteht durch Reduktion von Chromiumeisenstein mit Koks im Elektroofen: $FeO \cdot Cr_2O_3 + 4\,C \rightarrow Fe + 2\,Cr + 4\,CO$.

b) *Eigenschaften:* bläulich-weißes, glänzendes, sehr hartes und sprödes Metall, das auch an feuchter Luft seinen Glanz beibehält. Es löst sich leicht in Salzsäure, schwerer in verdünnter Schwefelsäure zu Chromium(II)-salzen. Salpetersäure und Königswasser wirken in der Kälte überhaupt nicht, beim Sieden nur sehr langsam ein („Passivität").

c) *Verwendung:* als Überzug auf Metallen; für Edelstähle. Bereits kleine Mengen Cr erteilen dem Stahl hohe mechanische Beanspruchbarkeit. Stahllegierungen mit über 12% Cr sind edelmetallähnlich korrosionsbeständig, z. B. V2A-Stahl mit 18% Cr und 8% Ni; V4A enthält noch 2% Mo.

d) *Verchromen:* Bei der sog. „*Hartverchromung*" (als Verschleiß- und zugleich Korrosionsschutz) werden relativ dicke Cr-Schichten (bis 500 µm) direkt auf Stahl, bei der *Dekorverchromung* (zur Verschönerung) dünne Schichten (0,3 µm) auf eine korrosionsschützende Nickel- oder Kupfer-Nickel-Zwischenschicht galvanisch aufgetragen. Die Verchromung erfolgt in Elektrolyten aus Chromiumsäure und 1% (bezogen auf den CrO_3-Gehalt) Schwefelsäure unter Verwendung unlöslicher Hartbleianoden.

25.2.3. Chromiumverbindungen

a) *Allgemeines:* Cr(III)-Verbindungen sehen meist grün aus und werden durch Hypochlorit in die gelben bis roten Cr(VI)-Verbindungen überführt. Durch Reduktion von Cr(III)-Salzlösungen mit Zink + Salzsäure entstehen blaue, sehr unbeständige Cr(II)-Verbindungen.

b) *Chromium(III)-verbindungen:* **Chromium(III)-oxid,** Cr_2O_3, ist ein grünes, wasserunlösliches Pulver; Verwendung als Malerfarbe („*Chromoxidgrün*") und als Poliermittel für harte Metalle, z. B. Chromium. – **Chromium(III)-hydroxid,** $Cr(OH)_3$, fällt als Oxidhydrat aus Cr(III)-Lösungen durch Alkalilaugen als graublaugrüner Niederschlag aus; es ist amphoter und löst sich in Alkalilaugen zu **Chromiten,** z. B. $Na_3[Cr(OH)_6]$. – **Kaliumchromiumsulfat,** „*Chromiumalaun*", $KCr(SO_4)_2 \cdot 12\,H_2O$, bildet violette Kristalle, deren Lösung je nach Temperatur, Konzentration und Schichtdicke dunkelrot, violett oder grün aussieht; Verwendung zum Gerben („Chromleder").

c) **Chromium(IV)-oxid,** CrO_2, schwarz, findet als Träger der Bild- und Toninformation auf Magnetbändern Anwendung.

d) **Chromium(VI)-oxid,** CrO_3, oft fälschlich „*Chromiumsäure*" genannt, bildet rote, sehr hygroskopische, organisches Material stark ätzende, giftige Kristalle von starker Oxidationswirkung. Methanol und andere organische Stoffe entzünden sich bei Berührung. Verwendung für galvanische Chromiumelektrolyte.

e) *Chromiumsäuren und Chromate:* **Chromiumsäure,** H_2CrO_4, und **Dichromiumsäure,** $H_2Cr_2O_7$, entstehen aus CrO_3 durch viel bzw. wenig Wasser. Chromiumsäure und die meisten **Chromate** sehen gelb aus, Dichromiumsäure und **Dichromate** orange. Chromate gehen durch Ansäuern in Dichromate, letztere durch Zusatz von Alkali in Chromate über:

$$\begin{array}{c} \text{Chromat} \\ \text{(gelb)} \end{array} \underset{\text{alkalisch}}{\overset{\text{sauer}}{\rightleftarrows}} \begin{array}{c} \text{Dichromat} \\ \text{(orange)} \end{array}$$

Gleichungen:

$$2\,Na_2CrO_4 + H_2SO_4 \rightarrow Na_2Cr_2O_7 + H_2O + Na_2SO_4$$

bzw.

$$Na_2Cr_2O_7 + 2\,NaOH \rightarrow 2\,Na_2CrO_4 + H_2O$$

Kalium- und Natriumdichromat, $K_2Cr_2O_7$ und $Na_2Cr_2O_7$, bilden orangerote, leicht lösliche Kristalle; das Na-Salz ist hygroskopisch. *Verwendung:* als Oxidationsmittel (z. B. bei der technischen Herstellung von Anthrachinon aus Anthracen); zur Herstellung von Chromiumfarben, Chromium(VI)-oxid und anderen Cr-Verbindungen.

f) *Nachweis:* Cr-Verbindungen ergeben beim Schmelzen mit einem Soda-Salpeter-Gemisch gelbes Chromat, das, in Wasser gelöst, auf Zusatz von Bleisalzen einen tiefgelben Niederschlag von *Bleichromat* ergibt: $Na_2CrO_4 + Pb(NO_3)_2 \rightarrow PbCrO_4\downarrow + 2\,NaNO_3$.

25.3. Molybdän und Molybdänverbindungen

a) *Symbol:* Mo [*molybdos* (grch.) Blei]; *Wertigkeiten:* +6, (+5; +4; +3).

b) *Erstherstellung:* 1782 durch HJELM.

c) *Vorkommen:* relativ selten, doch weitverbreitet, z. B. im Mansfelder Kupferschiefer. Für viele Pflanzen ist Mo ein lebensnotwendiges Spurenelement; es gibt molybdänhaltige Fermente.

d) *Minerale:* Molybdänglanz (*Molybdänit*) .... MoS_2
Gelbbleierz (*Wulfenit*) .... $PbMoO_4$

e) *Herstellung:* Durch Rösten von Molybdänglanz erhaltenes MoO_3 wird aluminothermisch oder mit Wasserstoff reduziert.

$$MoO_3 + 2\,Al \rightarrow Mo + Al_2O_3$$

bzw. $$2\,MoO_3 + 3\,H_2 \rightarrow 2\,Mo + 3\,H_2O$$

f) *Eigenschaften:* silberweißes, glänzendes, luftbeständiges, bei höherer Temperatur schmied- und schweißbares Metall, das von Säuren nur schwer angegriffen wird. Am raschesten lösen mäßig konz. Salpetersäure, Königswasser und siedende, konz. Schwefelsäure.

g) *Verwendung:* als „*Ferromolybdän*" (mit 60 ... 80% Mo) für Molybdänstähle; reines Mo wird in Glühlampen (Glühfadenhalterung) und Elektronenröhren verwendet.

h) *Verbindungen:* **Molybdän(VI)-oxid,** MoO_3, ist ein weißes, kaum lösliches Kristallpulver. In Alkalilaugen löst es sich leicht zu **Molybdaten,** die, da es sich meist um Salze von Polysäuren handelt, kompliziert zusammengesetzt sind. **Ammoniummolybdat,** vereinfacht $(NH_4)_2MoO_4$, genauer $(NH_4)_5HMo_6O_{21} \cdot 3\,H_2O$, farblose, wasserlösliche Kristalle, ist ein Reagens auf Phosphate; in stark salpetersaurer Lösung entsteht ein gelber, pulvriger Niederschlag von **Ammoniummolybdatophosphat** der Formel $(NH_4)_3[P(Mo_3O_{10})_4] \cdot 6\,H_2O$.

25.4. Wolfram und Wolframverbindungen

a) *Symbol:* W („Wolf"; Schimpfwort, da das Metall in einer Zinnschmelze Verschlackung des Zinns bewirkt, es „frißt wie der Wolf das Schaf"); *Wertigkeiten:* +6 (+5; +4; +3; +2).

b) *Erstherstellung:* 1783 durch die Gebrüder D'ELHUYAR; Erze sind bereits seit dem Mittelalter bekannt.

c) *Minerale:*
Wolframit .... $FeWO_4$ mit $MnWO_4$
Scheelit (*Tungstein*) .... $CaWO_4$
Stolzit (*Scheelbleierz*) .... $PbWO_4$

d) **Metallisches Wolfram:** graues Pulver, hergestellt durch Reduktion von WO_3 mit Wasserstoff. Im kompakten Zustand silberweiß, glänzend, schwer, luftbeständig und sehr widerstandsfähig gegen Säuren; nur ein Gemisch HNO_3 + HF löst langsam. Da es den höchsten Schmelzpunkt aller Metalle besitzt, wird es für Glühlampenfäden verwendet, ferner für elektrische Kontakte (z. B. Zündunterbrecher) und für Anoden in Röntgenröhren. „*Ferrowolfram*" mit ≈80% W dient zur Herstellung harter, elastischer und zugfester Wolframstähle. *Wolfram-Schnellarbeitsstahl* (mit 15 ... 18% W, 2 ... 5% Cr und 0,6 ... 0,8% C) erweicht auch bei Rotglut nicht.

e) *Wolframverbindungen:* **Wolfram(VI)-oxid,** WO_3: zitronengelbes, wasserunlösliches Pulver, das sich in Alkalilaugen zu farblosen **Wolframaten** löst, z. B. **Natriumwolframat,** Na_2WO_4. – **Wolframcarbid,** W_2C, grau, sehr hart, wird, mit Cobaltpulver gesintert, für Hartmetalle („*Widia*" = wie Diamant), rein für Glühfadenziehsteine verwendet.

26. Elemente der VII. Nebengruppe (Mangangruppe)

26.1. Allgemeines

a) **Tabelle 29: Mangangruppe**

	Mangan	**Technetium**	**Rhenium**
Symbol	Mn	Tc	Re
Kernladungszahl	25	43	75
Relative Atommasse	54,94	97[1]	186,2
Schmelzpunkt (in °C)	1247	2140	3180
Dichte (in $g \cdot cm^{-3}$ bei 20 °C)	7,47	11,50	21,04
Wertigkeit	**7**; 6 (5); **4**; 3; **2**; 1	7 und niedriger	**7** (6; 5; 4; 3)

[1] beständigstes Isotop

b) *Säuren:* Die Element(VII)-oxide sind Anhydride starker Säuren:

Permangansäure	$HMnO_4$	(Salze: **Permanganate**)
Pertechnetiumsäure	$HTcO_4$	(Salze: **Pertechnate**)
Perrheniumsäure	$HReO_4$	(Salze: **Perrhenate**)

Vom Mangan kennt man außerdem noch Salze der **Mangan(VI)-säure,** H_2MnO_4 [Salze: *Manganate(VI)*], und der **Mangan(V)-säure,** H_3MnO_4 [Salze: *Manganate(V)*].

c) **Element 107** wurde erstmals 1975 in Dubna (UdSSR) hergestellt; Halbwertszeit 2 ms.

26.2. Mangan und Manganverbindungen

26.2.1. Allgemeines

a) *Symbol:* Mn [von *magnesia nigra*, einer schwarzen, bei der kleinasiatischen Stadt Magnesia gefundenen Erde (Braunstein)]. *Wertigkeiten:* +7; +6; (+5); +4; +3; +2; (+1).

b) *Vorkommen:* Mn ist das vierzehnthäufigste Element und nach dem Eisen das zweithäufigste Schwermetall der Erdkruste. Es begleitet das Eisen in vielen seiner Erze, doch kommen auch reine Manganerzlagerstätten vor. Für viele Pflanzen ist Mangan ein lebensnotwendiges Spurenelement.

c) *Minerale:*

Braunstein (*Pyrolusit*)	MnO_2
Braunmanganerz (*Manganit*)	$MnO(OH)$
Braunit	$3\,Mn_2O_3 \cdot MnSiO_3$
Hausmannit	Mn_3O_4
Manganspat (*Himbeerspat*; *Rhodochrosit*)	$MnCO_3$

26.2.2. Metallisches Mangan

a) *Erstherstellung:* 1774 durch GAHN.

b) *Herstellung:*

- Reines Mangan wird aluminothermisch aus Mn_3O_4 (entsteht durch Glühen von Braunstein) hergestellt: $3\,Mn_3O_4 + 8\,Al \rightarrow 9\,Mn + 4\,Al_2O_3$.
- In der Technik erzeugt man meist „*Ferromangan*“ (mit ≈80% Mn) durch Reduktion eisenhaltiger Manganoxide mit Koks.

c) *Eigenschaften:* eisenfarbenes, hartes, sprödes, recht unedles Metall, das an der Luft unter Bildung einer schützenden Deckschicht grau, manchmal bunt anläuft, bereits durch heißes Wasser merklich angegriffen wird und sich leicht in allen Säuren zu Mangan(II)-salzen löst.

d) *Verwendung:* zur Herstellung von Legierungen; als *Ferromangan* und *Spiegeleisen* in der Eisen- und Stahlmetallurgie.

e) *Legierungen:*

Ferromangan: 80% Mn + 20% Fe
Spiegeleisen: Fe mit 6 ... 20% Mn, 4 ... 6% C und bis 1% Si
Manganin: 82 ... 84% Cu + 12 ... 15% Mn + 2 ... 4% Ni
Heuslersche Legierungen: z. B. 59% Cu + 26,5% Mn + 14,5% Al (ferromagnetisch ohne ferromagnetische Elemente!)
Manganstähle enthalten 1 ... 2%, *Manganhartstahl* 10 ... 15% Mn. Mn ist auch in manchen Al-Legierungen enthalten.

26.2.3. Manganverbindungen

a) *Allgemeines:* Mn tritt in den Wertigkeitsstufen +2 ... +4 als basenbildendes, in den Stufen +4 ... +7 als säurebildendes Element auf. Am beständigsten sind folgende Oxidationsstufen:

in saurem Milieu:	+2 und +7
in alkalischem Milieu:	+4 und +6

b) *Mangan(II)-verbindungen:* meist rosa, z. B. **Mangan(II)-chlorid,** $MnCl_2 \cdot 4\,H_2O$, leicht lösliche Kristalle. – **Mangan(II)-hydroxid,** $Mn(OH)_2$, fällt aus Mn(II)-Lösungen durch Alkalilaugen als nicht amphoterer, weißer, sich bei Luftzutritt schnell bräunender Niederschlag.

c) *Mangan(III)-verbindungen:* **Mangan(III)-oxidhydrat,** $Mn_2O_3 \cdot x\,H_2O$, ist eine schwarzbraune Malerfarbe („*Manganbraun*"). **Umbra** ist eine kastanienbraune Anstrichfarbe, die durch Brennen natürlicher Gemische von Mangan(III)-, Eisen(III)- und Aluminiumoxidhydraten entsteht.

d) *Mangan(IV)-verbindungen:* Am beständigsten ist **Mangan(IV)-oxid,** *Braunstein,* MnO_2, ein grauschwarzes Pulver, das bei 530 °C Sauerstoff abspaltet: $3\,MnO_2 \rightarrow Mn_3O_4 + O_2$. *Verwendung:* als Depolarisator in Trockenelementen und -batterien und als Entfärbungsmittel für Glasschmelzen („Glasmacherseife").

e) *Mangan(VII)-verbindungen:* **Mangan(VII)-oxid,** Mn_2O_7, entsteht als schwarzviolettes, explosibles Öl aus Permanganat + Schwefelsäure. Mit Wasser entsteht gemäß $Mn_2O_7 + H_2O \rightarrow 2\,HMnO_4$ tiefviolette **Permangansäure,** deren wichtigstes Salz **Kaliumpermanganat,** $KMnO_4$, ist. Dieses bildet braunviolette Kristalle, die sich in Wasser mit intensiv violetter Farbe lösen und beim Erhitzen stufenweise Sauerstoff abgeben:

$$2\,KMnO_4 \rightarrow K_2MnO_4 + MnO_2 + O_2$$
$$2\,K_2MnO_4 \rightarrow 2\,MnO_2 + 2\,K_2O + O_2$$
$$3\,MnO_2 \rightarrow Mn_3O_4 + O_2$$

Als sehr starkes Oxidationsmittel oxidiert Permanganat z. B. Salzsäure gemäß: $2\,KMnO_4 + 16\,HCl \rightarrow 2\,KCl + 2\,MnCl_2 + 8\,H_2O + 5\,Cl_2$. *Verwendung:* zur chemischen Analyse und als Desinfektionsmittel, z. B. des Mund- und Rachenraums.

f) *Mangan(VI)- und -(V)-verbindungen:* Die grünen **Manganate(VI)** entstehen durch Schmelzen von Mangan(IV)-oxid mit Natriumnitrat und -carbonat $MnO_2 + NaNO_3 + Na_2CO_2 \rightarrow Na_2MnO_4 + NaNO_2 + CO_2$) oder aus Permanganatlösung durch viel Hydroxid ($4\,KMnO_4 + 4\,KOH \rightarrow 4\,K_2MnO_4 + 2\,H_2O + O_2$). In noch stärker alkalischem Milieu bilden sich die blauen **Manganate(V),** z. B. K_3MnO_4. – Beim Ansäuern gehen alle Manganate unter Braunsteinabscheidung in Permanganate über (bei Abwesenheit von Chloriden): $3\,K_2MnO_4 + 2\,H_2SO_4 \rightarrow 2\,KMnO_4 + MnO_2 + 2\,K_2SO_4 + 2\,H_2O$.

g) *Nachweis:* Mn-Verbindungen ergeben beim Schmelzen mit einem Soda-Salpeter-Gemisch eine grüne Manganat(VI)-schmelze, deren Lösung sich unter Abscheidung brauner Flocken [Mangan(IV)-oxidhydrat] und Bildung von Permanganat tief violett färbt.

26.3. Technetium

Technetium (Tc; das „Technische") ist ein künstliches, instabiles Metall, das aus den Spaltprodukten des Uraniums in Kernreaktoren gewonnen wird. Das langlebigste Isotop ist Tc 98 mit einer Halbwertszeit von 4 Millionen Jahren. Es wurde zuerst 1937 durch Perrier und Segrè erzeugt und ähnelt in seinem chemischen Verhalten dem Rhenium.

26.4. Rhenium und Rheniumverbindungen

Rhenium: (Re; benannt nach dem Rhein) ist eines der seltensten Elemente und wurde deshalb erst 1925 durch NODDACK und TACKE entdeckt. Es findet sich in geringen Mengen in Molybdän- und Platinerzen und wird auch aus Kupferschiefer gewonnen. Re ist ein luftbeständiges, platinähnliches, sehr hoch schmelzendes Metall, das als Katalysator sowie als Überzug auf Heizfäden von Glühlampem und Elektronenröhren verwendet wird. In seinen Verbindungen ist es hauptsächlich +7wertig, z. B. im gelben, leicht flüchtigen **Rhenium(VII)-oxid,** Re_2O_7, und im **Kaliumperrhenat,** $KReO_4$, einem weißen, relativ schwer löslichen Salz.

27. Elemente der VIII. Nebengruppe

27.1. Allgemeines

a) *Untergruppen:* Die VIII. Nebengruppe besteht aus drei Untergruppen jeweils dreier im Periodensystem benachbarter Elemente:

- *Eisengruppe:* Eisen, Cobalt, Nickel
- *Leichte Platinmetalle:* Ruthenium, Rhodium, Palladium
- *Schwere Platinmetalle:* Osmium, Iridium, Platin.

b) *Wertigkeit:* Von diesen Elementen erreichen nur Ruthenium und Osmium die Wertigkeitsstufe +8. Die Element(VIII)-oxide sind im Gegensatz zu den entsprechenden Verbindungen der V., VI. und VII. Nebengruppe keine Säureanhydride.

c) *Ferromagnetismus:* Eisen, Cobalt und Nickel sind (neben Gadolinium) die einzigen ferromagnetischen Elemente.

d) **Tabelle 30: Eisengruppe**

	Eisen	**Cobalt**	**Nickel**
Symbol	Fe	Co	Ni
Kernladungszahl	26	27	28
Relative Atommasse	55,85	58,93	58,71
Schmelzpunkt (in °C)	1529	1490	1455
Dichte (in $g \cdot cm^{-3}$ bei 20 °C)	7,86	8,83	8,90
Wertigkeit	2; **3**; (6)	**2**; (3)	**2**; (3; 4)

e) **Tabelle 31: Leichte Platinmetalle**

	Ruthenium	**Rhodium**	**Palladium**
Symbol	Ru	Rh	Pd
Kernladungszahl	44	45	46
Relative Atommasse	101,07	102,91	106,4
Schmelzpunkt (in °C)	≈2000	1966	1555
Dichte (in $g \cdot cm^{-3}$ bei 20 °C)	12,30	12,42	12,03
Wertigkeit	**8**; 4 (2; 3; 6; 7)	**3**; 4 (1; 2; 6)	**2**; 4 (3)

f) **Tabelle 32: Schwere Platinmetalle**

	Osmium	**Iridium**	**Platin**
Symbol	Os	Ir	Pt
Kernladungszahl	76	77	78
Relative Atommasse	190,2	192,22	195,09
Schmelzpunkt (in °C)	≈2500	2454	1774
Dichte (in $g \cdot cm^{-3}$ bei 20 °C)	22,7	22,65	21,45
Wertigkeit	**8**; 6 (2; 3; 4)	**3**; 4 (1; 2; 6)	2; **4** (1; 3; 6)

27.2. Eisen und Eisenverbindungen

27.2.1. Allgemeines

a) *Symbol:* Fe [*ferrum* (lat.) Eisen]; *Wertigkeiten:* +3, +2, (+6).

b) *Geschichte:* Eisen gehört zu den am längsten bekannten Metallen („Eisenzeit"; Beginn etwa 1000 v. u. Z.).

c) *Vorkommen:* vierthäufigstes Element (4,70%) und häufigstes Schwermetall der Erdkruste. Ob der Erdkern aus einer Eisen-Nickel-Legierung besteht, ist noch nicht mit Sicherheit erwiesen. Eisen findet sich, abgesehen von Meteoren, nur chemisch gebunden, auch in Organismen. Die gelbe, braune oder rote Farbe des Erdbodens rührt meist von Eisenoxiden und -oxidhydraten her.

d) *Minerale:*

Oxide: Magnetit ... *Magneteisenstein, -erz* ... Fe_3O_4
Hämatit .... *Roteisenstein, -erz* .... Fe_2O_3

	Limonit	*Brauneisenstein, -erz* ..... (Abarten: *Raseneisenerz, gelber Ocker*)	$FeO(OH)$
Carbonate:	Siderit	*Spateisenstein, -erz*	$FeCO_3$
Sulfide:	Pyrit	*Eisenkies,Schwefelkies* ...	FeS_2
	Magnetopyrit	*Magnetkies*	FeS
Silicate:	Olivin .... und andere		$(Mg, Fe)_2SiO_4$

e) *Nachweis:*

α) *Fe(III)-Salzlösungen* ergeben:

- mit Kaliumrhodanid eine intensiv rote Färbung;
- mit Kaliumcyanoferrat(II) einen intensiv blauen Niederschlag (Berliner Blau).

β) *Fe(II)-Salzlösungen* ergeben:

- mit Kaliumcyanoferrat(III) einen intensiv blauen Niederschlag (TURNBULLS Blau).

f) *Physiologie:* Eisenverbindungen sind für alle Organismen lebensnotwendig. Pflanzen bilden bei Eisenmangel kein Chlorophyll (obwohl dies keine Fe-Verbindung ist), können deshalb nicht assimilieren und gehen infolge „Chlorose" ein. Mittels des roten Blutfarbstoffs *Hämoglobin*, einer Fe-Verbindung, wird der Sauerstoff aus den Lungen in die Körperzellen befördert; das WARBURGsche Atmungsferment (*Eisen-Oxigenase*), ebenfalls eine Fe-Verbindung, vermittelt im Zusammenwirken mit weiteren, teils eisenhaltigen (*Cytochrome*), teils eisenfreien Fermenten die Oxidation der biologischen „Brennstoffe" (Glucose) innerhalb der Zellen. Auch die Fermente *Katalase* und *Peroxidase* sind Eisenverbindungen.

27.2.2. Metallisches Eisen

27.2.2.1. Reineisen

a) *Herstellung:*

- durch Reduktion von Eisenoxiden mit Aluminium (Thermitverfahren) oder Wasserstoff; Gleichungen:

$$Fe_2O_3 + 2\,Al \rightarrow 2\,Fe + Al_2O_3,$$

$$Fe_2O_3 + 3\,H_2 \rightarrow 2\,Fe + 3\,H_2O$$

- durch thermische Zersetzung von Eisenpentacarbonyl:

  $Fe(CO)_5 \rightarrow Fe + 5\ CO$.

Über die Herstellung der technischen Eisensorten ↑ 27.2.3.; S. 276.

b) *Physikalische Eigenschaften:* silberweißes, zähes, ziemlich weiches Metall, das bei Rotglut erweicht und in diesem Zustand schmied-, walz- und schweißbar ist. Unterhalb 768 °C ist es ferromagnetisch, besitzt jedoch keine Remanenz, d. h., bei Entfernung der magnetisierenden Erregung verliert es seinen Magnetismus wieder.

c) *Chemische Eigenschaften:* An feuchter Luft rostet Eisen, wobei sich Eisen(III)-oxidhydrat, etwa FeO(OH), bildet. Infolge Porosität schützt Rost das Grundmetall nicht vor weiterem Angriff. – Beim Glühen an der Luft entsteht eine hauptsächlich aus Fe_3O_4 bestehende Zunderschicht. – Eisen ist ziemlich unedel und bildet mit verdünnten Säuren leicht Eisen(II)-salze; in konz. Salpetersäure wird Fe passiv, löst sich jedoch in der Hitze sehr heftig zu Eisen(III)-nitrat. – Gegen Alkalilaugen ist Fe in der Kälte beständig; in der Siedehitze wird es von genügend konzentrierten Laugen oberflächlich angegriffen (*Brünieren*; *Schwarzoxidieren*).

d) *Verwendung:* für Eisenkerne von Transformatoren und Elektromagneten sowie für Sonderlegierungen.

27.2.2.2. Kohlenstoffhaltiges Eisen

a) *Allgemeines:* Fast alles technisch verwendete Eisen ist kohlenstoffhaltig. Je nach Vor-, insbesondere Wärmebehandlung, kann der Kohlenstoff

- im Eisen gelöst,
- im Eisen zu Eisencarbid (*Cementit*), Fe_3C, verbunden,
- als Graphit ausgeschieden

vorliegen. Bei maximalem C-Gehalt (6,68%) liegt alles Fe als Cementit vor.

b) *Eigenschaften:*

Mit steigendem C-Gehalt

- sinkt die *Zähigkeit*;
- steigen *Härte* und *Sprödigkeit*;
- durchläuft die *Elastizität* ein Maximum;
- durchläuft die *Schmelztemperatur* ein Minimum (1145 °C bei 4,28% C);
- sinken *Schmied-*, *Walz-* und *Schweißbarkeit* (beruhend auf Erweichen bereits vor Erreichen des Schmelzpunkts);

- durchläuft die *Gießbarkeit* (beruhend auf niedrigem Schmelzpunkt und sofortiger Dünnflüssigkeit nach Überschreiten desselben) ein Maximum;
- wird die *Magnetisierbarkeit* zunehmend remanent.

Die Eigenschaften sind jedoch auch bei gleichem C-Gehalt je nach der thermischen Vorbehandlung verschieden.

c) *Einteilung:*

- C < 2,06%: **„Stahl"** (genauer: *Kohlenstoffstahl*; „*unlegierter Stahl*"). Etwas weniger zäh, jedoch elastischer und härter als Reineisen; bei C > 0,35% durch Abschrecken härtbar (der nicht härtbare, C-ärmere Stahl wurde früher als „*Schmiedeeisen*" bezeichnet); niedriger schmelzend als Reineisen; gut schmied-, walz- und schweißbar; erst bei relativ hohen Temperaturen gut gießbar (Stahlguß).
- C > 2,06%: Derartiges Eisen liegt im **Roh-** und **Gußeisen** vor; jedoch enthalten diese Stoffe noch andere Bestandteile. Sehr hart und spröde; bricht bei Biegung, Stoß oder Schlag; hält Druckbeanspruchung gut aus; ist bis etwa 4,5% C niedriger schmelzend als unlegierter Stahl; ist gut gießbar, jedoch nicht schmied- und walzbar, da es vor dem Schmelzen nicht erweicht.

27.2.2.3. Einfluß weiterer Beimengungen auf die Eigenschaften des Eisens

a) *Nichtmetallische Beimengungen* (S, P, N, H, zu viel C, oft auch Si) sind meist schädlich; sie erhöhen die Sprödigkeit und vermindern die Festigkeitseigenschaften. P macht Schmelzen besonders dünnflüssig.

b) *Metallische Beimengungen* (besonders Mn, Ni, Cr, ferner V, Mo, W, Ti auch Si und andere) wirken sich i. allg. günstig aus. In den „*legierten Stählen*" (Sonderstählen) erzielt man durch entsprechende Zusätze besondere Eigenschaften, z. B.

Cr: erhöht Härte, Zug- und Verschleißfestigkeit sowie Korrosionsbeständigkeit; oberhalb 12,5% Cr ist Stahl rostbeständig.

Ni: erhöht die Zähigkeit, verändert Härte und Festigkeit nicht.

Mn: erhöht Durchhärtbarkeit und Verschleißfestigkeit.

c) *Einfluß auf die Kohlenstoffbindung:*

Si: begünstigt beim Abkühlen die Ausscheidung des C als *Graphit* (graues Roheisen).

Mn: begünstigt beim Abkühlen die Ausscheidung des C als *Cementit*, Fe_3C (weißes Roheisen).

27.2.3. Die Eisenmetallurgie

27.2.3.1. Übersicht

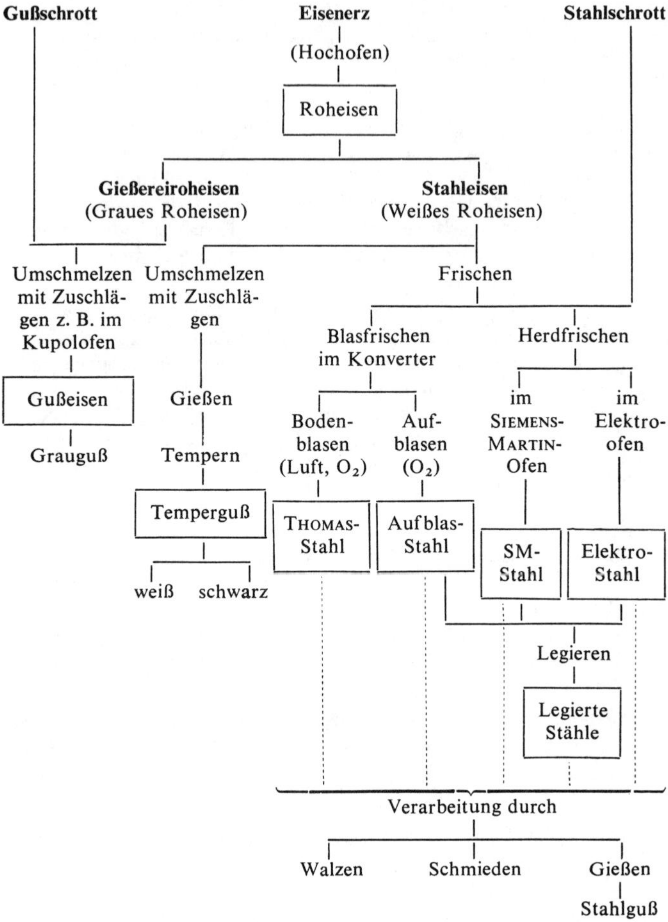

27.2.3.2. Die Erzeugung von Roheisen

a) *Aufbereitung der Erze:*

- Weitgehende Entfernung des tauben Gesteins („Gangart") auf trockenem, nassem oder magnetischem Wege.

- Überführung nichtoxidischer Erze in Oxide durch Rösten:

  Pyrit: $4\,FeS_2 + 11\,O_2 \rightarrow 2\,Fe_2O_3 + 8\,SO_2$

  Eisenspat: $6\,FeCO_3 + O_2 \rightarrow 2\,Fe_3O_4 + 6\,CO_2$

- Schaffung der günstigsten Stückgröße (Zerkleinerung oder Brikettierung).

b) *Der Hochofenprozeß* (Bild 37):

- *Gegenstrom:* Die feste Beschickung durchläuft den Ofen langsam von oben nach unten; die Gase strömen von unten nach oben.

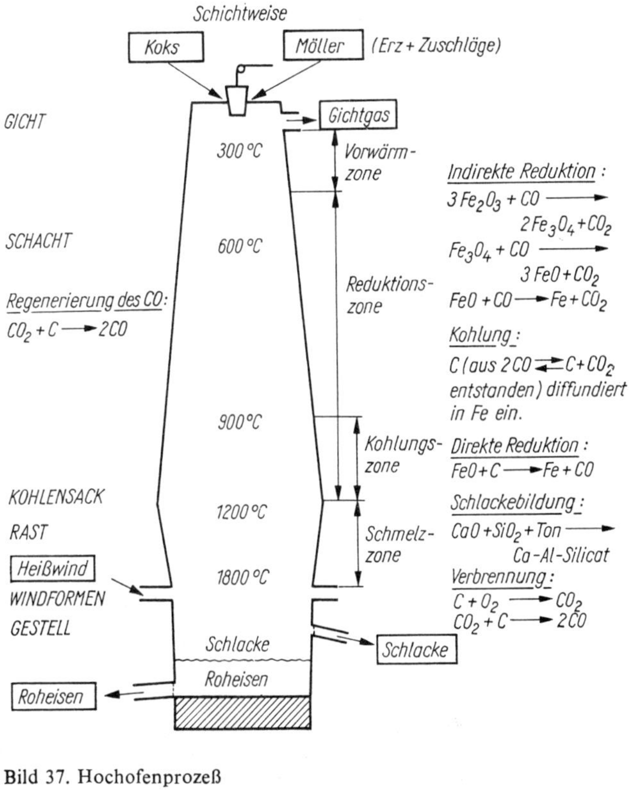

Bild 37. Hochofenprozeß

- *Erzeugung von Kohlenmonoxid:* erfolgt im unteren Teil der Schmelzzone. Heißluft („*Heißwind*") von etwa 800 °C, in COWPERschen Winderhitzern aufgeheizt, evtl. mit Sauerstoff angereichert, wird durch Windformen eingeblasen. Sie verbrennt den Koks unvollständig (Koksüberschuß!) zu Kohlenmonoxid, CO. Dieses strömt nach oben.
- *Reduktion der Eisenerze:* erfolgt stufenweise durch Kohlenmonoxid (*indirekte Reduktion*) und feinverteiltem Kohlenstoff (*direkte Reduktion*). Es entsteht zunächst festes, schwammiges Eisen.
- *Regenerierung des Kohlenmonoxids:* Das bei der Reduktion der Eisenerze entstehende Kohlendioxid wird durch den Koks teilweise wieder zu Kohlenmonoxid reduziert; dieses vermag erneut auf Eisenerze einzuwirken.
- *Kohlung des Eisens:* Das schwammige Eisen katalysiert die Einstellung des BOUDOUARD-*Gleichgewichtes* ($2\,CO \rightleftarrows CO_2 + C$); der am Eisen entstehende feinverteilte Kohlenstoff dringt in dasselbe ein und erniedrigt den Schmelzpunkt um fast 400 K auf etwa 1150 °C.
- *Schmelzen und Abstich des Roheisens*: Oberhalb 1150 °C schmilzt das kohlenstoffhaltige Eisen und sammelt sich im untersten Teil des Gestells. Der „Abstich" erfolgt alle 4 ... 6 Stunden.
- *Bildung und Abstich der Schlacke:* Die Schlacke bildet sich in der Schmelzzone aus den noch vorhandenen Erzbegleitstoffen (der Gangart) und den Zuschlägen. Letztere führen die schwer schmelzbare Gangart in niedrig schmelzende Schlacke über.
  „*Saure Erze*" (SiO_2-reich) erfordern „*basische Zuschläge*" ($CaCO_3$).
  „*Basische Erze*" ($CaCO_3$-reich) erfordern „*saure Zuschläge*" (SiO_2).
  Mit dem in der Gangart oder den Zuschlägen vorhandenen Ton entsteht eine Schlacke aus Calcium-aluminat-silicat. Die Schlacke sammelt sich im Gestell auf dem flüssigen Roheisen an; sie fließt kontinuierlich ab oder wird von Zeit zu Zeit abgestochen.

c) *Produkte des Hochofens:*

- *Roheisen:* enthält neben Fe etwa 3 ... 5% C, 0,3 ... 2,5% Si, 0,5 bis 6,0% Mn, 0,08 ... 2,2% P und 0,03 ... 0,12% S. Je nach Bedarf erzeugt man:

  α) *Weißes Roheisen:* Mn-reich; in Stahlkokillen rasch abgekühlt: flüssig auf THOMAS-Stahl weiterverarbeitet; C als Cementit, Fe_3C; für Stahl und Temperguß.
  β) *Graues Roheisen:* Si-reich; in Masselbetten aus Sand langsam abgekühlt; C als Graphit; für Gußeisen.

- *Hochofenschlacke:* besteht aus Ca-Al-Silicat. Verwendung für Pflastersteine, Straßen- und Gleisschotter; als Splitt und Schlackensand für die Betonbereitung; als Hüttenbims (geschäumt) für Leichtbeton; als Schlackenwolle (mit Luft verdüst) zur Wärmeisolation; abgeschreckt und gemahlen für Hochofen- und Eisenportlandzement.
- *Gichtgas:* etwa 60 Vol.-% N_2 + 30 Vol.-% CO + 10 Vol.-% CO_2 + viel Staub. Nach Entstaubung *Verwendung* zum Aufheizen der Winderhitzer, zur Erzeugung von Elektroenergie sowie als Heizgas.

27.2.3.3. Die Erzeugung von Stahl durch Blasfrischen

a) *Geschichte:* seit 1854 BESSEMER-Verfahren (nur geeignet für P-armes Roheisen); seit 1878 THOMAS-Verfahren (auch für P-reiches Roheisen durch Einführung eines basischen Futters für den Konverter); seit 1951 Sauerstoffaufblasverfahren.

b) *Prinzip:* Entfernung von S, P und Si sowie Verminderung des C-Gehaltes des Roheisens durch Oxidation.

c) *Bodenblasverfahren:* In „*Konvertern*" (sog. „*Thomasbirnen*") bläst man kalte, oft sauerstoffangereicherte Luft durch flüssiges Roheisen. In exothermer Reaktion bilden sich gasförmige (CO_2, SO_2) und andere (SiO_2, P_2O_5) Oxide, letztere werden durch Kalkzuschläge und Kalkauskleidung in Thomasschlacke umgewandelt; vereinfacht $4\,CaO + P_2O_5 \rightarrow CaO \cdot Ca_3(PO_4)_2$; und $2\,CaO + SiO_2 \rightarrow Ca_2SiO_4$.
Die gemahlene Schlacke dient als Phosphordüngemittel („*Thomasmehl*", „*Thomasphosphat*").
Da beim Frischprozeß auch C restlos entfernt wird, ist nach dem Blasen und dem Schlackenabguß Aufkohlung durch berechneten Zusatz kohlenstoffreichen „Spiegeleisens" erforderlich.

d) *Aufblasverfahren:* Man bläst reinen Sauerstoff mit 0,7 ... 1,0 MPa (7 ... 10 at) durch ein wassergekühltes Rohr auf das Metallbad und vermeidet so Qualitätsminderungen, die durch Stickstoffaufnahme entstehen. Infolge der sich ausbildenden höheren Temperaturen können bis zu 40% Schrott mit eingeschmolzen werden; zudem ist der Durchsatz wesentlich höher. Es kann auch beliebiges Roheisen eingesetzt werden.

27.2.3.4. Die Erzeugung von Siemens-Martin-Stahl (*Herdfrischen*)

Beim SM-Verfahren (seit 1864) finden grundsätzlich die gleichen Vorgänge statt wie beim THOMAS-Verfahren. Sie verlaufen langsamer, gestatten aber dadurch eine bessere Überwachung und Regulierung. Da im Gegensatz zum THOMAS-Verfahren eine äußere Heizung vorhanden ist, kann viel (oder ausschließlich) Alteisen (Schrott) eingeschmolzen werden. Aufkohlung ist nicht erforderlich.

In einer flachen Mulde („Herd") werden Schrott und Roheisen durch brennendes Generatorgas (vorgewärmt durch die heißen Abgase; Prinzip der SIEMEN*schen Regenerativfeuerung*) niedergeschmolzen. Nach Zusatz von Kalkzuschlägen erfolgt das Frischen, indem mehr Luft schräg auf die Schmelze geblasen wird, als zum Verbrennen des Gases erforderlich ist. Da die Oxidation von S usw. nur von der Oberfläche her erfolgt, dauert ein Frischprozeß mehrere Stunden. Die SM-Schlacke ist phosphorarm und wird z. Z. noch nicht verwertet.

27.2.3.5. Das Elektrostahlverfahren

In Lichtbogen- oder Induktionsöfen werden (seit 1880) aus SM-Stahl und (oder) Schrott unter Zusatz von Nickel, Ferrochromium, Ferrovanadium usw. hochwertige *legierte Stähle* erschmolzen; Frischprozesse erfolgen meist mit reinem Sauerstoff, da der Luftstickstoff schädlich sein kann.

27.2.4. Eisenverbindungen

a) *Allgemeines:* Eisen(II)-verbindungen (meist von grüner Farbe) gehen, besonders in alkalischem Milieu, an der Luft leicht in Eisen(III)-verbindungen (meist gelb) über. Auch durch Wasserstoffperoxid, heiße Salpetersäure und andere Oxidationsmittel geht Fe(II) in Fe(III) über. Umgekehrt lassen sich Fe(III)-Verbindungen z. B. durch Schütteln mit Eisenpulver wieder in Fe(II)-Verbindungen zurückverwandeln, z. B. $2\,FeCl_3 + Fe \rightarrow 3\,FeCl_2$. – Eisen(VI)-verbindungen sind sehr unbeständig, z. B. **Bariumferrat,** $BaFeO_4$, ein rotes Pulver.

b) *Eisenoxide:* **Eisen(II)-oxid,** FeO: schwarzes Pulver. – **Eisen(II,III)-oxid,** *Trieisentetroxid,* Fe_3O_4 (= $FeO \cdot Fe_2O_3$), kommt als *Magnetit* in der Natur vor. Es entsteht als *Hammerschlag* beim Schmieden und beim Verbrennen von Eisenfeilspänen an der Luft und bildet die Hauptmasse des Glühzunders von Eisen und Stahl; beim *Schwarzoxidieren* (*Brünieren*) wird es künstlich erzeugt. – **Eisen(III)-oxid,** Fe_2O_3, kommt als *Hämatit* (Blutstein) vor, ist auch im *Rötel* enthalten. Rotes bis braunes, nach starkem Glühen in Säuren unlösliches Pulver; größere Kristalle sind grau bis schwarz, ergeben jedoch einen roten Strich. Verwendung für das Thermitschweißverfahren, als Poliermittel („*Polierrot*") für Stahl und Glas, als Farbpigment („*Englischrot*"), als Ton- und Bildträger für Magnetbänder.

c) **Ferrite** sind eisen(III)-oxidhaltige Doppeloxide, die keramisch gebrannt werden und teilweise als magnetische Werkstoffe verwendet werden, z. B. **Bariumferrit** (*Maniperm*), $BaO \cdot 6\,Fe_2O_3$.

d) *Eisenhydroxide:* **Eisen(II)-hydroxid,** $Fe(OH)_2$, fällt aus Eisen(II)-lösungen durch Alkalilauge als zunächst weißer, infolge Oxidation grün, schwarz und unter Übergang in **Eisen(III)-hydroxid,** $Fe(OH)_3$, rostbraun werdender Niederschlag aus. Eisen(III)-hydroxid entsteht auch direkt durch Fällung aus Eisen(III)-lösungen. Beide Hydroxide sind kaum amphoter; erst in äußerst konzentrierten Laugen lösen sie sich zu Ferrat(II) bzw. Ferrat(III).

e) *Komplexe Eisen-Cyan-Verbindungen:*

- **Kaliumhexacyanoferrat(II)**, *Kaliumcyanoferrat(II)*, *Gelbkali*, *gelbes Blutlaugensalz*, $K_4[Fe(CN)_6] \cdot 3\,H_2O$: gelbe, wasserlösliche Kristalle; hergestellt aus der aus Kalkstickstoff erzeugten Cyanidschmelze. *Verwendung* für Berliner Blau und Rotkali.
- **Kaliumhexacyanoferrat(III)**, *Kaliumcyanoferrat(III)*, *Rotkali*, *rotes Blutlaugensalz*, $K_3[Fe(CN)_6]$: rote, in Wasser mit gelbgrüner Farbe lösliche Kristalle; entsteht aus Cyanoferrat(II) und Chlor. Da es feinverteiltes Silber zu komplexen Cyaniden löst, wird es in der Farbfotografie als „*Bleichsalz*" und in der Schwarzweiß-Fotografie als „*Abschwächer*" verwendet.
- **Berliner Blau und Turnbulls Blau** fallen aus Eisen(III)-lösung durch Cyanoferrat(II) und aus Eisen(II)-lösung durch Cyanoferrat(III) als intensiv dunkelblaue Niederschläge wechselnder Zusammensetzung aus. Im Berliner Blau ist z. B. Eisen(III)-hexacyanoferrat(II), $Fe_4[Fe(CN)_6]_3$, enthalten, doch sind die Niederschläge oft auch K-haltig. Verwendung als Farbpigment.

f) *Weitere Eisen(II)-verbindungen:* **Eisen(II)-sulfat** kristallisiert mit Wasser als **Eisenvitriol**, $FeSO_4 \cdot 7\,H_2O$. Grüne, wasserlösliche, an der Luft oxidable Kristalle; Verwendung für Eisentinten, medizinische Eisenpräparate, Berliner Blau, Gelb- und Rotkali sowie Eisen(III)-oxid für Magnetbänder.

g) *Weitere Eisen(III)-verbindungen:* **Eisen(III)-chlorid** scheidet sich aus wäßriger Lösung als $FeCl_3 \cdot 6\,H_2O$ ab. Gelbe, hygroskopische Masse. Verwendung zum Ätzen von Kupfer in der Reproduktionstechnik: $2\,FeCl_3 + Cu \rightarrow 2\,FeCl_2 + CuCl_2$, sowie für blutstillende Watte.

27.3. Cobalt (Kobalt) und Cobaltverbindungen

a) *Symbol:* Co (von „Kobold", da man die früher nicht verhüttbaren Co-Erze für von Kobolden verzaubert hielt; ↑ Nickel, S. 282; *Wertigkeiten:* +2, seltener +3.

b) *Erstherstellung:* 1735 durch Brandt.

c) *Vorkommen:* nur gebunden, meist mit Nickel vergesellschaftet.

d) *Minerale:*

Speiscobalt (*Smaltit*)	$CoAs_2$
Glanzcobalt (*Cobaltit*)	$CoAsS$
Cobaltnickelkies (*Linnéit*)	$(Co,Ni)_3S_4$

e) *Physiologie:* Co ist ein für Menschen und andere höhere Organismen lebensnotwendiges Spurenelement. Vitamin B_{12} (*Cobalamin*) ist eine Cobaltverbindung. Bei Co-Mangel entsteht perniziöse Anämie (schwere, gefährliche Blutarmut).

f) *Herstellung des Metalls:* aus Erzen und den bei der Verhüttung anderer Metalle anfallenden „Speisen" (Arsenide von Co und Ni) durch Rösten, Lösen der entstandenen Oxide in Säure, Trennung von Ni durch Ausfällung mit genau bemessener Menge Chlorkalk, Überführung in das Oxid und Reduktion desselben mit Kohle, Aluminium oder Wasserstoff.

g) *Eigenschaften des Metalls:* silberweißes, schwach rötliches, ferromagnetisches Metall; zäher, härter und fester als unlegierter Stahl; an der Luft bei gewöhnlicher Temperatur beständig; in Säuren leicht, in Alkalien nicht löslich.

h) *Verwendung des Metalls:* für Legierungen (z. B. Schnellarbeitsstähle) und Hartmetalle (Co-Pulver mit W_2C gesintert).

i) *Cobaltverbindungen:* Co(II)-Verbindungen sind am beständigsten, Co(III)-Verbindungen nur in Form von Komplexen stabil. Co(II)-Salze sehen wasserhaltig meist rosa bis rot, wasserfrei oft blau aus. – **Cobalt(II)-chlorid,** $CoCl_2 \cdot 6\,H_2O$: rote Kristalle, die beim Erhitzen, auch in wäßriger Lösung in blaue, wasserärmere Verbindungen übergehen, beim Erkalten wieder rosarot werden und deshalb für Geheimtinten und Luftfeuchtigkeitsanzeiger verwendet werden können. – **Cobalt(II)-hydroxid,** $Co(OH)_2$, fällt aus Co-Lösungen durch Alkalilaugen je nach Wassergehalt als blauer bis rosaroter Niederschlag aus; es ist nicht amphoter.

j) *Nachweis:* Die Phosphorsalz- oder Boraxperle wird durch Cobaltverbindungen intensiv blau gefärbt.

27.4. Nickel und Nickelverbindungen

a) *Symbol:* Ni (von „Nickel", einem männlichen Berggeist, dem Gegenstück zu Nixe; ↑ Cobalt; S. 281); *Wertigkeiten:* +2, (+3), (+4).

b) *Ersthherstellung:* 1751 durch CRONSTEDT; bereits im alten China waren nickelhaltige Legierungen bekannt.

c) *Vorkommen:* elementar in Eisenmeteoriten (durchschnittlich 8% Ni); sonst nur chemisch gebunden, meist mit Co, oft mit As und Sb vergesellschaftet. Ni ist auch im Kupferschiefer enthalten.

d) *Minerale:*

Rotnickelkies	NiAs
Weißnickelkies (*Chloanthit*)	$(Ni, Co, Fe)As_2$

für die Gewinnung wichtiger:

Garnierit	$(Ni, Mg)_6(OH)_6Si_4O_{11} \cdot H_2O$, und andere Ni-Silicate
Magnetkies	(Fe, Cu, Ni)S

e) *Herstellung:* sehr verschieden, z. B. werden silicatische Erze nach dem *Rennverfahren* in Drehrohröfen mit Kohlenstaub zu Nickel-Eisen-Luppen (mit 5 ... 8% Nickel) reduziert. Diese werden entschwefelt, geröstet und ammoniakalisch ausgelaugt. Aus saurer Lösung wird dann Nickel elektrolytisch rein abgeschieden.

Nach dem „*Carbonylverfahren*" (MOND-Verfahren) erzeugt man erst einen „Nickelkupferstein", bestehend aus Sulfiden, und behandelt diesen bei höheren Drücken mit Kohlenmonoxid. Das hierbei entstehende flüchtige Nickeltetracarbonyl, $Ni(CO)_4$, zerfällt beim Erhitzen in Nickel und Kohlenmonoxid, das in den Prozeß zurückkehrt.

Aluminothermisch entsteht Nickel aus Nickeloxid und Aluminiumgrieß: $3\,NiO + 2\,Al \rightarrow 3\,Ni + Al_2O_3$.

f) *Eigenschaften:* schwach gelblich-silberweißes, bis 356 °C ferromagnetisches Metall, sehr zäh und dehnbar; an der Luft sehr beständig; in Säuren langsam, in Alkalien nicht löslich.

g) *Verwendung:* für Legierungen (besonders Sonderstähle), Anodenplatten zum galvanischen Vernickeln, Laborgeräte, Thermoelemente; Nickel-Cadmium-Akkumulatoren; als Hydrierungskatalysator (z. B. für die Fetthärtung).

h) *Legierungen:*

Monelmetall (warmfest bis 500 °C, sehr korrosionsfest): 65 ... 67% Ni + 30 ... 32% Cu + 1% Mn;
Nichrom (für elektrische Heizdrähte): 60% Ni + 40% Cr;
Muniperm (hohe magnetische Permeabilität bei sehr geringen Hysteresisverlusten): 76% Ni + 17% Fe + 5% Cu + 2% Cr;
Invar (dehnt sich beim Erwärmen fast nicht aus): 65% Fe + 35% Ni;
ferner: *Nickel-* und *Chromiumnickelstähle, Neusilber* (↑ S. 248) und *Manganin* (↑ S. 269).

i) *Vernickeln:* erfolgt galvanisch in Elektrolyten aus Nickelsulfat, Natriumchlorid, Borsäure, Netzmitteln und Glanzbildnern (Saccharin, Natriumnaphthalentrisulfonat, Eiweißhydrolysate) unter Verwendung löslicher Nickel-Anoden zu Zwecken des Korrosionsschutzes (meist 12 ... 36 μm Ni-Auflage); Glanzbeständigkeit erzielt man durch nachfolgendes Verchromen (0,3 μm). – *Stromloses Vernickeln* ist in Lösungen von Nickelchlorid, Natriumhypophosphit und Natriumcitrat bei 95 °C und *p*H 4 ... 6 möglich; $NiCl_2 + NaH_2PO_2 + H_2O \rightarrow Ni + NaH_2PO_3 + 2HCl$.

j) *Nickelverbindungen:* Am wichtigsten und beständigsten sind die meist grünen Ni(II)-Verbindungen. – **Nickelsulfat** kristallisiert als **Nickelvitriol,** $NiSO_4 \cdot 7\,H_2O$, in smaragdgrünen, leicht löslichen Kristallen; Verwendung zum Vernickeln. – **Nickelhydroxid,** $Ni(OH)_2$, fällt als apfelgrüner Niederschlag aus Nickelsalzlösungen durch Alkalilaugen; es ist nicht amphoter.

k) *Nachweis:* roter Niederschlag mit Diacetyldioxim (Dimethylglyoxim) in ammoniakalischer Lösung.

27.5. Die leichten Platinmetalle

Ruthenium (Ru; von Ruthenien = Rußland): seltenstes Platinmetall; entdeckt 1845 durch C. Claus; kommt gediegen als Platinbegleiter vor (im „*Osmiridium*"). Silberweiß, sehr hart und spröde, schwer schmelzbar; unlöslich in Königswasser, löslich in sauerstoffhaltiger Salzsäure. – Ru ist neben Os das einzige achtwertig auftretende Metall.

Rhodium [Rh; *rhodeos* (grch.) rosenrot]: entdeckt 1803 durch Wollaston, findet sich gediegen als Begleiter von Platin und Gold. Silberweiß, stark glänzend, anlaufbeständig, zäh, im kompakten Zustand unlöslich in allen Säuren. *Verwendung:* als Katalysator (Pt-Rh-Netze bei der NH_3-Oxidation) für Thermoelemente und als galvanischer Niederschlag auf Silber, um dessen Schwärzung durch H_2S zu verhindern („*Rhodinieren*").

Palladium (Pd; benannt nach dem Planetoiden Pallas): entdeckt 1803 durch WOLLASTON; findet sich gediegen als Begleiter von Platin und Gold. Silberweiß, von starker Lichtreflexion, in der Hitze schweiß- und schmiedbar, etwas härter und zäher als Platin. Pd legiert sich leicht mit Wasserstoff, wobei es unter Aufblähung spröde und rissig wird. An der Luft beständig, löst es sich jedoch in konzentrierter Salpetersäure zu Palladium(II)-nitrat, $Pd(NO_3)_2$. *Verwendung:* als Hydrierungskatalysator; als Legierungsmetall für Gold und Silber. – Pd(II)-Salze sind am beständigsten.

27.6. Die schweren Platinmetalle

Osmium [Os; *osmeo* (grch.) ich rieche; da das Metall stets schwach nach dem Oxid riecht]: entdeckt 1804 durch TENNANT; kommt in Platinerzen als königswasserunlösliche Iridiumlegierung („*Osmiridium*" mit z. B. 52% Ir, 27% Os, 10% Pt, 6% Ru und 1,5% Rh) vor. Bläulich-weiß, hochschmelzend, sehr hart und spröde; wenig technische Verwendung.

Iridium [Ir; *irideios* (grch.) regenbogenfarbig; benannt nach der Vielfarbigkeit seiner Verbindungen]: entdeckt 1804 durch TENNANT; findet sich als „*Osmiridium*" (s. o.) in Platinerzen. Silberweiß, sehr hart, spröde, sehr schwer; unlöslich in allen Säuren, auch in Königswasser. *Verwendung:* für Füllfederspitzen und als härtendes Legierungsmetall für Platin.

Platin [Pt; *platina* (lat.) kleines Silber]. *Entdeckung:* 1750 durch WATSON. *Vorkommen:* meist elementar und mit anderen Platinmetallen legiert in „Platinerzen", oft in Flußsanden. *Herstellung:* Aus einer Lösung von Rohplatin in Königswasser fällt man nach Reinigung mit Kalkmilch durch Ammoniak Ammonium-hexachloroplatinat(IV), $(NH_4)_2[PtCl_6]$ („*Platinsalmiak*), aus. Dies hinterläßt beim Glühen reinen Platinschwamm: $3\,(NH_4)_2[PtCl_6] \rightarrow 3\,Pt + 2\,N_2 + 18\,HCl + 2\,NH_3$. Der Platinschwamm wird eingeschmolzen. *Eigenschaften:* weißes, ziemlich weiches, dehnbares, zähes, in der Hitze schmied- und schweißbares, sehr schweres Metall. Besonders in feinverteilter Form („*Platinschwarz*", „*Platinmohr*") adsorbiert und absorbiert es viel Wasserstoff und Sauerstoff; hierauf beruht seine katalytische Wirksamkeit. Platin löst sich in Königswasser zu Hexachloroplatin(IV)-säure, $H_2[PtCl_6]$. *Verwendung:* für chemische Geräte (Tiegel, Elektroden usw.), für Spinndüsen, für Schmuckwaren und als Katalysator.

ORGANISCHE CHEMIE

28. Theoretische Grundlagen

28.1. Allgemeines

a) *Definition:* Die organische Chemie ist die *Chemie der Kohlenstoffverbindungen.* Lediglich *Kohlensäure, Carbonate, Carbide* sowie die *Oxide des Kohlenstoffs* werden der anorganischen Chemie zugerechnet. Es gehören der organischen Chemie nicht nur Naturstoffe an, die Pflanzen oder Tiere durch ihre Lebensvorgänge produzieren, sondern es ist dem heutigen Chemiker möglich, sehr viele Naturstoffe und darüber hinaus viele andere Verbindungen herzustellen, deren struktureller Aufbau ähnlich dem der Naturstoffe ist.

b) *Elemente:* Im allgemeinen sind am Aufbau der organischen Moleküle nur wenige Elemente beteiligt, neben C vor allem H; O; N; S; Halogene; P. Prinzipiell bilden jedoch mit Ausnahme der Edelgase auch die übrigen Elemente organische Verbindungen.

c) *Zahl der organischen Verbindungen:* Trotz der geringen Zahl der beteiligten Elemente liegt die Zahl der organischen Verbindungen wesentlich höher als die der anorganischen. Man kennt bisher ≈ 4 Millionen organische Verbindungen.

d) *Tetraedermodell:* Da sich die Valenzelektronen des Kohlenstoffs gegenseitig abstoßen, muß ihr Abstand nach allen Richtungen gleich sein. So bildet der Atomkern mit zwei inneren Elektronen die Mitte eines *Tetraeders,* nach dessen vier Ecken die vier Valenzelektronen gerichtet sind, ↑ Bild 15; S. 80.

e) *Bindungsart:* Die Elemente sind im allgemeinen durch *Atombindung* (*homöopolare Bindung*) miteinander verknüpft; in vielen Fällen ist diese polarisiert (↑ 5.2.2.; S. 78), nur bei organischen Salzen tritt auch *Ionenbindung* auf.

f) *Mehrfachbindung:* Bei der Bindung zwischen zwei C-Atomen ist neben einer *Einfachbindung* C—C eine *Doppelbindung* C=C oder eine *Dreifachbindung* C≡C möglich.

g) *Kohlenstoffketten und -ringe:* Die C-Atome können sich sowohl zu Ketten als auch zu Ringen verbinden. Man unterscheidet *aromatische Verbindungen* mit Ringen vom Benzentyp und *alicyclische Verbindungen* mit jeder anderen Art von C-Ringbildung. Außerdem gibt es Ringe, in denen ein oder mehrere C-Atome durch N, O oder S ausgetauscht sind (*Heterocyclen*).

h) *Homologe Reihen:* Unter **homologen Reihen** versteht man Reihen von Verbindungen, bei denen sich aufeinanderfolgende Glieder durch die Atomgruppierung —CH_2— unterscheiden:

Formeln einiger homologer Kohlenwasserstoffe	CH_4	C_2H_6	C_3H_8	C_4H_{10}
Differenz	CH_2	CH_2	CH_2	

Innerhalb jeder homologen Reihe ändern sich die Eigenschaften mit zunehmender Kettenlänge gesetzmäßig; ↑ z. B. S. 291.

28.2. Isomerie

a) *Definition:* Unter Isomerie versteht man die Erscheinung, daß Moleküle mit *gleicher Summenformel*, jedoch verschiedener Struktur oder verschiedener räumlicher Anordnung der Atome existieren. Isomere zeigen verschiedenes physikalisches und chemisches Verhalten.

b) *Strukturisomerie:* beruht auf der unterschiedlichen Anordnung der Atome in den Molekülen.

- **Kettenisomerie**

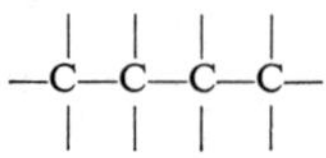

Normal-Verbindungen
(enthalten unverzweigte C-Ketten)

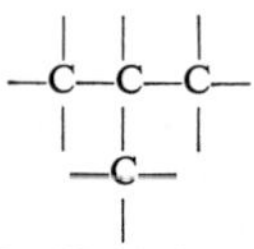

Iso-Verbindungen
(enthalten verzweigte C-Ketten)

- **Stellungsisomerie**

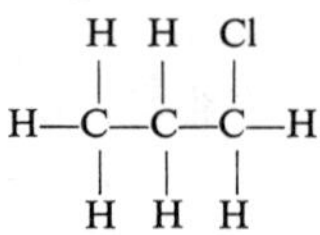

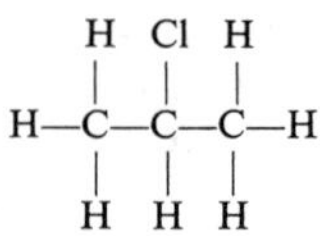

- **Tautomerie (Desmotropie)** tritt durch Wanderung eines Protons innerhalb eines Moleküls auf.

Beispiele:

1. $CH_3—CO—CH_2—COOC_2H_5 \rightleftarrows CH_3—C(OH)=CH—COOC_2H_5$

Ketoform	Enolform
Ethanoyl-ethylethanat	(Acetessigsäureethylester)

Diesen speziellen Fall nennt man **Keto-Enol-Tautomerie.**

2.

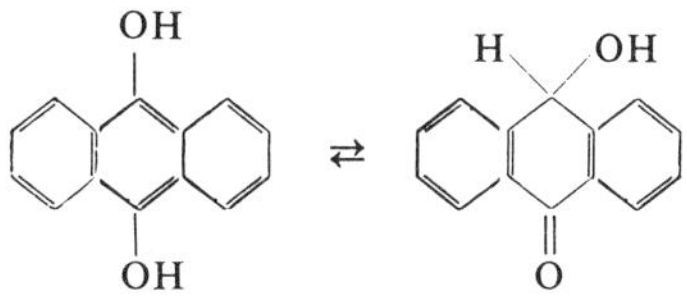

Anthrahydrochinon ⇄ Oxanthron

Meist liegt ein Isomerengemisch vor. Die Isolierung einzelner Isomerer ist nur möglich, wenn die Umwandlungsgeschwindigkeit des chemischen Gleichgewichts in einer Richtung sehr gering ist.

c) *Stereoisomerie* (Raumisomerie): entsteht durch verschiedene räumliche Anordnung der Liganden an dem gleichen C-Atom.

- **Cis-trans-Isomerie** (*Ethylenisomerie*) tritt nur bei ungesättigten Verbindungen auf. Infolge der Doppelbindung ist die freie Drehbarkeit der C—C-Einfachbindung aufgehoben, und die Substituenten kommen in eine Ebene zu liegen. Man spricht von der *cis-Form*, wenn die Substitutionspaare benachbart liegen, dagegen von der *trans-Form*, wenn sie diametral gegenüberliegen.

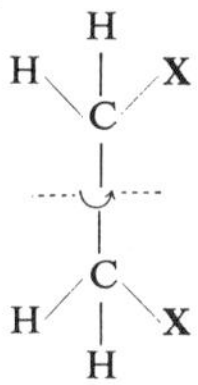

frei drehbar

infolge der angedeuteten Drehung tritt keine Isomerie auf

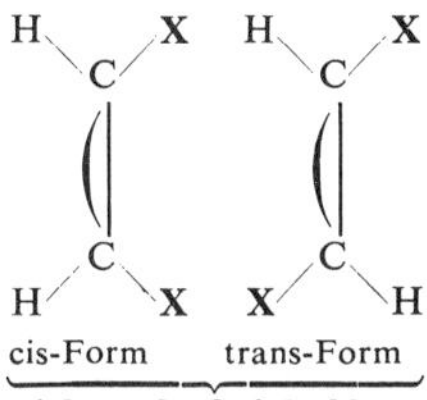

nicht mehr frei drehbar

Cis-trans-Isomerie (X: verallgemeinerter Substituent, z. B. für eine Alkylgruppe oder ein Halogenatom)

- **Optische Isomerie** ist abhängig von der Anwesenheit eines *asymmetrischen C-Atoms*, eines C-Atoms mit *vier verschiedenen Liganden*, symbolisch dargestellt durch C*. Alle Moleküle, die ein asymmetrisches C-Atom enthalten, sind optisch aktiv, d. h., ihre Lösungen drehen die Schwingungsebene des polarisierten Lichtes.

  Die Drehrichtung wird bei rechtsdrehenden Stoffen mit (+), bei linksdrehenden mit (−) angegeben.

  Optisch aktive Moleküle, die sich wie Bild und Spiegelbild verhalten, heißen **optische Antipoden.** Sie besitzen die gleichen chemischen und physikalischen Eigenschaften bis auf die unterschiedliche Drehrichtung der Schwingungsebene des polarisierten Lichtes. Dabei ist der Betrag der Drehrichtung gleich.

Unabhängig von der Drehrichtung hat man für die Kennzeichnung der optischen Antipoden als Bezugsstoffe die isomeren Moleküle des Glycerolaldehyds zugrunde gelegt.

```
    CHO                  CHO
     |                    |
 H—C*—OH             HO—C*—H
     |                    |
    CH₂OH                CH₂OH
D(+)-Glycerolaldehyd   L(−)-Glycerolaldehyd
```

Gemische gleicher Mengen optischer Antipoden, deren Drehrichtungen sich gegenseitig aufheben, heißen **Racemate.** Bei Synthesen entstehen meist derartige Racemate, ↑ Traubensäure; S. 324.

28.3. Reaktionsarten

Die organischen Reaktionen lassen sich, wenn man die Art der miteinander reagierenden Teilchen betrachtet, auf drei Grundarten zurückführen. Der Chemismus besteht aus mehreren Einzelreaktionen. Außerdem erfolgen bei einigen Reaktionen neben den Grundreaktionen intramolekulare Umlagerungen.

28.3.1. **Substitution** (Kurzzeichen S)

Unter Substitution versteht man den Ersatz eines Atoms oder einer Atomgruppe durch ein anderes Atom oder eine Atomgruppe. Es entstehen dabei stets zwei Reaktionsprodukte.

a) *Halogenierung* (substitutiv):

Substitution von Wasserstoff durch Halogene (↑ S. 326). Fluorverbindungen werden durch andere Verfahren hergestellt, da die Substitution explosionsartig verläuft. Auch mit Iod ist eine direkte Umsetzung aus energetischen Gründen nicht möglich.

Reaktionsbedingungen der Substitution von Wasserstoff durch Halogen:

- am aliphatischen Kohlenstoff: Aktivierung durch energiereiches Licht
- am aromatischen Kohlenstoff: Beschleunigung durch Katalysatoren

b) *Kondensation:*

- *Veresterung* (↑ S. 328)

  Alkohol + Säure ⇄ Ester + Wasser
- *Bildung von Alkylhalogeniden* (↑ S. 324)

  Alkohol + Halogenwasserstoff ⇄ Alkylhalogenid + Wasser

- *Polykondensation* (↑ S. 372)

  Bildung von Makromolekülen (Riesenmolekülen) durch Kondensation kleiner Moleküle, die zwei oder mehr funktionelle Gruppen tragen, unter Abspaltung einfacher Moleküle (meist Wasser).

c) *Esterspaltung*

- *Esterhydrolyse* (durch Säuren katalysiert)

  Ester + Wasser ⇄ Alkohol + Säure

- *Verseifung* (mit Alkalihydroxid)

  Halogenkohlenwasserstoff + Alkalihydroxid ⇄ Alkohol + Alkalihalogenid

d) *Ammonolyse*

Säurehalogenid + Ammoniak → Säureamid + Ammoniumhalogenid

28.3.2. **Addition** (Kurzzeichen A)

Unter Addition versteht man die Anlagerung eines anorganischen oder organischen Moleküls an eine organische Verbindung, deren Mehrfachbindung aufgespalten wird.

a) *Hydrierung*: katalytische Anlagerung von H_2,

z. B. $\underset{\text{Ethen}}{CH_2{=}CH_2} + H_2 \rightleftarrows \underset{\text{Ethan}}{CH_3{-}CH_3}$

Als Katalysator wurden früher vor allem Platinschwarz oder Palladium verwendet. Heute nimmt man meist Mischkatalysatoren, z. B. Cr_2O_3 + Cu, oder fein verteiltes Nickel.

b) *Hydratisierung*: Anlagerung von Wasser,

z. B. $\underset{\text{Ethen}}{CH_2{=}CH_2} + H_2O \xrightarrow[H_3PO_4\text{ als Kat.}]{300\,°C;\ 7\,MPa} \underset{\text{Ethanol}}{CH_3{-}CH_2(OH)}$

c) *Hydrohalogenierung*: Anlagerung von Halogenwasserstoff,

z. B. $\underset{\text{Propen}}{CH_3{-}CH{=}CH_2} + HX \rightleftarrows \underset{\text{2-Halogenpropan}}{CH_3{-}CHX{-}CH_3}$

Bei Halogenen mit mehr als zwei C-Atomen tritt das Halogen an das H-ärmere C-Atom (Regel von MARKOWNIKOW).

d) *Halogenierung*: Anlagerung von Halogen,

z. B. $\underset{\text{Ethen}}{CH_2{=}CH_2} + Cl_2 \rightleftarrows \underset{\text{1,2-Dichlorethan}}{CH_2Cl{-}CH_2Cl}$

Reaktionsbedingungen der additiven Halogenierung:

- am aliphatischen C-Atom durch Feuchtigkeitsspuren oder Halogenwasserstoff katalytisch beschleunigt
- am aromatischen C-Atom ohne Katalysator mit energiereichem Licht

e) *Epoxidierung*: Anlagerung von Sauerstoff durch sauerstoffabgebende Mittel, wie Persäuren und Wasserstoffperoxid, oder katalytisch mit molekularem Sauerstoff,

z. B. $\underset{\text{Ethen}}{CH_2{=}CH_2} + \frac{1}{2} O_2 \xrightarrow{\text{Ag als Kat.}} \underset{\text{Epoxyethan}}{\overset{CH_2{-}CH_2}{\diagdown O \diagup}}$

f) *Addition von hypohalogenigen Säuren*

z. B. $CH_2{=}CH_2 + HOCl \rightarrow CH_2(OH){-}CH_2Cl$

2-Chlorethanol-(1)
(Ethylenchlorhydrin)

Bei nachfolgender Abspaltung von Halogenwasserstoff entstehen Epoxide.

g) *Addition von Cyanwasserstoff, Carbonsäuren und Alkanolen* (↑ S. 298)

h) *Polymerisation* (↑ S. 372)
Verknüpfung gleicher (Isopolymerisation) oder verschiedener (Mischpolymerisation, Kopolymerisation) ungesättigter Moleküle (Monomere) zu einem Makromolekül (Polymer).
Jede Polymerisation verläuft in drei Schritten:

1. Startreaktion
2. Kettenwachstum
3. Abbruchreaktion

Je nach dem Reaktionstyp sind die Aktivierungsenergien, die Initiatoren, die die Reaktion einleiten, und die Bedingungen, die die Kettenlänge regeln, verschieden.

i) *Polyaddition* (↑ S. 372)
Der Mechanismus dieser Additionsreaktion unterscheidet sich von dem der bisher besprochenen dadurch, daß hier keine Doppelbindungen zwischen C-Atomen, sondern zwischen Heteroatomen (z. B. —C=O) aufgespalten werden.

28.4. Einteilung der organischen Chemie

Organische Verbindungen

- acyclische (aliphatische[1]) Verbindungen (Verbindungen ohne Ringschluß)
- cyclische Verbindungen (Verbindungen mit Ringschluß)
  - Heterocyclen
  - Alicyclen
  - Aromaten

[1] *aleiphatos* (grch.) Salböl

29. Acyclische (aliphatische) Kohlenwasserstoffe

29.1. Alkane (*gesättigte Kohlenwasserstoffe, Grenzkohlenwasserstoffe, Paraffine*)

Kohlenwasserstoffe sind Verbindungen, deren Moleküle *nur* aus C- und H-Atomen bestehen. Die *gesättigten acyclischen Kohlenwasserstoffe* heißen **Alkane**; ihre Moleküle enthalten *nur* Einfachbindungen.

29.1.1. Konstitution und allgemeine Eigenschaften

Tabelle 33: Homologe Reihe der Alkane

Summenformel	Abgekürzte Strukturformel (rationelle Formel)	Systematischer Name	Physikalische Eigenschaften: Schmelzpunkt (in °C)	Physikalische Eigenschaften: Siedepunkt (in °C)	Alkyl C_nH_{2n+1}
CH_4	CH_4	Methan	− 182,5	− 161,5	Methyl
C_2H_6	$CH_3—CH_3$	Ethan	− 183,3	− 88,6	Ethyl
C_3H_8	$CH_3—CH_2—CH_3$	Propan	− 187,1	− 42,2	Propyl
C_4H_{10}	$CH_3—(CH_2)_2—CH_3$	Butan	− 138,5	− 0,5	Butyl
C_5H_{12}	$CH_3—(CH_2)_3—CH_3$	Pentan	− 129,7	+ 36,0	Pentyl (Amyl)
C_6H_{14}	$CH_3—(CH_2)_4—CH_3$	Hexan	− 94,3	+ 68,7	Hexyl
C_7H_{16}	$CH_3—(CH_2)_5—CH_3$	Heptan	− 90,5	+ 98,4	Heptyl
C_8H_{18}	$CH_3—(CH_2)_6—CH_3$	Octan	− 56,8	+ 125,7	Octyl
C_9H_{20}	$CH_3—(CH_2)_7—CH_3$	Nonan	− 53,7	+ 150,7	Nonyl
$C_{10}H_{22}$	$CH_3—(CH_2)_8—CH_3$	Decan	− 29,7	+ 174	Decyl
$C_{15}H_{32}$	$CH_3—(CH_2)_{13}—CH_3$	Pentadecan	+ 10,0	+ 270	Pentadecyl
$C_{16}H_{34}$	$CH_3—(CH_2)_{14}—CH_3$	Hexadecan (Cetan)	+ 18,2	+ 287	Hexadecyl
$C_{17}H_{36}$ ⋮	$CH_3—(CH_2)_{15}—CH_3$	Heptadecan	+ 22,5	+ 303	Heptadecyl
$C_{20}H_{42}$	$CH_3—(CH_2)_{18}—CH_3$	Eicosan	+ 36,4	+ 345,1	Eicosyl
$C_{30}H_{62}$ ⋮	$CH_3—(CH_2)_{28}—CH_3$	Triacontan	+ 66,0	—	Triacontyl
$C_{40}H_{82}$ ⋮	$CH_3—(CH_2)_{38}—CH_3$	Tetracontan	81,4	—	Tetracontyl
$C_{100}H_{202}$ usw.	$CH_3—(CH_2)_{98}—CH_3$	Hectan	+ 115	—	Hectyl

Bei den ersten Gliedern der homologen Reihe sind die Unterschiede in den physikalischen Eigenschaften größer als bei den höheren Gliedern.

a) *Summenformel:* C_nH_{2n+2}; es wurden bereits Alkane mit mehr als $n = 100$ C-Atomen synthetisiert.

b) *Strukturformel:* Zur genaueren Kennzeichnung der Alkane verwendet man statt der Summenformeln die *Strukturformeln*, z. B.

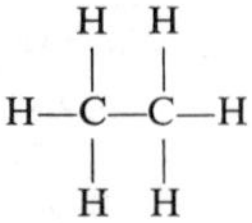

(Ethan)

oder schreibt die *abgekürzte Strukturformel* (*rationelle Formel*), die vor allem bei höhermolekularen Verbindungen ein übersichtlicheres Bild gibt, z. B. $CH_3—CH_3$ (Ethan).

c) *Alkylgruppen:* Entzieht man einem Alkan ein Wasserstoffatom, dann entsteht eine Alkylgruppe (*Alkyl-Radikal*[1])

Alkan	**– 1 H → Alkylgruppe**
C_nH_{2n+2}	$- 1\ H \rightarrow C_nH_{2n+2}—$
$CH_3—CH_3$	$- 1\ H \rightarrow CH_3—CH_2—$

Da diese Alkylgruppen nicht beständig sind, haben sie das Bestreben, mit anderen Alkylgruppen oder mit einwertigen Atomen oder Atomgruppen neue Moleküle zu bilden.

29.1.2. Chemische Eigenschaften

Die Alkane sind ziemlich reaktionsträge; daher werden sie auch *Paraffine* genannt [*parum affinis* (lat.) wenig reaktionsfähig].

Bei Zimmertemperatur sind sie gegen starke Säuren, Laugen und Luftsauerstoff beständig; nach Zündung tritt jedoch Verbrennung ein. Mit Halogenen erfolgt *Substitution* (↑ S. 288).

Bei höheren Temperaturen reagieren besonders die höhermolekularen Alkane mit O_2 (Paraffinoxidation), $SO_2 + Cl_2$ (Sulfochlorierung), schwieriger mit konz. HNO_3 (Nitrierung).

29.1.3. Vorkommen und Verwendung

Allgemein: Die Alkane sind die Hauptbestandteile der paraffinbasischen Erdöle, des Erdgases sowie der Destillationsprodukte des Braunkohlenteers.

a) **Methan,** CH_4, kommt im *Erdgas*, als *Grubengas* (in Steinkohlenflözen) und als *Sumpfgas* (durch bakterielle Zellulosevergärung) vor. Man gewinnt es aus den Abgasen der Rohöldestillation.

[1] Ein Radikal ist eine für sich unter normalen Bedingungen nicht existenzfähige Atomgruppierung mit freien Valenzen (ungebundenen Elektronen).

10 ... 25 Vol.-% befinden sich im Schwelgas der Braunkohlen, ≈ 25 Vol.-% im Leuchtgas. Die Explosionsgrenze liegt im Gemisch mit O_2 bei 6 ... 12 Vol.-% CH_4. Methan wird als Heizgas und Motorentreibstoff, außerdem als Ausgangsmaterial für petrolchemische Prozesse verwendet.

b) **Ethan,** C_2H_6, erhält man aus den Abgasen der Hydrierung von Braunkohlenteer und Erdöl.

c) **Propan,** C_3H_8, entsteht bei der Hydrierung von Teer und Erdöl. Es wird als Heiz- und Leuchtgas verwendet und als sog. „Flüssiggas" in Stahlflaschen transportiert, in denen es schon bei 0,8 MPa im flüssigen Aggregatzustand vorliegt (krit. Temp.: 96,81 °C, krit. Druck: 4,3 MPa).

d) **Flüssige Alkane** sind Bestandteile des Erdöls und Braunkohlenteers; sie sind z. B. im Petrolether, Benzin, Dieselöl, Heizöl, Leuchtöl, Paraffinöl enthalten.

e) **Feste Alkane** (*Paraffin* im engeren Sinne) befinden sich in Erdöl und fallen bei der Braunkohlenschwelerei an. *Erdwachs* oder *Ozokerit* (gereinigt: *Zeresin*) ist ein natürlich vorkommendes, festes Paraffin. Feste Alkane werden für Kerzen und paraffiniertes Papier, als Isoliermittel und zur Zündholzimprägnierung verwendet. Die bei der synthetischen Herstellung anfallenden Alkane mit 10 ... 30 C-Atomen werden zu Seifen, waschaktiven Substanzen und Weichmachern verarbeitet.

29.1.4. Herstellung

a) *Gasförmige Alkane* gewinnt man aus den Abgasen der Rohöldestillation, der Braunkohlenverschwelung und bei der Erdölhydrierung.

b) *Flüssige und feste Alkane* entstehen

- bei der *fraktionierten Destillation* von Erdöl
- bei der *Verschwelung von Braunkohle.* Höhersiedende Fraktionen, wie die Schmierölfraktion, enthalten vor allem C_{10}- bis C_{30}-Alkane.
- beim Bergius-*Verfahren* (katalytische Hydrierung)

  Das ursprüngliche Verfahren verwendete Kohle als Ausgangsmaterial. In abgewandelter Form gewinnt dieses Verfahren wieder an Bedeutung.

  $$\left.\begin{array}{l}\text{Braunkohlen- bzw.}\\ \text{Steinkohlenschwelteer}\\ \text{oder Erdölrückstände}\end{array}\right. + H_2 \xrightarrow[10\ \dots\ 20\ \text{MPa}]{WS_2,\ MoS_2} \left\{\begin{array}{l}\text{Benzin}\\ \text{Mittelöl}\\ \text{Schweröl}\end{array}\right.$$

- bei dem *Tieftemperatur-Hochdruck-Hydrierverfahren* (TTH-Verfahren)

Während beim BERGIUS-Verfahren die Spaltung höhermolekularer in niedermolekulare Verbindungen stattfindet, ist das Ziel des TTH-Verfahrens eine hydrierende Raffination.

$$\text{Braunkohlenschwelteer} + H_2 \xrightarrow[\text{30 MPa; 280 ... 380 °C}]{NiS/WS_2/Al_2O_3} \begin{cases} \text{Benzin} \\ \text{Mittelöl} \\ \text{Schweröl} \end{cases}$$

Aus dem Schweröl gewinnt man TTH-Paraffin.

- bei der FISCHER-TROPSCH-*Synthese* (Kohlenmonoxidhydrierung):

$$n\,CO + (2n + 1)\,H_2 \xrightarrow[\text{Normaldruck 160 ... 200 °C}]{Co/MgO/ThO_2/\text{Kieselgur}} C_nH_{2n+2} + n\,H_2O$$

Dabei entstehen etwa 15% Flüssiggase (Propan und Butan), 50% Benzin, 28% Kerosin (Dieselöl), 5% Weichparaffin (Paraffingatsch), 2% Hartparaffin.
Mit anderen Katalysatoren und höheren Drücken entstehen beim FISCHER-TROPSCH-Verfahren vorwiegend Olefine.

- durch *Hydrierung von Alkenen*
- im Labor durch die WURTZsche Synthese (aus Iodalkan und Natrium) (↑ S. 325).

29.2. Alkene und Alkadiene

- **Alkene** (*Alkylene*, *Olefine*) haben eine C=C-Bindung (Doppelbindung). *Summenformel:* C_nH_{2n}.
- **Alkadiene** sind ungesättigte Kohlenwasserstoffe mit zwei C=C-Bindungen. *Summenformel:* C_nH_{2n-2}.

Entsprechende Bezeichnungen führen die selteneren Kohlenwasserstoffe mit mehr als zwei Doppelbindungen; *Beispiel:* **Alkatriene** (Kohlenwasserstoffe mit drei Doppelbindungen).

29.2.1. Gewinnung und Verwendung der Alkene

a) *Mitteltemperaturpyrolyse* (MTP-Verfahren)
Hitzezersetzung von Alkanen, vorwiegend Ethan, Propan, n-Butan. Zum Teil werden auch Leicht- und Schwerbenzin eingesetzt.

$$\text{Alkan} \xrightarrow{700\ °C} \text{Alken} + \text{Wasserstoff}$$

Die Alkane entnimmt man der Gasölfraktion des Erdöls. Neben den gasförmigen Alkenen entsteht Pyrolysebenzin.

b) *Hochtemperaturpyrolyse* (HTP)

$$\text{Leichtbenzin} \xrightarrow[3000\ °C]{\text{Flammrohr}} \text{Ethen} + \text{Ethin}\ (CH_4,\ N_2,\ CO)$$

c) *Sandcrack-Verfahren*
Hierbei wird Leichtbenzin in einem Wirbelschichtreaktor mit Sand als Wärmeträger auf ca. 800 °C erhitzt. Neben *Ethen* und *Propen* fallen flüssige Produkte vielfältiger Zusammensetzung an.

d) FISCHER-TROPSCH-*Verfahren* (↑ S. 294)
Bei 200 °C, 1 ... 10 MPa und einem Fe-Katalysator entstehen etwa 30% Alkene.

e) *Dehydratisierung* (Wasserabspaltung aus Alkanolen)

$$\text{Alkanol} \xrightarrow[\text{Al}_2\text{O}_3 \text{ oder AlPO}_4]{360\,°\text{C}} \text{Alken} + \text{Wasser}$$

Im Labor spaltet man Wasser unter anderen Bedingungen aus Alkanolen ab.

$$\text{Alkanol} \xrightarrow[\substack{\text{oder ZnCl}_2\\ \text{oder H}_3\text{PO}_4}]{\text{konz. H}_2\text{SO}_4} \text{Alken} + \text{Wasser}$$

29.2.2. Chemische Eigenschaften

a) Additionsreaktionen (↑ S. 289)
b) Polymerisation (↑ S. 372)

29.2.3. Wichtige Alkene und Alkadiene

a) **Ethen,** *Äthen*, *Äthylen*, $CH_2{=}CH_2$. Farbloses, erdölartig riechendes Gas. *F* −169,2 °C; *Kp* −103,7 °C. *Verwendung:* Ganze Industriezweige sind heute von der Ethenproduktion abhängig. Man verwendet es zur Herstellung von Polyethylen, Propanol, Tetraethylblei, Vinylchlorid, Styren, Glycol, Acrylnitril, Ethanol.

b) **Propen,** *Propylen*, $CH_2{=}CH{-}CH_3$. *F* —185 °C; *Kp* −47,7 °C. Propen hat sehr an Bedeutung gewonnen, nicht nur zur Herstellung von Polypropylen, sondern auch für Aceton, Acrylnitril, Propanol, klopffeste bleifreie Vergaserkraftstoffe, Glycerol, Epichlorhydrin und Cumen (als Zwischenprodukt der Phenolsynthese).

c) **Buten,** *Butylen*, C_4H_8. Es existieren 4 Isomere. Der größte Teil des Butens wird zu Vergaserkraftstoffkomponenten (Alkylatbenzinen usw.) weiterverarbeitet. Von nicht geringer Bedeutung ist aber auch die Polymerisation zu Elasten, wie Butylkautschuk, Isoprenkautschuk, Polyisobuten.

d) **Butadien-(1,3),** $CH_2{=}CH{-}CH{=}CH_2$, ein farbloses, leicht zu verflüssigendes Gas. Es ist das Ausgangsprodukt für die Synthesekautschukherstellung.

Herstellungsverfahren:

- *Katalytische Dehydrierung* von n-Butan und n-Buten

1. *zweistufiges Verfahren:*

$$\underset{\text{n-Butan}}{CH_3{-}CH_2{-}CH_2{-}CH_3} \xrightarrow[\substack{620\,°C \\ H_2O\text{-Dampf}}]{Cr_2O_3/Al_2O_3} \underset{\text{n-Buten}}{CH_3{-}CH_2{-}CH{=}CH_2} + H_2$$

Die Butene werden vom nicht umgesetzten n-Butan durch Extraktivdestillation getrennt und anschließend der 2. Dehydrierstufe zugeführt.

$$\underset{\text{n-Buten}}{CH_3{-}CH_2{-}CH{=}CH_2} \xrightarrow[620\,°C]{Cr_2O_3/Al_2O_3} \underset{\text{Butadien-(1,3)}}{CH_2{=}CH{-}CH{=}CH_2} + H_2$$

2. *einstufiges Verfahren:*

$$\underset{\text{n-Butan}}{CH_3{-}CH_2{-}CH_2{-}CH_3} \xrightarrow[\substack{Cr_2O_3/Al_2O_3\text{-Kat.} \\ 660\,°C}]{\text{modifizierter}} \underset{\text{Butadien-(1,3)}}{CH_2{=}CH{-}CH{=}CH_2} + 2\,H_2$$

- *Mitteltemperaturpyrolyse* von flüssigen Erdölkohlenwasserstoffen, die nach der Pyrolyse durch Tieftemperatur-Druckdestillation fraktioniert werden.
  Dieses Verfahren ist das wirtschaftlichste.

- *Vierstufenverfahren:*

$$2\,CH{\equiv}CH \xrightarrow[\substack{\text{Hg-Verb.} \\ \text{als Kat.}}]{+H_2O} \underset{\text{Ethanal}}{2\,CH_3{-}CHO}$$

$$\xrightarrow[\text{reaktion}]{\text{Aldol-}} \underset{\substack{\text{3-Hydroxy-butanal} \\ \text{Acetaldol}}}{CH_3{-}CH(OH){-}CH_2{-}CHO}$$

$$\xrightarrow[110\,°C;\ 30\,MPa]{\text{Ni-Kat.} + H_2} \underset{\text{Butandiol-(1,3)}}{CH_3{-}CH(OH){-}CH_2{-}CH_2(OH)}$$

$$\xrightarrow[\substack{270\,°C; \\ (NaPO_3)_n\text{-Kat.}}]{-H_2O} \underset{\text{Butadien-(1,3)}}{CH_2{=}CH{-}CH{=}CH_2}$$

e) **2-Methyl-butadien-(1,3),** *Isopren.* Isoprenmoleküle sind die Bausteine lebenswichtiger Stoffe, wie Carotinoide (z. B. β-Carotin = Provitamin A) und Phytol (im Chlorophyll). Auch die Terpene bauen sich aus Isoprenresten auf. Isopren ist das Monomere des Naturkautschuks; seine Synthese gewinnt an Bedeutung.

29.3. Alkine (*Acetylene, Acetylenkohlenwasserstoffe*)

Alkine enthalten eine C≡C-Bindung; die allgemeine Formel der homologen Reihe der Alkine (*Ethin*, C_2H_2, *Propin*, C_3H_4, *Butin*, C_4H_6 usw.) lautet C_nH_{2n-2}.
Die Alkine sind ähnlich reaktionsfähig wie die Alkene.
Das **Ethin,** *Acetylen*, CH≡CH, ist die wichtigste Verbindung dieser Reihe.

a) *Physikalische Eigenschaften:* Ethin ist ein farbloses Gas von ätherischem Geruch. Der unangenehme Geruch des aus Carbid erzeugten Ethins rührt von Verunreinigungen, vor allem von Phosphorwasserstoff, her.

In einem Liter Wasser lösen sich bei 20 °C und 0,1 MPa 1,21 g Ethin.

b) *Acetylenflaschen:* Stahlflaschen für Acetylen sind mit Kieselgur gefüllt, die mit Propanon (Aceton) gesättigt wurde. In einem Liter Propanon lösen sich bei 1,24 MPa 350 g Ethin. Diese Vorsichtsmaßnahmen sind notwendig, da reines Ethin beim Komprimieren explodiert.

$$CH{\equiv}CH \xrightarrow{\text{Druck}} \underset{\text{Ruß}}{2\,C} + H_2$$

Kennzeichnung der Flaschen: Gelber Anstrich, nahtloser, gewindeloser Bügelverschluß. Die Ventile dürfen kein Kupfer enthalten, um die Bildung des explosiven Kupfer(I)-acetylids, Cu_2C_2, auszuschließen.

c) *Herstellung des Ethins*
Die Herstellung aliphatischer Fertig- oder Zwischenprodukte erfolgte früher fast ausschließlich aus Ethin. Aus wirtschaftlichen Gründen verwendet man heute weitestgehend Olefinkohlenwasserstoffe, die vorwiegend aus Erdöl gewonnen werden, und Erdgas als Ausgangsmaterial.

- *Hochtemperaturpyrolyse* (HTP)

$$\left.\begin{array}{l}\text{Leichte oder mittlere}\\ \text{Erdölfraktionen}\\ \text{oder Erdgas}\end{array}\right\} \xrightarrow{2000\,°C} \text{Acetylen-Ethylen-Gemisch}$$

Nach der Pyrolyse wird das entstandene Gasgemisch schnell unter 200 °C abgekühlt (gequencht), damit das Ethin sich nicht wieder zersetzt.
Die Wärmeübertragung beim HTP-Verfahren kann verschieden erfolgen. Das modernste Verfahren ist die *Wasserstoff-Lichtbogen-Pyrolyse*, bei der H_2 im Lichtbogen bei 2500 °C in atomaren Wasserstoff umgewandelt wird. In dieses Gas bringt man dann das Kohlenwasserstoffgemisch ein. Ein älteres, noch häufiges Verfahren ist die *Lichtbogen-Pyrolyse*, bei der das Kohlenwasserstoffgemisch direkt in den Lichtbogen gebracht wird.

- Das SACHSSE-*Verfahren* beruht auf der partiellen Oxidation von Methan. Die dabei frei werdende Wärme wird für die Pyrolyse niederer Alkane verwendet. Erdgas wird mit Sauerstoff im Verhältnis 5 : 3 gemischt, auf 600 °C vorgeheizt, dann in Spezialbrennern kurzfristig (höchstens 0,01 s) auf 1 500 °C erhitzt und sofort abgeschreckt. Man gewinnt 9 Vol.-% Ethin, 55 Vol.-% H_2 und 24 Vol.-% CO. H_2 und CO können in der FISCHER-TROPSCH-Synthese (↑ S. 294) weiterverarbeitet werden.
- *Herstellung auf carbochemischer Basis*

  Aus Kalk und Kohle wird in kombinierten Lichtbogen- und Widerstandsöfen, die sehr viel Elektroenergie verbrauchen, Calciumcarbid hergestellt, das anschließend mit Wasserdampf umgesetzt wird.

$$3\,C + \underset{\text{gebr. Kalk}}{CaO} \rightarrow \underset{\text{Calciumcarbid}}{CaC_2} + CO$$

$$CaC_2 + 2\,H_2O\,(\text{Dampf}) \rightarrow \underset{\text{Ethin}}{CH{\equiv}CH} + \underset{\text{Löschkalk}}{Ca(OH)_2}$$

d) *Chemische Eigenschaften und Verwendung:*

- *Addition von Chlorwasserstoff* (Hydrochlorierung)

$$CH{\equiv}CH + HCl \xrightarrow[140\,\ldots\,200\,°C]{HgCl_2} \underset{\text{Chlorethen (\textit{Vinylchlorid})}}{CH_2{=}CHCl}$$

Chlorethen ist das Monomere des Polyvinylchlorids

- *Addition von Cyanwasserstoff:*

$$CH{\equiv}CH + HCN \xrightarrow[80\,°C]{CuCl,\ NH_4Cl} CH_2{=}CH{-}CN$$

Propennitril (*Acrylsäurenitril, Acrylnitril*)

Acrylnitril ist das Monomere des Polyacrylnitrils, das als Faserstoff verwendet wird; Butadien + Acrylnitril gibt ein Mischpolymerisat (ölfesten Synthesekautschuk).

- *Addition von Ethansäure:*

$$\underset{\text{Ethansäure (\textit{Essigsäure})}}{CH_3COOH} + CH{\equiv}CH$$

$$\xrightarrow[\text{Aktivkohle}]{Zn(CH_3COO)_2} 2\,CH_3{-}CO{-}O{-}CH{=}CH_2$$

Ethansäure-ethenylester (*Vinylacetat*)

Vinylacetat wird zu *Polyvinylacetat* polymerisiert, das zur Herstellung von Klebstoffen, Spachtelmassen für Fußbodenbeläge und von Anstrichmitteln („Latexfarben") verwendet wird.

- *Addition von Alkanol:*

$$CH{\equiv}CH + ROH \xrightarrow{\text{Alkalihydroxid}} CH_2{=}CHOR$$

Alkoxyethen (*Alkylvinylether*)

Polyvinylether, durch Polymerisation von Vinylethern entstanden, sind Klebstoffe und Lackrohstoffe.

- Über die Verwendung des Ethins zur Herstellung von Butadien für Synthesekautschuk ↑ S. 296.
- Die hohe Verbrennungswärme des Ethins wird beim *autogenen Schweißen* ausgenutzt: $2\,C_2H_2 + 5\,O_2 \rightarrow 4\,CO_2 + 2\,H_2O$.

e) *Reppe-Synthesen:*

Der deutsche Chemiker Reppe hat die verschiedenartigsten Synthesen auf Acetylenbasis entwickelt, so daß man heute von der „Reppe-Chemie" spricht. Voraussetzung dafür war die gefahrlose Handhabung des Ethins unter Druck.

Es gibt vier verschiedene Grundreaktionstypen in der Reppe-Chemie:

- **Vinylierung:** dabei entstehen Verbindungen mit einer Doppelbindung ($CH_2{=}CH{-}$) = Vinylgruppe.
- **Ethinylierung:**

$CH{\equiv}CH$ + Alkanole → *Alkinole* $R{-}CH(OH){-}C{\equiv}CH$
↘ *Alkindiole*
$R{-}CH(OH){-}C{\equiv}C{-}CH(OH){-}R$

Katalysator: meist Kupfer(I)-acetylid, Cu_2C_2.

Aus den Alkinolen bzw. Alkindiolen lassen sich durch Hydrierung, Oxidation, Dehydratisierung (Wasserabspaltung) wichtige Stoffe herstellen, wie z. B. Glycerol, Isopren (Kautschuk), Adipinsäure und 1,6-Diaminohexan (Polyamidsynthese, ↑ S. 375).

- **Cyclisierung:**

$3\,CH{\equiv}CH$

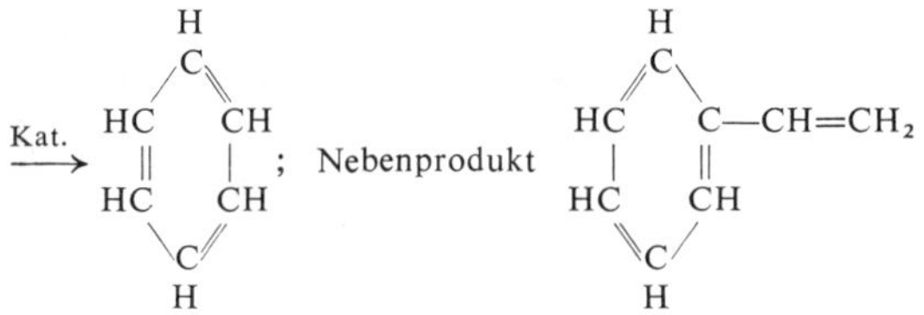

Benzen (88%) Styren

Bei der Cyclisierung können auch andere Ringsysteme entstehen, z. B. Cyclo-octatetraen:

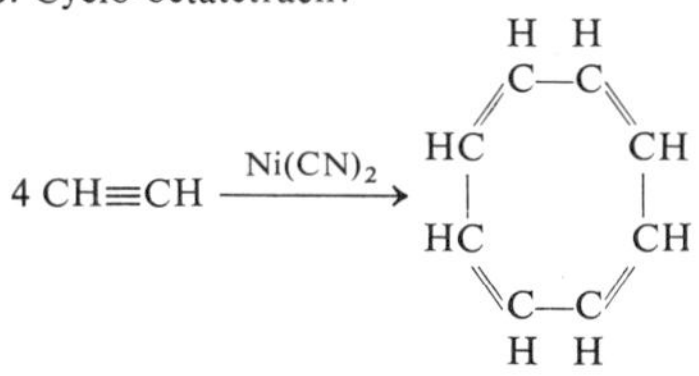

- **Carbonylierung:**

$$CH{\equiv}CH + CO + H_2O \xrightarrow{\text{Metallcarbonyle}} CH_2{=}CH{-}COOH$$

Propensäure (*Acrylsäure*), ↑ S. 321

$$CH{\equiv}CH + CO + R{-}OH \rightarrow CH_2{=}CH{-}COOR$$

Propensäureester (*Acrylsäureester*)

$$CH{\equiv}CH + CO + RNH_2 \rightarrow CH_2{=}CH{-}CO{-}NH{-}R$$

Propensäureamid (*Acrylsäureamid*)

30. Erdöl

30.1. Arten und Entstehung

a) *Arten:*

- *Paraffinbasisches Erdöl* besteht vorwiegend aus *unverzweigten Alkanen.*
- *Naphthenbasisches Erdöl* setzt sich überwiegend aus *cyclischen, nichtaromatischen Kohlenwasserstoffen* (*Alicyclen* oder *Naphthene*, ↑ S. 344) zusammen.
- *Gemischtbasisches Erdöl* kommt am häufigsten vor.

Heute klassifiziert man die Erdöle teilweise durch Hervorhebung der Unterschiede im physikalischen Verhalten. Man ist aber hierbei noch nicht zu einer endgültigen Lösung gekommen. In allen Erdölsorten befinden sich kleinere Mengen N- und S-haltige Verbindungen, in einigen auch *aromatische Kohlenwasserstoffe* (39% Aromaten im Borneoöl).

b) *Entstehung:* Es besteht die größte Wahrscheinlichkeit dafür, daß das Erdöl aus tierischen und pflanzlichen Meeresorganismen entstanden ist. Gleichzeitig mit den absterbenden Lebewesen sanken mineralische Bestandteile zu Boden. Sie dienten als Katalysator der Verwesung, die durch anaerobe Bakterien[1] hervorgerufen wurde. Durch tektonische Bewegungen entstand ein ölhaltiges Gestein. Über undurchlässigen Schichten, die ein Weiterwandern verhinderten, sammelte sich das Erdöl in abbauwürdigen Lagern.

30.2. Gewinnung und Verarbeitung

a) *Gewinnung:* Die Bohrung erfolgt heute meist im *Turbinenbohrverfahren*, dabei wird während des Bohrens das zerbohrte Gestein kontinuierlich herausgespült. Das Öl kommt entweder von selbst durch eigenen Gasdruck (über dem Öl befindet sich eine mehr oder weniger hohe Erdgasschicht) an die Erdoberfläche, oder es wird zur Erhöhung des Druckes Luft, Gas oder Wasser hineingepumpt. Bei zu geringem Druck werden Tiefpumpen eingesetzt.

[1] *Anaerobe Bakterien* sind Bakterien, die ohne Luftsauerstoff leben.

b) *Verarbeitung:* Die chemische Behandlung des Erdöls wird unter dem Namen „*Petrolchemie*" zusammengefaßt. Der eigentlichen chemischen Behandlung gehen jedoch verschiedene physikalische Verfahren voraus. Zuerst wird das *Wasser* samt den gelösten Salzen und sonstigen Beimengungen durch Trennung in großen Absetzbehältern entfernt.
Die Trennung von *Erdgasen*, die durch Druck im Erdinnern gelöst wurden, erfolgt in sog. Rohrkopfseparatoren mit Unterdruck. Das Erdöl wird durch Tankschiffe, Rohrleitungen („*Pipelines*") oder Kesselwagen der Eisenbahn transportiert. In der genannten Reihenfolge steigen auch die Beförderungskosten. Das gesamte Pipeline-Netz der Welt hat ungefähr eine Länge von 800000 km.

c) *Fraktionierte Destillation:* Die fraktionierte Destillation erfolgt in Fraktionierkolonnen, die entweder Glockenböden oder Füllkörper (z.B. Raschigringe) enthalten. Dabei kommt der aufsteigende Dampf intensiv mit dem zurückfließenden Kondensat in Berührung; hierdurch wird die Trennwirkung erhöht.

Da bei Temperaturen über 400 °C die höhermolekularen Verbindungen zur Pyrolyse (Zerfall in kleinere Moleküle) neigen, wird *bis 400 °C unter Atmosphärendruck* destilliert.

Dabei entstehen	Verwendung
● **Benzin** { bis 100 °C Leichtbenzin; bis 180 °C Schwerbenzin; $C_6 \dots C_{11}$	Treibstoffe, Rohstoffe für Pyrolyse, Reforming und Synthesegaserzeugung
● **Kerosin** (Leuchtöl) 180 ... 240 °C $C_{10} \dots C_{14}$	Flugturbinentreibstoffe, Rohstoff für Crackprozesse
● **Gasöl** 240 ... 360 °C $C_{11} \dots C_{20}$	Dieseltreibstoff, Heizöl, Rohstoff für Crackprozesse

Die höhersiedenden Fraktionen werden *unter Vakuum* destilliert.

● **Vakuumdestillate**	Motorenöle, Maschinenöle, Schmieröle (aus denen Paraffin extrahiert wird), Rohstoffe für Crackprozesse
● **Vakuumdestillationsrückstände**	Schmiermittel, Industrieheizöle, Bitumen

Die durch Erdöldestillation gewonnenen Schmieröle werden *mineralische Schmieröle* genannt, im Gegensatz zu den *synthetischen Ölen*, z. B. dem sog. *Bunaöl.*

Eigenschaften der Schmieröle:

Gute Schmieröle müssen einen hohen Viskositäts-Temperatur-Index haben, d. h., die Viskosität darf im Gebrauchstemperaturintervall keine starken Schwankungen aufweisen. Die Schmieröle müssen außerdem ein hohes Schmutztragevermögen haben und in der Lage sein, sauer reagierende Verbrennungsprodukte (SO_2, CO_2) zu neutralisieren, deshalb setzt man den Schmierölen sog. „*Additives*" zu. Das sind komplizierte organische Verbindungen, die schmierölverbessernde Eigenschaften haben. Schmieröle werden heute in hohem Maße Crackprozessen zugeführt.

30.3. Octanzahl

Das Klopfen des Motors ist auf Unregelmäßigkeiten des Zündvorganges zurückzuführen und ist abhängig von der Qualität des Benzins. Das Maß für die Klopffestigkeit ist die Octanzahl (OZ). Sie gibt an, einer wievielprozentigen Mischung (Vol.-%) von *Isooctan* (OZ 100) und n-Heptan (OZ 0) der betreffende Kraftstoff in bezug auf seine Klopffestigkeit gleichwertig ist.
Die Octanzahl wächst von den Alkanen über die Alkene, Cycloalkane, Isoalkane bis zu den aromatischen Kohlenwasserstoffen.

Beispiele:

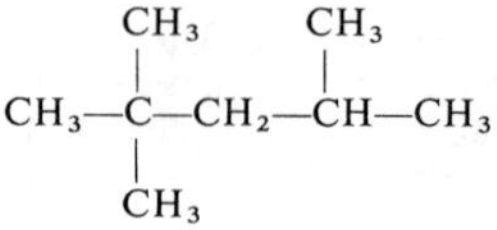

i-Octan; 2.2.4-Trimethylpentan
OZ = 100

$CH_3—CH_2—CH_2—CH_2—CH_2—CH_2—CH_3$ n-Heptan
OZ = 0

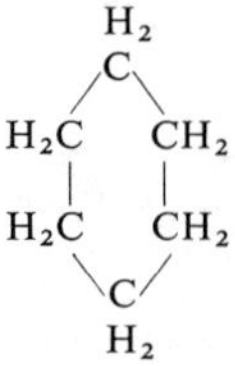

Cyclohexan OZ = 77

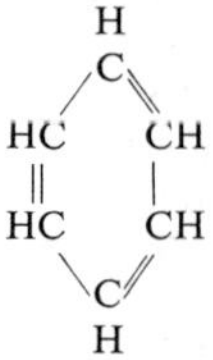

Benzen OZ > 100

30.4. **Crackverfahren** (Spaltverfahren)

30.4.1. Thermisches Cracken

a) *Tieftemperaturcracken* dient zur Herabsetzung der Viskosität hochsiedender Fraktionen.

Vakuumdestillationsrückstände; atmosphärische Destillationsrückstände; hochsiedende Fraktionen $\xrightarrow[1 \dots 1{,}5\ MPa]{450 \dots 570\ °C}$ destillierbare Öle + Koks

Die entstandenen destillierbaren Öle können anschließend dem katalytischen Cracken zugeführt werden.

b) *Mitteltemperaturpyrolyse* = Cracken bei mittleren Temperaturen (MTP)

$$\left.\begin{array}{l}\text{Flüssiggas (Ethan, Propan}\\ \text{n-Butan)}\\ \text{Leichtbenzin}\\ \text{Schwerbenzin}\end{array}\right\} \xrightarrow{750\ \ldots\ 950\ ^\circ\text{C}} \left\{\begin{array}{l}\text{Olefine, Diolefine}\\ \text{Aromaten}\end{array}\right.$$

c) *Hochtemperaturpyrolyse* (↑ S. 297) (HTP)

Durch Temperaturen um 2000 °C entstehen nur niedermolekulare ungesättigte Verbindungen. Man führt die HTP vor allem zur Herstellung von Ethin durch.

30.4.2. Katalytisches Cracken

$$\left.\begin{array}{l}\text{Hochsiedende Fraktion}\\ \text{des Erdöls}\end{array}\right\} \xrightarrow[\text{Ionenaustauscher}]{\text{Al-Silicate oder}} \text{Benzin mit hoher OZ}$$

Durch Isomerisierung und Ringbildung der Kohlenwasserstoffe wird die Octanzahl und damit die Qualität des Benzins verbessert.

30.4.3. Hydrocracken

Auch dieses Crackverfahren dient zur Herstellung niedrigsiedender Produkte aus hochsiedenden Erdölfraktionen. Als Katalysator verwendet man NiO/WO_3 oder CoO/MoO_3, aufgetragen auf Zeolithe oder amorphe Al-Silicate.

$$\text{Gasölfraktion} + H_2 \xrightarrow[10\ \ldots\ 20\ \text{MPa}]{320\ \ldots\ 420\ ^\circ\text{C}} \left\{\begin{array}{l}\text{Flüssiggase}\\ \text{Benzin}\\ \text{Dieselölkomponenten}\\ \text{Flugturbinentreibstoffe}\\ \text{Schmierölrohstoffe}\end{array}\right.$$

30.4.4. Katalytisches Reformieren

Bei diesem Verfahren gehen tiefgreifende Strukturänderungen vor sich.

$$\text{Destillatbenzin} + H_2 \xrightarrow[500\ ^\circ\text{C}]{1\ \ldots\ 5\ \text{MPa}} \text{Reformatbenzin}$$

Als Katalysator dient Pt mit Re-Zusatz oder $MoO_2/CoO/Cr_2O_3$.

Folgende chemische Reaktionen laufen bei den Reformingprozessen ab:

a) *Dehydrierung:*

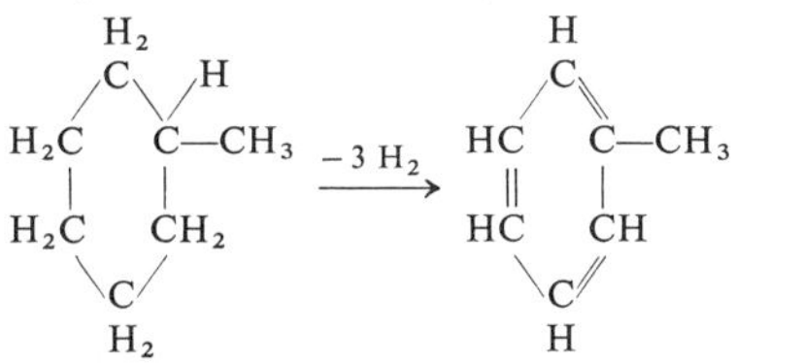

Methylcyclohexan Methylbenzen (Toluen)

b) *Cracken und gleichzeitiges Hydrieren:*

$$CH_3{-}[CH_2]_5{-}CH_2{-}CH_2{-}[CH_2]_4{-}CH_3 + H_2$$

Tridecan

$$\rightarrow CH_3{-}[CH_2]_5{-}CH_3 + CH_3{-}[CH_2]_4{-}CH_3$$

n-Heptan n-Hexan

c) *Isomerisierung:*

$$CH_3{-}CH{-}CH_2{-}CH_2{-}CH_2{-}CH_3 \rightarrow CH_3{-}[CH_2]_5{-}\underset{\displaystyle CH_3}{\underset{|}{CH_3}}$$

n-Heptan iso-Heptan

oder

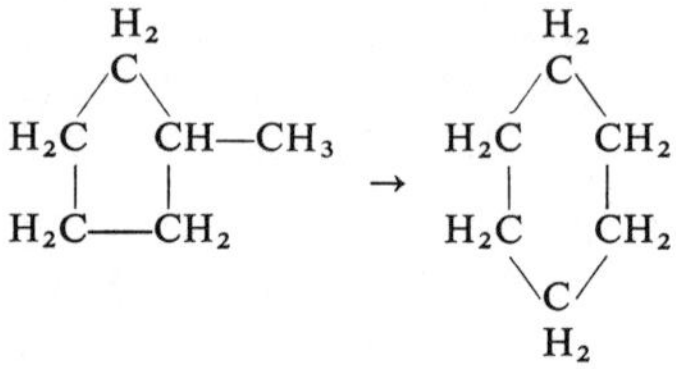

Methylcyclopentan Cyclohexan

d) *Cyclisierung:*

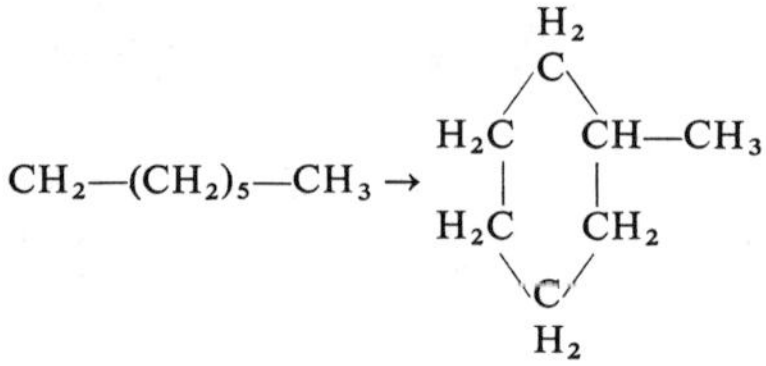

Methylcyclohexan

Ein großer Vorteil der Reformingprozesse liegt in der gleichzeitigen Cyclisierung und Dehydrierung, durch die Benzen und Benzenderivate gewonnen werden.

31. Kohle

31.1. Arten und Entstehung der Kohle

a) *Zusammensetzung:* Kohle enthält wenig freien Kohlenstoff (10% bei der Steinkohle, wenige Prozente bei der Braunkohle), komplizierte, meist ringförmige organische Verbindungen, die außer C, H, O, N auch Schwefel enthalten, anorganische Stoffe (Asche) und Wasser.

Bitumen ist ein aus Kohle durch organische Lösungsmittel extrahierbares Gemisch aus Kohlenwasserstoffen, Harzen und Wachsen.

b) *Entstehung:* Die Kohle ist durch bakterielle Zersetzung unter Luftabschluß vorwiegend aus Pflanzen entstanden. Dieser sich über eine sehr lange Zeit erstreckende Prozeß wird *Inkohlung* genannt. Der Inkohlungsgrad nimmt vom Anthrazit über die Steinkohle bis zur Braunkohle ab.
Die Ursprungspflanzen bestimmen weitgehend die Art der Kohle. Andere Beeinflussungsverfahren sind geologische Veränderungen mit hohen Drücken und erhöhten Temperaturen.

c) **Übersicht:**

	Zeitalter der Entstehung	Pflanzlicher Ursprung	Heizwert der Rohkohle in kJ/kg	Wassergehalt
Anthrazit	Karbon 300 Millionen Jahre	Bärlappgewächse, Schachtelhalme	35580	1%
Steinkohle	Karbon 300 Millionen Jahre	Schachtelhalme, Farne, Siegelbäume, keine Laubbäume	25150	1...4%
Braunkohle	Karbon bis Tertiär (40 Millionen Jahre)	Sumpfzypressen, Mammutbäume, Kiefern, Fichten	12100	50...60%

31.2. Veredlung der Kohle

31.2.1. Brikettierung

a) *Steinkohlenbriketts* werden durch Pressen von Steinkohlenstaub unter Beimengung des Bindemittels Steinkohlenteerpech hergestellt. *Heizwert:* 25 ... 36 MJ/kg.

b) *Braunkohlenbriketts*

Arbeitsgang: Rohkohle wird zerkleinert und gesiebt. Die Anteile mit einem Durchmesser von 2 ... 4 mm werden genommen. Trocknung bei ≈100 °C; dabei sinkt der Wassergehalt von 50 ... 60% auf 10 ... 20%. Nach Kühlung auf 40 °C erfolgt Pressen ohne Bindemittel. *Heizwert:* 17 ... 21 MJ/kg.

31.2.2. **Entgasung** (Trockendestillation, Zersetzungsdestillation)

Man unterscheidet: **Verschwelung** (bei ≈ 500 °C)
Verkokung (bei ≈ 1000 °C)

a) *Verschwelung der Steinkohle:*

Die wichtigsten Schwelprodukte sind die flüssigen Anteile, die vorwiegend aus Kohlenwasserstoffen bestehen. Schwelgase und Schwelkoks sind Nebenprodukte. Der Schwelkoks eignet sich nicht als Hüttenkoks, wird aber in der Carbidproduktion und in der Vergasung eingesetzt.
Bei der Schwelung muß eine Temperatur von 450 ... 600 °C eingehalten werden, denn oberhalb 600 °C entstehen durch Dehydrierungs- und Polymerisationsreaktionen aromatische Verbindungen, und es bildet sich wesentlich weniger Teer.
Aus einer Tonne Kohle erhält man etwa 110 m^3 Gas, 750 ... 800 kg Koks und 8 kg Teer.

b) *Verschwelung der Braunkohle:*

Das Ziel der Braunkohlenschwelung ist wie bei der Steinkohle in erster Linie die Erzeugung von Schwelteer.
Man führt vorwiegend die Spülgasschwelung durch. Dabei werden Braunkohlenbriketts im Gegenstrom von hocherhitzten Gasen auf Entgasungstemperaturen (600 ... 700 °C) gebracht.

Produkte der Braunkohlenschwelerei:

- 15% **Schwelgase** (zum Heizen der Schwelöfen, mit Wassergas vermischt als Stadtgas)
- 5 ... 10% **Braunkohlenteer** – wird durch fraktionierte Destillation in 3 Fraktionen zerlegt:
  Leichtöl (Benzin, Solaröl als Putz- und Motorenöl)
  Mittelöl (Dieselkraftstoff, phenolhaltig)
  Rückstand (Paraffin, Pech)
- 25 ... 30% **Grudekoks** (Heizwert 25 ... 30 MJ/kg)
- 50 ... 60% **Schwelwasser**

Braunkohlenschwelteer ist wesentlich verschieden vom Steinkohlenteer, da er vorwiegend kettenförmige Verbindungen enthält, während aus der Steinkohle einfache und kondensierte Ringverbindungen entstehen. Für die Produktion von Plasten und Pharmazeutika ist der Steinkohlenteer, für die Treibstoffherstellung der Braunkohlenteer wertvoller.
Die Schwelwässer, die Phenole und Ammoniak enthalten, bilden ein lästiges Abfallprodukt, dessen ökonomische Aufbereitung ein auch heute noch nicht völlig gelöstes Problem ist.

c) *Verkokung der Steinkohle:*

Die Verkokung, die für die Steinkohle eine wesentlich größere Bedeutung hat als die Verschwelung, wird in Kokereien oder Gasanstalten durchgeführt. Sie erfolgt in gleichartigen Anlagen, nur daß in den Gasanstalten Gaskohle (mit 35 ... 40% flüchtigen Bestandteilen) und in den Kokereien Fettkohle (mit 20 ... 30% flüchtigen Bestandteilen) entgast wird.
Die Zersetzung geschieht in dicht abgeschlossenen, 30 ... 40 t Kohle fassenden Kammeröfen, die mit feuerfesten Silicatsteinen ausgemauert

sind. Zwischen den Kammern befinden sich Heizkanäle, in denen ein Teil der Abgase der Verkokung, mit vorgewärmter Luft vermischt, verbrannt wird.

Produkte der Kokereien bzw. Gasanstalten:

- **Rohgas** (Heizen der Kammern; Ferngasleitung)
- **Teer** wird durch fraktionierte Destillation in 5 Fraktionen zerlegt:
  1 ... 3% *Leichtöl* (Benzen und Derivate)
  10% *Mittelöl* (Phenol, Naphthalen)
  10% *Schweröl* (Cresole)
  20% *Anthracenöl* (Anthracen)
  50 ... 60% *Pech* (Straßenteer)
- **Koks.** Aus der Fettkohle gewinnt man einen großstückigen, porösen Koks, der ein ausgezeichneter Hüttenkoks ist.

d) *Verkokung der Braunkohle:*

Braunkohle wird nach einem Verfahren von RAMMLER und BILKENROTH bei 1100 °C in einen stückigen Koks (Braunkohlenhochtemperatur-Koks = BHT-Koks) übergeführt. Da er kein guter Hüttenkoks ist, wird er zur Carbidherstellung, in Kalk- und Zementwerken und in der Synthesegaserzeugung verwendet.

31.2.3. Vergasung

Bei der Vergasung wird die Kohle vollständig in Generator- und Wassergas umgesetzt, so daß nur Asche zurückbleibt. Bei der Vergasung der *Steinkohle* verwendet man ausschließlich Koks, bei der *Braunkohle* entweder BHT-Koks oder Rohbraunkohle.

a) *Vergasung im Drehrostgenerator*
In *Drehrostgeneratoren* wird Steinkohle oder BHT-Koks vergast. Dabei wird durch eine ≈3 m dicke Schicht Koks von unten her abwechselnd Luft (*Heißblasen*) und Wasserdampf (*Kaltblasen*) zugeführt.

- *Heißblasen (exothermer Vorgang):*

$$2\,C + O_2 \rightleftarrows 2\,CO \qquad \Delta H_R = -222\ \mathrm{kJ/mol}$$

Da Luft verwendet wird, besteht das erzeugte Gas aus CO und N_2. Es wird als *Generatorgas* (*Luftgas*) bezeichnet.

- *Kaltblasen (endothermer Vorgang):*

$$C + H_2O \rightleftarrows CO + H_2 \qquad \Delta H_R = +118\ \mathrm{kJ/mol}$$

Das Gemisch $CO + H_2$ nennt man *Wassergas*.
Wassergas wird vor allem dem Schwelgas bzw. Verkokungsgas zugesetzt, um die Stadtgasmenge zu erhöhen. Viele wichtige Synthesen werden mit Wassergas durchgeführt (FISCHER-TROPSCH-Synthese für Kohlenwasserstoffe; NH_3-Synthese). Generatorgas dient vorwiegend zum Heizen der Verkokungskammern.

b) *Vergasung im* WINKLER-*Generator.*

31.2.4. Katalytische Hydrierung von Kohleprodukten

Das ursprüngliche BERGIUS-*Verfahren*, das gemahlene Kohle, vermischt mit Schweröl und Eisenoxidpulver, als Katalysator in zwei Stufen hydrierte, ist wegen des hohen Wasserstoffverbrauchs nicht rentabel. Heute werden Schwelteere unter Druck hydriert.

Tieftemperatur-Hochdruck-Hydrierung (TTH-Verfahren)

$$\text{Teer} + H_2 \xrightarrow[30\ \text{MPa};\ 280 \ldots 380\ ^\circ\text{C}]{NiS/WS_2/Al_2O_3} \begin{cases} \text{Benzin} \\ \text{Mittelöl} \\ \text{Schweröl} \end{cases}$$

Aus dem Schweröl wird Paraffin isoliert, der Rest ist als Schmieröl geeignet. Durch hydrierende Raffination des Mittelöls gewinnt man Vergaser- und Dieseltreibstoffe.

32. Acyclische Sauerstoffverbindungen

32.1. Alkanole (*gesättigte acyclische Alkohole*)

Alkohole enthalten die *funktionelle Gruppe*[1] —OH (Hydroxylgruppe), gebunden an einen Kohlenwasserstoffrest. *Allgemeine Formel:* R—OH.

Eine Ausnahme liegt vor, wenn die OH-Gruppe unmittelbar mit einem C-Atom eines *Benzenkerns* verbunden ist. Diese Verbindungen werden *Phenole* genannt (↑ S. 352).

32.1.1. Darstellungsmethoden

a) *Alkenhydratation* (Alkene aus den Crackgasen)

Die Hydratation läuft über Schwefelsäureester und anschließende Verseifung; ↑ S. 310. Sie führt außer mit Ethylen immer zu sekundären bzw. tertiären Alkanolen.

b) *Hydroformylierung*

Primäre Alkohole von 2 ... 20 C-Atomen werden über mehrere Zwischenstufen, in die der Co-Katalysator eingeht, aus Olefinen, CO und H_2 hergestellt.

$$\text{R—CH=CH}_2 + \text{CO} + \text{H}_2 \xrightarrow[\text{Co-Carbonyl-wasserstoff}]{150\ ^\circ\text{C};\ 20\ \text{MPa}} \text{R—CH}_2\text{—CH}_2\text{—CH}_2\text{OH}$$

c) *Hydrolyse von Epoxidverbindungen*

Dieses Verfahren wird zur Herstellung mehrwertiger Alkohole verwendet (↑ S. 311).

[1] Die *funktionelle Gruppe* bestimmt weitgehend das chemische Verhalten (die „chemische Funktion“) einer Verbindung.

d) *Labormethoden*

- Verseifung von Halogenalkanen (↑ S. 289)
- mit Hilfe der GRIGNARD-Reaktion aus Aldehyden und Ketonen (↑ S. 325).

32.1.2. Eigenschaften

a) *Aggregatzustand:* Schmelz- und Siedepunkte der Alkanole steigen mit zunehmender Kohlenstoffzahl an. Die niederen Alkanole sind bei gewöhnlicher Temperatur flüssig, die höheren fest.

b) *Löslichkeit in Wasser:* Je länger der *hydrophobe* („wasserfeindliche") Kohlenwasserstoffrest, desto weniger lösen sich die Alkanole in Wasser. Je mehr *hydrophile* („wasserfreundliche") OH-Gruppen im Molekül, desto leichter lösen sich die Alkanole in Wasser.

c) *Alkoholatbildung:* Die Alkohole verhalten sich praktisch neutral. Lediglich mit Alkalimetallen bilden sie salzartige **Alkoholate,** wobei das H-Atom der OH-Gruppe durch Metall ersetzt wird:

$$\text{R—OH} + \text{Na} \rightarrow \underset{\text{Natriumalkoholat}}{\text{R—ONa}} + \tfrac{1}{2}\,\text{H}_2$$

Die *Alkoholate* bilden mit Wasser *Alkohole* zurück (vollständige *Hydrolyse*):

$$\underset{\text{Alkoholat}}{\text{R—ONa}} + \text{H}_2\text{O} \rightarrow \underset{\text{Alkohol}}{\text{R—OH}} + \text{NaOH}$$

d) *Veresterung:* Alkohole bilden sowohl mit anorganischen als auch mit organischen Säuren *Ester*; ↑ S. 328.

e) *Oxidation:*

- *Primäre* Alkohole lassen sich zu *Aldehyden* und weiter zu *Carbonsäuren* oxidieren; ↑ S. 313.
- *Sekundäre* Alkohole lassen sich zu *Ketonen* oxidieren; ↑ S. 317.
- *Tertiäre* Alkohole lassen sich nur unter Spaltung des Moleküls oxidieren.
- Alle Alkohole von genügend hohem Dampfdruck sind *brennbar*; hierbei entstehen CO_2 und H_2O.

32.1.3. Einwertige Alkanole

a) **Methanol** (*Methylalkohol, Carbinol, Holzgeist*), CH_3OH. *Siedepunkt:* 64,6 °C, *Dichte* bei 20 °C: 0,7913 g/cm³.
Methanol ist stark *giftig* (Erblindung und Tod).
Herstellung nach dem MITTASCH-SCHNEIDER-Verfahren:

$$\text{CO} + 2\,\text{H}_2 \xrightarrow[\text{ZnO/Cr}_2\text{O}_3\text{-Kat.}]{350\ \dots\ 390\ \text{C; 20 MPa}} \text{CH}_3\text{OH}$$

Die Reaktionsöfen ähneln denen der NH_3-Synthese.
Das CO/H_2-Gemisch wird heute vorwiegend durch unvollständige Verbrennung des Methans (Abgas bei der Erdölhydrierung) gewonnen.
Verwendung: Lösungsmittel für Lacke, Farbstoffe; zur Denaturierung von unversteuertem Ethanol; zur Methylierung in der Farbstoffsynthese; zur Herstellung von Formaldehyd; zur Herstellung von Plasten auf Acrylsäurebasis.

b) **Ethanol** (*Ethylalkohol*, *Spiritus*, *Weingeist*), C_2H_5OH. *Siedepunkt:* 78,3 °C, *Dichte* bei 20 °C: 0,789 g/cm³.
Herstellung:

- durch *alkoholische Gärung* von Zucker, der aus der Zuckerrübe, dem Zuckerrohr oder durch Umwandlung von Stärke aus Kartoffeln, Reis oder Mais gewonnen wird:

$$\text{Zucker} \xrightarrow{\text{Zymase}} \text{Ethanol} + CO_2$$

Zymase ist ein Ferment (Enzym, Biokatalysator) der Hefe; sie wirkt unabhängig von der lebenden Hefezelle.

- durch die technische *Alkenhydratisierung* (Alkene aus den Crackgasen):

α) *Direktes Verfahren:*

$$CH_2{=}CH_2 + H_2O \rightarrow CH_3{-}CH_2OH$$

Dieser Prozeß verläuft bei möglichst niedriger Temperatur, hohem Druck und unter Anwesenheit von Katalysatoren (Phosphorsäure, auf Silicagel, Aktivkohle oder Asbest aufgetragen).

β) *Indirektes Verfahren:*

$$CH_2{=}CH_2 + H_2SO_4 \rightarrow \underset{\text{Ethylhydrogensulfat}}{CH_3{-}CH_2{-}OSO_2OH}$$

$$CH_3{-}CH_2{-}OSO_2OH + H_2O \rightarrow \underset{\text{Ethanol}}{CH_3{-}CH_2OH} + H_2SO_4$$

Gleichzeitig verlaufen unerwünschte Nebenreaktionen wie die Bildung von Ether und Polymerisationen.

- durch technische *Hydratisierung und Hydrierung von Ethin* („Carbidsprit“):

$$CH{\equiv}CH \xrightarrow{+\,H_2O} CH_3{-}C\begin{matrix}{\diagup}H\\ {\diagdown\!\!\diagdown}O\end{matrix} \xrightarrow[100\,\ldots\,130\,°C]{+\,H_2;\ \text{Ni-Kat.}} CH_3{-}CH_2OH$$

Verwendung: wichtiger Ausgangsstoff für Synthesen (z. B. Butadiensynthese; Genußmittel; Lösungsmittel; Brennspiritus; Treibstoffzusatz; zur Herstellung von Fruchtestern.

c) **Propanole** (*Propylalkohole*), C_3H_7OH;

Propanol-(1) (*normaler Propylalkohol*), $CH_2OH{-}CH_2{-}CH_3$; *Kp* 97,2 °C.
Propanol-(2) (*Isopropylalkohol*), $CH_3{-}CHOH{-}CH_3$; *Kp* 82 °C.

Herstellung:

- durch *Hydratisierung von Propen:*

$$CH_3{-}CH{=}CH_2 \xrightarrow{+\,H_2O} CH_3{-}CH_2{-}CH_2OH$$

- durch fraktionierte *Destillation* des *Fuselöls*, das bei der alkoholischen Gärung des aus der Kartoffelstärke hergestellten Zuckers aus den Eiweißstoffen der Kartoffel entsteht.
- durch *Oxidation eines Propan-Butan-Gemisches:*

$$\text{Propan-Butan-Gemisch} + \text{reines } O_2 \rightarrow \begin{cases}\nearrow \text{Methanol}\\ \rightarrow \text{Propanole}\\ \searrow \text{Butanole}\end{cases}$$

Verwendung: Lösungsmittel in der Filmindustrie, in der Pharmazie und in der Kosmetik als preiswerter Ersatz für Ethanol. Dabei wird Propanol-(2) vorgezogen, da es dem Ethanol ähnlicher ist.

d) **Höhere einwertige Alkanole**

Ähnliche Bedeutung wie das Propanol haben die **Butanole** und **Pentanole** (*Amylalkohol*), die ebenfalls im Fuselöl enthalten sind.

Weitere Alkanole:

Hexadecanol (*Cetylalkohol*), $C_{16}H_{33}OH$, im Walrat
Octadecanol (*Stearylalkohol*), $C_{18}H_{37}OH$, zur Herstellung neutraler Waschmittel
Hexacosanol (*Cerylalkohol*), $C_{26}H_{53}OH$, im chinesischen Wachs
Hentriacontanol (*Myricylalkohol*), $C_{31}H_{63}OH$, im Bienenwachs.

Alkanole mit 12 ... 20 C-Atomen („Fettalkohole") werden aus einem durch *Paraffinoxidation* erzeugten Alkansäuregemisch durch *Hochdruckhydrierung* hergestellt und durch *Veresterung* mit *Schwefelsäure* und anschließende *Neutralisation* zu Wasch- und Netzmitteln (*Fettalkoholsulfate*) verarbeitet.

32.1.4. Mehrwertige Alkanole

a) **Ethylenglykol,** *Äthylenglykol*, *Ethandiol-(1,2)*, $CH_2OH{-}CH_2OH$, *Kp* 197,8 °C, Dichte 1,1134 g · cm^{-3}.
Es ist eine farblose, viskose Flüssigkeit, die mit Wasser in beliebigem Verhältnis mischbar ist. Giftig!

Herstellung:

$$CH_2{=}CH_2 + \tfrac{1}{2}\,O_2 \xrightarrow[\substack{250\,...\,280\ ^\circ C\\ 1{,}2\,...\,1{,}5\ MPa}]{\text{Ag-Katalysator}} \underset{\diagdown\,O\,\diagup}{CH_2{-}CH_2}$$

Ethylenoxid

$$CH_2{=}CH_2 + H_2O \xrightarrow[200\ ^\circ C]{H^+} \underset{OH\quad\; OH}{\underset{|\qquad\quad |}{CH_2{-}CH_2}}$$

Verwendung: Gefrierschutzmittel für Motorkühlwasser; Weichmacher in der Plastindustrie; zur Herstellung von Polyesterfaserstoff und Explosivstoffen; als Bremsflüssigkeit.
Ein wichtiges Lösungsmittel für Lacke und Celluloseacetat ist **Dioxan,** das aus Ethandiol-(1,2) gewonnen wird:

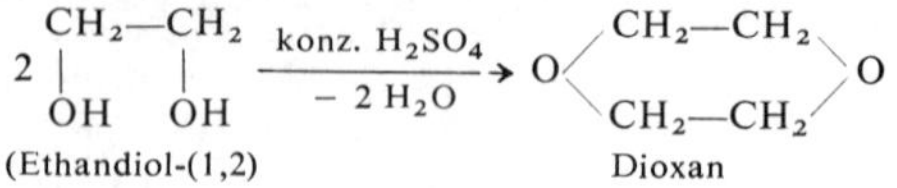

b) **Glycerol,** *Glycerin*, *Propantriol*-(1,2,3), $C_3H_5(OH)_3$, $CH_2(OH)—CH(OH)—CH_2(OH)$.
Farblose Flüssigkeit, viskos und süßschmeckend, mit Wasser und Ethanol in jedem Verhältnis mischbar; *F* 18 °C; *Kp* 290 °C.
Herstellung:

- durch *Verseifung von Fetten* (↑ S. 331)
  Fett + NaOH → Glycerol + Na-Salz höherer Fettsäuren
- aus dem Propen der Crackgase:

1. Stufe: $CH_2{=}CH—CH_3 + Cl_2 \xrightarrow{500\,°C} CH_2{=}CH—CH_2Cl + HCl$
Propen — 3-Chlor-propen-(1)

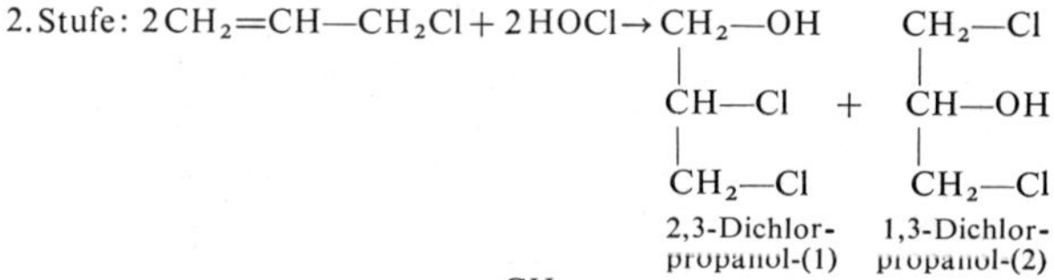

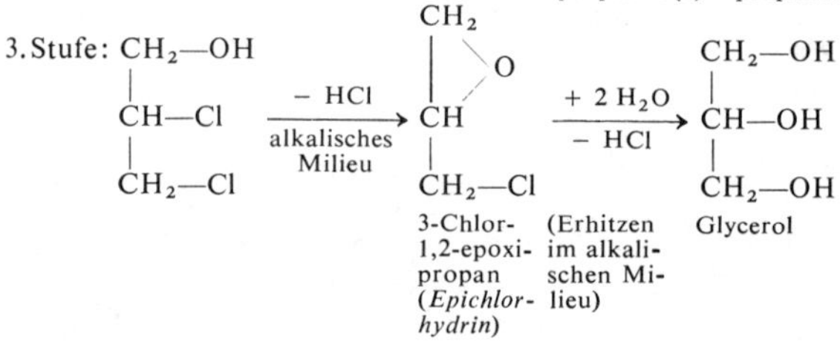

Verwendung: als Appreturmittel, Bremsflüssigkeit und Frostschutzmittel; zur Herstellung von Glyceroltrinitrat (sog. „Nitroglycerin") für Explosivstoffe und von Alkydharzen für die Lackindustrie. Epichlorhydrin ist ein Ausgangsprodukt für Epoxidharze.

32.2. Alkoxy-alkane (*gesättigte acyclische Ether*)

Ether enthalten eine oder mehrere mit Kohlenstoff verbundene Sauerstoffbrücken —O— im Molekül.
Allgemeine Formel: R—O—R′.

a) *Einteilung:*

- *Einfache Ether:* Die Sauerstoffbrücke verbindet zwei *gleiche* Alkylreste ($m = n$).
- *Gemischte Ether:* Die Sauerstoffbrücke verbindet zwei *verschiedene* Alkylreste ($m \neq n$).

b) *Herstellung:*

- *Reaktion zwischen Alkoholaten und Halogenalkanen*

$$R{-}CH_2ONa + XCH_2{-}R' \rightarrow R{-}CH_2{-}O{-}CH_2{-}R' + NaX$$

Diethylether, *Diäthyläther*, *Ethoxyethan*, $CH_3{-}CH_2{-}O{-}CH_2{-}CH_3$. Diethylether wird meist kurz als „*Ether*" [gekürzte Formel: $(C_2H_5)_2O$] bezeichnet.

a) *Herstellung:* durch Erhitzen von Ethanol mit konz. Schwefelsäure:

$$2\,CH_3{-}CH_2(OH) \xrightarrow{-H_2O} CH_3{-}CH_2{-}O{-}CH_2{-}CH_3$$

b) *Eigenschaften:* farblose, „ätherisch" riechende, leichtbewegliche Flüssigkeit. *Siedepunkt:* 34,6 °C. Ether ist mit Wasser nur in geringem Maße mischbar. Die Dämpfe sind leicht entflammbar und bilden mit Luft explosive Gemische. Ether muß in braunen Flaschen aufbewahrt werden, da durch Lichteinwirkung in farblosen Etherflaschen explosive Peroxide entstehen.

c) *Verwendung:* Ether wird als Narkosemittel verwendet. Man benötigt ferner Ether als Lösungsmittel (u. a. beim chemischen Arbeiten zum Ausziehen etherlöslicher Substanzen aus wäßrigen Lösungen) und bei der GRIGNARD-Reaktion.

32.3. Acyclische Aldehyde

32.3.1. Allgemeines

Aldehyde[1] haben die funktionelle Gruppe $-C{\overset{\diagup H}{\underset{\diagdown O}{}}}$ ($-CHO$); *Aldehydgruppe, Formylgruppe*). **Alkanale** sind *gesättigte*, **Alkenale** *einfach ungesättigte* acyclische Aldehyde.

a) *Allgemeine Formel der Alkanale:* $C_nH_{2n+1}{-}C{\overset{\diagup H}{\underset{\diagdown O}{}}}$

b) *Herstellung:*

- durch *Oxidation primärer Alkanole:*

$$R{-}\underset{\underset{OH}{|}}{\overset{\overset{H}{|}}{C}}{-}H + (O) \rightarrow R{-}C{\overset{\diagup H}{\underset{\diagdown O}{}}} + H_2O$$

[1] von *alcool dehydrogenatus* (arab.) entwasserstoffter Alkohol

- durch Erhitzen einer *Carbonsäure* mit *Ameisensäure:*

$$\begin{matrix} R{-}C\begin{smallmatrix}OH\\ \| \\ O\end{smallmatrix} \\ H{-}C\begin{smallmatrix}OH\\ \| \\ O\end{smallmatrix}\end{matrix} \xrightarrow[300\ldots400\,^\circ C]{MnO\text{ oder }ThO_2} R{-}C\begin{smallmatrix}H\\ \\ O\end{smallmatrix} + CO_2 + H_2O$$

- Oxosynthese (Hydroformylierung)
  Katalytische Druckreaktion bei 50 ... 200 °C zwischen H_2, CO und Alkenen

  z. B. $CH_2{=}CH_2 + CO + H_2 \rightarrow \underset{\text{Propanal}}{CH_3{-}CH_2{-}C\begin{smallmatrix}H\\ \\ O\end{smallmatrix}}$

c) *Eigenschaften:*

- *Reduktionswirkung:* Aldehyde wirken reduzierend; hierbei werden sie zu Carbonsäuren bzw. Alkansäuren oxidiert. Der *Nachweis* der Aldehyde mittels FEHLINGscher Lösung (Ausscheidung von rotem Cu_2O) oder ammoniakalischer Silbersalzlösung (Bildung eines Ag-Spiegels) beruht auf der Reduktionswirkung.
- *Additionsreaktionen:*

$$\underset{\text{Alkanal}}{R{-}C\begin{smallmatrix}H\\ \\ O\end{smallmatrix}} + H_2 \xrightarrow{(Ni,\ Pd\text{-}Kat.)} \underset{\text{Alkanol}}{R{-}CH_2(OH)}$$

$$\underset{\text{Alkanal}}{R{-}C\begin{smallmatrix}H\\ \\ O\end{smallmatrix}} + HCN \rightarrow \underset{\substack{\text{Hydroxyalkannitril}\\ \text{(„Cyanhydrin")}}}{R{-}\overset{\displaystyle H}{\underset{\displaystyle OH}{C}}{-}CN} \xrightarrow{+2\,H_2O} \underset{\substack{\text{Ammoniumsalz einer}\\ \text{Hydroxycarbonsäure}}}{R{-}CH(OH){-}C\begin{smallmatrix}ONH_4\\ \\ O\end{smallmatrix}}$$

- *Aldehyddimerisation zu Aldol mit anschließender Kondensationsreaktion:*

$$\underset{\substack{\text{Ethanal}\\ (\textit{Acetaldehyd})}}{CH_3{-}C\begin{smallmatrix}H\\ \\ O\end{smallmatrix}} + \underset{\displaystyle H}{CH_2}{-}C\begin{smallmatrix}H\\ \\ O\end{smallmatrix} \xrightarrow[\substack{(\text{alkalisches}\\ \text{Milieu})}]{} \underset{\substack{\text{3-Hydroxy-butanal}\\ (\textit{Acetaldol})}}{CH_3{-}\underset{\displaystyle OH}{CH}{-}CH_2{-}C\begin{smallmatrix}H\\ \\ O\end{smallmatrix}}$$

$$\xrightarrow[\substack{(\text{Kondensa-}\\ \text{tionsreaktion})}]{-\,H_2O} \underset{\substack{\text{Buten-(2)-al}\\ (\textit{Crotonaldehyd})}}{CH_3{-}CH{=}CH{-}C\begin{smallmatrix}H\\ \\ O\end{smallmatrix}}$$

$$\xrightarrow{+H_2} \underset{\text{Butanol-(1)}}{CH_3{-}CH_2{-}CH_2{-}CH_2(OH)}$$

- Diese *Aldolkondensation* spielt bei biologischen Prozessen (Gärung) und organischen Synthesen eine große Rolle.
- CANNIZZARO-*Reaktion* (*Disproportionierung* oder *Dismutation* in die niedrigere und höhere Oxidationsstufe):

$$2\,R{-}C{\genfrac{}{}{0pt}{}{\diagup H}{\diagdown O}} + NaOH \rightarrow R{-}CH_2(OH) + R{-}C{\genfrac{}{}{0pt}{}{\diagup ONa}{\diagdown O}}$$

Alkanal — Alkanol — Na-Salz einer Carbonsäure

Aromatische Aldehyde reagieren leichter als aliphatische.

- *Polymerisation:* Acetaldehyd polymerisiert leicht zu **Paraldehyd** oder zu **Metaldehyd** (Hartspiritus „*Meta*"). Hierbei verschwinden die reduzierenden Eigenschaften des Aldehyds:

Paraldehyd; Siedepunkt: 124 °C; Schlafmittel

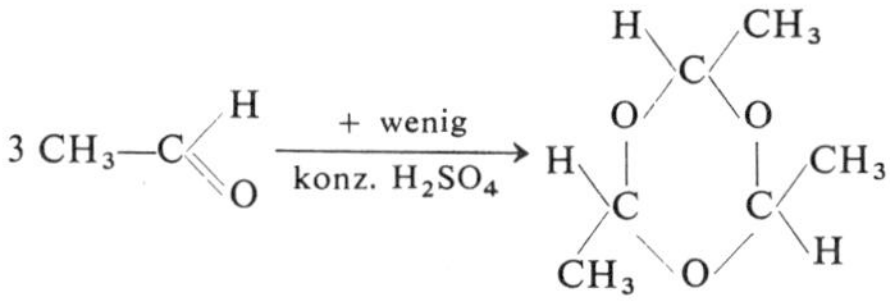

kristalliner **Metaldehyd**; Sublimationspunkt: 112 °C

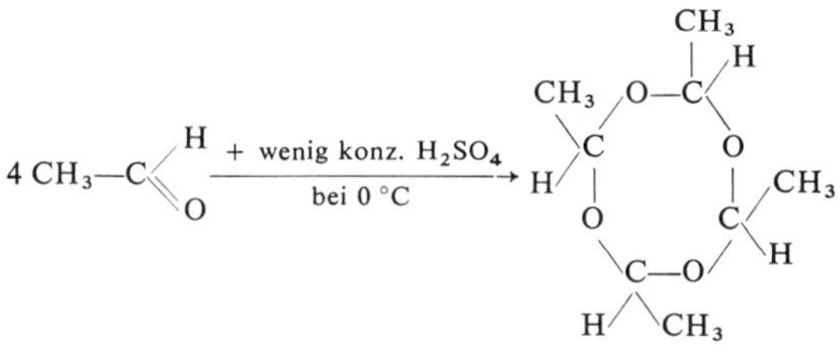

Methanal (Formaldehyd) polymerisiert zu Polyformaldehyd, einem Plast.

32.3.2. Spezielle Aldehyde

a) **Formaldehyd,** *Methanal*, H—CHO, stechend riechendes Gas; *Kp* −19,3 °C.
Herstellung:

- durch Oxidation von Methan:

$$CH_4 + O_2 \xrightarrow[\text{AlPO}_4\text{-Kat.}]{450\,°C;\ 1\ \dots\ 2\ \text{MPa}} H{-}C{\genfrac{}{}{0pt}{}{\diagup H}{\diagdown O}} + H_2O$$

- durch Dehydrierung von Methanol:

$$CH_3OH + \tfrac{1}{2}\,O_2 \xrightarrow[\text{Ag-Kat.}]{550\,°C} H{-}C{\genfrac{}{}{0pt}{}{\diagup H}{\diagdown O}} + H_2O$$

Verwendung: Der Hauptanteil des Formaldehyds wird gegenwärtig zur Herstellung von Duroplasten (Phenoplaste, Aminoplaste) und Thermoplasten (Polyformaldehyd, Polyalkohole) verwendet. Die 40%ige wäßrige Lösung des Formaldehyds, *Formalin* genannt, wird zur Härtung von Gelatine in der Fotografie und zur Konservierung biologischer Präparate genommen. Seifenlösungen des Formaldehyds dienen als Desinfektionsmittel.

b) **Acetaldehyd,** *Ethanal,* $CH_3—CHO$; farblos, in Wasser löslich, riecht betäubend; *Kp* 20,4 °C.
Herstellung:

- Oxidation des Ethylens

$$CH_2{=}CH_2 + \tfrac{1}{2}\,O_2 \xrightarrow[0{,}3\ \text{MPa};\ 100\ ^\circ\text{C}]{PdCl_2/CuCl_2} CH_3{-}CHO$$

- Wasseranlagerung an Acetylen

$$CH{\equiv}CH + H_2O \xrightarrow[90\ ^\circ\text{C}]{H_2SO_4;\ HgSO_4} CH_3{-}CHO$$

Verwendung: Acetaldehyd ist ein wichtiges Zwischenprodukt für die Herstellung aliphatischer Verbindungen (Essigsäure, Butadien, Pentaerythrit).

c) **Acrolein,** *Propenal,* $CH_2{=}CH—CHO$, ist ein *Alkenal.* Farblose, langsam von selbst polymerisierende Flüssigkeit. Der scharfe, stechende Geruch des gebratenen Fettes entsteht durch Zersetzung des im Fett enthaltenen Glycerols zu Acrolein:

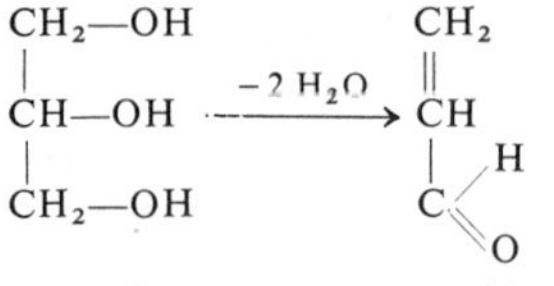

Glycerol Acrolein

32.4. Alkanone (*gesättigte acyclische Ketone*)

a) **Ketone** enthalten die *funktionelle Gruppe:* $>C{=}O$ (Keto- oder Carbonylgruppe).

b) *Einteilung:* Man unterscheidet

α) einfache Ketone $R_1{-}C({=}O){-}R_1$

β) gemischte Ketone $R_1{-}C({=}O){-}R_2$

Monoketone haben eine Ketogruppe, *Diketone* zwei Ketogruppen.

c) *Eigenschaften:* Ketone mit niedriger C-Zahl sind mit Wasser mischbare Flüssigkeiten. Sie gehen, ähnlich wie die Aldehyde, Additions-

und Kondensationsreaktionen ein. Gegen Oxidationsmittel sind sie im allgemeinen beständig; nur durch energische Oxidation wird das Ketonmolekül in zwei Carbonsäuremoleküle gespalten.

d) *Herstellung:*

- durch *Oxidation bzw. Dehydrierung sekundärer Alkohole:*

$$R_1{-}\overset{\overset{\large H}{|}}{\underset{\underset{\large OH}{|}}{C}}{-}R_2 \xrightarrow[-H_2O]{+O} R_1{-}\underset{\underset{\large O}{||}}{C}{-}R_2$$ (schwefelsaure Dichromatlösung als Oxidationsmittel)

- durch *Destillation von Calciumsalzen der Carbonsäuren:*

$$(RCOO)_2Ca \rightarrow \begin{matrix} R \\ R \end{matrix}\!\!>\!C{=}O + CaCO_3$$

e) **Aceton,** *Propanon*, *Dimethylketon*, $CH_3{-}CO{-}CH_3$; farblose, obstartig riechende, mit Wasser mischbare Flüssigkeit; *Kp* 56,2 °C.

Herstellung:

- aus Ethin und Wasserdampf:

$$2\,CH{\equiv}CH + 3\,H_2O \xrightarrow{(ZnO)} CH_3{-}CO{-}CH_3 + CO_2 + 2\,H_2$$

- Nebenprodukt bei der Phenolsynthese nach dem Cumenverfahren (↑ S. 354).

Verwendung: Aceton ist ein häufig gebrauchtes Lösungsmittel (z. B. für Lacke, Acetatseide, Acetylen). Als Gelatinierungsmittel von Cellulosenitraten spielt es in der Film- und Sprengstofftechnik eine Rolle.

32.5. Acyclische Carbonsäuren und Hydroxycarbonsäuren

32.5.1. Allgemeines

Carbonsäuren enthalten die *funktionelle Gruppe* $-C\begin{matrix}{\diagup}O \\ {\diagdown}OH\end{matrix}$ (Carboxylgruppe), auch —COOH geschrieben.

Eigenschaften:

Saurer Charakter: Die Carboxylgruppe verleiht dem Molekül *sauren Charakter*. Die Carbonsäuren *dissoziieren* in wäßriger Lösung gemäß der Gleichung:

$$R{-}C\begin{matrix}{\diagup}O \\ {\diagdown}OH\end{matrix} \xrightarrow{-H_2O} R{-}C\begin{matrix}{\diagup}O \\ {\diagdown}O^-\end{matrix} + H^+$$

Der Dissoziationsgrad ist relativ gering, so daß die Carbonsäuren im allgemeinen nur schwache Säuren sind.

Salze: Die Carbonsäuren bilden mit Basen, Basenanhydriden und Metallen Salze.

Beispiele:

$$2\ R{-}COOH + Mg(OH)_2 \rightarrow (R{-}COO)_2Mg + 2\ H_2O$$
$$2\ R{-}COOH + MgO \rightarrow (R{-}COO)_2Mg + H_2O$$
$$2\ R{-}COOH + Mg \rightarrow (R{-}COO)_2Mg + H_2$$

Da die Carbonsäuren schwache Säuren sind, reagieren die Lösungen ihrer Alkalisalze infolge Hydrolyse alkalisch.
Aus dem gleichen Grund lassen sie sich aus ihren Salzen durch stärkere Säuren wieder in Freiheit setzen.

Beispiel: $2\ R{-}COONa + H_2SO_4 \rightarrow 2\ R{-}COOH + Na_2SO_4$

Reduktion: Carbonsäuren lassen sich relativ schwer zu Alkoholen reduzieren, z. B. nach SCHRAUTH:

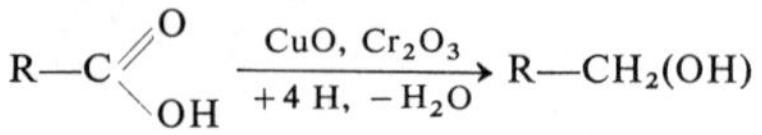

Veresterung:

Carbonsäure + Alkohol ⇄ Ester + Wasser; ↑ S. 328.

Anhydridbildung: Unter dem Einfluß wasserentziehender Mittel sowie auch aus *Carbonsäurechlorid + Na-Salz der Carbonsäure* bilden sich *Carbonsäureanhydride:*

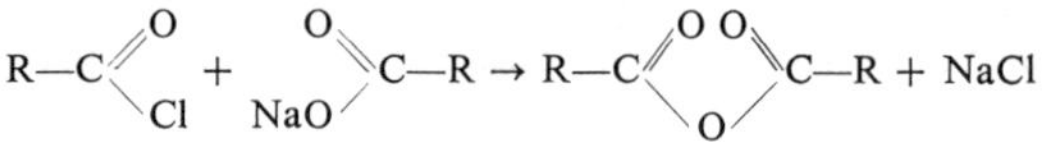

Carbonsäure-chlorid Alkalisalz Carbonsäure-anhydrid

32.5.2. Alkanmonosäuren (*gesättigte acyclische Monocarbonsäuren, Fettsäuren*)

Alkansäuren sind gesättigte acyclische Carbonsäuren. Je nach Zahl der vorhandenen Carboxylgruppen unterscheidet man Alkanmono-, Alkandi-, Alkantri- usw. -säuren.
Allgemeine Formel der Alkanmonosäuren: $C_nH_{2n+1}COOH$.
Herstellung:

- durch Oxidation von Alkanalen:

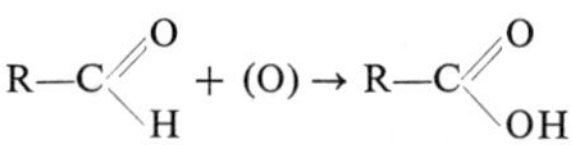

- aus carbonsauren Salzen durch stärkere Säuren; s. o.
- durch Verseifung von Carbonsäureestern, z. B. von Fetten und fetten Ölen
- durch „*Paraffinoxidation*":

In Gegenwart von Mn-Verbindungen bläst man Luft durch geschmolzenes Paraffin. Das Paraffin kann von der FISCHER-TROPSCH-Synthese, aus dem Braunkohlenteer oder aus dem Erdöl stammen. Bei dem Prozeß erfolgt eine Spaltung der Paraffinmoleküle bevorzugt im Inneren, teilweise aber auch weiter von der Mitte entfernt, so daß ein Gemisch von Alkansäuren gewonnen wird, das durch Destillation aufgearbeitet wird. Die auf diese Weise gewonnenen Alkansäuren dienen als Weichmacher in der Plastindustrie, zur Seifenherstellung und zur Herstellung von Fettalkoholen (für synthetische Waschmittel).

32.5.3. Einzelne Alkanmonosäuren

a) **Ameisensäure,** *Methansäure*, $H{-}C{\lesssim}^{O}_{OH}$

Salze und Ester: **Formiate** (*Methanate*).
Herstellung:

- durch Oxidation von Methanol bzw. Methanal:

$$\underset{\text{Methanol}}{H{-}\overset{\overset{H}{|}}{\underset{\underset{H}{|}}{C}}{-}OH} \xrightarrow[-H_2O]{+O} \underset{\text{Methanal}}{H{-}C{\lesssim}^{O}_{H}} \xrightarrow{+O} \underset{\text{Methansäure}}{H{-}C{\lesssim}^{O}_{OH}}$$

- durch Einwirkung von Kohlenmonoxid auf feinpulvriges Natriumhydroxid:

$$NaOH + CO \xrightarrow[120\ \dots\ 130\ °C]{0{,}6\ \dots\ 0{,}8\ MPa} H{-}C{\lesssim}^{O}_{ONa}$$

$$2\,H{-}C{\lesssim}^{O}_{ONa} + H_2SO_4 \xrightarrow[\text{im Vakuum}]{\text{Destillation}} 2\,H{-}C{\lesssim}^{O}_{OH} + Na_2SO_4$$

- Früher wurde die Ameisensäure durch Destillation aus roten Ameisen hergestellt; daher kommt auch ihr Name.

Eigenschaften: Ameisensäure ist eine stechend riechende Flüssigkeit, *Kp* 100,5 °C, und ist stärker dissoziiert als Essigsäure gleicher Konzentration. Da in ihrem Molekül die *Aldehydgruppe* —CHO auftritt, wirkt die Ameisensäure reduzierend (Reduktion ammoniakalischer $AgNO_3$-Lösung), indem sie selbst zu Kohlendioxid oxidiert wird.

Verwendung: als Beize in der Wollfärberei, zur Konservierung von Fruchtsäften und Silofutter, zum Desinfizieren von Wein- und Bierfässern. In der Ledergerberei entkalkt man mit Methansäure.

b) **Essigsäure,** *Ethansäure*, *Methancarbonsäure*, $CH_3{-}C{\lesssim}^{O}_{OH}$
Salze und Ester: **Ethanate (Acetate).**

Herstellung:

- *Umsetzung von Methanol mit Kohlenmonoxid:* Dieses Verfahren erhält wachsende Bedeutung.

$$CH_3OH + CO \xrightarrow[150\,^\circ C]{\text{Cobaltiodid}} CH_3COOH$$

- *Oxidation von Ethanol* unter dem Einfluß von Essigbakterien

$$CH_3{-}CH_2OH + O_2\ (\text{Luft}) \rightarrow CH_3{-}COOH + H_2O$$

- *Oxidation niederer Paraffine* (Butan oder Leichtbenzin)

$$CH_3{-}CH_2{-}CH_2{-}CH_3 + 2\tfrac{1}{2}\,O_2$$

$$\xrightarrow[\substack{150\ \dots\ 180\,^\circ C\\ 4\ \dots\ 6\ \text{MPa}}]{\text{Mn-Salze}} 2\,CH_3{-}COOH + H_2O$$

- *Oxidation von Acetylen oder Ethylen* über die Zwischenstufe Acetaldehyd. Da Acetylen früher nur aus Calciumcarbid hergestellt wurde, wird dieser Essig auch ,,Carbidessig" genannt.

$$CH_3{-}CHO + \tfrac{1}{2}\,O_2 \xrightarrow{\text{Mn-Acetat}} CH_3COOH$$

Tabelle 34: Höhere Alkanmonosäuren

Alkansäure	Formel	Schmelzpunkt (in °C)	Siedepunkt (in °C)	Vorkommen	Trivialname des Salzes
Propansäure (*Propionsäure*)	$CH_3{-}CH_2{-}COOH$	−20	+141	Holzteer, Schwelwasser	Propionat
Butansäure (*Buttersäure*)	$CH_3{-}(CH_2)_2{-}COOH$	−5	+164	Butter (ranzig)	Butyr
Pentansäure (*Valeriansäure*)	$CH_3{-}(CH_2)_3{-}COOH$	−35	+187	wie Buttersäure	Valerian
Hexansäure (*Capronsäure*)	$CH_3{-}(CH_2)_4{-}COOH$	−4	+205	Butter	Capronat
Decansäure (*Caprinsäure*)	$CH_3{-}(CH_2)_8{-}COOH$	+31	+270	Kokosfett	Caprinat
Hexadecansäure (*Palmitinsäure*)	$CH_3{-}(CH_2)_{14}{-}COOH$	+63	+271 (bei 13,3 kPa)	Fette	Palmitat
Octadecansäure (*Stearinsäure*)	$CH_3{-}(CH_2)_{16}{-}COOH$	+69	+291 (bei 13,3 kPa)	Fette	Stear

Eigenschaften: stechend riechende Flüssigkeit; *Kp* 118 °C (wasserfrei). 100%ige Essigsäure, die bei +16,6 °C zu eisartigen Kristallen erstarrt, wird **Eisessig** genannt.

Verwendung: Eisessig und Essigsäureanhydrid, $CH_3—CO—O—CO—CH_3$, werden bei vielen organischen Synthesen benötigt, z. B. zur *Acetylierung* (Einführung der Gruppe $CH_3—C(=O)—$ in ein organisches Molekül). *Speiseessig* ist verdünnte (≈ 5 ... 10%ige) Essigsäure mit Aromastoffen. Verschiedene *Acetate* haben technische Bedeutung. So wird z. B. Al-Acetat („*essigsaure Tonerde*") zum Imprägnieren und als Beize in der Färberei verwendet; es wirkt adstringierend (Gurgelmittel).

c) **Seifen** sind Salze der Fettsäuren. Als *Waschseifen* dienen die Natrium- und Kaliumsalze; sie werden meist durch Neutralisation von Fettsäuren, mitunter jedoch auch noch durch Verseifung der Fette mit Natronlauge (*feste Seifen*) oder der Öle mit Kalilauge hergestellt.

Läßt man das bei der Verseifung entstehende Glycerol in der Masse, so erhält man *Schmierseife*.

32.5.4. Alkenmonosäuren

a) **Acrylsäure,** *Propensäure*, $CH_2{=}CH—COOH$, eine farblose Flüssigkeit, polymerisiert leicht zu einer glasartigen Masse.

b) **Methacrylsäure,** *2-Methyl-propensäure*, $CH_2{=}C(CH_3)—COOH$, ist der Acrylsäure homolog; *F* 16 °C, *Kp* 163 °C.
Der Methylester der Methacrylsäure, **Methacrylsäuremethylester,** *Methylmethacrylat*, $CH_2{=}C(CH_3)—CO—OCH_3$, ist das Monomer des Plasts Polymethylmethacrylat (PMMA); ↑ S. 379.

c) **Ölsäure,** *Octadecen-(9)-säure*, $C_{17}H_{33}COOH$;

$$CH_3—[CH_2]_7—CH{=}CH—[CH_2]_7—COOH$$

Farblose, geruchlose Flüssigkeit, die sich nicht in Wasser, aber in Ethanol löst. Ölsäure als Glycerolester ist der Hauptbestandteil fetter Öle und vieler Fette, ↑ S. 330. Die Salze und Ester heißen **Oleate.**

d) **Linolsäure,** *Octadecadien-(9,12)-säure*, $C_{16}H_{31}COOH$;

$$CH_3—[CH_2]_4—CH{=}CH—CH_2—CH{=}CH—[CH_2]_7—COOH$$

kommt u. a. im Lein-, Nuß- und Mohnöl vor.

e) **Linolensäure,** *Octadecatrien-(9,12,15)-säure*, $C_{17}H_{29}COOH$;

$$CH_3—CH_2—CH{=}CH—CH_2—CH{=}CH—CH_2—CH{=}CH—(CH_2)_7—COOH$$

kommt ebenso wie die Linolsäure im Lein-, Nuß- und Mohnöl vor. Linol- und Linolensäure, vermischt mit Siccativen[1] (Mn-, Co- oder

[1] *Siccative* beschleunigen die Trocknung (Verharzung) von Leinöl und damit bereiteten Anstrichmitteln (Ölfarben).

Pb-Salze), ergeben *Firnis.* Die Verharzung erfolgt durch Oxidation und Polymerisation; der Vorgang wird durch Sonnenlicht erheblich beschleunigt.

32.5.5. Alkandisäuren (*gesättigte acyclische Dicarbonsäuren*)

a) *Allgemeine Formel:* HOOC—R—COOH

b) *Eigenschaften:* Kristalline Substanzen, die stärker sauer reagieren als die Alkanmonosäuren. Die Acidität wird mit wachsender C-Zahl geringer.

c) **Oxalsäue,** *Ethandisäure, Äthandisäure,* HOOC—COOH.

Eigenschaften: mittelstarke Säure, die wesentlich stärker dissoziiert als Essigsäure; *F* 189,5 °C.
Vorkommen: meist als saures K-Salz in zahlreichen Pflanzen, z. B. im Klee, Spinat, Rhabarber und in der Tomate; auch in Nierensteinen.
Verwendung: Als Reagens in der quantitativen Analyse und als Beizmittel in der Zeugfärberei.
Salze und Ester: **Oxalate.**
Darstellung des Natriumsalzes:

$$2\ \text{H—COONa} \xrightarrow{360\ °\text{C}} \text{NaOOC—COONa} + \text{H}_2$$

Natriumformiat / Natriummethanat → Natriumoxalat / Natriumethandiat

d) **Malonsäure,** *Propandisäure,* HOOC—CH_2—COOH, findet sich im Zuckerrübensaft und wird zur Herstellung von Barbiturat-Schlafmitteln verwendet. *Salze und Ester:* **Malonate.**

e) **Bernsteinsäure,** *Butandisäure,* HOOC—CH_2—CH_2—COOH, ist im Bernstein und anderen Harzen sowie in vielen Pflanzen, z. B. Algen, Pilzen und Flechten, vorhanden. *Salze und Ester:* **Succinate.**

f) **Adipinsäure,** *Hexandisäure,* HOOC—$(CH_2)_4$—COOH, ist eine feste, weiße Substanz. Sie wird insbesondere zur Herstellung von Polyamidplasten und -faserstoffen verwendet. Ihre Herstellung erfolgt meist durch oxidative Aufspaltung von Cyclohexanon, das seinerseits aus Phenol gewonnen wird:

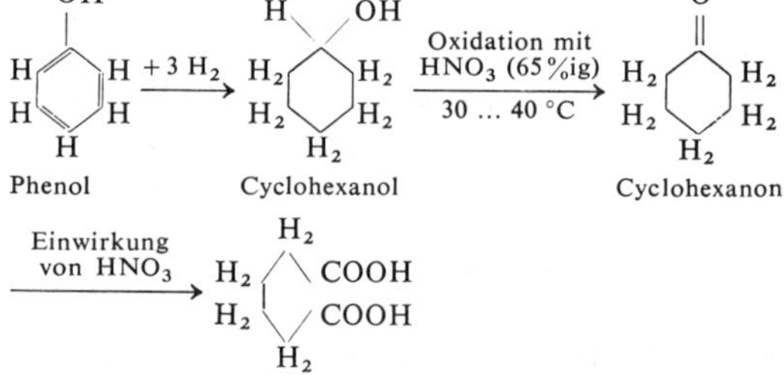

Phenol — Cyclohexanol — Cyclohexanon

Adipinsäure

32.5.6. **Maleinsäure** (*cis-Buten-disäure*)

Maleinsäure, HOOC—CH=CH—COOH, ist eine ungesättigte Dicarbonsäure. Die trans-Verbindung heißt *Fumarsäure*.
Herstellung:

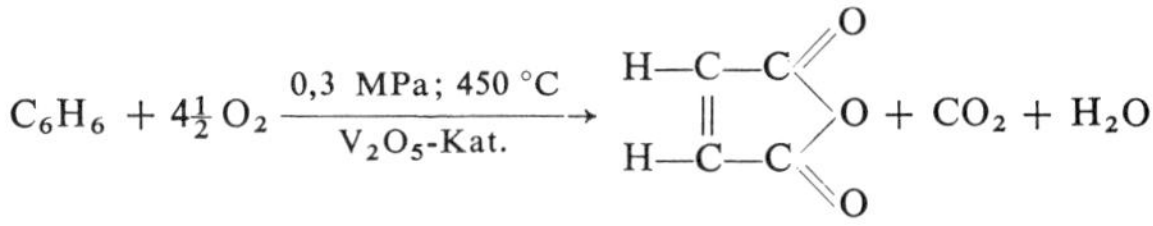

Benzen Maleinsäureanhydrid

Unterhalb 160 °C setzt sich das Anhydrid mit Wasser zu Maleinsäure um. Sie wird zur Herstellung von Alkydharzen für die Lackindustrie verwendet.

32.5.7. **Hydroxyalkansäuren**

a) **Hydroxycarbonsäuren** enthalten sowohl die *Hydroxyl-* als auch die *Carboxylgruppe*, besitzen also gleichzeitig den Charakter von *Alkoholen* und *Carbonsäuren*. Die gesättigten acyclischen Hydroxycarbonsäuren heißen **Hydroxyalkansäuren.**
Die Hydroxyalkansäuren sind feste, meist wasserlösliche Stoffe von saurem Geschmack.

Herstellung:

$$\underset{\text{Bromalkansäure}}{R—CH_2Br—COOH} + KOH \rightarrow \underset{\text{Hydroxyalkansäure}}{R—CH_2(OH)—COOH} + KBr$$

b) **Milchsäure,** *2-Hydroxy-propansäure*, CH_3—CH(OH)—COOH, ist wasserfrei fest, technisch jedoch eine viskose Flüssigkeit von saurem Geschmack.
Salze und Ester: **Lactate.** Milchsäure entsteht bei der Milchzuckergärung, die durch Milchsäurebakterien (bacillus lactis) hervorgerufen wird. Bei dem Gärprozeß der Futtersilierung von Rübenblättern und Grünfutter bildet sich Milchsäure; auch im Magensaft und in sauren Gurken ist sie enthalten. Milchsäure ist optisch aktiv (↑ S. 287).
Herstellung:

$$\text{Stärke} \xrightarrow{\text{Enzyme}} \text{Maltose}$$

$$\text{Maltose} \xrightarrow[\text{bacillus delbrücki}]{35 \ldots 45\ °C} \text{Glucose} \rightarrow \text{Milchsäure}$$

Verwendung: in Gerbereien und Färbereien; zur Säuerung alkoholfreier Getränke.

c) **Äpfelsäure,** *Monohydroxy-butandisäure*, *Hydroxybernsteinsäure*, HOOC—CH_2—CH(OH)—COOH. *Salze und Ester:* **Malate.** Äpfelsäure ist in unreifen Äpfeln, Stachelbeeren und Vogelbeeren enthalten.

d) **Weinsäure,** *Dihydroxy-butandisäure, Dihydroxy-bernsteinsäure,* HOOC —CH(OH)—CH(OH)—COOH. *Salze und Ester:* **Tartrate.**
Weinsäure existiert in drei isomeren Formen. Die L(+)-**Weinsäure** kommt in vielen Früchten als freie Säure oder auch in Form ihrer Salze vor. Die beiden anderen Isomeren sind die D(−)-**Weinsäure** und die **Mesoweinsäure.** Eine Mischung gleicher Teile D(−)-Weinsäure und L(+)-Weinsäure ergibt **Traubensäure.**

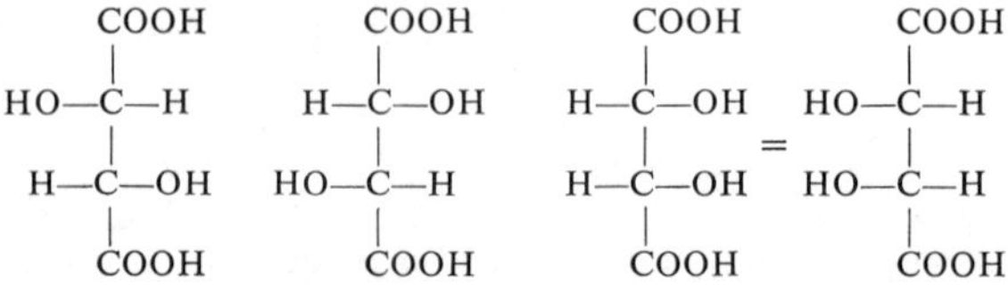

D(−)-Weinsäure L(+)-Weinsäure Mesoweinsäure (inaktiv)
Traubensäure

Kaliumhydrogentartrat, KOOC—CH(OH)—CH(OH)—COOH, das K-Salz der L(+)-Weinsäure, ist der *Weinstein,* der sich bei der Weinbereitung abscheidet.
Kalium-natrium-tartrat, KOOC—CH(OH)—CH(OH)—COONa, ist *Seignettesalz,* ein Bestandteil der FEHLINGschen Lösung.

e) **Zitronensäure,** *2-Hydroxy-propan-tricarbonsäure-(1,2,3), Salze und Ester:* **Citrate**

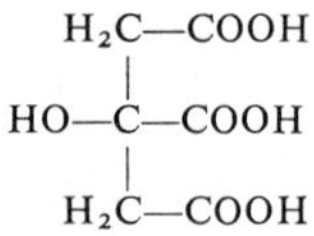

Vorkommen: Zitronensäure kommt in Zitronen, Orangen, Erdbeeren, Johannisbeeren, Ananas, Preiselbeeren und anderen Früchten, auch in der Milch und im Blut vor.
Verwendung: zur Säuerung von Getränken und Speisen.

33. Acyclische Halogenverbindungen

33.1. Halogenalkane (*Alkylhalogenide, Ester der Halogenwasserstoffsäuren*)

a) *Allgemeines: Halogenalkane* sind gesättigte acyclische Verbindungen, die ausschließlich aus C-, H- und Halogenatomen aufgebaut sind.

b) *Herstellung:*

- aus Alkanol + Halogenwasserstoff (Veresterung; ↑ S. 328):

$$R{-}OH + H{-}X \underset{\text{Verseifung}}{\overset{\text{Veresterung}}{\rightleftarrows}} R{-}X + H_2O$$

- aus Alkanol + Phosphorhalogenid:

$$3\,R{-}OH + PX_3 \rightarrow 3\,R{-}X + H_3PO_3$$

Alkanol	Phosphor-trihalo-genid	Halo-gen-alkan	ortho-phosphorige Säure

- durch Addition von Halogenwasserstoff an Alkene:

$$R_1{-}CH{=}CH{-}R_2 + H{-}X \rightarrow R_1{-}CH_2{-}CH(X){-}R_2$$

Alken	Halogen-wasserstoff	Halogenalkan

Diese Reaktion verläuft am besten mit Iodwasserstoff; dabei geht das Iod vorzugsweise an das H-ärmere C-Atom (Markownikow-Regel):

$$CH_3{-}CH{=}CH_2 + HI \rightarrow CH_3{-}CH(I){-}CH_3$$

Propen → 2-Iod-propan

c) *Synthesen mit Halogenalkanen:*

- Wurtzsche Synthese (*Darstellung höherer Alkane*):

$$R{-}CH_2{-}I + 2\,Na \rightarrow R{-}CH_2{-}Na + NaI$$

Iodalkan → Alkylnatrium

$$R{-}CH_2{-}Na + I{-}CH_2{-}R \rightarrow R{-}CH_2{-}CH_2{-}R + NaI$$

Alkan

- Halogenalkan + NaOH

$$R{-}CH_2{-}Cl + NaOH \rightarrow R{-}CH_2{-}OH + NaCl$$

- Grignard-*Reaktionen*

Die Grundlage für diese Reaktionen ist die Fähigkeit des Magnesiums, sich in Gegenwart wasserfreien Ethers mit Iodalkan zu verbinden.

$$CH_3I + Mg \xrightarrow{Ether} CH_3MgI$$

Methylmagnesium-iodid (Grignard-Reagens „GR")

(Im Grignard-Reagens sind noch zwei Moleküle Ether komplex gebunden; der Übersicht halber läßt man sie in der Formel meist weg.)

Die Grignard-Reaktion erfolgt in 2 Stufen:

α) Addition des Grignard-Reagens unter Aufspaltung einer Mehrfachbindung an einem Heteroatom

β) hydrolytische Spaltung

Beispiele für Grignard-Reaktionen:

- **Methanal + GR → primäre Alkohole:**

$$H{-}C(=O){-}H + CH_3MgI \rightarrow CH_3{-}CH_2{-}OMgI$$

$$\xrightarrow{+H_2O} CH_3{-}CH_2{-}OH + MgI(OH)$$

- **Aldehyde + GR → sekundäre Alkohole:**

$$CH_3{-}C\begin{smallmatrix}\diagup O\\ \\ \diagdown H\end{smallmatrix} + CH_3{-}MgI \rightarrow CH_3{-}\underset{\displaystyle OMgI}{\underset{|}{CH}}{-}CH_3$$

$$\xrightarrow{+\,H_2O} CH_3{-}CH(OH){-}CH_3 + MgI(OH)$$

- **Ketone + GR → tertiäre Alkohole:**

$$CH_3{-}CO{-}CH_3 + CH_3{-}OMgI \rightarrow CH_3{-}\overset{\displaystyle CH_3}{\overset{|}{\underset{\displaystyle CH_3}{\underset{|}{C}}}}{-}OMgI$$

$$\xrightarrow{+\,H_2O} CH_3{-}\overset{\displaystyle CH_3}{\overset{|}{\underset{\displaystyle CH_3}{\underset{|}{C}}}}{-}OH + MgI(OH)$$

- **Nitrile + GR → Ketone:**

$$CH_3{-}C{\equiv}N + CH_3{-}MgI \rightarrow CH_3{-}\underset{\displaystyle N{-}MgI}{\underset{\|}{C}}{-}CH_3$$

$$\xrightarrow{+\,2\,H_2O} CH_3{-}CO{-}CH_3 + NH_3 + MgI(OH)$$

- **Kohlendioxid + GR → Carbonsäuren:**

$$CO_2 + CH_3{-}MgI \rightarrow CH_3{-}C\begin{smallmatrix}\diagup O\\ \\ \diagdown OMgI\end{smallmatrix}$$

$$\xrightarrow{+\,HCl} CH_3{-}COOH + MgICl$$

33.2. Wichtige Halogenkohlenwasserstoffe

Die Chlorierung von Methan führt zu vier Reaktionsprodukten durch Ersatz (*Substitution*) der H-Atome durch Chlor:

$$CH_4 \xrightarrow[-\,HCl]{+\,Cl_2} CH_3Cl \xrightarrow[-\,HCl]{+\,Cl_2} CH_2Cl_2$$

$$\xrightarrow[-\,HCl]{+\,Cl_2} CHCl_3 \xrightarrow[-\,HCl]{+\,Cl_2} CCl_4$$

a) **Chlormethan** (*Methylchlorid*), CH_3Cl, *Kp* −23,8 °C, wird als Kühlmittel in Kältemaschinen und als Methylierungsmittel verwendet (Methylierung = Einführung einer Methylgruppe in ein Molekül). – **Dichlormethan** (*Methylenchlorid*), CH_2Cl_2, *Kp* 39,9 °C, ist ein Lösungsmittel für Fette, Öle und Harze. – **Trichlormethan** (*Chloroform*), $CHCl_3$,

Kp 61,2 °C, farblos, süßlich riechend, ergibt beim Stehen an feuchter Luft bei Licht das giftige Phosgen; Chloroform wird nicht mehr als Narkosemittel, sondern als Fett- und Harzlösungsmittel sowie zur Herstellung des *Polytetrafluorethens* verwendet. – **Tetrachlormethan** (*Tetrachlorkohlenstoff*, „*Tetra*"), CCl_4, *Kp* 76,7 °C, eine farblose Flüssigkeit, dient als nichtbrennbares Lösungsmittel für Fette, Öle und Harze (z. B. in Fleckenwasser) sowie als Feuerlöschmittel („Tetra-Löscher") zum Löschen von Benzinbränden.
Da Tetra in Flammen Phosgen bildet, sind z. B. die PKW-Feuerlöscher auf **Monochlorbrommethan** (CH_2ClBr) umgestellt worden.

b) **Triiodmethan** (*Iodoform*), CHI_3, zitronengelbe, intensiv riechende Blättchen, wird zur Wunddesinfektion verwendet.

c) **Chlorethan** (*Ethylchlorid*), C_2H_2Cl, *Kp* 12,3 °C, dient zur zahnmedizinischen Anästhesierung durch Vereisung und zur Herstellung von *Tetraethylblei* (Antiklopfmittel). – **Chlorethen** (*Vinylchlorid*), $CH_2{=}CHCl$, *Kp* −13,8 °C, wird zu *Polyvinylchlorid* polymerisiert (↑ S. 374). – **Trichlorethen** (*Trichlorethylen*, „Tri"), $CHCl{=}CCl_2$, *Kp* 87,2 °C, ist ein unbrennbares Lösungs- und Extraktionsmittel für Fette, Öle und Harze.

d) **Difluordichlormethan,** CF_2Cl_2, *Kp* −29,8 °C, ist das Kältemittel „Fridohna 12". – **Tetrafluorethen,** $CF_2{=}CF_2$, *Kp* −40,8 °C, polymerisiert durch Druck zu dem sehr wertvollen Plast *Polytetrafluorethylen* (PTFE); ↑ S. 379. Auch **Trifluormonochlorethen,** $CF_2{=}CFCl$, ist ein Ausgangsmaterial für Plaste.

Die einfachen Fluoralkane und -alkene werden auch als **Fluorcarbone** bezeichnet.

33.3. Alkanoylhalogenide (*Carbonsäurehalogenide, Acylhalogenide*)

a) **Carbonsäurehalogenide** enthalten die funktionelle Gruppe $-C{\scriptstyle\begin{matrix}\nearrow O\\ \searrow X\end{matrix}}$ (X = Halogen). Sie leiten sich von den Carbonsäuren durch Ersatz der OH-Gruppe in der Carboxylgruppe durch —X ab. *Alkanoylhalogenide* sind die *gesättigten acyclischen* Carbonsäurehalogenide.

b) *Allgemeine Formel der Alkanoylhalogenide:* C_nH_{2n+1}—CO(X).

c) *Verwendung:* In der organischen Synthese führt man mit Hilfe des Carbonsäurehalogenids den *Acylrest* $\left(R-C{\scriptstyle\begin{matrix}\nearrow O\\ \searrow\end{matrix}}\right)$ in ein organisches Molekül ein (*Acylierung*).

d) Ethanoylchlorid (*Acetylchlorid*), CH_3—COCl, ist das wichtigste Acylierungsmittel.
Darstellung:

$$\underset{\text{Ethansäure}}{3\,CH_3-C{\scriptstyle\begin{matrix}\nearrow O\\ \searrow OH\end{matrix}}} + \underset{\text{Phosphortrichlorid}}{PCl_3} \rightarrow \underset{\text{Ethanoylchlorid}}{3\,CH_2-C{\scriptstyle\begin{matrix}\nearrow O\\ \searrow Cl\end{matrix}}} + \underset{\text{phosphorige Säure}}{H_3PO_3}$$

Andere Chlorierungsmittel außer PCl_3 sind PCl_5, $SOCl_2$ (*Thionylchlorid*) und SO_2Cl_2 (*Sulfurylchlorid*).

34. Ester

34.1. Allgemeines

Ester sind Stoffe, die z. B. aus *Alkoholen + Säuren* unter *Wasserentzug*, beispielsweise durch konz. H_2SO_4, entstehen.

- Bei *sauerstoffhaltigen Säuren* erfolgt die Wasserbildung aus einem H-Atom der alkoholischen Hydroxylgruppe und einer OH-Gruppe der Säure.

  Beispiel:

  $$R{-}O\,H + HO\,{-}NO_2 \xrightarrow{H_2SO_4} R{-}O{-}NO_2 + H_2O$$

  Alkohol — Salpetersäure — Salpetersäurealkylester (*Alkylnitrat*)

  In diesen Estern ist das Zentralatom der Säure *über eine Sauerstoffbrücke* an den Alkylrest gebunden.

- Bei *sauerstofffreien Säuren* erfolgt die Wasserbildung aus einem H-Atom der Säure und einer OH-Gruppe des Alkohols.

  Beispiel:

  $$R{-}\,OH + H\,X \rightarrow R{-}X + H_2O$$

  Alkohol — Halogenwasserstoff — Halogenalkan

  Manche Autoren bezeichnen infolge des anderen Reaktionsverlaufs die aus sauerstofffreien Säuren entstehenden Verbindungen *nicht* als Ester. Sie weisen darauf hin, daß man z. B. die sich von H_2S, H_2Se usw. ableitenden Stoffe auch nicht „Ester" nennt.

Die *Veresterung* entspricht *formal* der *Neutralisation*, ist jedoch *keine Ionenreaktion* und verläuft viel langsamer. Die Umkehrung der Veresterung heißt *Verseifung* (entsprechend der *Hydrolyse* als der Umkehrung der Neutralisation).

$$\text{Alkohol + Säure} \underset{\text{Verseifung}}{\overset{\text{Veresterung}}{\rightleftarrows}} \text{Ester + Wasser}$$

34.2. Ester der Schwefelsäure (*Alkylsulfate*)

Allgemeine Herstellung:

$$R{-}OH + HO{-}SO_2OH \rightarrow R{-}O{-}SO_2OH + H_2O$$

Beispiele:

$$CH_3{-}OH + HO{-}SO_2OH \rightarrow CH_3O{-}SO_2OH + H_2O$$

Methylhydrogensulfat
(*saurer Methylester der Schwefelsäure*)

$$CH_3{-}O{-}S(=O)(=O){-}OH + HO{-}CH_3 \rightarrow (CH_3O)_2SO_2 + H_2O$$

Dimethylsulfat
(*neutraler Methylester der Schwefelsäure*)

Dimethylsulfat ist ein wichtiges Methylierungsmittel. Es ist ein starkes Gift, das bei Berührung durch die Haut diffundiert (Vorsicht!). – **Diethylsulfat** ist entsprechend ein Ethylierungsmittel. Einige Waschmittel enthalten als waschaktive Substanz das **Na-Salz des Dodecylhydrogensulfats** (*Lauryl-hydrogensulfat*), $C_{12}H_{25}{-}O{-}SO_2ONa$.

34.3. Ester der Salpetersäure (*Alkylnitrate*)

a) *Allgemeine Herstellung:*

$$R{-}OH + HO{-}NO_2 \rightarrow R{-}O{-}NO_2 + H_2O$$

b) *Unterschied gegenüber Nitroverbindungen* (↑ S. 335):

$R{-}O{-}NO_2$	$R{-}NO_2$
Salpetersäureester (*Alkylnitrat*)	Nitroalkan

c) **Glyceroltrinitrat,** *Propantrioltrinitrat,* fälschlich „Nitroglyzerin", ist keine Nitroverbindung, sondern ein Ester. Hochexplosive Flüssigkeit, die durch Aufquellung mit *Kollodium* handhabungssicher gemacht wird (*Sprenggelatine*). Früher verwandte man hierfür Kieselgur („*Dynamit*"; Erfinder: A. NOBEL).

$$\begin{array}{l} CH_2{-}O{-}NO_2 \\ | \\ CH{-}O{-}NO_2 \\ | \\ CH_2{-}O{-}NO_2 \end{array}$$

d) **Cellulosenitrate** (↑ S. 343)

- **Schießbaumwolle** ist hochveresterte Cellulose („*Cellulosetrinitrat*").
- **Kollodium** ist niedrigveresterte Cellulose („*Cellulosedinitrat*").

34.4. Ester der Borsäure (*Alkylborate*)

In der Analytik wird zum Nachweis der Borsäure (↑ S. 185) der flüchtige, mit grüner Flamme brennende Methylester hergestellt:

$$B(OH)_3 + 3\,HO{-}CH_3 \rightarrow B(OCH_3)_3 + 3\,H_2O$$

Trimethylborat (*Borsäuretrimethylester*)

34.5. Ester der Phosphorsäure (*Alkylphosphate*)

Phosphorsäureester, insbesondere von Zuckern, sind für die Stoffwechselvorgänge in den Organismen von großer Bedeutung. Zu den Phosphorsäureestern zählen auch **Lecithin** (den *Fetten* verwandt) sowie die für die Vererbungsvorgänge bedeutsamen **Nucleinsäuren.** Phosphorsäureester dienen zur Bekämpfung von Schadinsekten; auch gegenüber Warmblütern sind sie giftig.

34.6. Ester acyclischer Carbonsäuren (*Alkylcarboxylate*)

a) *Allgemeine Herstellung:*

$$\underset{\text{Carbonsäure}}{R{-}C\begin{matrix}{\diagup\!\!\!\!\diagup}O\\ \diagdown OH\end{matrix}} + \underset{\text{Alkohol}}{HO{-}R'} \rightarrow \underset{\text{Carbonsäureester}}{R{-}C\begin{matrix}{\diagup\!\!\!\!\diagup}O\\ \diagdown OR'\end{matrix}} + H_2O$$

b) *Eigenschaften:* Die einfachsten Ester sind niedrigsiedende, farblose, brennbare Flüssigkeiten von obstartigem Geruch; die höheren Ester sind fest, wachsartig und geruchlos.

c) *Verwendung:* Die einfachen Ester werden als Lösungs- und Verdünnungsmittel für Lacke, Harze, Nitratcellulose u. dgl. sowie als Bestandteile von Fruchtaromen verwendet, z. B. **Methylethanat** (*Methylacetat, Essigsäuremethylester*, $CH_3{-}CO{-}OCH_3$); **Ethylethanat** (*Ethylacetat, Essigsäureethylester*, $CH_3{-}CO{-}OC_2H_5$); **Butylethanat** (*Butylacetat, Essigsäurebutylester*, $CH_3{-}CO{-}O{-}C_4H_9$; zur Entphenolung von Schwelereiabwässern); **Isobuthylethanat** (*Isobutylacetat, Essigsäureisobutylester*, $CH_3{-}CO{-}O{-}CH_2{-}CH(CH_3)_2$; Bananenaroma); **Methylbutanat** (*Methylbutyrat, Buttersäuremethylester*, $C_3H_7{-}CO{-}OCH_3$; Apfelaroma); **Ethylbutanat** (*Ethylbutyrat, Buttersäureethylester*, $C_3H_7{-}CO{-}OC_2H_5$; Ananasaroma); **Isopentylbutanat** (*Buttersäureisoamylester*, $C_3H_7{-}CO{-}OC_5H_{11}$; Birnenaroma).

d) **Wachse:** Die in der Natur vorkommenden Wachse sind Ester höherer einwertiger Alkanole mit höheren einwertigen Carbonsäuren, z. B. **Hentriacontyl-hexadecanat** (*Palmitinsäure-myricylester*), $C_{15}H_{31}{-}CO{-}O{-}C_{31}H_{63}$, im Bienenwachs; **Hexadecyl-hexadecanat** (*Palmitinsäure-cetylester*), $C_{15}H_{31}{-}CO{-}O{-}C_{16}H_{33}$, im Walrat.

e) **Montanwachse** sind Ester der *Montansäure*, $C_{27}H_{55}COOH$, und werden aus getrockneter Kohle extrahiert. Bei der trockenen Destillation der Braunkohle gehen sie in Paraffine über.

f) **Fette und fette Öle:** Alle Fette und fetten Öle sind Ester höherer, acyclischer Monocarbonsäuren (*Fettsäuren*) mit Glycerol. Sie sind gemischte Triglyceride, die meist Hexadecansäure (*Palmitinsäure*), Octadecansäure (*Stearinsäure*) und Octadecen-(9)-säure (*Ölsäure*) enthalten. Je höher der Gehalt an Ölsäure und anderen ungesättigten Säuren ist, desto niedriger liegt der Schmelzpunkt des Fettes (hierauf beruht die *Fetthärtung* durch *Hydrierung*, d. h. Addition von Wasserstoff an die Doppelbindungen der ungesättigten Fettsäuren).

Beispiel:

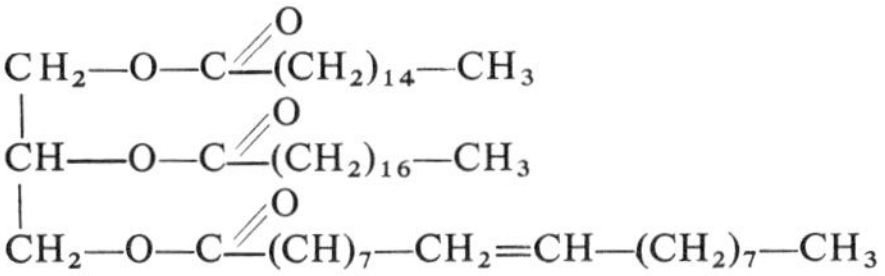

Gemischter Glyzerinester der Palmitin-, Stearin- und Ölsäure

35. Acyclische Stickstoffverbindungen

35.1. Amine

a) *Einteilung:* Je nach der Zahl der Alkylreste, die mit dem Stickstoffatom verbunden sind, unterscheidet man *primäre*, *sekundäre* und *tertiäre* Amine. Die *funktionelle Gruppe* ist in den folgenden Formeln eingerahmt:

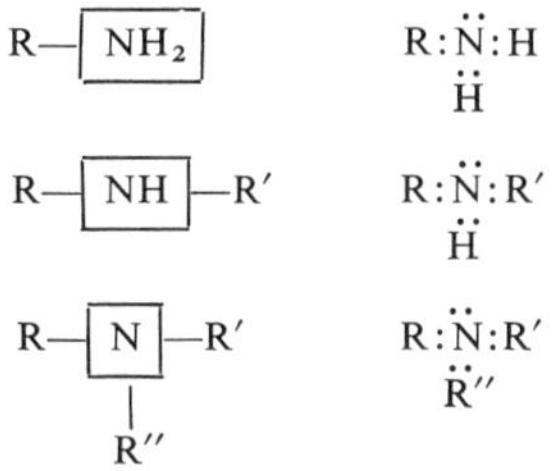

primäres Amin

sekundäres Amin

tertiäres Amin

Die Gruppe $—NH_2$ heißt *Aminogruppe.*

b) *Basischer Charakter:* Da das N-Atom noch ein freies Elektronenpaar besitzt, ist es in der Lage, das Proton (H^+) einer Säure anzulagern. Es entstehen dabei **Alkylammoniumsalze:**

$$CH_3—NH_2 + HCl \rightarrow [CH_3—NH_3]^+Cl^-$$

Methylamin — Methylammoniumchlorid

Lagert das Amin das Proton des Wassers an, so entsteht eine **Alkylammoniumbase:**

$$CH_3—NH_2 + H—OH \rightarrow [CH_3—NH_3]^+OH^-$$

Methylammoniumhydroxid

Wäßrige Lösungen der Amine reagieren daher *basisch.*

c) **Tetraalkylammoniumsalze:** Tertiäre Amine bilden mit Alkylhalogeniden Tetraalkylammoniumsalze, sog. *quartäre Ammoniumsalze:*

$$R_3N + R'-I \rightarrow [R_3R'N]^+I^-$$

d) *Vorkommen der Amine:* Der Geruch der Seefische, z. B. der Heringslake, kommt vom **Trimethylamin,** $(CH_3)_3N$.

e) **Cholin,** $[(CH_3)_3N-CH_2-CH_2-OH]^+OH^-$, ist im *Lecithin* enthalten, das in allen lebenden Zellen vorkommt und aus Eigelb, aus dem Gehirn und Pflanzensamen isoliert wurde. **1,6-Diaminohexan** (*Hexamethylendiamin*), $NH_2-(CH_2)_6-NH_2$, ist ein Ausgangsstoff für Polyamide.

35.2. Aminosäuren

a) *Definition:* Aminosäuren (genauer: *Aminocarbonsäuren*) sind Stoffe, die sowohl *Aminogruppen*, $-NH_2$, als auch *Carboxylgruppen*, $-COOH$, enthalten.

b) *Bedeutung:* Als Bausteine der *Eiweißstoffe* (↑ S. 365) sind die **2-Aminosäuren** („α-Aminosäuren") von besonderer Wichtigkeit; *Formel:* $R-CH(NH_2)-COOH$.

c) *Amphoterer Charakter:* Auf Grund des Vorhandenseins der basischen Aminogruppe und der sauren Carboxylgruppe bilden die Aminosäuren sowohl mit Säuren als auch mit Basen *Salze:*

- *Salzbildung mit Säuren:*

$$\begin{array}{l} R-CH-COOH + HCl \\ \qquad | \\ \quad\;\; NH_2 \end{array} \rightarrow \left[\begin{array}{l} R-CH-COOH \\ \qquad | \\ \quad\;\; NH_3 \end{array}\right]^+ Cl^-$$

- *Salzbildung mit Basen:*

$$\begin{array}{l} R-CH-COOH + NaOH \\ \qquad | \\ \quad\;\; NH_2 \end{array} \rightarrow \left[\begin{array}{l} R-CH-COO \\ \qquad | \\ \quad\;\; NH_2 \end{array}\right]^- Na^+ + H_2O$$

Im freien Zustand liegen die Aminosäuren als „innere Salze" vor (Wanderung des Protons von der Carboxylgruppe zur Aminogruppe)

$$\begin{array}{l} R-CH-COO^- \\ \qquad | \\ \quad\;\; NH_3^+ \end{array}$$

d) *Optische Aktivität:* Alle 2-Aminosäuren, ausgenommen Aminoethansäure, sind optisch aktiv; denn sie enthalten ein asymmetrisches C-Atom.

e) **Polypeptide:** Verbinden sich zwei Aminosäuren so, daß sich aus dem OH der Carboxylgruppe und einem H der Aminogruppe H_2O abspaltet (*Peptidbindung*), liegt ein **Dipeptid** vor. Drei Aminosäuremoleküle ergeben ein **Tripeptid.** Aus vielen Aminosäuremolekülen entsteht ein **Polypeptid**; Formulierung ↑ S. 366. Die *Eiweißstoffe* bauen sich vornehmlich aus Polypeptidketten auf.

f) *Einzelne Aminosäuren* ↑ S. 367.

35.3. Säureamide

a) *Funktionelle Gruppe:* $-C\genfrac{}{}{0pt}{}{\diagup O}{\diagdown NH_2}$. In den Säureamiden (genauer: *Carbonsäureamiden*) ist die OH-Gruppe der Carbonsäuren durch die Aminogruppe ersetzt.

b) *Allgemeine Formel:* 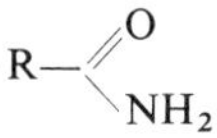

c) *Herstellung:*

- aus Säurehalogenid + Ammoniak:

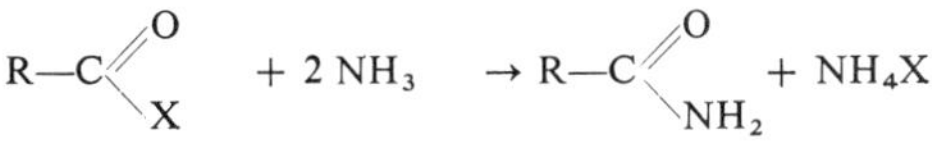

Säurehalogenid Ammoniak Säureamid Ammonium-halogenid

- durch Erhitzen einer Carbonsäure mit Harnstoff:

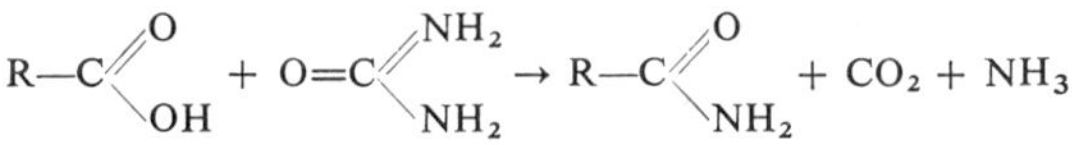

Carbonsäure Harnstoff Säureamid

d) **Dimethylformamid** (*Methan-dimethylamid, Ameisensäure-dimethylamid*)

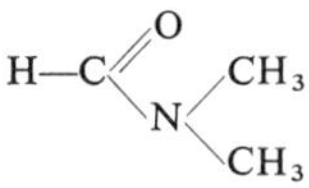

Dimethylformamid

Diese Verbindung, in der die beiden H-Atome der Aminogruppe durch Methylgruppen ersetzt sind, ist eine bei 150 °C siedende Flüssigkeit. Sie ist ein wichtiges Lösungsmittel bei der Herstellung des Polyacrylnitrilfaserstoffs.

e) Harnstoff ist das Diamid der Kohlensäure; ↑ S. 197.

35.4. Alkansäureureide (*Acylharnstoff, Ureide*)

In diesen Verbindungen wird die OH-Gruppe der Carbonsäure durch Harnstoff ersetzt

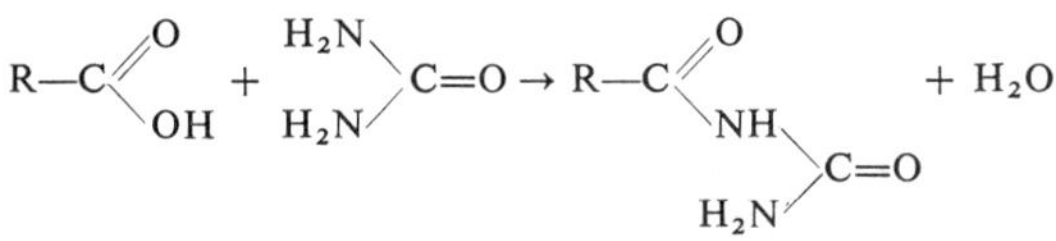

Harnstoff Ureid

Bei der Umsetzung von Dicarbonsäuren mit Harnstoff entstehen cyclische Ureide, deren wichtigster Vertreter die **Barbitursäure** ist.

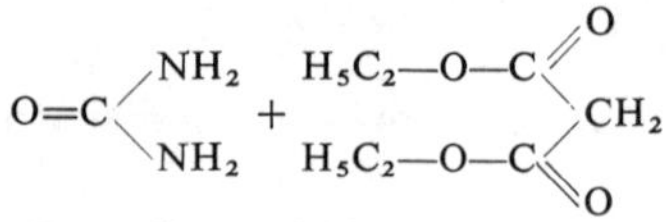

Harnstoff Malonsäure-diethylester

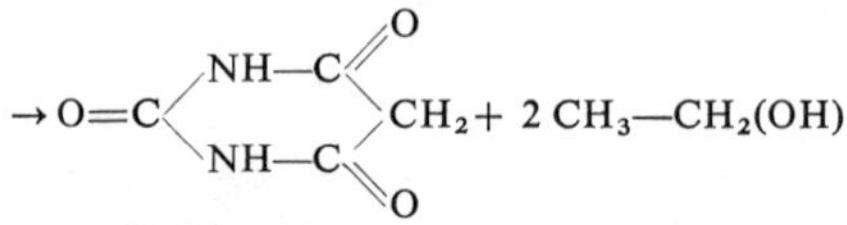

Barbitursäure (Malonyl-harnstoff)

Dialkylbarbitursäuren, sog. *Barbiturate*, sind bekannte Schlafmittel:
Diethyl-barbitursäure = *Barbital*;
Phenylethyl-barbitursäure = *Lepinal*;
Cyclohexenyl-methyl-[N-methyl]-barbitursäure = *Evipan* (Narkosemittel):

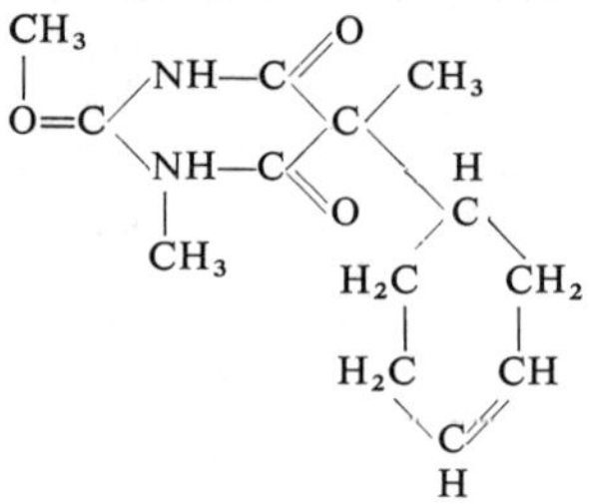

Evipan

35.5. Kohlensäure-monoamid-ester (*Ester der Carbaminsäure, Urethane*)

a) **Kohlensäuremonoamid** (*Carbaminsäure*), NH_2—CO—OH, ist nur in Form von Salzen und Estern bekannt. Die Ester heißen **Urethane.**

b) *Allgemeine Formel:*

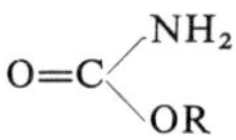

c) *Herstellung:*

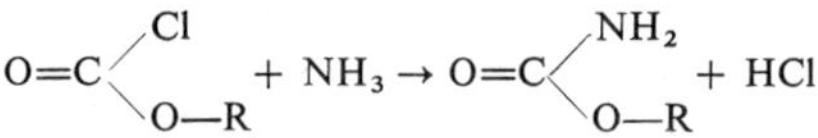

Chloressig-säureester Alkylurethan

d) *Verwendung:* als Beruhigungs- und Schlafmittel. Besondere Bedeutung haben die *Polyurethane*; ↑ S. 375.

35.6. **Alkannitrile** (*Alkancarbonitrile, Alkylcyanide*) und **Alkanisonitrile** (*Alkancarboisonitrile*)

a) *Allgemeine Formeln:*

R—C≡N	R—N=C
Alkannitril	Alkanisonitril

b) *Herstellung:* aus Alken + Cyanwasserstoff,

z. B. $CH_2{=}CH_2 + HCN \rightarrow CH_3{-}CH_2{-}CN$ und $CH_3{-}CH_2{-}NC$

Ethen — Propannitril — Propanisonitril

c) *Verwendung:* Die Alkannitrile lassen sich zu Carbonsäuren verseifen, die um ein C-Atom reicher sind als das Ausgangsprodukt, z. B.

$$CH{\equiv}CH + HCN \rightarrow CH_2{=}CH{-}CN \xrightarrow{+2\,H_2O} CH_2{=}CH{-}COONH_4$$

Ethin — Propennitril (Acrylnitril) — Ammoniumsalz der Propensäure (Acrylsäure)

d) **Acrylnitril,** *Propennitril,* $CH_2{=}CH{-}CN$, ist das Ausgangsprodukt für die Herstellung des *Polyacrylnitrilfaserstoffs.* Man erzeugt Acrylnitril durch katalytische *Ammoxidation* (gleichzeitige Umsetzung mit Ammoniak und Sauerstoff bzw. Luft):

$$2\,CH_2{=}CH{-}CH_3 + 2\,NH_3 + 3\,O_2 \rightarrow 2\,CH_2{=}CH{-}CN + 6\,H_2O$$

35.7. **Nitroalkane**

a) *Allgemeine Formel:* $R{-}NO_2$. Die $-NO_2$-Gruppe heißt *Nitrogruppe.*

Nitroverbindungen dürfen nicht mit *Salpetersäureestern* verwechselt werden. In den Estern ist der Stickstoff über Sauerstoff mit Kohlenstoff verbunden, in den Nitroverbindungen nicht:

$R{-}NO_2$	$R{-}O{-}NO_2$	$R{-}O{-}NO$
Nitroalkan	Alkylnitrat (Salpetersäureester)	Alkylnitrit (Salpetrigsäureester)

Die Nitroverbindungen sind den Salpetrigsäureestern isomer.

b) *Herstellung:*

- technisch:

$$R{-}H + HO{-}NO_2 \rightarrow R{-}NO_2 + H_2O \text{ (bei höherer Temperatur)}$$

Alkan — Salpetersäure — Nitroalkan

- Labormethode:

$$R{-}I \text{ (oder } R{-}Br) + NaNO_2 \rightarrow R{-}NO_2 + NaI \text{ (oder NaBr)}$$

Iod- oder Bromalkan — Natriumnitrit — Nitroalkan — Natriumiodid oder -bromid

c) *Verwendung:* Die niederen Nitroalkane, vor allem **1-Nitropropan,** CH_3—CH_2—CH_2—NO_2, haben als gute Lösungsmittel für einige Plaste Bedeutung erlangt, z. B. für Vinylharze, Polyacrylnitril, Polystyrol und Cellulosefaserstoffe. **Tetranitromethan,** $C(NO_2)_4$, wird Raketentreibstoffen zugesetzt; außerdem ist es ein Nitrierungsmittel.

36. Acyclische Schwefelverbindungen

36.1. Alkanthiole (*Thioalkohole, Mercaptane*)

Die niederen *Alkanthiole*, R—SH, sind widerlich riechende Flüssigkeiten ohne besondere praktische Bedeutung.

36.2. Alkansulfonsäuren (*Alkylsulfonsäuren*)

a) *Allgemeine Formel:* R—S(=O)(=O)—OH ; R—SO_2OH

Die SO_2OH-Gruppe heißt *Sulfonsäuregruppe.*

Sulfonsäuren dürfen nicht mit *Schwefelsäureestern* und *Schwefligsäureestern* verwechselt werden. In den Estern ist der Schwefel über Sauerstoff mit Kohlenstoff verbunden, in den Sulfonsäuren nicht:

R—SO_2OH	R—O—SO_2OH	R—O—SOOH
Alkylsulfonsäure	Alkylsulfat (*Schwefelsäureester*)	Alkylsulfit (*Schwefligsäureester*)

b) *Salze:* Die Sulfonsäuren sind sehr starke Säuren. Ihre Salze heißen **Sulfonate,** während die Estersalze als *Sulfate* bzw. *Sulfite* bezeichnet werden.

Beispiele:

R—SO_2ONa	R—O—SO_2ONa
Natrium-alkan-sulfonat	Natrium-alkyl-sulfat

R—O—SOONa
Natrium-alkyl-sulfit
(*Salz eines Schwefligsäureesters*)

c) *Herstellung:* Einwirkung von Schwefeldioxid und Sauerstoff auf höhere Alkane in Gegenwart von UV-Licht oder Ozon:

$$R—H + SO_2 + \tfrac{1}{2}\,O_2 \rightarrow R—SO_2OH$$

d) *Natriumalkansulfonate:* Die Alkalisalze der Sulfonsäuren sind auch in hartem Wasser gut schäumende Waschmittel (Handelsname: *Mersolate*); sie dürfen nicht mit den Alkylsulfaten vom Typ „*Fewa*" verwechselt werden; ↑ S. 328. Die Alkansulfonate werden auch durch Sulfochlorierung von Alkanen hergestellt:

$$R{-}H + SO_2 + Cl_2 \xrightarrow{\text{UV-Strahlung}} R{-}SO_2{-}Cl + HCl$$

Alkansulfonsäurechlorid (*Alkansulfochlorid*)

$$R{-}SO_2Cl + NaOH \xrightarrow{\text{Verseifung}} R{-}SO_2ONa + HCl$$

Natriumalkansulfonat

37. Kohlenhydrate

37.1. Allgemeines

a) *Name und allgemeine Formel:* In den meisten Kohlenhydraten sind neben Kohlenstoffatomen die Elemente Wasserstoff und Sauerstoff wie im Wasser im Verhältnis 2 : 1 enthalten. Dies entspricht der allgemeinen Formel $C_m(H_2O)_n$.

Ausnahmen bilden die *Desoxyzucker*, z. B. die in Nucleinsäuren gebundene **Desoxyribose**, $C_5H_{10}O_4$.

b) *Einteilung nach Zahl der Kohlenhydrat-Reste:*

- **Monosaccharide** (*Einfachzucker*) lassen sich *nicht* in einfachere Kohlenhydrate zerlegen.
- **Oligosaccharide** (*Mehrfachzucker*) lassen sich in *wenige* (gleiche oder verschiedene) Monosaccharidmoleküle zerlegen; sie bauen sich also aus mehreren Monosaccharidresten auf. Am wichtigsten sind **Disaccharide** (*Zweifachzucker*) aus *zwei* Monosaccharidresten; ferner existieren Trisaccharide usw.
- **Polysaccharide** (*Vielfachzucker*) lassen sich in *viele* (Größenordnung 100 bis mehrere 1000) Monosaccharidmoleküle zerlegen. Sie bauen sich also aus vielen Monosaccharidresten auf.

  Die Zerlegung der Oligo- und Polysaccharide in Monosaccharide erfolgt unter Wasseraufnahme (Hydrolyse), z. B. beim Kochen mit verdünnten Säuren. Der Aufbau der Oligo- und Polysaccharide aus Monosacchariden erfolgt demnach unter Wasserabspaltung (Kondensation).

c) *Einteilung nach funktionellen Gruppen:* Die Kohlenhydrate enthalten Hydroxylgruppen und eine damit benachbarte Aldehyd- oder Ketogruppe.

- **Aldosen** enthalten eine Aldehydgruppe;
- **Ketosen** enthalten eine Ketogruppe.

Die Aldehyd- und Ketogruppen treten nur in der *Kettenform* (↑ S. 339) unverändert auf.
Die *Aldosen* reduzieren wie andere Aldehyde FEHLINGsche Lösung und ammoniakalische Silbersalzlösung.

d) *Einteilung nach der Anzahl der Sauerstoffatome:*

- **Pentosen** enthalten fünf O-Atome; Formel $C_5H_{10}O_5$.
- **Hexosen** enthalten sechs O-Atome; Formel $C_6H_{12}O_6$.

Außerdem existieren **Triosen** (3 O-Atome), **Tetrosen** (4 O-Atome), **Heptosen** (7 O-Atome) usw.
Je nachdem, ob Aldosen oder Ketosen vorliegen, unterscheidet man **Aldopentosen, Aldohexosen, Ketohexosen** usw.

e) *Optische Aktivität:*
Infolge der Anwesenheit asymmetrischer C-Atome sind die Monosaccharide optisch aktiv (↑ S. 287). Je nach der Stellung der OH-Gruppe am vorletzten C-Atom unterscheidet man D- und L-Verbindungen (↑ S. 288):

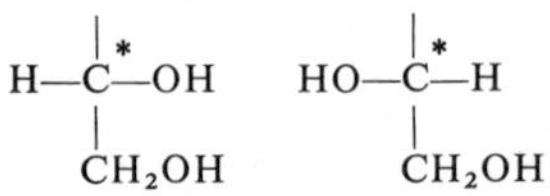

D-Verbindung L-Verbindung

37.2. Pentosen

Pentosen kommen in der Natur nicht frei, sondern nur als Bausteine von Oligo- und Polysacchariden vor, z. B. in Holz. Als Proteide (Verbindungen mit Eiweißstoffen) finden sie sich auch in der Leber und der Bauchspeicheldrüse des tierischen Körpers. Sie lassen sich mit Hefe nicht vergären.

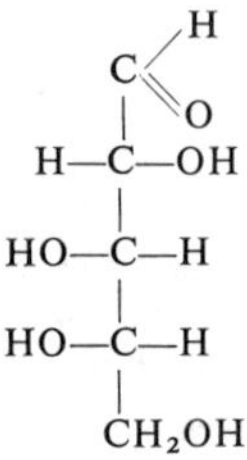

L(+)-Arabinose (Kirschgummikomponente)

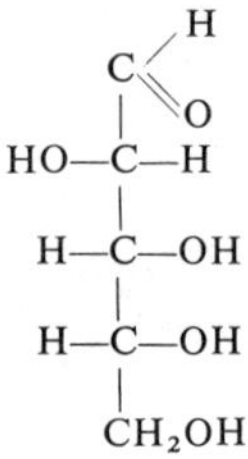

D(−)-Arabinose (Aloekomponente)

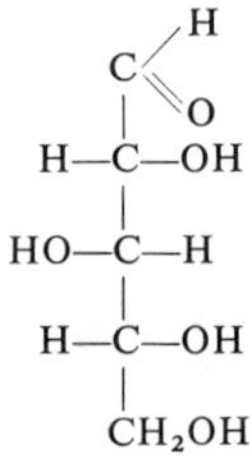

(D(+)-Xylose Kleie- und Strohkomponente)

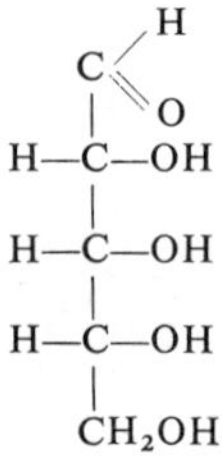

D(−)-Ribose (Bestandteil von Nucleinsäuren)

37.3. Hexosen

Hexosen kommen in der Natur sowohl frei als auch in Oligo- und Polysacchariden gebunden vor. Auch als **Glycoside** (Verbindungen zwischen Kohlenhydraten und anderen Stoffklassen, z. B. Eiweiß) finden sie sich.

a) **D(+)-Glucose,** *Traubenzucker*, *Dextrose*, das häufigste Monosaccharid, ist eine Aldohexose. Sie kommt frei in vielen Früchten, im Blut (*Blutzucker*), im Honig, und chemisch gebunden in der Saccharose, Maltose, Lactose, Cellulose, Stärke und vielen anderen Kohlenhydraten vor. Weißes, leicht wasserlösliches, süß schmeckendes Kristallpulver.

b) D(+)-**Mannose** kommt in der Steinnuß und in Johannisbrotbaumsamen vor.

c) D(+)-**Galactose** kommt als Baustein des Disaccharids Lactose (Milchzucker) vor.

d) D(−)-**Fructose,** *Lävulose*, *Fruchtzucker*, ist eine Ketohexose. Sie kommt frei in vielen Früchten und im Honig, gebunden im Disaccharid *Saccharose* (Rohr-, Rübenzucker) und im Polysaccharid *Inulin* vor. **Inulin** besteht nur aus Fructoseresten, besitzt stärkeähnliche Eigenschaften und kommt z. B. in Dahlienknollen vor. Fructose ist ein weißes, sehr süß schmeckendes Kristallpulver. Sie reduziert, obwohl sie eine Ketogruppe enthält, FEHLINGsche Lösung, da *Keto-Enol-Tautomerie* (↑ S. 286) auftritt.

e) *Strukturformeln:*

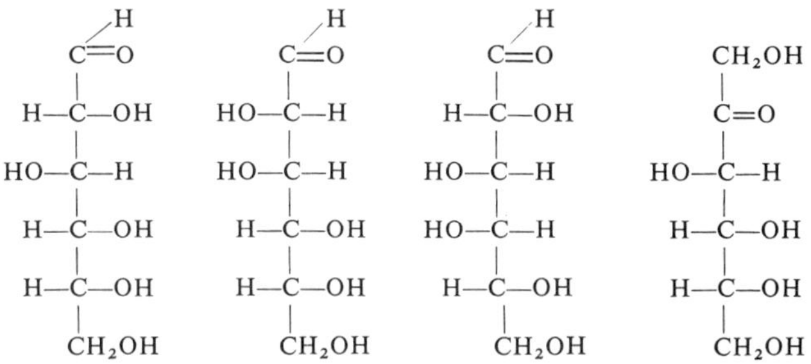

D(+)-Glucose **D(+)-Mannose** **D(+)-Galactose** **D(−)-Fructose**

f) *Ringformeln:* Die eben angegebenen Kettenformeln der Kohlenhydrate sind vereinfacht. Da die Kohlenhydrate nicht alle Aldehyd- und Ketonreaktionen ergeben (z. B. die Addition von $NaHSO_3$ und NH_3), folgerte TOLLENS, daß eine intramolekulare Verknüpfung zwischen der Aldehyd- bzw. Ketogruppe und einer Hydroxylgruppe vorhanden sein müsse.

TOLLENS entwickelte eine *Ringformel*, bei der die H-Atome und die OH-Gruppen so angeordnet werden, daß man ihre Stellung über oder unter dem Ring erkennen kann (nach vorn weisende Kanten der Ringebene fettgedruckt). Der Übersicht halber werden die C-Atome im Ring weggelassen. Kohlenhydrate mit Sechsring-Konfiguration heißen *Py-*

ranosen, mit Fünfring-Konfiguration *Furanosen*, da sie das Ringsystem des Pyrans bzw. Furans enthalten.

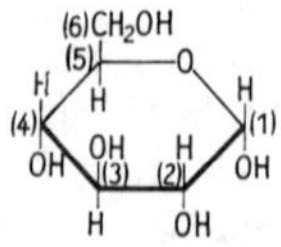
D(+)-Glucopyranose

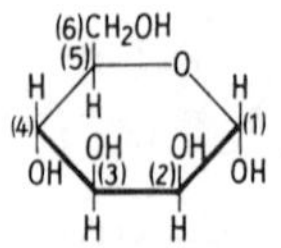
D(+)-Mannopyranose

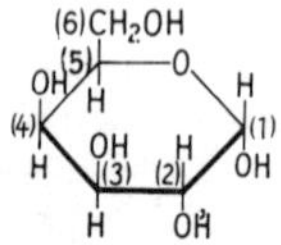
D(+)-Galactopyranose

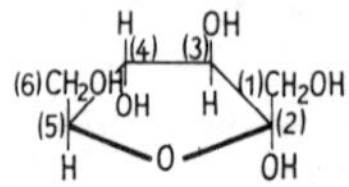
D(−)-Fructofuranose (im Rohrzucker)

Eine weitere Besonderheit ist eine Stereoisomerie durch verschiedene Stellung der durch den Ringschluß entstandenen OH-Gruppe am C-Atom 1.

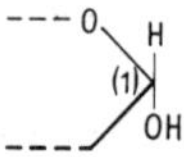
α-Glukose

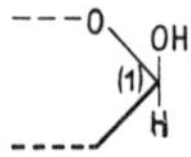
β-Glukose

Die beiden D-Glucosen zeigen Unterschiede der Löslichkeit des Schmelzpunkts und der optischen Drehung. **α-Glucose** dreht die Ebende des polarisierten Lichtes um +111,2°, **β-Glucose** um +17,5°. Sie sind keine optischen Antipoden, sondern *Diastereomere.*

37.4. Disaccharide

Disaccharide bauen sich unter Wasserabspaltung aus zwei Monosaccharidmolekülen auf, z. B.

$$C_6H_{12}O_6 + C_6H_{22}O_6 \rightarrow C_{12}H_{22}O_{11} + H_2O$$

Die Verknüpfung erfolgt entweder zwischen den aus den Carbonylgruppen durch Ringschluß entstandenen OH-Gruppen oder aus einer solchen Gruppe und einer alkoholischen Hydroxylgruppe. Im ersten Fall (z. B. beim Rohrzucker) gehen die reduzierenden Eigenschaften verloren, im zweiten Fall (z. B. beim Milchzucker) nicht.
Verbindungen der Kohlenhydrate mit anderen Molekülen, an denen die durch Ringschluß entstandene OH-Gruppe beteiligt ist, heißen **Glycoside.** Auch die Disaccharide enthalten folglich die *Glycosidbindung.*

a) **Saccharose,** *Rohrzucker*, *Rübenzucker*, baut sich aus α-D-Glucose und β-D-Fructose auf:

● α-D-Glucose + β-D-Fructose → Saccharose + H_2O

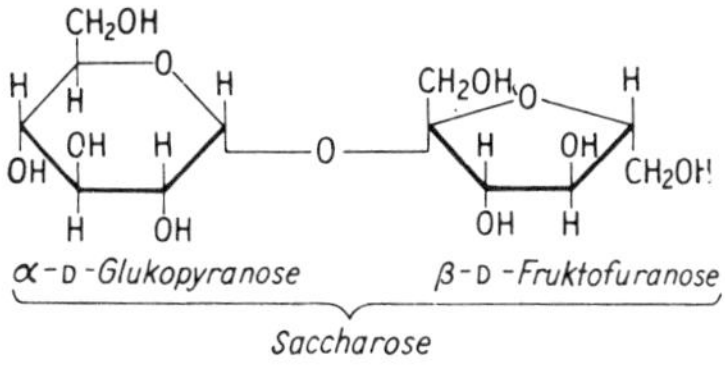

Da durch die glycosidische Verknüpfung der beiden Monosaccharide keine Carbonylgruppen mehr in dem Molekül vorhanden sind, wird FEHLINGsche Lösung nicht reduziert. Erst nach der Spaltung (*Inversion*) tritt dies wieder ein.

Saccharose (Rohrzucker) —Fermente oder verd. Säuren→ Glucose + Fructose = Invertzucker (z. B. im Kunsthonig)

Bienenhonig ist natürlicher Invertzucker. *Karamel* entsteht beim Erhitzen des Zuckers über den Schmelzpunkt; dabei treten die verschiedenartigsten Zersetzungsprodukte auf.

b) **Lactose,** *Milchzucker*, baut sich auf gemäß

● β-D-Galactose + β-D-Glucose → Lactose + H_2O

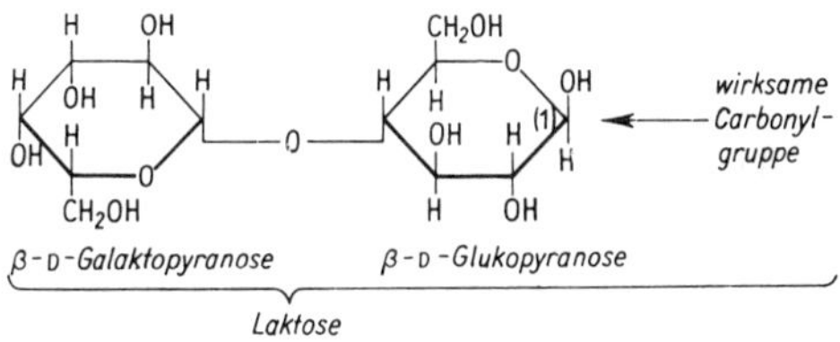

Hier ist die Carbonylgruppe als Acetalgruppe noch erhalten geblieben; deshalb zeigt der Milchzucker die üblichen Zuckerreaktionen. Das C-Atom (1) der Glucose ist nicht mit einem anderen Molekül verknüpft.
Die Lactose ist wesentlich weniger süß als Saccharose; sie ist zu 4...5% in der Kuhmilch und zu 5,5 ... 7,5% in der Frauenmilch enthalten. Zur Ernährung des Körpers brauchen Mensch und Tier Kohlenhydrate. Das Neugeborene erhält diese mit der Muttermilch in Form von Milchzucker.
Beim Sauerwerden der Milch wandelt sich Milchzucker durch Bakterien in *Milchsäure* um.

c) **Maltose** (*Malzzucker*) baut sich auf gemäß

● 2α-D-Glucose → Maltose + H_2O

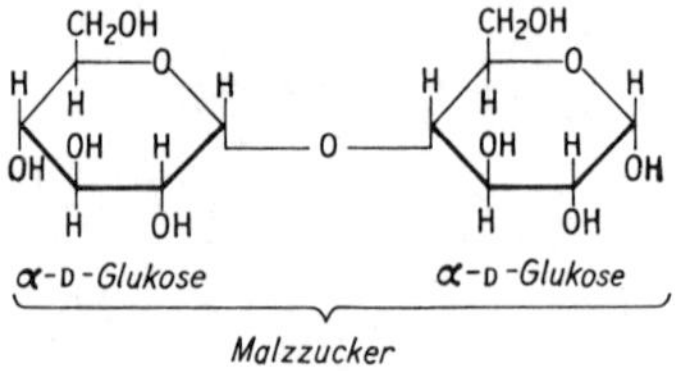

Die Aldehydreaktionen sind wie beim Milchzucker positiv. Malzzucker befindet sich in keimenden Samen. Malzzucker entsteht beim hydrolytischen Abbau der Stärke. Bei der Bierherstellung wird Gerstenmalz (gekeimte Gerste) verwendet.

37.5. Polysaccharide

Die wichtigsten Polysaccharide sind *Stärke*, *Glycogen* und *Cellulose*, ferner die sich vorwiegend aus Pentosen aufbauenden *Hemicellulosen* und das *Inulin* (↑ S. 339).

a) **Stärke.** Das Stärkekorn ist keine einheitliche Substanz. Seine Hülle besteht aus *Amylopektin*, einem Glucosid der Phosphorsäure, das Innere aus *Amylose*, einem aus Glucoseresten aufgebauten Polysaccharid (600 ... 1800 Glucosemoleküle) der Formel $(C_6H_{10}O_5)_x$. Im Gegensatz zur Cellulose sind bei der Amylose *α-Glucosemoleküle*, wie sie auch in der Maltose vorliegen, miteinander verknüpft. Beim Erhitzen mit verdünnter Salzsäure oder unter der Einwirkung von Fermenten läßt sich Stärke bzw. Amylose abbauen:

Amylose → Dextrin → Maltose → Glucose

Dextrin, ein gelblich-weißes Pulver, wird als Klebstoff verwendet. Die grünen Pflanzen wandeln unter Lichteinwirkung mit Hilfe des Chlorophylls Kohlendioxid und Wasser über die Zwischenstufe Glucose in Stärke um (*Assimilation*); die Glucose entsteht hierbei gemäß der Gleichung $6\,CO_2 + 6\,H_2O \rightarrow C_6H_{12}O_6 + 6\,O_2$.

Die Stärke stellt das Energiereservoir der Pflanzen dar.

b) **Glycogen** ist tierische Stärke, die in Leber und Muskeln gespeichert wird. Sie baut sich wie pflanzliche Stärke aus Glucoseresten auf. Bei Muskelarbeit wird Glycogen zu L(+)-Milchsäure abgebaut, deren Anhäufung Ermüdungserscheinungen hervorruft.

c) **Cellulose.** Cellulose ist der Hauptbestandteil der pflanzlichen Gerüstsubstanz, z. B. des Holzes; sie kommt rein in Baumwollsamen vor.

Holz enthält neben Cellulose und Hemicellulosen, Harzen und anderen Stoffen *Lignin*, eine makromolekulare aromatische Substanz. Beim Kochen mit Calciumhydrogensulfitlösung (*Sulfitverfahren*) oder sulfid- und sulfathaltiger Natronlauge (*Sulfatverfahren*) gehen die Nichtcellulosebestandteile in Lösung, und die Cellulose bleibt als *Zellstoff* zurück.

Cellulose ist im Gegensatz zu Amylose aus *β-Glucosebausteinen* aufgebaut; sie läßt sich jedoch wesentlich schwieriger hydrolytisch abbauen. Bei der *Holzverzuckerung* wendet man z. B. 40%ige Salzsäure bei hoher Temperatur an. Der Abbau erfolgt über das Disaccharid *Cellobiose:*

Cellulose → Cellobiose → Glucose

Die Hydrolyse mit hochkonzentrierter Salzsäure bei Raumtemperatur liefert dextrinähnliche Abbauprodukte, die als gut verdauliches Mastfutter für Wiederkäuer geeignet sind.

Cellulose läßt sich mit Salpetersäure verestern („nitrieren").

Cellulosetrinitrat enthält pro Glucosebaustein 3 Nitratgruppen, $—O—NO_2$, und heißt wegen seiner Verwendung als Explosivstoff *Schießbaumwolle*.

Cellulosedinitrat stellt als *Kollodium* eine niedrigere Veresterungsstufe dar. Es wird auf Celluloid, Nitrolacke und Kollodiumlösung verarbeitet.

Die Cellulosenitrate werden fälschlich auch als „Nitrocellulosen" bezeichnet.

Cellulose ist wichtiger Rohstoff für Viskoseseide und -zellwolle, für Celluloseacetat- und Viskosefolien, für Acetatseide und andere Produkte.

38. Cyclische Verbindungen

38.1. Allgemeines

Cyclische Verbindungen enthalten einen oder mehrere Ringe im Molekül (mono-, bi-, tricyclisch usw. je nach Anzahl der Ringe).

Einteilung:

- cyclisch
  - carbocyclisch
    - alicyclisch
    - aromatisch
  - heterocyclisch

- **Carbocyclische Verbindungen** (*isocyclische Verbindungen*)*:* Die Ringe bestehen nur aus C-Atomen.
- **Heterocyclische Verbindungen:** Die Ringe enthalten außer C-Atomen noch andere Atome, z. B. N, S, O u. a.
- **Aromatische Verbindungen:** Die Moleküle enthalten das besondere Bindungssystem des Benzens.

- **Alicyclische Verbindungen:** Die Ringe sind frei vom besonderen Bindungssystem des Benzens.
- **Hydroaromatische Verbindungen:** Die Verbindungen (Cyclohexan und -derivate) entstehen durch Hydrierung aromatischer Verbindungen; sie bilden eine Untergruppe der alicyclischen Verbindungen.

38.2. Carbocyclische Verbindungen

38.2.1. Alicyclische Verbindungen

a) **Cycloalkane:** Die einfachsten alicyclischen Kohlenwasserstoffe (*Cycloalkane*; *Naphthene*) sind:

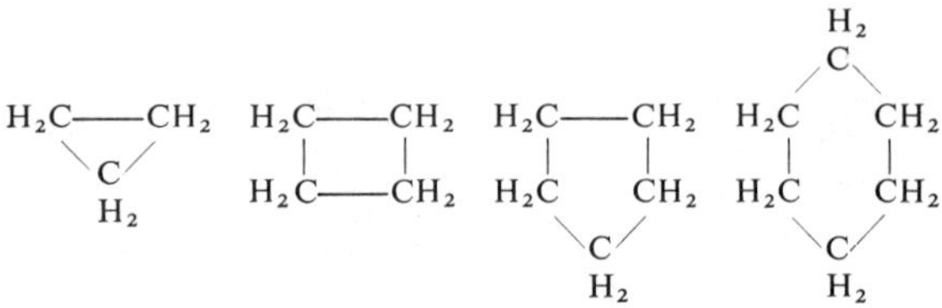

C_3H_6 Cyclopropan | C_4H_8 Cyclobutan | C_5H_{10} Cyclopentan | C_6H_{12} Cyclohexan

Es sind farblose, wasserunlösliche, brennbare Stoffe, die in ihrem chemischen Verhalten den Alkanen ähneln; sie kommen in manchen Erdölsorten reichlich vor. C_3H_6 und C_4H_8 sind gasförmig, die kohlenstoffreicheren sind flüssig und die kohlenstoffreichsten fest.

Man beachte, daß die Cycloalkane nicht den entsprechenden Alkanen, sondern den *Alkenen* isomer sind!

b) **Cyclohexanol,** $C_6H_{11}OH$, und **Cyclohexanon,** $C_6H_{10}O$, sind Zwischenprodukte bei der Herstellung von Caprolactam.
Cyclohexanol, eine farblose, charakteristisch riechende Flüssigkeit, entsteht bei der Hydrierung von Phenol in Gegenwart katalytisch wirkenden Nickels: $C_6H_5OH + 3\,H_2 \rightarrow C_6H_{11}OH$. Cyclohexanol ist ein sekundärer Alkohol; durch Oxidation entsteht daraus das Keton Cyclohexanon.

c) **Hexachlorcyclohexan,** „*HCH*", $C_6H_6Cl_6$; farblose Kristalle; entsteht durch Addition von Chlor an Benzen in Gegenwart von UV-Strahlung: $C_6H_6 + 3\,Cl_2 \rightarrow C_6H_6Cl_6$. Hochwirksames Insektenbekämpfungsmittel. Aus dem Gemisch von Isomeren läßt sich das besonders wirksame γ-HCH (**„Gammexan"**) isolieren.

d) **Naphthensäuren** sind Cyclopentan- und Cyclohexancarbonsäuren; sie finden sich als unangenehm riechende Flüssigkeiten im Erdöl. *Alkalinaphthenate* dienen als Seifen; *Schwermetallnaphthenate* sind in Kohlenwasserstoffen löslich und werden als Siccative für Ölfarben verwendet (Co-, Mn-, Pb-Salz).

e) **Decalin** (*Decahydronaphthalen*), $C_{10}H_{18}$, und **Tetralen** (*Tetrahydronaphthalen*), $C_{10}H_{12}$, entstehen durch katalytische Hydrierung von Naphthalen und bilden farblose Flüssigkeiten, die ähnliche Lösefähigkeit wie Terpentinöl besitzen. Verwendung als Terpentinölersatz. Tetralen enthält einen Benzenring und ist daher eine aromatische Substanz.

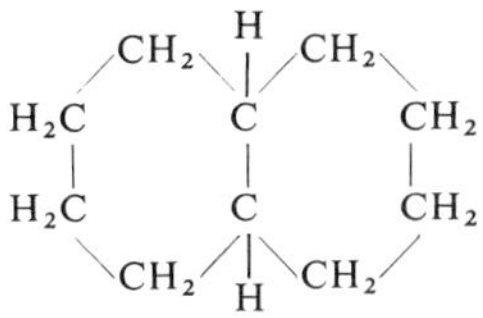

Decalin

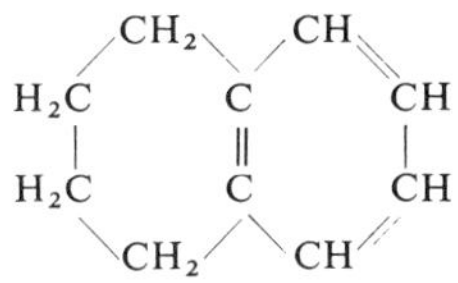

Tetralen

f) **Terpene** sind in *ätherischen Ölen* vorkommende Kohlenwasserstoffe der allgemeinen Formel $(C_5H_8)_n$ ($n = 2, 3, 4, \ldots$); man kann sie sich formal durch Polymerisation von Isopren, C_5H_8, entstanden denken („*Polyprene*"). Auch Sauerstoffderivate der Terpene kommen in ätherischen Ölen vor; die früher „*Campher*" genannten Stoffe werden heute besser als Terpenalkohole, -ketone, -ether, -ester und -aldehyde bezeichnet. Die meisten dieser Stoffe sind flüssig oder fest; sie zeichnen sich durch charakteristische Gerüche aus und werden deshalb als Riechstoffe verwendet.
Je nach der Zahl der Ringe unterscheidet man *mono-*, *bi-* und *tricyclische* Terpene; auch *acyclische* (d. h. ringfreie) sind bekannt.

g) **Terpentinöl** ist das Destillat von Kiefernharz (Destillationsrückstand: *Kolophonium*); es besteht hauptsächlich aus dem bicyclischen **Pinen,** $C_{10}H_{16}$, und dient als gutes Lösungsmittel für Harze, Lacke, Wachse usw. sowie als Rohstoff für synthetischen Campher.

38.2.2. Aromatische Verbindungen

38.2.2.1. Allgemeines

a) *Definition:* Aromatische Verbindungen enthalten das besondere „aromatische" Bindungssystem des Benzens; ihre Moleküle enthalten einen oder mehrere „*Benzenringe*".

b) *Aromatisches Bindungssystem:* Im Benzen, C_6H_6, lassen sich die Bindungsverhältnisse nicht durch klassische Strukturformeln wiedergeben. Die von dem deutschen Chemiker August Kekulé 1865 aufgestellte Formel mit 3 Doppelbindungen widerspricht sowohl dem fast gesättigten Charakter der Verbindung als auch den Isomerieverhältnissen bei 1,2-Disubstitutionsprodukten (↑ S. 347). KEKULÉ nahm deshalb an, daß die Bindungen dauernd ihren Platz wechseln („oszillieren"):

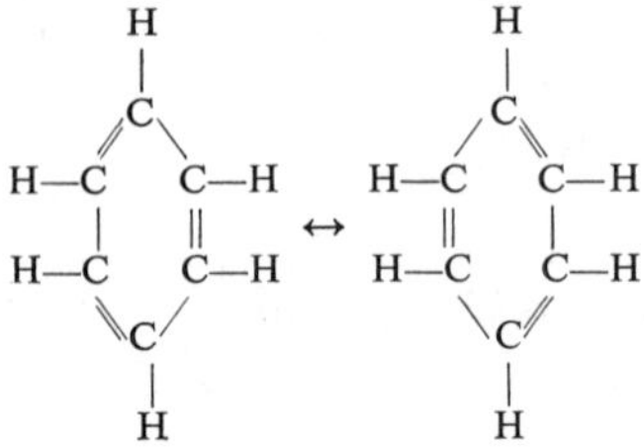

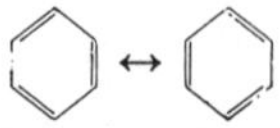

vereinfachte Schreibweise: Jede Ecke entspricht einem C-Atom; die H-Atome werden nicht angegeben.

In Wirklichkeit findet kein Oszillieren statt, sondern es herrscht ein besonders stabiler, energiearmer Zwischenzustand („*Mesomerie*") zwischen beiden Formen. Die über die Einfachbindung hinaus vorhandenen sechs Elektronen (π-Elektronen) treten miteinander in eine besondere Wechselwirkung und verteilen sich gleichmäßig über den gesamten Ring. Man verzichtet deshalb oft völlig auf Angabe der Bindungen und symbolisiert das Benzen durch ein einfaches Sechseck.

Gleichmäßige Verteilung — Moderne Schreibweise — Einfachste Schreibweise

Da die einfachste Schreibweise jedoch zu Verwechslungen mit gesättigten Cyclohexanderivaten führen kann, in denen zuweilen auch die Abkürzung 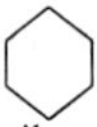 für den Grundkörper verwandt wird, wird in diesem Buch die Schreibweise  mit den Doppelbindungen als Registrierformel für Benzen beibehalten.

c) *Kern und Seitenketten:* Das Kohlenstoffskelett des Benzens bezeichnet man als „Benzenkern"; die davon abzweigenden C-Ketten, auch wenn sie nur aus einer Methylgruppe bestehen, werden „Seitenketten" genannt.

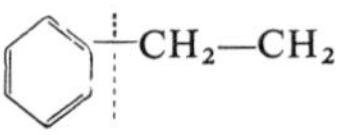

Kern Seitenkette

d) *Kondensierte und nichtkondensierte Ringe:* Kondensierte Ringe haben mehrere C-Atome als Ringglieder gemeinsam (Naphthalen, Anthracen); nichtkondensierte Ringe haben keine Ringglieder gemeinsam (Biphenyl, Diphenylmethan):

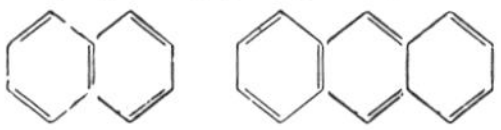

Naphthalen Anthracen

kondensiert

Biphenyl Diphenylmethan

nicht kondensiert

e) *Isomerieverhältnisse beim Benzen:* Alle H-Atome befinden sich in gleicher Situation im Molekül; folglich existieren

- bei *einem* Substituenten
  nur eine Verbindung, z. B. nur *ein* Chlorbenzen, C_6H_5Cl;
- bei *zwei* Substituenten
  drei isomere Verbindungen, z. B. Dichlorbenzene, $C_6H_4Cl_2$[1]:

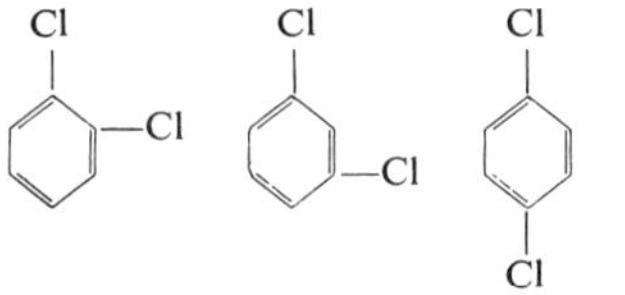

1,2- o-(ortho-) 1,3- m-(meta-) 1,4- p-(para-)

Dichlorbenzen

- bei *drei gleichen* Substituenten
  drei isomere Verbindungen, z. B. Trichlorbenzene, $C_6H_3Cl_3$:

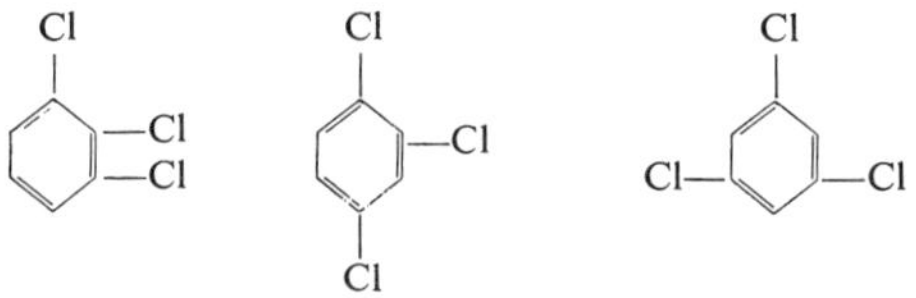

1,2,3- vic-(vicinal) 1,2,4- asym-(asymmetrisch) 1,3,5- sym-(symmetrisch)

Trichlorbenzen

- bei *vier gleichen* Substituenten
  drei isomere Verbindungen, z. B. Tetrachlorbenzene, $C_6H_2Cl_4$:

  1,2,3,4-, 1,2,3,5-, 1,2,4,5- } Tetrachlorbenzen

[1] Wäre die KEKULÉ-Formel richtig, sollte man 2 o-Verbindungen erwarten, je nachdem, ob die beiden Substituenten eine Einfach- oder Doppelbindung einschließen.

- bei *fünf gleichen* Substituenten
  eine Verbindung, z. B. Pentachlorbenzen, C_6HCl_5;
- bei *sechs gleichen* Substituenten
  eine Verbindung, z. B. Hexachlorbenzen, C_6Cl_6.

f) *Substitutionsregeln:*
Substituenten I. Ordnung (—Cl, —Br, —I, $—CH_3$, $—C_nH_{2n+1}$, —OH, $—NH_2$) dirigieren einen neu eintretenden Substituenten, gleich welcher Art, in die 2- und 4-Stellung.
Substituenten II. Ordnung ($—NO_2$, —CHO, —COOH, $—SO_2OH$) dirigieren einen neuen Substituenten in die 3-Stellung.

g) *Aromatisches Verhalten von Benzenderivaten:* Der aromatische, fast gesättigte Charakter des Benzens bleibt auch in den meisten seiner Derivate erhalten. Nur wenn mehrere Substituenten I. Ordnung vorhanden sind, wird das aromatische Bindungssystem stark „deformiert".

Zusätzlich zu den Benzenderivaten existieren auch einige heterocyclische Verbindungen mit aromatischem Charakter (↑ S. 363).

38.2.2.2. Aromatische Kohlenwasserstoffe (*Arene*)

a) *Übersicht:* Wichtige aromatische Kohlenwasserstoffe sind:

Benzen

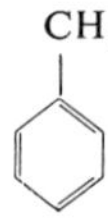

Toluen

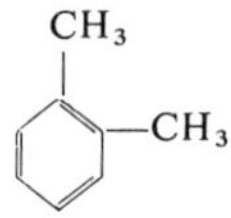

o-Xylen

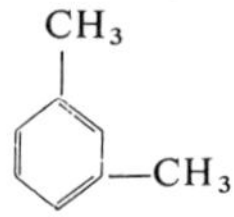

m-Xylen

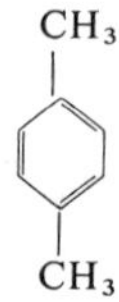

p-Xylen

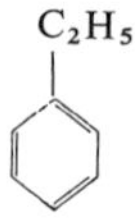

Ethylbenzen

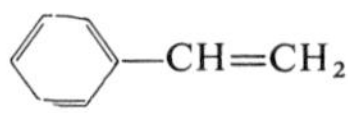

Styren

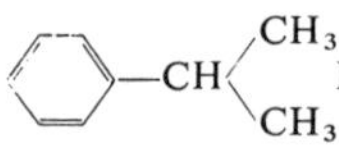

Cumen

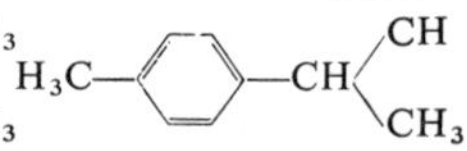

p-Cymen

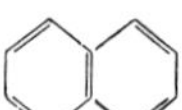
Naphthalen

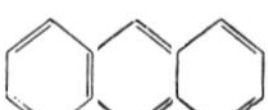
Anthracen

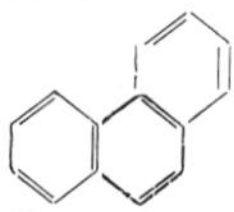
Phenanthren

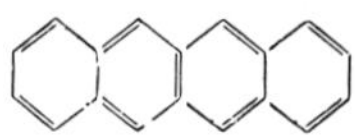
Naphthacen

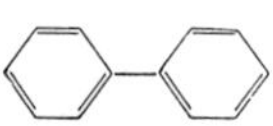
Biphenyl

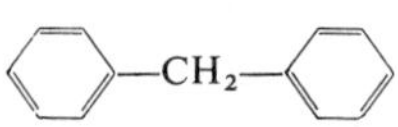

Diphenylmethan

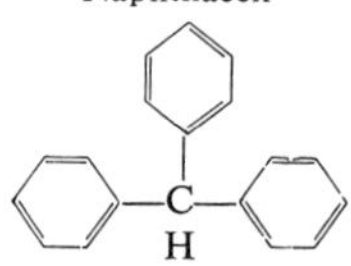

Triphenylmethan

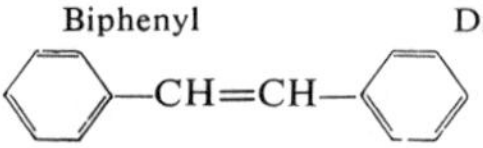

Stilben

Unter dem Namen „BTX-Aromaten“ faßt man **B**enzen, **T**oluen und die **X**ylene zusammen.

b) *Gewinnung aus Steinkohlenteer:* Durch fraktionierte Destillation des Steinkohlenteers erhält man neben 2 ... 5% Ammoniakwasser 1 ... 2% *Leichtöl* (Siedepunkt bis 180 °C), 10 ... 12% *Mittelöl* (180 ... 230 °C), 8 ... 10% *Schweröl* (230 ... 270 °C), 18 ... 25% *Anthracenöl* („*Grünöl*“; 270 ... 360 °C) und als Rückstand etwa 55% *Teerpech.*
Aus den Teerölen trennt man durch Schwefelsäure Pyridinbasen (*Pyridin*, *Picoline*, *Chinolin* u. a.) und durch Natronlauge Phenole (*Phenole*, *Cresole*; *Xylenole*, *Naphthole* u. a.) ab, so daß Kohlenwasserstoffe („*Neutralöle*“) verbleiben, die durch Destillation, Kristallisation und Extraktion in reine Verbindungen zerlegt werden können:

Steinkohlenteer

Leichtöl	**Mittelöl**	**Schweröl**	**Anthracenöl**	**Pech**
Benzen	Xylen	Naphthalen	Anthracen	
Toluen	Naphthalen	Methyl-naphthalen	Phenanthren	
Xylen	Pyridin	Biphenyl		
	Picoline	Fluoren		
	Chinolin	Naphthole		
	Phenol			
	Cresole			
	Xylenole			

c) *Aromatisierung nichtaromatischer Kohlenwasserstoffe:* Aliphatische und alicyclische Kohlenwasserstoffe, wie sie in Erdöl- und Braunkohlenbenzinen vorliegen, lassen sich durch *Reformieren* (Reformingverfahren; ↑ S. 303) zu etwa 40 ... 70% in BTX-Aromaten umwandeln. Aus dem flüssigen Reaktionsgemisch extrahiert man die Aromaten durch selektive Lösungsmittel (Monomethylformamid, H—CO—NH—CH_3, u. a.) und trennt sie anschließend durch Destillation.

d) *Gewinnung aus Pyrolysebenzin:* Pyrolysebenzin ist Nebenprodukt bei der Herstellung von Ethen und Propen durch katalytisches Cracken von Erdölbenzinen (↑ S. 303). Das Produkt besteht zu 80 ... 90% aus Aromaten und wird durch kombinierte Extraktion und Destillation aufgearbeitet.

e) **Benzen,** *Benzol,* C_6H_6
Herstellung:

- aus *Erdölbenzinen* durch Reformieren, Extrahieren der entstandenen Arene und Auftrennung durch fraktionierte Destillation
- als Nebenprodukt bei der Herstellung von Ethen und Propen durch Cracken von *Benzinen*
- aus Kokereigas durch Adsorption mit Aktivkohle oder Absorption mit Waschöl.

Eigenschaften: farblose, charakteristisch riechende, mit rußender Flamme brennbare Flüssigkeit (Siedepunkt 80,1 °C); mit Wasser nicht mischbar, wohl aber mit den meisten organischen Flüssigkeiten. Benzendämpfe sind giftig! Benzen ist chemisch sehr beständig. Leicht verläuft die Nitrierung (→ Nitrobenzen), etwas schwerer die Sulfonierung (→ Benzensulfonsäure). Chlor wirkt in Gegenwart von Eisen als Katalysator substituierend (→ Chlorbenzen), während es ohne Katalysator im Sonnen- oder UV-Licht addiert wird (→ Hexachlorcyclohexan).

Verwendung: als Lösungsmittel (für Kautschuk, Lackharze u. a.); als chemisches Zwischenprodukt für Styren (→ Polystyren), Cumen (→ Phenol, Aceton), Cyclohexan (→ Cyclohexanol → Caprolactam → Polyamide), Dodecylbenzen (→ waschaktive Substanzen), Nitrobenzen (→ Anilin → Farbstoffe, Pharmaka), Chlorbenzen (→ Insekticide), Hexachlorcyclohexan u. a.

Phenyl- und Benzylgruppe:

Phenyl-Gruppe: $—C_6H_5$ (leitet sich vom Benzen ab)
Benzyl-Gruppe: $—CH_2—C_6H_5$ (leitet sich vom Toluen ab)

f) **Toluen,** *Toluol, Methylbenzen,* $C_6H_5—CH_3$, ähnelt stark dem Benzen. Die Methyl-Seitenkette kann durch Mangan(IV)-oxid und konz. Schwefelsäure zur Carboxylgruppe oxidiert werden (→ Benzoesäure). Für die Chlorierung und Bromierung gilt:

- **K**älte – **K**atalysator (Fe): **K**ernchlorierung
- **S**iedehitze – **S**onne (oder UV): **S**eitenkettenchlorierung

Bei der Kernchlorierung entstehen vorwiegend 2- und 4-Chlor-toluen, $C_6H_4(CH_3)Cl$.
Bei der Seitenkettenchlorierung entstehen je nach Dauer der Reaktion:

Benzylchlorid, *Phenylchlormethan,* $C_6H_5—CH_2Cl$
Benzalchlorid, *Phenyldichlormethan,* $C_6H_5—CHCl_2$
Benzotrichlorid, *Phenyltrichlormethan,* $C_6H_5—CCl_3$

Toluen wird verwendet als Zusatz zu Treibstoffen sowie als Zwischenprodukt für Benzylalkohol, Benzaldehyd, Benzoesäure, Zimtaldehyd, Trinitrotoluen, Saccharin und viele Farbstoffe, z. B. Indigo.

g) **Xylen,** *Xylol,* ist 1,2-, 1,3- und 1,4-Dimethylbenzen, $C_6H_4(CH_3)_2$. Die Isomeren sind destillativ schwer trennbar und dienen als Lösungsmittel für Druckfarben, Lacke und Kautschuk.

h) **Ethylbenzen,** *Äthylbenzol,* $C_6H_5—C_2H_5$, entsteht durch Reaktion von Benzen mit Ethen in Gegenwart von $AlCl_3$:

$$C_6H_6 + CH_2{=}CH_2 \xrightarrow{AlCl_3} C_6H_5—C_2H_5$$

Es ist flüssig, den Xylenen isomer und liefert bei der katalytischen Dehydrierung **Styren** (*Vinylbenzen*):

$$C_6H_5—CH_2—CH_3 \rightarrow C_6H_5—CH{=}CH_2 + H_2$$

Styren ist das Monomere des Polystyrens; es ist farblos, flüssig und hat einen eigentümlichen Geruch.

i) **Cumen,** *Cumol, Isopropylbenzen,* C_6H_5—$CH(CH_3)_2$, ist Zwischenprodukt bei der Phenolsynthese aus Benzen („*Cumenverfahren*"). **p-Cymen,** *p-Zymol,* 1,4-*Methylisopropyl-benzen,* $C_6H_4(CH_3)[CH(CH_3)_2]$: aromatisch riechende Flüssigkeit; kommt in ätherischen Ölen vor und besitzt das Grundskelett vieler Terpene.

j) **Naphthalen,** $C_{10}H_8$ (Struktur ↑ S. 348), aus Steinkohlenteer und Kokereigas gewonnen, bildet farblose, intensiv riechende Kristalle, die bei 81 °C schmelzen, jedoch bereits bei gewöhnlicher Temperatur allmählich verdampfen. Es wird vor allem auf Farbstoffe weiterverarbeitet, weiterhin auf Tetralen (*Tetrahydronaphthalen*), Dekalen (*Decahydronaphthalen*), Phthalsäureanhydrid und Folgeprodukte. Naphthalen liefert zwei Monosubstitutionsprodukte, z. B.

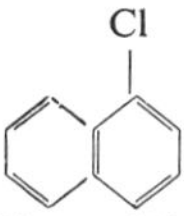

1-Chlor-naphthalin (α-Chlor-naphthalin)

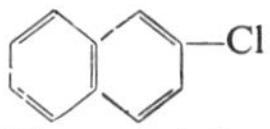

2-Chlor-naphthalin (β-Chlor-naphthalin)

k) **Anthracen,** $C_{14}H_{10}$ (Struktur ↑ S. 348), aus dem Anthracenöl des Steinkohlenteers gewonnen, bildet farblose, blau fluoreszierende Blättchen, die technisch durch Oxidation mit Chromiumsäure oder durch katalytische Oxidation mit Luft in **Anthrachinon** (Formel s. u.) überführt werden. Anthrachinon ist Zwischenprodukt für Alizarin und andere Beizenfarbstoffe.

l) **Biphenyl,** *Diphenyl,* C_6H_5—C_6H_5, farblose Blättchen, ist thermisch sehr stabil und dient deshalb, wie auch Diphenylether, C_6H_5—O—C_6H_5, als Wärmeübertragungsflüssigkeit.

m) **3,4-Benzpyren,** $C_{20}H_{12}$, (Struktur s. u.), kommt zusammen mit anderen höher kondensierten aromatischen Kohlenwasserstoffen im Steinkohlenteer vor und wurde auch im Tabakteer nachgewiesen. Es besitzt kanzerogene (krebserzeugende) Wirkung, und man mißt ihm Bedeutung für die Entstehung des Raucher-Lungenkrebses bei.

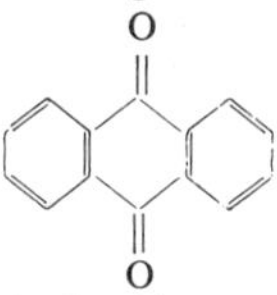

Anthrachinon

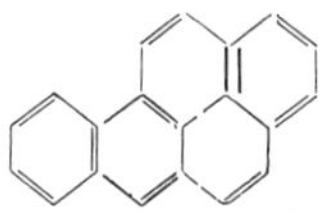

3,4-Benzpyren

38.2.2.3. Aromatische Halogenverbindungen

a) *Chlorierung:* Chlor wirkt auf aromatische Kohlenwasserstoffe meist substituierend, z. B. auf Benzen:

$$C_6H_6 + Cl_2 \rightarrow C_6H_5Cl + HCl$$

Über die Chlorierung von Benzen und Toluen ↑ S. 350.

b) **Chlorbenzen,** C_6H_5Cl: farblos, flüssig, charakteristisch riechend, in Wasser unlöslich, sehr beständig; dient zur Herstellung von DDT und ist ein hervorragendes Lösungsmittel für Öle, Fette, Teere und Harze.

c) **1,4-Dichlorbenzen,** 1,4-$C_6H_4Cl_2$, fest, stark riechend, ist ein Insektenvertreibungs- und Luftdesinfektionsmittel.

d) **DDT,** 1,1-[4,4'-*Dichlordiphenyl*]-2,2,2-*trichlor-ethan:*

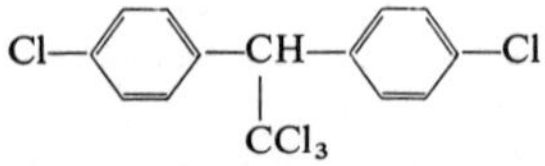

bildet farblose, fast geruchlose Kristalle und war das „klassische" Kontaktinsektizid (seit 1939; P. MÜLLER). Es dringt bei Berührung in den Insektenkörper ein und wirkt bereits in geringsten Mengen tödlich.

Durch seinen Einsatz gegen die Anophelesmücke hat es viele Millionen Menschen vor dem Malariatod bewahrt. Wegen schwer überschaubarer Langzeitwirkungen auf Warmblüter geht die Anwendung stark zurück und ist in manchen Ländern untersagt.

38.2.2.4. Hydroxybenzene (*Phenole*)

a) *Strukturmerkmal:* Phenole enthalten eine oder mehrere OH-Gruppen direkt am Benzenkern gebunden (ein- und mehrwertige Phenole). *Gegensatz:* aromatische Alkohole mit OH-Gruppen in den Seitenketten.

b) *Übersicht:*

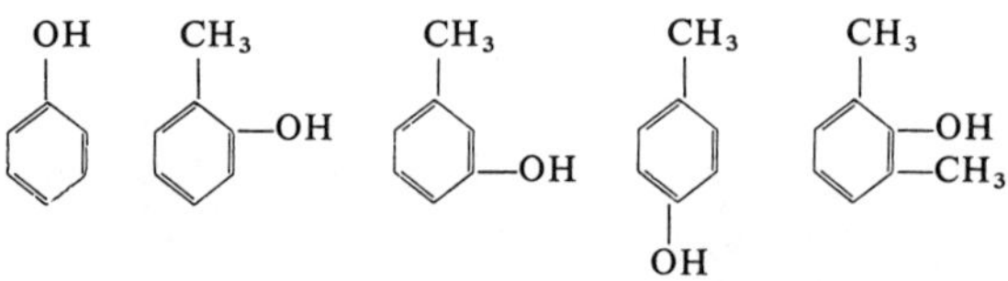

Phenol o-Cresol m-Cresol p-Cresol 2,6-Dimethylphenol als Beispiel eines Xylenols

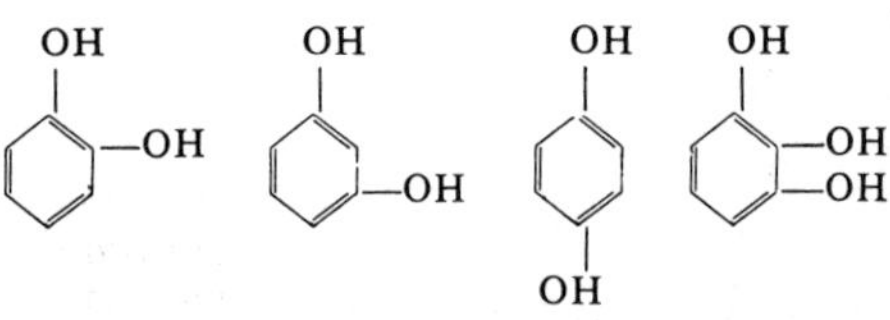

Brenzcatechin Resorcin Hydrochinon Pyrogallol

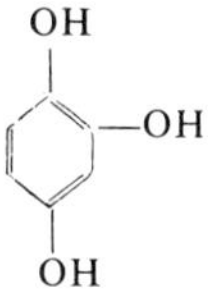

Oxyhydro-
chinon

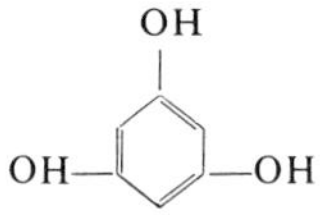

Phloroglucin

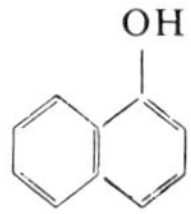

α-Naphthol

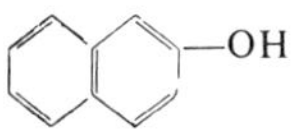

β-Naphthol

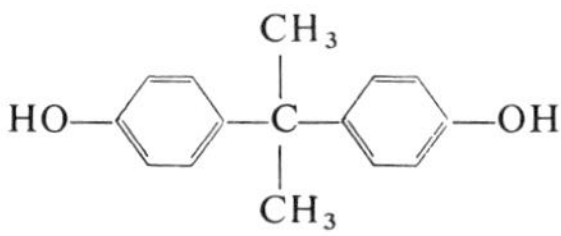

Dian

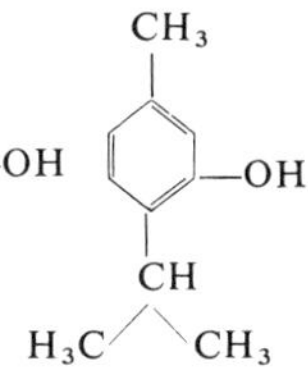

Thymol

c) *Herstellung:*

- aus den durch Destillation und Hydrierung von Stein- und Braunkohlenteer erhaltenen Ölen durch Extraktion mit Natronlauge; aus der entstehenden Phenolatlauge scheidet man mit Kohlendioxid ein *Rohphenolöl* ab („*Carbonisierung*"), das destillativ in die Einzelphenole zerlegt wird.
- aus phenolhaltigen Abwässern, z. B. denen der Braunkohlenschwelereien, durch Extraktion mit butylacetathaltigen Estergemischen; nach Verdampfung des Esters hinterbleibt ein Phenolgemisch („*Phenosolvanverfahren*").
- durch Alkalischmelze aromatischer Sulfonsäuren, z. B.

$$C_6H_5{-}SO_2ONa + NaOH \rightarrow C_6H_5OH + Na_2SO_3$$

d) *Eigenschaften:*

- Phenole sind im Gegensatz zu Alkoholen Säuren. Sie bilden mit Alkalilaugen wasserlösliche *Phenolate*, z. B.

$$C_6H_5OH + NaOH \rightarrow C_6H_5ONa + H_2O$$

Die Säurestärke ist jedoch sehr gering, so daß bereits Kohlensäure die Phenole wieder abscheidet:

$$C_6H_5ONa + CO_2 + H_2O \rightarrow C_6H_5OH + NaHCO_3$$

- Phenole lassen sich wie Alkohole verestern und verethern.
- Phenole werden leichter nitriert, sulfoniert und chloriert als Kohlenwasserstoffe. Dabei „dirigiert" die OH-Gruppe als „Substituent I. Ordnung" den neuen Substituenten vornehmlich in die 2- und 4-Stellung.

e) **Phenol** (früher „*Carbolsäure*"), C_6H_5OH

Herstellung:

- aus Braun- und Steinkohlenölen und -abwässern (↑ S. 353)
- aus Benzen nach dem *Cumen-Verfahren* (seit 1944): Man kondensiert Benzen mit Propen (aus Erdöl) in Gegenwart von $AlCl_3$ zu Cumen, oxidiert dies in der Hitze mit Luftsauerstoff zu Cumenhydroperoxid und spaltet diese Verbindung mit 70%iger Schwefelsäure in Phenol und Aceton:

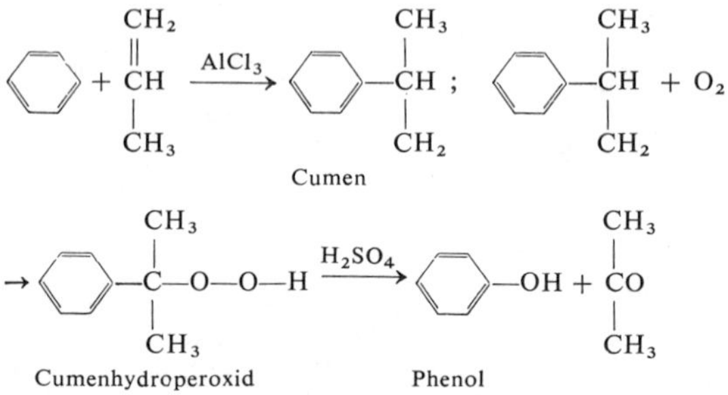

Eigenschaften: farblose, meist infolge Verunreinigung rötliche, intensiv riechende Kristalle, die die Haut stark ätzen und auf ihr weiße Flecke hervorrufen. Phenol löst sich begrenzt in Wasser (Einfluß der hydrophilen OH-Gruppe!); andererseits löst sich unter Verflüssigung auch etwas Wasser in Phenol; dazwischen besteht eine „Mischungslücke". Durch Hydrierung entsteht der hydroaromatische Alkohol Cyclohexanol.

Verwendung: als Zwischenprodukt für viele Farbstoffe, Pharmazeutika (Salicylsäure, Acesal), Desinfektionsmittel (Chlorphenole), Chemiefaserstoffe, Plaste (Phenoplaste, Epoxidharze), Holzschutzmittel (Pentachlorphenol) u. v. a. m.; ferner als Desinfektionsmittel (seit 1865).

f) **Cresole** heißen die 3 Methylphenole, $C_6H_4(CH_3)OH$, **Xylenole** die 6 Dimethylphenole, $C_6H_3(CH_3)_2OH$. Alle ähneln dem Phenol, besitzen jedoch geringere Bedeutung [*Tricresylphosphat* (Weichmacher für PVC), *Cresolseifenlösung* (mildes Desinfektionsmittel)]; der Einsatz für Plaste ist beschränkt. –
Thymol, $CH_3—C_6H_3(OH)[CH(CH_3)_2]$, riecht aromatisch, kommt in ätherischen Ölen vor und ergibt bei der Hydrierung Menthol.

g) Die zweiwertigen Phenole **Brenzcatechin, Resorcin** und **Hydrochinon,** $C_6H_4(OH)_2$ (Strukturen ↑ S. 352), bilden farblose, geruchlose Kristalle. Resorcin wird für Farbstoffe (Fluorescein, Eosin) und Pharmazeutika, Hydrochinon für fotografische Entwickler verwendet. – Hydrochinon wird bei der Oxidation (Dehydrierung) in gelbes, festes, stechend riechendes **Chinon,** $C_6H_4O_2$, umgewandelt, wobei das aromatische Bindungssystem in das sog. „*chinoide*“ System übergeht:

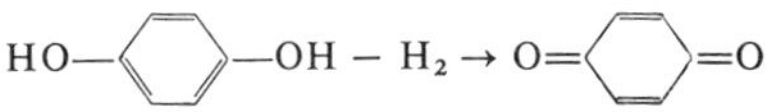

Hydrochinon Chinon

h) **Pyrogallol,** 1,2,3-*Trihydroxybenzen*, $C_6H_3(OH)_3$, ist das wichtigste dreiwertige Phenol. Es nimmt in alkalischer Lösung quantitativ Sauerstoff auf und wird deshalb in der Gasanalyse verwendet.

i) Die **Naphthole,** $C_{10}H_7OH$ (Strukturen S. 353), sind fest und werden für Farbstoffsynthesen verwendet.

j) **Dian,** 2,2-[4,4-**Di**hydroxydiphenyl]-prop**an,** entsteht aus Phenol und Aceton in Gegenwart von Schwefelsäure:

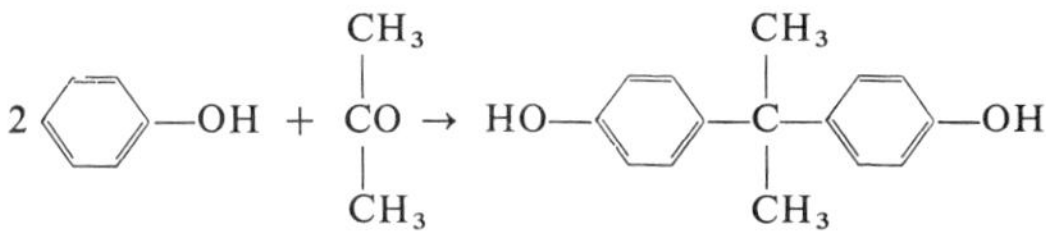

Phenol Aceton Dian

Es wird mit Epichlorhydrin zu Epoxidharzen kondensiert.

k) **Phenolether** finden sich oft in ätherischen Ölen, z. B. der Anisriechstoff **Anethol** und der Nelkenriechstoff **Eugenol.** Aus Eugenol wird Vanillin erzeugt.

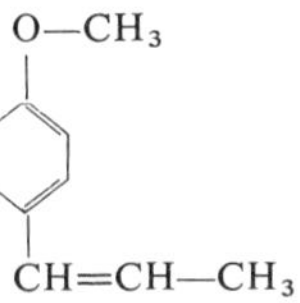

Anethol

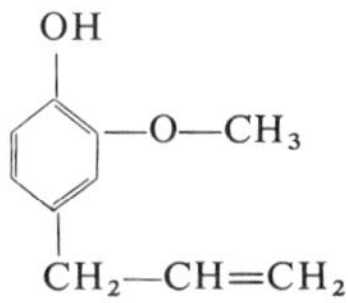

Eugenol

l) **Lignin,** eine amorphe, krümlige, gelbe bis braune Masse, bewirkt die Verholzung des pflanzlichen Gewebes. Es umhüllt die Cellulosefasern und füllt den Raum zwischen den Holzzellen aus. Die Struktur ist kompliziert; Lignin ist eine makromolekulare, aromatische Substanz mit phenolischen und alkoholischen Hydroxylgruppen; die phenolischen Gruppen liegen teilweise als Methylether vor.

38.2.2.5. Aromatische Alkohole, Aldehyde und Carbonsäuren

a) *Allgemeines:* Aromatische Alkohole enthalten im Gegensatz zu den Phenolen Hydroxylgruppen in den *Seitenketten.* Sie können, z. B. durch schwefelsaure Dichromatlösung, zu Aldehyden bzw. Ketonen und im ersten Falle weiter zu Carbonsäuren oxidiert werden.

b) *Wichtige Verbindungen:*

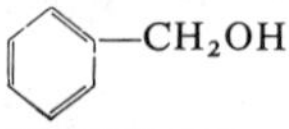

Benzylalkohol

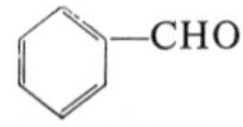

Benzaldehyd

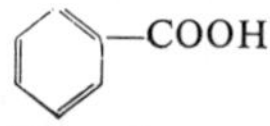

Benzoesäure

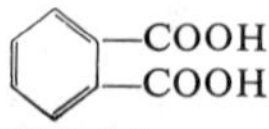

Phthalsäure

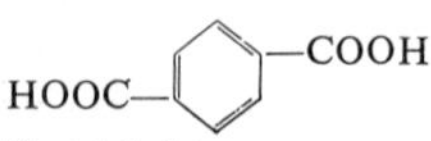

Terephthalsäure

c) *Phenolcarbonsäuren* sind:

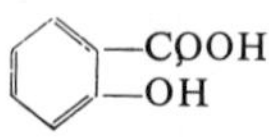

Salicylsäure

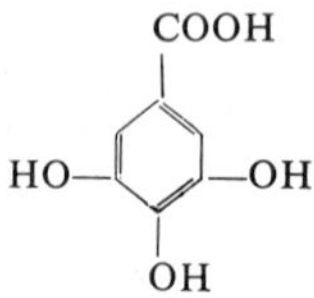

Gallussäure

d) **Benzylalkohol,** *Phenylmethanol,* C_6H_5—CH_2OH, entsteht aus Benzylchlorid durch Kochen mit Kalilauge. Farblose, fast geruchlose Flüssigkeit; der Essigsäureester, **Benzylacetat,** CH_3—CO—O—CH_2—C_6H_5, riecht intensiv nach Jasmin und wird als Riechstoff verwendet.

e) **Benzaldehyd,** *Phenylmethanal,* C_6H_5—CHO, farblose Flüssigkeit, bildet das intensiv riechende „*Bittermandelöl*", das, an Zucker und Blausäure gebunden, in Mandeln sowie Kernen von Aprikosen, Pfirsichen und anderem Steinobst vorkommt. Verwendung als Aromastoff und für Farbstoffe. Beim Stehen an der Luft erfolgt Oxidation zu Benzoesäure, die sich in farblosen Kristallen ausscheidet.

f) **Benzoesäure,** *Benzolcarbonsäure,* C_6H_5—COOH, weiße, in heißem Wasser lösliche Blättchen, kommt verestert im Benzoeharz vor. Verwendung zur Lebensmittelkonservierung und zur Herstellung von Farbstoffen und Pharmazeutika. Die Salze und Ester heißen **Benzoate.** Der Methylester, „*Niobeöl*", C_6H_5—CO—OCH_3, riecht aromatisch.

g) **Phthalsäure,** *Benzendicarbonsäure*-(1,2), o-$C_6H_4(COOH)_2$, entsteht aus Naphthalen durch katalytische Oxidation mit Luft und geht leicht in **Phthalsäureanhydrid** über. Säure und Anhydrid bilden farblose Kristalle. Beim Erhitzen mit etwas konz. Schwefelsäure und Phenol entsteht *Phenolphthalein*; mit Resorcin entsteht *Fluorescein*. Verwendung für Farbstoffe und Weichmacher (*Phthalsäureester*).

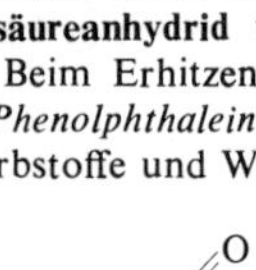

Phthalsäureanhydrid

Die **Terephthalsäure,** *Benzendicarbonsäure*-(1,4), hergestellt aus p-Xylen oder Phthalsäure, wird für Plaste (*Polyester*) und Synthesefaserstoffe verwendet; Struktur ↑ S. 356

h) **Vanillin,** der Riechstoff der Vanilleschoten, und **Heliotropin** (*Piperonal*), intensiv nach Heliotrop riechend, werden als Riech- und Aromastoffe verwendet. Beide bilden farblose Kristalle.

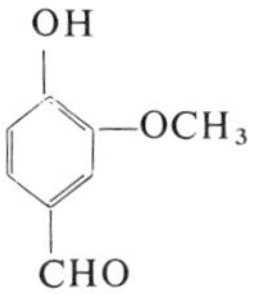

Vanillin

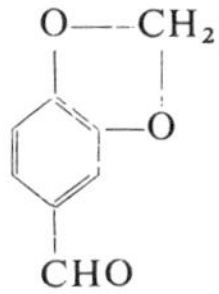

Heliotropin

i) **Salicylsäure,** 2-*Hydroxy-benzoesäure*, 1,2-$C_6H_4(OH)COOH$, farblose, in Wasser schwer lösliche Kristalle. Natriumsalicylat entsteht aus Natriumphenolat und Kohlendioxid:

$$C_6H_5ONa + CO_2 \rightarrow C_6H_4(OH)COONa$$

Schwefelsäure setzt hieraus Salicylsäure in Freiheit. Die Säure spaltet beim Erhitzen wieder CO_2 ab und geht dabei in Phenol über. Salicylsäure und ihre Derivate finden pharmazeutische Verwendung, so der intensiv riechende **Salicylsäuremethylester,** „*Wintergrünöl*", als Rheumamittel, und der Essigsäureester, **Acetylsalicylsäure,** als schmerzlinderndes und fiebersenkendes Mittel („*Aspirin*").

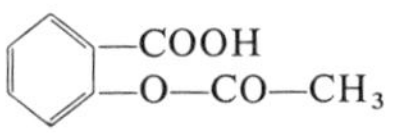

Acetylsalicylsäure

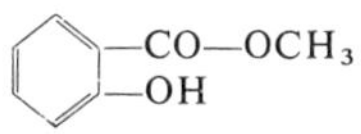

Salicylsäuremethylester

Die Verwendung von Salicylsäure als Lebensmittelkonservierungsmittel ist nicht mehr gestattet; hierfür eignen sich **4-Hydroxy-benzoesäure** und ihre Derivate.

j) **Gallussäure,** 3,4,5-*Trihydroxy-benzoesäure*, $C_6H_2(OH)_3COOH$, weiße, lösliche Kristalle, kommt, an Glucose gebunden, als (makromolekulares) **Tannin** in Galläpfeln vor und wird daraus durch Kochen mit Säuren in Freiheit gesetzt.

Die Säure ergibt mit Eisen(III)-salzen eine intensiv schwarze Färbung; „*Eisengallustinten*" enthalten neben einem blauen Farbstoff (für die Anfangssichtbarkeit der Schrift) das fast farblose *Eisen*(*II*)-*gallat*. Dieses geht durch Oxidation an der Luft in die tiefschwarze Eisen(III)-verbindung über.

Tannin, ein schwach gelbes Pulver, dient als Gerbstoff und Färbereihilfsmittel.

k) Von der **Phenylessigsäure,** $C_6H_5—O—CH_2—COOH$, einer *Phenolethercarbonsäure*, leiten sich als wichtigste Herbicide (Unkrautbekämpfungsmittel) die synthetischen *Wuchsstoffherbicide* ab, z. B.

2,4,5-*Trichlorphenoxyessigsäure*. Bei sachkundiger Anwendung bewirken sie, daß sich die Unkräuter „zu Tode wachsen“, während die Kulturpflanzen unbeeinflußt bleiben.

38.2.2.6. Aromatische Sulfonsäuren

a) *Sulfonsäuren:* Die Sulfonsäuren enthalten die Gruppe $—SO_2OH$ (↑ S. 336) und entstehen durch „*Sulfonierung*“ aromatischer Kohlenwasserstoffe mit heißer, konzentrierter Schwefelsäure, z. B. **Benzensulfonsäure:**

$$C_6H_6 + HO—SO_2OH \rightarrow C_6H_5—SO_2OH + H_2O$$

Die Sulfonsäuren sind fest, geruchlos und leicht wasserlöslich; durch Sulfonierung werden z. B. auch Farbstoffe wasserlöslich gemacht. Im Gegensatz zu den Carbonsäuren sind die Sulfonsäuren starke Säuren (Salze: *Sulfonate*). Durch Alkalischmelze gehen sie in Phenole, durch Reduktion in die übelriechenden *Thiophenole*, z. B. C_6H_5SH, über.

Aromatische Sulfonsäuren werden auf Farbstoffe, Netz- und Emulgiermittel verarbeitet, Naphthalendi- und -trisulfonate sind in Glanzbildnergemischen für die galvanische Vernicklung vorhanden. Aus *Phenolsulfonsäuren* werden künstliche Gerbstoffe hergestellt.

b) **Sulfanilsäure,** 4-*Amino-benzensulfonsäure*, $C_6H_4(NH_2)(SO_2OH)$, entsteht aus Anilin und konz. Schwefelsäure bei 200 °C. Farblose, in Wasser schwer lösliche Kristalle.

Die Sulfanilsäure ist die Muttersubstanz der **Sulfonamide,** wichtiger Pharmazeutika (DOMAGK, 1935), durch welche erstmals eine chemische Bekämpfung vieler durch Bakterien hervorgerufener Krankheiten möglich wurde („*Chemotherapie*“). Die Sulfonamide gelangen über den Verdauungskanal ins Blut und schädigen dort die Bakterien; gegen Viren sind sie unwirksam.
Das einfachste wirksame Sulfonamid ist **Sulfanilamid.**

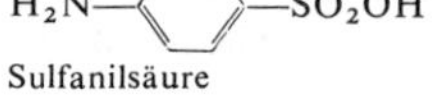

Sulfanilsäure

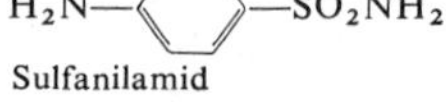

Sulfanilamid

Bei Ersatz der Aminowasserstoffatome durch andere Gruppen entstehen Stoffe mit gesteigerter Wirksamkeit.

c) **Saccharin,** *o-Benzoesäure-sulfimid*, ist über 500mal süßer als Rohrzucker und dient als künstlicher Süßstoff, hat jedoch keinen Nährwert. Außerdem ist Saccharin Bestandteil von Glanzbildnergemischen für die galvanische Vernicklung.

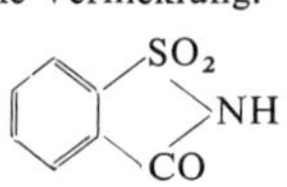

Saccharin

38.2.2.7. Aromatische Nitroverbindungen

a) *Wichtige Verbindungen:*

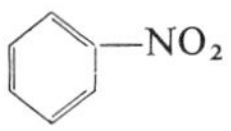

Nitrobenzen

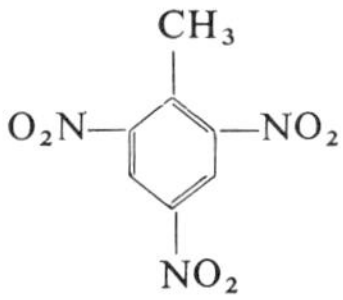

2,4,6-Trinitrotoluen

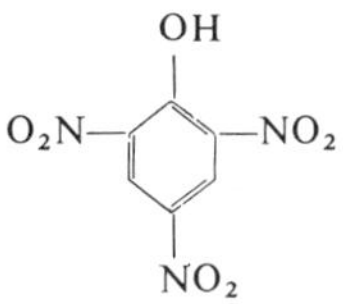

Pikrinsäure

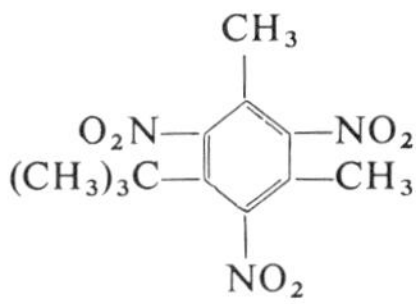

Xylenmoschus

b) *Herstellung:* durch „*Nitrierung*" aromatischer Kohlenwasserstoffe, Phenole usw. mittels *Nitriersäure* (konz. Salpetersäure + konz. Schwefelsäure), z. B.

$$C_6H_6 + HO{-}NO_2 \rightarrow C_6H_5{-}NO_2 + H_2O$$

c) *Eigenschaften:* aromatische Nitroverbindungen sehen meist schwach gelb aus; die einfachsten sind flüssig, die höheren fest. Sie lassen sich über eine Reihe von Zwischenprodukten zu Aminoverbindungen reduzieren:

$$C_6H_5{-}NO_2 \rightarrow C_6H_5{-}NO \rightarrow C_6H_5{-}NH(OH) \rightarrow C_6H_5{-}NH_2$$

Nitrobenzen — Nitrosobenzen — Phenylhydroxylamin — Amino-benzen (Anilin)

d) *Verwendung:* als Zwischenprodukte für Aminoverbindungen; einige Verbindungen mit mehreren Nitrogruppen dienen als Explosivstoffe.

e) **Nitrobenzen,** $C_6H_5{-}NO_2$, gelbe Flüssigkeit, die entfernt nach bitteren Mandeln riecht und deshalb als billiges Parfüm für Kernseifen u. ä. verwendet wird. Wichtiges Zwischenprodukt für Anilin und Benzidin.

f) **2,4,6,-Trinitrotoluen,** $C_6H_2(CH_3)(NO_2)_3$, entsteht durch starke Nitrierung von Toluen. Blaßgelbe, schlag- und stoßunempfindliche, gefahrlos vergießbare Kristalle, die bei stärkerem Erhitzen unter Rußentwicklung verpuffen, bei Initialzündung jedoch heftig detonieren. Hochbrisanter Explosivstoff für militärische und technische Zwecke („*Trotyl*", „*TNT*", „*Tri*").

g) **Pikrinsäure,** 2,4,6-*Trinitrophenol,* $C_6H_2(OH)(NO_2)_3$, ist keine Carbonsäure, sondern ein Phenol. Schwach gelbe, sehr bitter schmeckende Kristalle, die beim Erhitzen verpuffen und mittels Initialzündung heftig explodieren. Die wäßrige Lösung färbt Wolle und Seide intensiv gelb. Auch die schlagempfindlichen **Pikrate** sehen intensiv gelb aus. Pikrinsäure ist als Explosivstoff von Trinitrotoluen abgelöst worden und wird auch als Farbstoff nicht mehr verwendet. Anwendung im Laboratorium zu analytischen Zwecken.

38.2.2.8. Aromatische Amine

a) *Wichtige Verbindungen:*

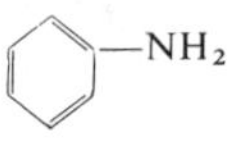

Anilin

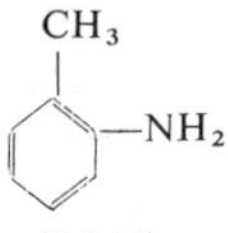

o-Toluidin (analog m- und p-)

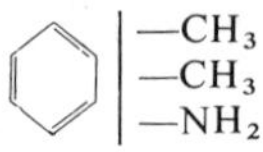

Xylidin

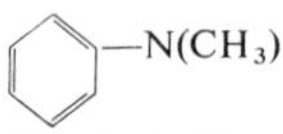

Dimethylanilin

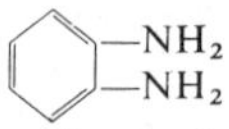

o-Phenylendiamin (analog m- und p-)

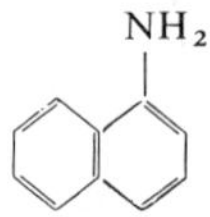

α-Naphthylamin

Benzidin

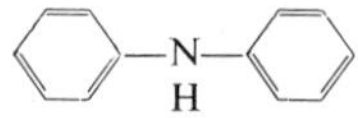

Diphenylamin

b) *Herstellung:* durch Reduktion der entsprechenden Nitroverbindungen, z. B. mit naszierendem Wasserstoff (aus Eisenpulver + Salzsäure). Beispiel:

$$C_6H_5{-}NO_2 + 6\,H \rightarrow C_6H_5{-}NH_2 + 2\,H_2O$$

c) *Physikalische Eigenschaften:* farblose, in Wasser wenig lösliche Flüssigkeiten oder Kristalle, die sich an der Luft infolge geringfügiger Zersetzung braun färben.

d) *Chemische Eigenschaften:*

- *Salzbildung:* Die Amine können als substituierte Ammoniakmoleküle aufgefaßt werden und bilden wie Ammoniak mit Säuren Salze, z. B.

$$C_6H_5{-}NH_2 + HCl \rightarrow [C_6H_5{-}NH_3]^+Cl^-$$

Das aus Anilin entstehende Salz heißt *Phenylammoniumchlorid*; es kann auch als *Aniliniumchlorid* oder *Anilinhydrochlorid* bezeichnet werden.

Durch Alkalilaugen wird aus der wäßrigen Salzlösung das Anilin als Öl wieder abgeschieden:

$$[C_6H_5—NH_3]Cl + NaOH \rightarrow C_6H_5—NH_2 + H_2O + NaCl$$

- *Alkylierung:* Durch Erhitzen mit Alkyliodid oder Alkanol werden die H-Atome der Aminogruppe durch Alkyl ersetzt, so daß sekundäre und tertiäre Amine entstehen, z. B.

$$C_6H_5—NH_2 + I—CH_3 \rightarrow C_6H_5—NH(CH_3) + HI$$

- *Acylierung:* Durch wasserfreie Säuren, Säureanhydride oder Säurechloride wird 1 H-Atom der Aminogruppe durch ein Säureradikal ersetzt, z. B.

$$C_6H_5—NH_2 + \underset{\text{Acetylchlorid}}{Cl—CO—CH_3}$$

$$\rightarrow \underset{\text{Acetanilid, Acetylanilin}}{C_6H_5—NH—CO—CH_3} + HCl$$

- *Diazotierung:* Durch salpetrige Säure werden die primären Amine in Diazoniumsalze umgewandelt. Die Diazotierung erfolgt in saurer Lösung unter Eiskühlung (damit sich das Diazoniumsalz nicht zersetzt); die salpetrige Säure wird im Reaktionsgemisch aus Nitrit und Schwefelsäure erzeugt.
Beispiel:

$$[C_6H_5—NH_3]^+Cl^- + HO—NO \rightarrow \underset{\text{Benzendiazoniumchlorid}}{[C_6H_5—N{\equiv}N]^+Cl^-} + 2H_2O$$

e) *Verwendung:* Die aromatischen *Amine* sind wichtige Zwischenprodukte für die Herstellung der verschiedensten aromatischen Verbindungsklassen. Besondere Bedeutung kommt ihnen bei der Herstellung von Farbstoffen und Pharmazeutika zu. *Diamine* und *Aminophenole* sind fotografische Entwickler.

f) **Anilin,** *Aminobenzen*, *Phenylamin*, $C_6H_5—NH_2$, farblose, meist bräunliche, ölige, wenig wasserlösliche Flüssigkeit von schwachem, an Ammoniak erinnerndem Geruch. Erste Herstellung 1826 durch Unverdorben aus Indigo; 1834 Nachweis im Steinkohlenteer durch Runge; die Bildung bei der Reduktion von Nitrobenzen fand Zinin 1841. – Anilin ist giftig; es zerstört die roten Blutkörperchen. *Technische Herstellung:* aus Benzen durch Nitrierung und nachfolgende Reduktion des Nitrobenzens mit Eisenpulver und Salzsäure. Aus Anilin werden z. B. erzeugt: Indigo, Fuchsin, Anilinschwarz und viele Azofarbstoffe, weiter das fiebersenkend und schmerzstillend wirkende *Aminophenazon*.

g) Die übrigen Amine ähneln dem Anilin stark. **Toluidine** und **Xylidine** sind die *Aminotoluene* und *-xylene*; die zweiwertigen **Phenylendiamine** können auch als *Diaminobenzene* bezeichnet werden.

h) **Benzidin,** 4,4'-*Diamino-biphenyl,* $H_2N—C_6H_4—C_6H_4—NH_2$, entsteht durch Reduktion von Nitrobenzen mit Zinkstaub und KOH in Ethanol und anschließende „Benzidin-Umlagerung“ (Ringdrehung!) des gebildeten Hydrazobenzens durch Behandlung mit starken Säuren:

I. $C_6H_5—NO_2 + O_2N—C_6H_5 + 10\,H$
Nitrobenzen

$\rightarrow C_6H_5—NH—NH—C_6H_5 + 4\,H_2O$
Hydrazobenzen

II. $C_6H_5—NH—NH—C_6H_5 \rightarrow H_2N—C_6H_4—C_6H_4—NH_2$
Hydrazobenzen Benzidin

Benzidin bildet farblose Kristalle; es läßt sich an beiden Aminogruppen diazotieren („*tetrazotieren*) und wird z. B. zur Herstellung von *Kongorot* verwendet.

39. Heterocyclische Verbindungen

a) *Allgemeines:* Heterocyclische Verbindungen enthalten neben C-Atomen noch ein oder mehrere andere Atome als Ringglieder, vornehmlich N, O und S. Ringe aus 5 oder 6 Atomen sind am beständigsten.

Im strengen Sinne sind auch einige Stoffe heterocyclisch, die gewöhnlich bei den aliphatischen oder carbocyclischen Verbindungen abgehandelt werden, z. B. die Anhydride zweiwertiger Carbonsäuren, die Ringstrukturen der Kohlenhydrate oder auch das Ethylenoxid:

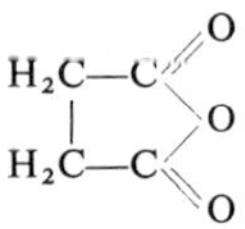

Bernsteinsäure-anhydrid

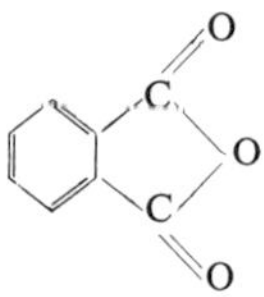

Phthalsäure-anhydrid

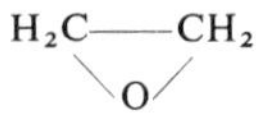

Ethylenoxid

Dies hat insofern seine Berechtigung, als diese Stoffe in naher Beziehung zu aliphatischen oder carbocyclischen Stoffen stehen und leicht wieder in diese übergeführt werden können. Die komplizierter gebauten heterocyclischen Farbstoffe, Alkaloide usw. werden häufig in Sonderkapiteln aufgeführt.

b) *Übersicht über einfache heterocyclische Ringe:*

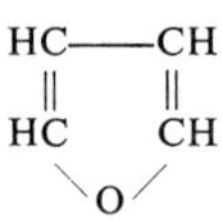

Furan

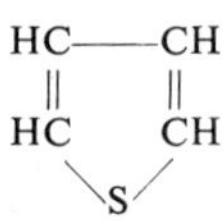

Thiophen

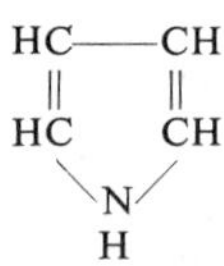

Pyrrol

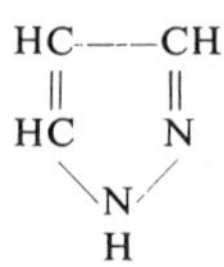

Pyrazol

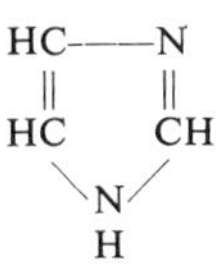
Imidazol

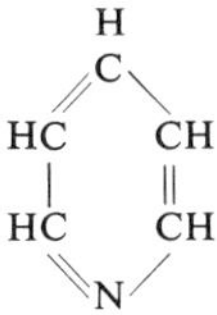
Pyridin

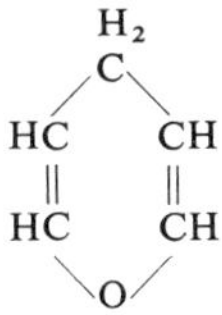
Pyran

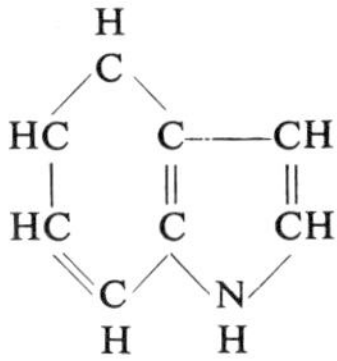
Indol

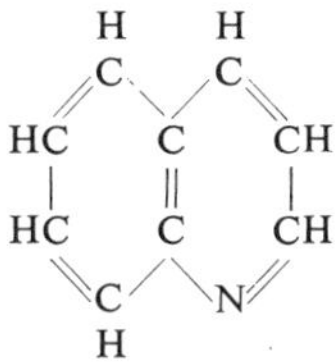
Chinolin

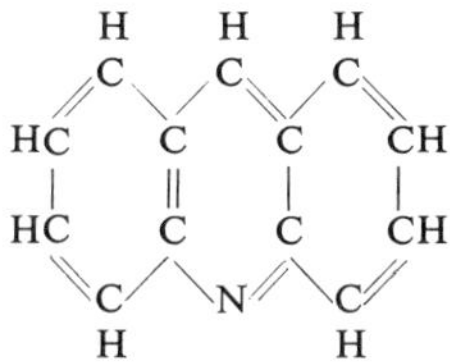
Acridin

c) *Chemisches Verhalten:* Viele heterocyclische Ringe besitzen „*quasi-aromatischen Charakter*“ (von den bisher angeführten nur Pyran nicht). So setzen sie den Versuchen, Wasserstoff oder Halogene zu addieren, erheblichen Widerstand entgegen; hingegen werden ihre H-Atome leicht substituiert. Auch lassen sie sich nitrieren.

d) **Pyrrol,** C_4H_5N, farblose, angenehm riechende Flüssigkeit, die sich an der Luft unter Verharzung allmählich braun färbt. Ein mit Salzsäure befeuchteter Fichtenspan nimmt kirschrote Farbe an. Das Ringsystem des Pyrrols ist u. a. im Blutfarbstoff *Hämoglobin*, im Blattfarbstoff *Chlorophyll* und im Gallenfarbstoff *Bilirubin* enthalten.
Das vollständig hydrierte Pyrrol heißt **Pyrrolidin.** Derivate des Pyrrolidins sind u. a. die Eiweißbausteine *Prolin* und *Oxyprolin*, ferner die Alkaloide *Nicotin*, *Cocain* und *Atropin*.

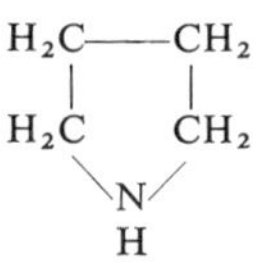
Pyrrolidin

e) **Furan,** C_4H_4O (Struktur ↑ S. 362), farblose, sehr leicht flüchtige, chloroformartig riechende Flüssigkeit, die einen mit Salzsäure befeuchteten Fichtenspan intensiv grün färbt.
Das wichtigste Derivat ist **Furfural**, *Furancarbonal*-(2), eine farblose, nach frischem Brot riechende Flüssigkeit, die beim Erhitzen von Pentosen mit verdünnten Säuren überdestilliert und technisch aus Kleie [*furfur* (lat.) Kleie], entkörnten Maiskolben u. dgl. gewonnen wird. Furfural läßt sich zu **Furfurylalkohol** reduzieren und zu **Brenzschleimsäure** oxidieren.

Tetrahydrofuran entsteht durch vollständige (katalytische) Hydrierung von Furan und ist ein ausgezeichnetes Lösungsmittel; auch als chemisches Zwischenprodukt wird es verwendet.

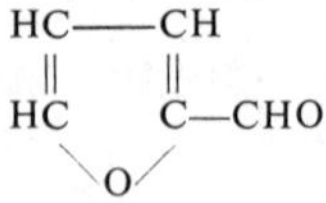
Furfural

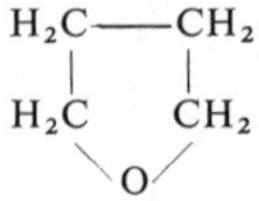
Tetrahydrofuran

f) **Thiophen,** C_4H_4S (Struktur ↑ S. 362), ähnelt dem Benzen in physikalischen und chemischen Eigenschaften, auch im Geruch, außerordentlich stark und ist zu 0,1 ... 0,2% im technischen Steinkohlenbenzen enthalten.

g) **Pyrazol** und **Imidazol,** $C_3H_4N_2$ (Strukturen ↑ S. 362 f.), sind feste, kristalline Substanzen. Derivate des Pyrazols sind z. B. die aus Anilin hergestellten Analgetika und Antipyretika **Phenazon** (früher: *Antipyrin*) und **Aminophenazon** (früher: *Pyramidon*; *Amidopyrin*). Beide leiten sich vom Keton **Pyrazolon** ab:

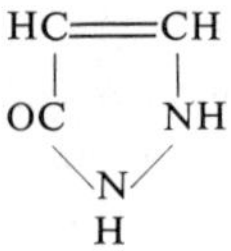
Pyrazol

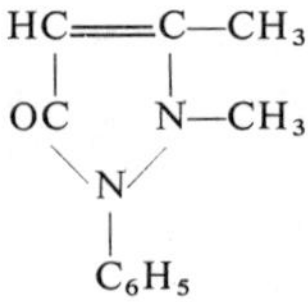
Phenazon

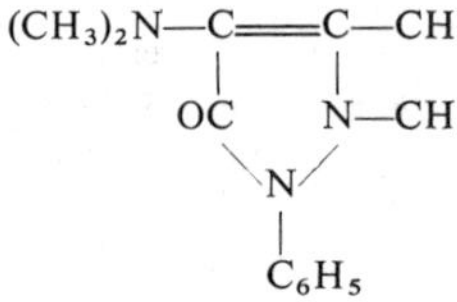
Aminophenazon

Der Imidazol-Ring ist Bestandteil des **Purin**-Ringsystems, von dem sich u. a. **Harnsäure, Coffein** und **Theobromin** ableiten:

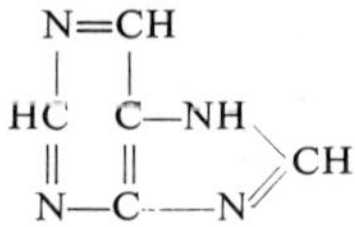
Purin

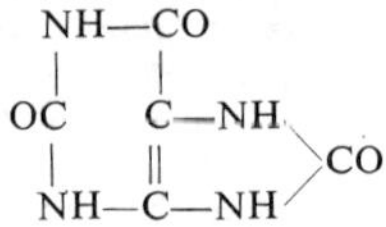
Harnsäure

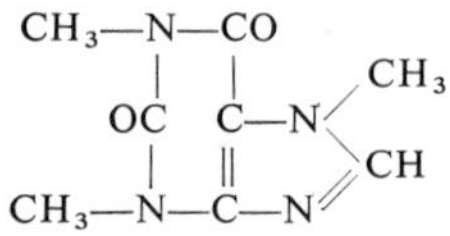
Coffein

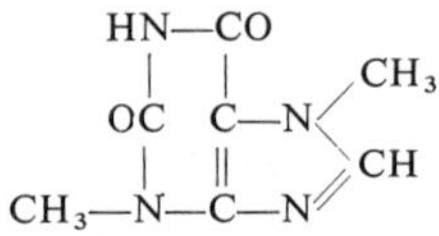
Theobromin

Harnsäure: weißes, geruchloses Kristallpulver (Salze: **Ureate**); findet sich neben Harnstoff im Harn (täglich 1 g). Blasen- und Nierensteine bestehen oft ganz aus Harnsäure und ihren Salzen; bei der Gicht lagert sich Harnsäure in Gelenken ab.

Coffein: weißes, geruchloses, bitter schmeckendes Kristallpulver, das bis zu 5% in getrockneten Teeblättern und zu 1 ... 1,5% in Kaffeebohnen vorkommt, heute auch synthetisch gewonnen wird. Coffein regt Herztätigkeit, Stoffwechsel und Atmung an.

Theobromin: ebenfalls weiß und geruchlos, ist bis zu 1,8% in Kakaobohnen vorhanden; es wirkt ähnlich wie Coffein.

h) **Pyridin,** C_5H_5N (Struktur ↑ S. 363), farblose, eigentümlich durchdringend riechende, in jedem Verhältnis mit Wasser mischbare Flüssigkeit, die im Knochenöl (Destillat entfetteter Knochen) und im Steinkohlenteer vorkommt. Es besitzt zugleich aromatisches und basisches Verhalten, bildet z. B. mit Salzsäure festes, weißes *Pyridiniumchlorid,* 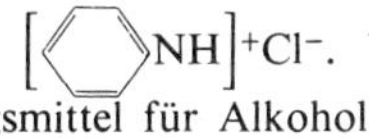 Verwendung als Lösungsmittel, Denaturierungsmittel für Alkohol (Ethanol) und chemisches Zwischenprodukt für Farbstoffe und Pharmazeutika.
Die *Methylpyridine* heißen **Picoline,** die *Dimethylpyridine* **Lutidine,** die *Trimethylpyridine* **Collidine.** Das vollständig hydrierte Pyridin heißt **Piperidin.**

i) **Pyran** (Struktur ↑ S. 363) ist bislang nur in Form von Derivaten bekannt; von ihm leiten sich die Sechsringformen der Kohlenhydrate („*Pyranosen*") sowie die *Anthocyane*, eine Gruppe blauer und roter Blütenfarbstoffe, ab.

j) **Indol** (Struktur ↑ S. 363) ist fest und besitzt wie sein Methylderivat Skatol in unreinem Zustand einen fäkalartigen Geruch; beide Stoffe kommen in den Fäzes vor und werden in reinem Zustand für Parfüme verwendet.

k) **Chinolin** (Struktur ↑ S. 363) ist eine farblose, sich an der Luft allmählich braun färbende Flüssigkeit, kommt im Steinkohlenteer vor und ähnelt in seinen Eigenschaften dem Pyridin. Ausgangsstoff für Farbstoffe und Heilmittel. – Auch **Acridin** (Struktur ↑ S. 363), das farblose Nadeln bildet, ist im Teer enthalten und ist Muttersubstanz wichtiger Heilmittel.

l) **Melamin,** 2,4,6-*Triaminotriazin*, $C_3N_3(NH_2)_3$, farblos, kristallisiert, wasserlöslich, wird technisch gemäß $6\,CO(NH_2)_2 \rightarrow C_3N_3(NH_2)_3 + 3\,CO_2 + 6\,NH_3$ aus Harnstoff bei 350 ... 400 °C hergestellt; Verwendung für Melaminharze und -plaste.

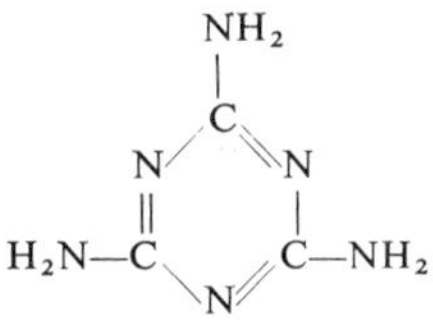

40. Sondergebiete der organischen Chemie

40.1. Eiweißstoffe (*Eiweiße, Eiweißkörper*)

40.1.1. Allgemeines

a) *Definition:* Eiweißstoffe sind makromolekulare Verbindungen (relative Molekülmasse 10000 ... 10000000), deren Moleküle sich aus säureamidartig miteinander verknüpften Aminosäuren und evtl. weiteren Bestandteilen zusammensetzen).

b) *Elemente:* Alle Eiweißstoffe enthalten C, H, N und O, nahezu alle auch S, viele P, manche Fe, Cu, Zn und andere.

c) *Einteilung:*

- **Proteine**[1] (*einfache Eiweißstoffe*) bestehen ausschließlich aus Aminosäurebaugruppen.
- **Proteide**[1] (*zusammengesetzte Eiweißstoffe*) enthalten zusätzlich „prosthetische Gruppen" (Zucker, Nucleinsäuren, Phosphorsäure, Farbstoffe, Vitamine u. a.).

Proteid = Protein + prosthetische Gruppe

d) **Struktur:** Bei der Verknüpfung der Aminosäuren reagiert formal das —COOH des einen Moleküls mit dem $—NH_2$ des anderen unter Wasserabspaltung zur *Säureamidgruppierung* —CO—NH— (bei den Aminosäuren auch *Peptidbindung* genannt):

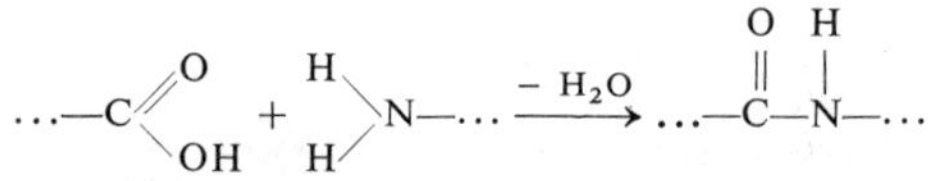

Die entstehenden Verbindungen heißen **Peptide.** *Oligopeptide* enthalten bis zu 10 (*Dipeptide* 2, *Tripeptide* 3 usw.), *Polypeptide* mehr als 10 Aminosäurebaugruppen; Polypeptide mit mehr als 100 Aminosäuregruppen heißen auch *Makropeptide.*

e) *Eigenschaften:* Lösliche Eiweißstoffe ergeben mit Wasser kolloide Lösungen. Aus diesen Lösungen lassen sie sich durch Salze oder Säuren ausfällen. – Eiweißlösungen sind optisch aktiv. – Die Eiweißstoffe lassen sich durch Hydrolyse in ihre Aminosäuren und sonstigen Bestandteile aufspalten.

f) *Farbreaktionen:*

- *Biuretreaktion:* Violettfärbung schwach alkalischer Lösungen bei Zusatz von Kupfersulfat;
- *Xanthoproteinreaktion:* Gelbfärbung mit konz. Salpetersäure.

g) *Physiologische Bedeutung:* Eiweißstoffe sind die eigentlichen „Träger des Lebens". Im *Protoplasma* spielen sich unter ständiger Umwandlung der Eiweißstoffe die Lebensvorgänge ab. Alle Eiweißstoffe erneuern sich im lebenden Organismus ständig und müssen daher durch Nahrungsaufnahme ergänzt werden.

40.1.2. Eiweiß-Aminosäuren

a) *Struktur:* nahezu ausschließlich 2-*Aminosäuren* (*α-Aminosäuren*).

b) *Essentielle Aminosäuren:* nicht vom menschlichen Organismus synthetisierbar; Zufuhr mit der Nahrung notwendig.

[1] sprich: Prote-ine bzw. Prote-ide

c) *Übersicht:* (in Klammern: Symbole; * essentiell)
Glykokoll (Gly), *Glycin, Amino-essigsäure,* $CH_2(NH_2)—COOH$.
Alanin (Ala), 2-*Amino-propionsäure,* $CH_3—CH(NH_2)—COOH$.
Valin* (Val), $CH_3—CH(CH_3)—CH(NH_2)—COOH$.
Leucin* (Leu), $CH_3—CH(CH_3)—CH_2—CH(NH_2)—COOH$.
Isoleucin* (Ileu), $CH_3—CH_2—CH(CH_3)—CH(NH_2)—COOH$.
Serin (Ser), $CH_2(OH)—CH(NH_2)—COOH$.
Threonin* (Thr), $CH_3—CH(OH)—CH(NH_2)—COOH$.
Cystein (Cys), $CH_2(SH)—CH(NH_2)—COOH$; geht durch Oxidation leicht in **Cystin,** $HOOC—CH(NH_2)—CH_2—S—S—CH_2—CH(NH_2)—COOH$, über.
Methionin* (Met), $CH_2(SCH_3)—CH_2—CH(NH_2)—COOH$.
Asparaginsäure (Asp), *Amino-bernsteinsäure,* $HOOC—CH_2—CH(NH_2)—COOH$. **Asparagin** ($Asp—NH_2$) ist das Monoamid, $H_2NOC—CH_2—CH(NH_2)—COOH$.
Glutaminsäure (Glu), $HOOC—[CH_2]_2—CH(NH_2)—COOH$. **Glutamin** ($Glu—NH_2$) ist das Monoamid, $H_2NOC—[CH_2]_2—CH(NH_2)—COOH$. **Natriumglutamat** („Glutamat"), das Mononatriumsalz der Glutaminsäure, ist ein Würzmittel.
Lysin* (Lys), $H_2N—[CH_2]_4—CH[NH_2]—COOH$.
Arginin* (Arg), $H_2N—C(=NH)—NH—[CH_2]_3—CH(NH_2)—COOH$.
Phenylalanin* (Phe), $C_6H_5—CH_2—CH(NH_2)—COOH$.
Tyrosin (Tyr), $HO—C_6H_4—CH_2—CH(NH_2)—COOH$.
Prolin (Pro), und **Hydroxyprolin** (Hypro), ↑ Bild.
Histidin* (His), ↑ Bild.
Tryptophan* (Try), ↑ Bild.

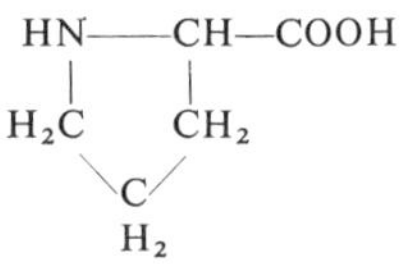
Prolin

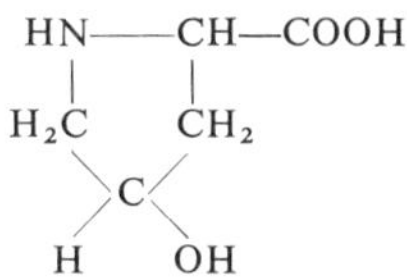
Hydroxyprolin

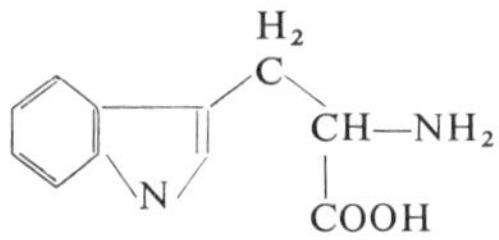
Tryptophan

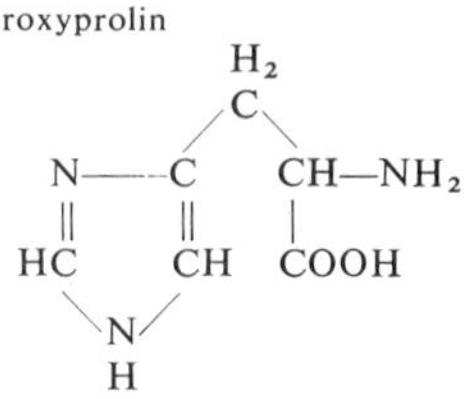
Histidin

40.1.3. Wichtige Proteine

a) **Globuline:** schwach sauer; in Wasser löslich. – Verbreitetste Proteingruppe, z. B. in Hülsenfrüchten, Getreide, Blutplasma, Geweben, Milch und Eiern.

b) **Albumine:** meist neutral, schwefelhaltig, wasserlöslich; kommen gemeinsam mit Globulinen in Blutplasma, Milch und Eiern vor.

c) **Skleroproteine** (Gerüsteiweißstoffe): organische Gerüstsubstanz von Mensch und Tier; unlöslich; chemisch und z. T. auch mechanisch sehr widerstandsfähig. *Einteilung: Kollagene* und *Keratine*.
Kollagene bilden das Bindegewebe und die organische Grundsubstanz von Knochen, Sehnen, Haut, gehen beim Kochen mit Wasser (Molekülabbau) in *Gelatine* (*Glutin*; unrein: *Leim*) über. An den Kollagenen der Haut vollzieht sich die *Gerbung* bei der Herstellung von *Leder*.
Keratine (Hornsubstanzen) sind Haare (z. B. Wolle), Federn, Nägel, Hörner; hoher Schwefelgehalt.
Naturseide (Raupenseide), von der Seidenraupe ersponnen, besteht aus dem keratinhaltigen *Fibroin* mit einer kollagenartigen Hülle aus *Sericin* (Seidenleim); letztere wird vor der textilen Nutzung aufgelöst.

40.1.4. Wichtige Proteide

a) **Nucleoproteide** (prosthetische Gruppe: *Nucleinsäuren*): Vorkommen in Zellkernen, Zellplasma, Chromosomen (als Träger der Erbinformationen), Viren.
b) **Phosphorproteide** (prosthetische Gruppe: *Phosphorsäure*): am wichtigsten *Kasein* in der Milch und *Vitellin* im Eidotter.
c) **Chromoproteide** (prosthetische Gruppe: *Farbstoffe*): hierzu gehören insbesondere die Eisenverbindungen *Hämoglobin* (roter Blutfarbstoff) und *Myoglobin* (roter Muskelfarbstoff) sowie in den Pflanzen u. a. das magnesiumhaltige *Chloroplastin* mit der grünen Farbstoffkomponente *Chlorophyll*.
d) Zu den Proteiden gehören ferner die *Enzyme* sowie ein Teil der *Hormone*.

40.2. Vitamine

40.2.1. Allgemeines

Vitamine sind organische Wirkstoffe, die vom Organismus nicht synthetisiert werden können und daher mit der Nahrung (evtl. in Form von *Provitaminen*) aufgenommen werden müssen. – **Provitamine** sind Vitaminvorstufen, die der Körper in die eigentlichen Vitamine umwandeln kann. – Bei ihrem Fehlen oder ungenügender Zufuhr treten Mangelerkrankungen (*Avitaminosen* bzw. *Hypovitaminosen*) auf.

40.2.2. Spezielle Vitamine

● *Fettlösliche Vitamine*

a) **Axerophthol,** *Retinol*, *Vitamin* A_1: sauerstoffempfindlich, kochbeständig. – *Vorkommen:* Milch, Butter, Eigelb, Lebertran. – *Mangelerscheinungen:* Haut- und Schleimhauterkrankungen, Nachtblindheit, Wachstumsverzögerung. – *Provitamine* sind viele *Carotine* (orangerote Farbstoffe in vielen Pflanzen, z. B. Möhren).

b) **Calciferol** (*Vitamin D*): umfaßt insbesondere *Ergocalciferol* (*Vitamin* D_2) und *Cholecalciferol* (*Vitamin* D_3); koch- und sauerstoffbeständig. – *Vorkommen:* in Lebertran und Milchfett (Butter). – *Avitaminose:* Rachitis.
c) **Tocopherol** (Vitamin E): kochbeständig. *Vorkommen:* Getreidekeimlinge und deren Öle (Weizenkeimöl), grüne Gemüse, Leber, Fett, Eigelb. – *Bedeutung:* allgemeiner Stoffwechselfaktor.
d) **Vitamin K:** mehrere Komponenten, z. B. *Phyllochinon* (Vitamin K_1); kochbeständig. – *Vorkommen:* grüne Pflanzenteile, Bakterien (z. B. Kolibakterien im Darm). – *Bedeutung:* wichtig für die Blutgerinnung.

● **Wasserlösliche Vitamine**

Die sogenannte *Vitamin-B-Gruppe* umfaßt vergesellschaftet vorkommende, jedoch chemisch sehr unterschiedliche Substanzen.

e) **Aneurin,** *Thiamin, Vitamin* B_1: unbeständig gegen längeres Kochen. – *Vorkommen:* Hefe, Getreidekeimlinge, Gemüse, Kartoffeln, Leber, Milch. – *Mangelerkrankungen:* Beriberi, Funktionsstörungen des Nervensystems.
f) **Lactoflavin,** *Riboflavin, Vitamin* B_2: lichtempfindlich, relativ kochbeständig. – *Vorkommen:* Milch, Fleisch, Ei, Hefe, Hülsenfrüchte. – *Bedeutung:* als Bestandteil vieler Enzyme und Koenzyme wichtig für den Stoffwechsel.
g) **Niazin,** *PP*[1]*-Faktor:* umfaßt Nicotinsäure und Nicotinsäureamid. – *Vorkommen:* Hefe, Früchte, Gemüse, Milch. – *Avitaminose:* Pellagra. – *Provitamin:* Eiweißbaustein *Tryptophan.*
h) **Pyridoxin:** *Vitamin* B_6*:* sehr verbreitetes Vorkommen; Avitaminose nicht bekannt. – *Bedeutung:* Eiweißstoffwechsel.
i) **Pantothensäure:** nicht kochbeständig. – *Vorkommen:* sehr verbreitet; Avitaminosen nicht bekannt. – *Bedeutung:* wichtig für den gesamten Stoffwechsel.
j) **Folsäure:** nicht kochbeständig. – *Vorkommen:* grünes Gemüse, Leber, Hefe. – *Mangelerscheinung:* krankhafte Veränderung des Blutes.
k) **Cobalamin,** *Vitamin* B_{12}*:* Cobaltkomplexverbindung der Summenformel $C_{63}H_{90}O_{14}N_{14}PCo$; kochbeständig. – *Vorkommen:* Leber, Niere, Eigelb, Milch. – *Avitaminose:* perniziöse Anämie (bösartige Blutarmut).
l) **Ascorbinsäure,** *Vitamin C:* licht- und sauerstoffempfindlich; nur unter Ausschluß von Sauerstoff kochbeständig. – *Vorkommen:* frische Früchte, frische Gemüse. *Avitaminose:* Skorbut.
m) **Biotin,** *Vitamin H:* hitze-, sauerstoff- und lichtempfindlich. – *Vorkommen:* Eigelb, Leber, Milch, Muskelfleisch, Gemüse, Bakterien. – *Avitaminose:* Seborrhoe (Hauterkrankungen).

40.3. Hormone

40.3.1. Allgemeines

a) *Definition:* Hormone sind organische Wirkstoffe, die hauptsächlich in innersekretorischen Drüsen gebildet werden und durch das Blut (z. T. auch die Lymphe) an den Ort ihrer Wirkung gebracht werden.

[1] PP = pellagra preventive

b) *Innersekretorische Drüsen:* Hypophyse (Hirnanhangdrüse), Schilddrüse, Nebenschilddrüse, Bauchspeicheldrüse, Nebennierenmark, Nebennierenrinde, Keimdrüsen. Einige Hormone der *Hypophyse* (glandotrope Hypophysenhormone) steuern die Tätigkeit anderer Drüsen. Deren Hormone wirken rückkoppelnd auf die Hypophyse ein; außerdem wird die Tätigkeit der Hypophyse vom Nervensystem über Wirkstoffe des Zwischenhirns (sog. *Neurohormone*) beeinflußt.

40.3.2. Einige spezielle Hormone

a) **Insulin:** Hormon der Bauchspeicheldrüse; Polypeptid aus 51 Aminosäuren. Insulin senkt den Blutzuckergehalt. *Insulinmangel* überschwemmt das Blut mit Zucker, so daß dieser ungenutzt mit dem Harn ausgeschie; den wird („Zuckerkrankheit", Diabetes mellitus).

b) **Adrenalin** und **Noradrenalin:** Hormone des Nebennierenrindenmarks-erhöhen den Blutzuckerspiegel (Gegenspieler des Insulins!); wirken gefäßverengend und blutdrucksteigernd.

c) **Somatotropin,** *Wachstumshormon:* in der Hypophyse gebildetes Protein aus 176 Aminosäuren.

d) **Thyroxin** (Tetraiodthyronin) und **Triiodthyronin:** Hormone der Schilddrüse; Stoffwechselhormone. – Hormonmangel führt in früher Kindheit zu Kretinismus und in fortgeschrittenerem Alter zu Kropf. – Hormonüberschuß führt ebenfalls zu Kropf sowie zu BASEDOWscher Krankheit.

e) **Sexualhormone:** Hormone weiblicher und männlicher Keimdrüsen. Sie steuern die Sexualfunktionen und prägen die sekundären Geschlechtsmerkmale (z. B. geschlechtsspezifische Körperformen).

Weibliche Sexualhormone: Die *Östrogene*[1] (Follikelhormone, z. B. **Östradiol**) werden unter dem Einfluß der Hypophysenhormone in den Eierstöcken gebildet und schaffen optimale Bedingungen für die Befruchtung. Die *Gestagene*[2], z. B. **Progesteron** (*Gelbkörperhormon*), entstehen im Gelbkörper nach dem Follikelsprung (Ovulation) und sind für den Ablauf der Schwangerschaft von größter Bedeutung.

Männliche Sexualhormone (*Androgene*), insbesondere **Testosteron** und **Androsteron:** Sie entstehen in den Hoden unter dem Einfluß der gleichen Hypophysenhormone wie im weiblichen Organismus. Sie bewirken die Entwicklung und Funktion primärer und sekundärer Geschlechtsmerkmale.

f) **Nebennierenrindenhormone,** *Corticoide:* Mangelproduktion z. B. an *Cortisol* führt über die ADDISONsche Krankheit zum Tod.

40.4. Enzyme

Enzyme (*Fermente*) sind vom lebenden Organismus gebildete Wirkstoffe, die innerhalb und außerhalb des Organismus chemische Reaktionen, z. B. die Stoffwechselvorgänge, katalytisch beeinflussen. Die Enzyme sind Eiweiß-

[1] oestrus = Brunst
[2] gestatio = Trächtigkeit

stoffe mit einer niedermolekularen Wirkgruppe, die bei fester Bindung als *prosthetische Gruppe*, bei leicht erfolgender reversibler Abspaltbarkeit als *Coenzym* (Coferment) bezeichnet wird. Enzyme sind z. B. **Lipasen** (fettspaltende Enzyme), **Amylasen** (stärkespaltende Enzyme) und **Proteasen** (eiweißspaltende Enzyme).

40.5. Alkaloide

a) *Allgemeines:* Alkaloide sind basische, in Pflanzen vorkommende Substanzen, die Stickstoff, meist in heterocyclischer Bindung, enthalten. Man kennt etwa 3000 Alkaloide; die meisten sind sehr giftige, farblose Feststoffe; einige wenige sind flüssig. Sie kommen in den Pflanzen als gelöste Salze vor.

b) *Übersicht:*

Alkaloid	Vorkommen	Alkaloid	Vorkommen
Aconitin	Blauer Eisenhut	Ergotamin	Mutterkorn
Atropin	Tollkirsche	Morphin	im Opium
Chinin	Chinarinde	Muscarin	Fliegenpilz
Cocain	Kokablätter	Nicotin	Tabak
Codein	im Opium (aus Mohnarten gewonnen)	Phalloidin	Knollenblätterpilz
Colchicin	Herbstzeitlose	Solanin	Nachtschattengewächse, z. B. im Kartoffelkraut
Coniin	Schierling	Strychnin	Brechnußsamen
		Tubocurarin	Curare
		Yohimbin	Yohimbebaum

c) *Derivate:* Aus Ergotamin und anderen Mutterkornalkaloiden wird das Suchtgift **Lysergsäurediethylamid** (LSD), aus Morphin das Suchtgift **Heroin** (Diacetylmorphin) hergestellt.

41. Plaste, Elaste, Silicone, Chemiefaserstoffe

41.1. Plaste

41.1.1. Allgemeines

a) *Definition:* Plaste[1] (Kunststoffe) sind vollsynthetisch oder durch Umwandlung hochmolekularer Naturprodukte hergestellte makromolekulare organisch-chemische Werkstoffe mit Ausnahme der Elaste und Chemiefaserstoffe.

b) *Einteilung:* nach dem Verhalten beim Erwärmen unterscheidet man Thermo- und Duroplaste (↑ S. 372 f.).

c) *Herstellung der vollsynthetischen Plaste:* durch Polymerisation, Polykondensation oder Polyaddition niedermolekularer Ausgangsstoffe.

[1] Singular: *der Plast*; Plural: *die Plaste*

41.1.2. Polyreaktionen

a) **Polymerisation:** chemische Verknüpfung kleiner Moleküle (der *Monomeren*) zu einem Makromolekül (dem *Polymeren*) durch Reaktion zwischen Mehrfachbindungen (I) oder Aufspaltung ringförmiger Atomverbände (II).
Beispiele: (I ungesättigte Verbindung, II Ringöffnung eines Lactams zu einem Polyamid):

I 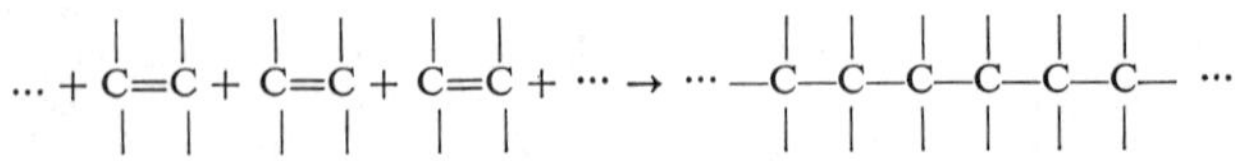

II 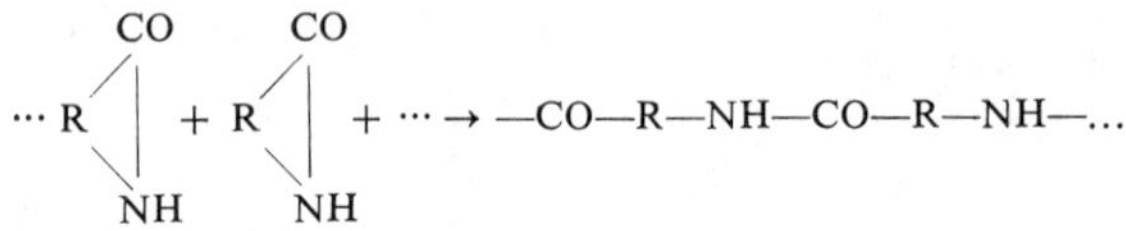

Der *Polymerisationsgrad* gibt an, wieviel monomere Moleküle im Durchschnitt zum Makromolekül zusammengetreten sind.

b) **Polykondensation:** chemische Verknüpfung kleiner Moleküle zu einem Makromolekül unter Abspaltung von Wasser oder anderen kleinen Molekülen.
Beispiel (Bildung eines Polyesters aus einem Diol und einer Dicarbonsäure):

··· + H O—R—O H + HO OC—R′—CO OH + H O—R—O H +

HO OC—R′—CO OH + ···→···—O—R—O—OC—R′—CO—O—R—

—O—OC—R′—CO—··· + $n\,H_2O$.

c) **Polyaddition:** chemische Verknüpfung kleiner Moleküle zu einem Makromolekül durch Reaktion zwischen funktionellen Gruppen ohne Abspaltung von Wasser oder anderen kleinen Molekülen.
Beispiel (Bildung eines Polyurethans aus einem Diisocyanat und einem Diol):

··· + OCN—R—NCO + HO—R′—OH + OCN—R—NCO +

HO—R′—OH + ··· → ··· —OC—HN—R—NH—CO—O—R′—O—

—OC—HN—R—NH—CO—OR′—O— ···.

41.1.3. Thermoplaste und Duroplaste

a) **Thermoplaste**

- *Eigenschaften:* Die Thermoplaste erweichen beim Erwärmen, lassen sich warm verformen und werden beim Abkühlen unter Beibehaltung der Form wieder fest.

- *Molekülaufbau:* lineare, evtl. schwach verzweigte, jedoch räumlich nicht durch chemische Bindungen vernetzte Makromoleküle.
- *Weichmacher:* Durch Einarbeiten von Weichmachern (hochsiedende Flüssigkeiten von begrenztem Lösevermögen für den betreffenden Plast) werden Thermoplaste weicher und schmiegsamer.
- *Wichtige Thermoplaste:* Polyethylen, Polyvinylchlorid, Polyamide, Polystyren, Polymethacrylsäureester, Polytetrafluorethylen[1], Polyvinylacetat, Celluloseacetat, Celluloid; ferner lineare Polyester (nur als Folie und Faserstoff), lineare Polyurethane.

b) **Duroplaste**

- *Eigenschaften:* Die Duroplaste zersetzen sich beim Erhitzen ohne vorheriges Erweichen und sind unlöslich. Daher erfolgt die Warmformung im halbfertigen Zustand, und die Aushärtung setzt nach der Formgebung ein.
- *Molekülaufbau:* räumlich stark vernetzte Makromoleküle.
- *Wichtige Duroplaste:* Phenoplaste, Aminoplaste (Melamin-, Dicyandiamid- und Harnstoffharze), vernetzte Polyester, vernetzte Epoxidharze, vernetzte Polyurethane, vernetzte Siliconharze.

41.1.4. Vollsynthetische Plaste

41.1.4.1. Polyethylen (*Polyäthylen*, Kurzzeichen PE)

a) *Herstellung:* durch Polymerisation von Ethen:

$$n\,CH_2{=}CH_2 \rightarrow [-CH_2-CH_2-]_n$$

- nach dem Hochdruckverfahren bei 150 ... 300 MPa (1 500 ... 3000 at) bei 150 ... 320 °C;
- nach dem Niederdruckverfahren bei 1,5 MPa (15 at) in Gegenwart metallorganischer Katalysatoren.

b) *Molekularer Aufbau:* Hochdruck-PE ($n \approx 1000$) enthält Seitenketten bis zu 4 C-Atomen, Niederdruck-PE ($n \approx 10000$) ist praktisch unverzweigt und somit dichter.

c) *Eigenschaften:* thermoplastisch; durchscheinend bis weiß (in allen Farben färbbar); sich wachsartig anfühlend; schlagunempfindlich; beständig gegen Wasser, Säuren, Alkalien und die meisten organischen Lösungsmittel. Dichte 0,92 (Hochdruck) ... 0,96 g · cm^{-3} (Niederdruck). Mit zunehmender Dichte nehmen Steifigkeit, Zugfestigkeit, Oberflächenhärte, Beginn der Erweichung (80 ... 120 °C) und Beständigkeit gegen Lösungsmittel zu.

d) *Verarbeitung:* durch Strangpressen und Spritzgießen; beim *Folienblasverfahren* wird ein stranggepreßter Schlauch sofort aufgeblasen und nach dem Erkalten aufgeschnitten.

e) *Verwendung:* Folien (bes. für Verpackung), Haushaltgegenstände, Rohrleitungen, elektrotechnische Kabelummantelung.

[1] nur begrenzt thermoplastisch verarbeitbar

f) *Handelsnamen* (BRD): *Hostalen G, Lupolen, Trolen, Vestolen.*

g) **Polypropylen** (Kurzzeichen PP), gemäß $n\,CH_2{=}CH{-}CH_3 \rightarrow [{-}CH_2{-}CH(CH_3){-}]_n$ durch Niederdruck-Polymerisation in Gegenwart metallorganischer Katalysatoren hergestellt, ist mit einer Dichte von $0{,}90\ g \cdot cm^{-3}$ der leichteste Plast; seine Eigenschaften liegen i. allg. zwischen denen des Niederdruck- und des Hochdruck-Polyethylens; *Handelsname* (BRD): *Hostalen PP.*

41.1.4.2. **Polyvinylchlorid** (Kurzzeichen PVC)

a) *Herstellung:* durch Polymerisation von Vinylchlorid (Monochlorethen):

$$n\,CH_2{=}CHCl \rightarrow [{-}CH_2{-}CHCl{-}]_n \qquad (n = 500 \ldots 1500)$$

b) *Verarbeitung:* ohne (PVC-hart) und mit Weichmacher (PVC-weich); durch Strangpressen, Spritzgießen und Kalandrieren.

c) *Eigenschaften:* thermoplastisch; Gebrauchstemperatur bis etwa 50 °C; Erweichung ab 70 °C; farblos durchsichtig, in allen Farben färbbar; sehr beständig gegen Wasser, Alkalien, nichtoxidierende Säuren und Kohlenwasserstoffe, quellbar in Chlorkohlenwasserstoffen, löslich z. B. in Cyclohexanon; schwer entflammbar, selbstlöschend; gute elektrische Isolierfähigkeit.

d) *Verwendung:* z. B. Rohrleitungen, Haushaltgegenstände, Elektroinstallationsmaterial; Fußbodenbeläge, Folien, Kabelummantelung, Kunstleder (auf Textilgrundlage).

e) *Handelsnamen* (BRD): *Elaston, Luvitherm, Mipolam PVC, Rhenadur, Rhovil, Vestolit, Vinidur, Renolit.*

f) PVC-Chemiefaserstoffe † S. 384.

41.1.4.3. **Polyamide** (Kurzzeichen PA)

a) Molekülkennzeichen: ...—CO—NH—... (Säureamidgruppierung), im Makromolekül ständig wiederkehrend.

b) *Herstellung:*

- durch ringöffnende Polymerisation von Lactamen († auch S. 372)

  Beispiel:

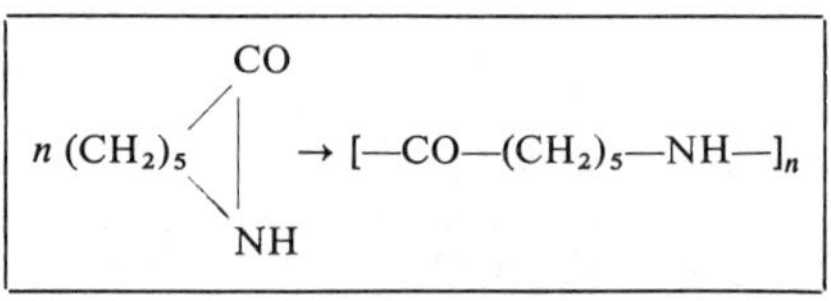

$(n = 200 \ldots 300)$

ε-Caprolactam — Polycaprolactam (Polyamid-6)

- durch Polykondensation von Diaminen mit Dicarbonsäuren

Beispiel:

$$n\,H_2N{-}(CH_2)_6{-}NH_2 + n\,HOOC{-}(CH_2)_4{-}COOH$$
1,6-Diaminohexan — Adipinsäure

$$\rightarrow [{-}NH{-}(CH_2)_6{-}NH{-}CO{-}(CH_2)_4{-}CO{-}]_n + (n-1)\,H_2O$$
Polyamid-6,6

c) *Eigenschaften:* undurchsichtig weiß; beständig gegenüber Alkalien und vielen Lösungsmitteln, unbeständig gegenüber konzentrierten Säuren; wasseraufnehmend (bis 10 %).

d) *Verarbeitung:* Spritzgießen, Strangpressen, spangebende Bearbeitung.

e) *Verwendung:* Armaturen, Wasserhähne, Kugellagerkäfige, Kalanderwalzen, Haushaltgegenstände, Verpackungsfolien.

f) *Handelsnamen* (BRD): *Durethan, Trogamid, Ultramid, Vestamid.*

g) *Polyamidfaserstoffe* ↑ S. 383.

41.1.4.4. Polyurethane (Kurzzeichen PUR)

a) *Molekülkennzeichen:* ··· —NH—CO—O— ··· (Urethangruppierung), im Makromolekül ständig wiederkehrend.

b) *Herstellung:* durch Polyaddition zwischen mehrwertigen Isocyanaten (z. B. Diisocyanate) und mehrwertigen Alkoholen (z. B. Diole).

Beispiel:

$$n\,OCN{-}R{-}NCO + n\,HO{-}R'{-}OH$$
$$\rightarrow [{-}CO{-}NH{-}R{-}NH{-}CO{-}O{-}R'{-}O{-}]_n$$
lineares Polyurethan

c) *Eigenschaften:* lineare PUR sind thermoplastisch; mit zunehmender Vernetzung entstehen gummielastische (↑ S. 382) und schließlich duroplastische Produkte.

d) *Verarbeitung:* Die *Hartverschäumung* erfolgt physikalisch (durch Beimischung leicht verdampfender Stoffe, z. B. *Monofluortrichlormethan*, $CFCl_3$), die *Weichverschäumung* chemisch; ↑ S. 382.

e) *Verwendung:* als Weich- und Hartschaum; Werkstoff für spezielle technische Artikel und z. B. Sitzmöbel; Gießharze, Lackharze, Chemiefaserstoffe (↑ S. 384), Klebharze, Beschichtungsmassen für Kunstleder; Textilhilfsmittel.

f) *Handelsnamen* (BRD): *Desmopan, Vulkollan, Elastomoll, Moltopren, Porosyn.*

g) *Elastische PUR* ↑ S. 382; *PUR-Faserstoffe* ↑ S. 384.

41.1.4.5. Phenoplaste (Kurzzeichen PF)

a) *Herstellung:* durch Polykondensation von Phenol (auch m-Cresol) mit Formaldehyd.

- In *saurem Milieu* entstehen gemäß

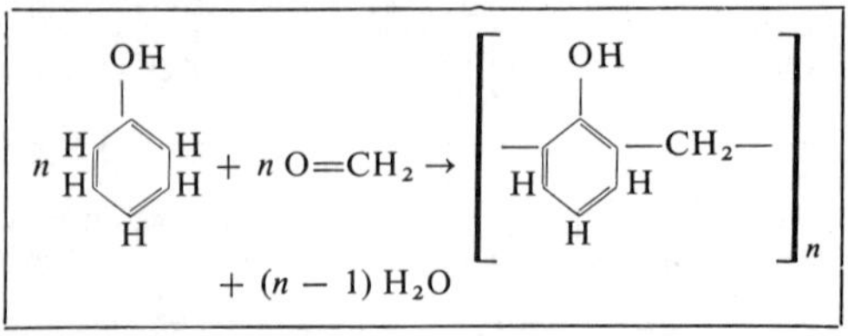

lineare Produkte (*Novolake*), in denen die Phenolreste durch Methylenbrücken $—CH_2—$ verknüpft sind.

- Die Novolake können durch Erhitzen mit formaldehydabspaltenden „Härtern", z. B. *Hexamethylentetramin* (Urotropin) vernetzt („ausgehärtet") werden.

b) *Verarbeitung:*

- *Preßmassen:* Novolak-Härter-Gemische oder (durch Unterbrechung der Polykondensation im noch schmelzbaren Zustand erhaltene) *Resitole* werden gemahlen, mit Füllstoffen vermischt und durch Form-, Spritz- oder Strangpressen ausgehärtet.
- *Schichtpreßstoffe:* Holzplatten, Papier- oder Gewebebahnen werden mit dem gelösten oder geschmolzenen Vorkondensat getränkt und in beheizten Pressen ausgehärtet.
- *Edelkunstharze:* sind füllstofffrei und werden vergossen oder verpreßt.

c) *Eigenschaften:*

- *lineare Produkte:* thermoplastisch, gelb bis braun, in organischen Lösungsmitteln löslich.
- *räumlich vernetzte Produkte:* duroplastisch; gelb bis braun; relativ spröde; gut elektrisch isolierend; i. allg. beständig gegen Wasser, organische Lösungsmittel, verdünnte Säuren und Alkalien; für Lebensmittel nicht geeignet.

d) *Verwendung:* als massives Material oder Schichtpreßstoff, z. B. in Elektrotechnik und Haushalt, für Autokarosseriebeplankung, Möbel- und Wandverkleidungen, Lacke und Holzleime.

e) *Handelsnamen* (BRD): *Bakelite*, *Dekorit*, *Haveg*, *Pertinax*, *Trolitan*, *Trolitax*.

41.1.4.6. Aminoplaste

a) *Typen:*

- *Melaminharze* (Kurzzeichen MF)
- *Dicyandiamidharze* (Kurzzeichen DD)
- *Harnstoffharze* (Kurzzeichen UF)

b) *Herstellung:* durch Polykondensation zwischen Formaldehyd und Melamin (↑ S. 365) bzw. Dicyandiamid (↑ S. 217) bzw. Harnstoff (↑ S. 197).

- *Reaktionsschema* (Melaminharz)

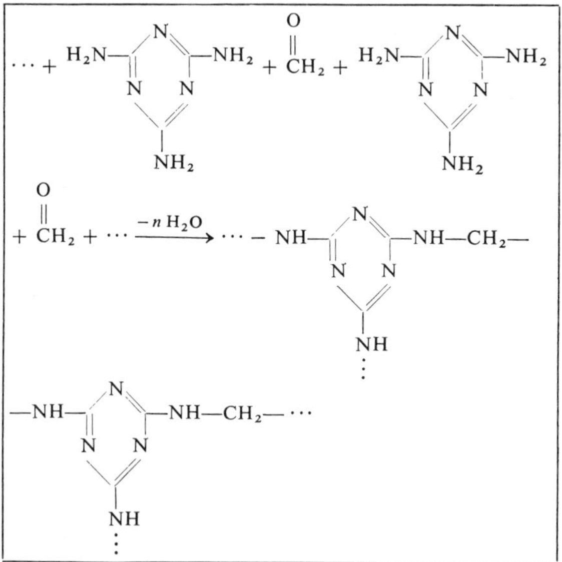

Da alle Aminogruppen reagieren, entstehen räumlich vernetzte Moleküle.

c) *Verarbeitung:* durch Formpressen, Spritzpressen und Spritzgießen unter gleichzeitiger Aushärtung.

d) *Eigenschaften:* duroplastisch: bis 100 ... 150 °C anwendbar; bei höheren Temperaturen Zersetzung; gut elektrisch isolierend; für Lebensmittel geeignet.

e) *Verwendung:* elektrotechnische Artikel, Haushaltgegenstände, Schichtpreßstoffe, Deckfolie (z. B. für künstliche Möbelfurniere), Schaumstoff für Schall- und Wärmedämmung (Harnstoffharz); als Lackharz; als Holzklebstoff.

f) *Handelsnamen* (BRD): *Bakelite*, *Keramin*, *Ultrapas* (Melaminharze); *Carta*, *Melacart* (Schichtpreßstoff); *Spumalit* (Schaumstoff).

41.1.4.7. Polystyren (*Polystyrol*, Kurzzeichen PS)

a) *Herstellung:* durch Polymerisation von Styren (↑ S. 350):

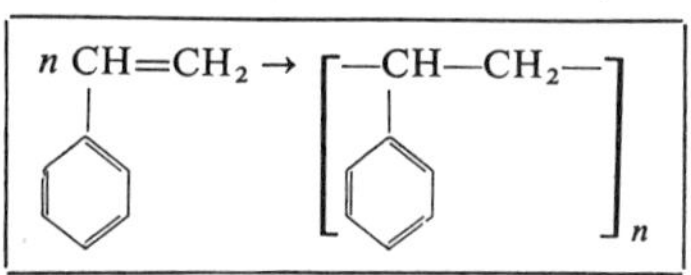

b) *Eigenschaften:* glasklar bis trüb; geruchlos; erweicht bereits bei ≈ 80 °C; spröde und schlagempfindlich; sehr gute elektrische Isolierfähigkeit; beständig gegen Wasser, Alkalien und nichtoxidierende Säuren; empfindlich gegenüber Kohlenwasserstoffen, Estern und anderen Lösungsmitteln.
c) *Verarbeitung:* durch Spritzgießen, seltener Warmpressen; auch spangebend.
d) *Verwendung:* Elektrotechnik; Haushaltgegenstände; als Schaumstoff zur Verpackung und Wärmeisolierung; als Folie.
e) *Handelsnamen* (BRD): *Trolitul, Vestyron*; *Alporit, Exporit, Styropor* (Schaumstoffe).

41.1.4.8. Polyester

a) *Molekülkennzeichen:* ··· —CO—O— ··· (Estergruppierung), im Makromolekül ständig wiederkehrend.
b) *Herstellung:* durch Polykondensation zwischen mehrwertigen Alkoholen und mehrwertigen Carbonsäuren (↑ auch S. 372). Bei Anwendung ungesättigter Säuren (Maleinsäure, Fumarsäure) bilden sich *ungesättigte Polyesterharze* (Kurzzeichen UP) als zunächst halbflüssige Massen. Diese werden mit Styren o. ä. vermischt und (evtl. nach Einarbeiten von Glasfaservliesen und -geweben; „glasfaserverstärkt", Kurzzeichen GUP) kopolymerisiert, wobei die linearen Polyestermoleküle durch Polystyrenbrücken räumlich vernetzt werden und zu einem Duroplast aushärten.
c) *Eigenschaften:* im ausgehärteten Zustand duroplastisch; nahezu farblos; bis 150 °C anwendbar; sehr gute dielektrische und mechanische Eigenschaften (glasfaserverstärkte Polyester haben die Zugfestigkeit guter Stähle); wetterfest; gegen Wasser und verdünnte Säuren beständig; gegen Alkalien und organische Lösungsmittel relativ unempfindlich.
d) *Verwendung:* ungefüllt als Gießharze zum Einbetten elektrotechnischer Bauteile und biologischer Präparate; für kalthärtende Kleber und Spachtelmassen. – Glasfaserverstärkte Polyester, z. B. für Bootskörper, Wellbedachungen, Schutzhelme.
e) *Alkydharze:* Lackharze, hergestellt aus mehrwertigen Alkoholen (z. B. Glycerol) und Säuren (Phthalsäure, Adipinsäure, Maleinsäure).
f) *Handelsnamen* (BRD): *Leguval, Vestopal.*

41.1.4.9. Epoxidharze (Kurzzeichen EP)

a) *Herstellung:* aus einem Epoxid (meist *Epichlorhydrin* = 1,1-Epoxy-3-chlorpropan) und einem Diphenol (meist *Dian* = Diphenylolpropan = 2,2-Bis-4-hydroxyphenyl-propan). Durch kombinierte Polyaddition und Polykondensation bildet sich folgendes Makromolekül:

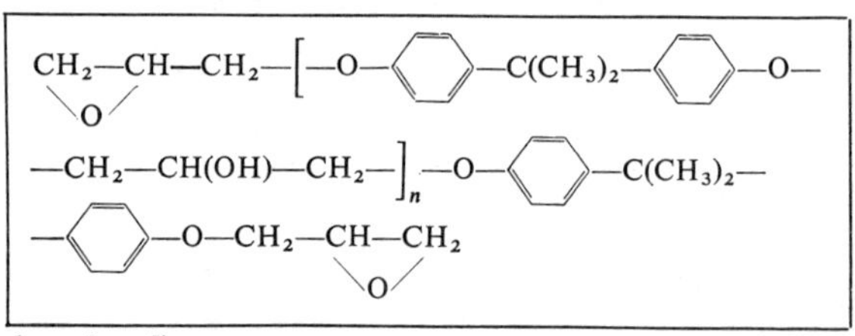

(n = 0 … 5)

Dieses Vorprodukt härtet bei Einwirkung bifunktioneller Säureanhydride oder Amine unter räumlicher Vernetzung aus.

b) *Eigenschaften:* gehärtet (z. B. mit Phthalsäureanhydrid oder Diethylentriamin, $NH[-(CH_2)_2-NH_2]_2$), duroplastisch; farblos bis gelbbraun; geruchlos; brennbar; auf fast allen Werkstoffen fest haftend; beständig gegen Heißwasser, Laugen und verdünnte Säuren.

c) *Verwendung:* als Kleber für Metalle, keramische Massen, Plaste, Holz; als Gießharz für Maschinenteile und zum Einbetten empfindlicher elektrotechnischer und elektronischer Bauteile; für Schichtpreßstoffe (auch glasfaserverstärkt); als Lackharze und Spachtelmassen.

d) *Handelsnamen* (BRD): *Lekutherm*, *Witolen*, *Rütapox*, *Beckopox*.

41.1.4.10. Sonstige vollsynthetische Plaste

a) **Polymethylmethacrylat,** Polymethacrylsäuremethylester, Kurzzeichen PMMA:

- *Herstellung:* durch Polymerisation von Methacrylsäuremethylester (meist Massepolymerisation):

$$n\,CH_2{=}C(CH_3)(COOCH_3) \rightarrow [-CH_2-C(CH_3)(COOCH_3)-]_n$$

- *Eigenschaften:* thermoplastisch; amorph; farblos, glasklar durchsichtig; bis 70 °C verwendbar; brennbar, schlagfest, witterungsbeständig.
- *Verwendung:* als „organisches Glas" für Sicherheitsglas (ergibt bei Bruch keine scharfkantigen Splitter), gewölbte Verglasungen u. a.: ferner als Material für Zahn- und Knochenprothesen; als Lackharz.
- *Handelsnamen* (BRD): *Plexiglas*, *Resartglas*.

b) **Polytetrafluorethylen,** Kurzzeichen PTFE:

- *Herstellung:* durch Polymerisation von Tetrafluorethen:

$$n\,CF_2{=}CF_2 \rightarrow [-CF_2-CF_2-]_n$$

- *Eigenschaften:* weiß, etwas durchscheinend, sich wachsartig anfühlend; Gebrauchstemperaturbereich −200 ... 260 °C; beständig gegen Ozon, Chlor, Flußsäure, Königswasser, heiße Salpetersäure und Alkalien sowie gegen alle organischen Lösungsmittel; nicht entflammbar; ungiftig; sehr gute dielektrische Eigenschaften.
- *Verwendung:* für Dichtungen, Gleitmaterial, Kondensatorfolie; zur Beschichtung von Haushalttiegeln.

c) **Polyvinylacetat,** Kurzzeichen PVAC:

- *Herstellung:* durch Polymerisation von Vinylacetat:

$$n\,CH_2{=}CH(O-CO-CH_3) \rightarrow [-CH_2-CH(O-CO-CH_3)-]_n$$

- *Verwendung:* vor allem in Lösung oder als Latex zur Herstellung von Latexfarben, Lacken, Kunstleder, Wachstuch und Klebstoffen.

41.1.5. Plaste als Umwandlungsprodukte hochmolekularer Naturstoffe

a) *Ausgangsstoffe:* z. Z. ausschließlich *Cellulose*, gewonnen aus Holz, auch in Form von Baumwoll-Abfällen (*Linters*). *Casein* aus Milch wird nicht mehr genutzt.

b) **Celluloseacetat,** *Acetylcellulose*, Kurzzeichen CA: entsteht durch Veresterung von Cellulose mit Essigsäureanhydrid in Gegenwart von Schwefelsäure.

- *Verarbeitung:* meist mit Weichmacher durch Spritzgießen und Strangpressen; zur Folienherstellung werden Lösungen vergossen, deren Lösungsmittel verdunstet.
- *Eigenschaften:* thermoplastisch; farblos; bis etwa 150 °C einsatzfähig; sehr zäh und kratzfest; beständig gegen Wasser und Benzin, unbeständig gegen Säuren, Laugen und einige organische Lösungsmittel.
- *Verwendung:* für schwer entflammbare Filme; als Massivwerkstoff für technische Zwecke und Bedarfsartikel.
- *Handelsnamen* (BRD): *Cellit*, *Trolit*, *Ultraphan*, *Ecarit*, *Ecaron*.
- *Chemiefaserstoff* ↑ S. 385.

c) **Celluloid,** Kurzzeichen CN

- *Zusammensetzung:* Cellulosedinitrat mit nahezu ausschließlich Campher als Weichmacher.
- *Herstellung:* Durch Veresterung von Cellulose mit Nitriersäure bei 20 ... 35 °C entsteht Cellulosedinitrat (Collodiumwolle), das mit ethanolischer Campherlösung verknetet wird.
- *Verarbeitung:* durch Warmpressen, Hohlkörperblasen, spangebende Formung.
- *Eigenschaften:* thermoplastisch; bis 60 °C einsetzbar; farblos, glasklar, sehr leicht entzündlich, beständig gegen Wasser, verdünnte Säuren und Benzin, löslich in Aceton und niederen Estern.
- *Anwendungen:* als Massivwerkstoff für Gebrauchsartikel; als Folie für sehr zerreißfeste Filme.

d) **Vulkanfiber,** Kurzzeichen Vf

- *Zusammensetzung:* nur unwesentlich abgebaute und hydratisierte Cellulose.
- *Herstellung:* durch Aufquellen („Pergamentieren") von Cellulosepapieren in warmer, 70%iger Zinkchloridlösung, Verpressen mehrerer Bahnen, Trocknen.
- *Eigenschaften:* undurchsichtig; verschleißfest; nicht thermoplastisch, bis 70 °C verwendbar; feuchtigkeitsempfindlich; unempfindlich gegen organische Lösungsmittel.
- *Verwendung:* für technische Teile mit mechanischer Beanspruchung (Zahnräder, Gleitlagerfutter, Bremsbeläge); schwächer pergamentiert für Koffer.

41.2. Elaste

41.2.1. Allgemeines

a) *Definition:* Elaste (Elastomere) sind natürliche oder synthetisch hergestellte makromolekulare Werkstoffe mit gummielastischem Verhalten.

b) *Molekülaufbau:* Makromoleküle aus verknäuelten Molekülketten, die miteinander weitmaschig vernetzt sind. Beim Dehnen strecken sich die Ketten; beim Nachlassen der Zugkraft tritt wieder Knäuelung ein (Gummielastizität).

41.2.2. Naturkautschuk

a) *Zusammensetzung:* cis-1,4-Polyisopren, $(C_5H_8)_n$, Struktur $[—CH_2—C(CH_3)=CH—CH_2—]_n$, mit natürlichen Beimengungen, $n = 4000$ bis 10000.

b) *Gewinnung:* aus *Kautschuklatex*, dem Milchsaft des Parakautschukbaumes, durch Ausflockung (Koagulation) mittels organischer Säuren.

c) *Vulkanisation:* Umwandlung von Rohkautschuk in *Gummi* (bessere Gebrauchseigenschaften) durch Aufnahme von Schwefel. *Weichgummi* enthält 5 ... 10%, *Hartgummi* 30 ... 50% Schwefel. – Gummi ist wesentlich elastischer als Rohkautschuk und durch organische Lösungsmittel quellbar.

41.2.3. Synthesekautschuk (Butadien-Mischpolymerisate)

a) *Chemische Zusammensetzung:*

- Buna[1] S: Butadien-Styren-Mischpolymerisate (25 ... 55% Styren)
- Buna N: Butadien-Acrylnitril-Mischpolymerisate (25...35% Acrylnitril)
- Buna cis: cis-1,4-Polybutadien (Stereokautschuk)

b) *Herstellung:* durch Polymerisation von Butadien (bzw. Gemischen mit einer 2. Komponente):

$$n\,CH_2=CH—CH=CH_2 \rightarrow [—CH_2—CH=CH—CH_2—]_n$$

Polybutadien
(unvulkanisiert, ohne Zweitkomponente)

c) *Eigenschaften:* Die technisch wertvollen Eigenschaften werden wie bei Naturkautschuk durch Vulkanisation und durch Beimengungen erreicht (z. B. Erhöhung der Abriebfestigkeit und Alterungsbeständigkeit durch Aktivruß bzw. organische Zusätze).

d) *Verwendung:* unentbehrlicher Werkstoff in allen Bereichen der Technik, der Medizin und des täglichen Lebens, auch als Schaumstoff. Synthesekautschuk deckt etwa $^2/_3$ des gesamten Kautschukbedarfs der Welt.

[1] *Buna* leitet sich von **Bu**tadien-**Na**trium her; Natrium war der erste Katalysator zur Herstellung von Buna.

41.2.4. Weitere Elaste

a) **Polyurethane** (↑ S. 375): Polyurethan-Elaste werden als Massivwerkstoffe, als Chemiefaserstoffe (↑ S. 384) und (in weit überwiegender Menge) als Schaumstoffe hergestellt. Die Produkte übertreffen in praktisch allen technisch wichtigen Eigenschaften den Natur- und Synthesekautschuk.

- *PUR-Weichschaum:* entsteht durch Anwendung wasserhaltiger Polyolkomponenten. Bei der formgebenden Polyaddition reagiert das Wasser mit einem Teil des Isocyanats gemäß $R—NCO + H_2O \rightarrow R—NH_2 + CO_2$ unter Bildung von Kohlendioxid, das die Masse verschäumt, wobei diese zugleich gummiartig erstarrt.

b) **Thioplaste,** *Polysulfidkautschuk:* hergestellt durch Polykondensation von α,ω-Dihalogenverbindungen mit Natriumpolysulfid; besteht aus Molekülen vom Typ $[—CH_2—CH_2—S—S—S—S—]_n$ mit unterschiedlicher Anzahl von $—CH_2$-Gruppen und S-Atomen; Elastizität und Festigkeit gering, jedoch von −40 ... 120 °C einsetzbar; Einsatz zur dauerelastischen Abdichtung arbeitender Fugen (z. B. Bautechnik), als Vibrationsschutz und zur Behälterauskleidung.

c) *Silicongummi* s. u.

41.3. Silicone

a) *Chemische Zusammensetzung:* In den Siliconen sind (evtl. substituierte) Kohlenwasserstoffreste an die Si-Atome einer Si—O-Kette gebunden:

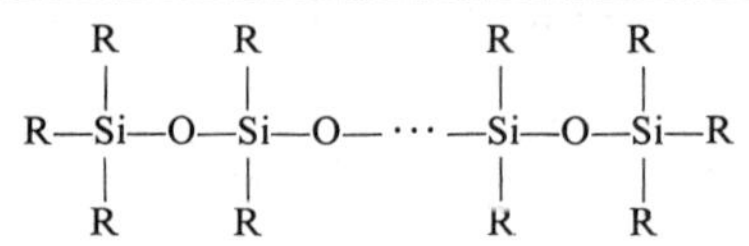

Methylsilicon ($R = CH_3$)

Die Ketten können auch ringgeschlossen sein oder ein räumliches Netzwerk bilden.

b) *Eigenschaften:* öl-, harz- oder kautschukartige Stoffe; große Temperaturbeständigkeit; Unlöslichkeit in Wasser und vielen organischen Lösungsmitteln; weitgehende chemische Beständigkeit gegenüber Wasser; sehr gute elektrische Isolierfähigkeit.

c) *Verwendung:* Einsatz als *Siliconöle*, *Siliconfette*, *Siliconharze* und *Siliconkautschuk.*

41.4. Chemiefaserstoffe

41.4.1. Allgemeines

a) *Einteilung: vollsynthetische Chemiefaserstoffe* (Kurzzeichen CS), *Umwandlungsprodukte hochmolekularer Naturstoffe* (insbesondere Cellulosechemiefaserstoffe, CZ) und *anorganische Faserstoffe* (CA).

b) *Grundbegriffe:* Ein *Faserstoff* ist ein längenbegrenztes (*Faser*) oder nicht längenbegrenztes (*Elementarfaden*), schmiegsames, textilverarbeitbares Gebilde mit einer im Vergleich zur Querschnittsfläche großen Länge. Eine *Seide* (Symbol -S, z. B. Polyamidseide, PA-S) besteht aus einem (*monofil*) oder mehreren (*polyfil*) Elementarfäden; die Elementarfäden werden durch Raupen oder mit Hilfe technischer Spinndüsen ersponnen. *Fasern* (Symbol -F, z. B. PE-F, Polyesterfaser) finden sich z. T. in der Natur (Baumwolle, Bw; Jute, Ju; Hanf, Ha; Flachs, Fl u. a.); *Chemiefasern* werden durch Zerschneiden einer Elementarfadenschar hergestellt. Ein *Garn* entsteht durch Verspinnen von Fasern, ein *Zwirn* durch Verdrillen mehrerer Garne oder Seiden.

c) *Spinnverfahren:* Die Faserstofflösung wird durch Spinndüsen (Gold, Tantal u. a.) in ein Fällbad (*Naßspinnen*) oder in Heißluft (*Trockenspinnen*), die Faserstoffschmelze in Kaltluft (*Schmelzspinnen*) gepreßt.

41.4.2. **Polyamidfaserstoffe** (Kurzzeichen PA)

a) *Herstellung:* durch Schmelzspinnen (s. o.) von Polycaprolactam oder anderen Polyamiden (↑ S. 374) und Recken[1] auf die 3- bis 4fache Länge.

b) *Eigenschaften:* thermoplastisch; zug- und scheuerfest; schwer entflammbar; sehr geringe Wasseraufnahme, daher leicht zu trocknen; maximale Bügeltemperatur 150 °C; sehr witterungsbeständig.

c) *Verwendung:* als Seide (PA-S) und Faser (PA-F) für Bekleidung, Raumtextilien, Autoreifenkord, Fallschirme, Seile, chirurgische Nähfäden.

d) *Handelsnamen: Perlon* (BRD), *Nylon* (USA).

41.4.3. **Polyacrylnitrilfaserstoffe** (Kurzzeichen PAN)

a) *Herstellung:* durch Naßspinnen einer Lösung von Polyacrylnitril und Recken[1] auf die 4-bis 6fache (bei Seide 10- bis 12fache) Länge.

● Gewinnung von Polyacrylnitril durch Polymerisation von Acrylnitril:

$$n\,CH_2{=}CH(CN) \rightarrow [{-}CH_2{-}CH(CN){-}]_n$$

b) *Eigenschaften:* nicht thermoplastisch; bis 150 °C bügelfest; extrem wetter-, verrottungs- und lösungsmittelfest; schwer entflammbar; wollähnlicher Griff; hohe Bauschelastizität; gutes Wärme- und Formhaltevermögen; geringe Wasseraufnahme, daher rasche und knitterfreie Trocknung möglich.

c) *Verwendung:* nahezu ausschließlich als Faser (PAN-F) für Bekleidungs- (insbesondere Strickwaren) und Raumtextilien, Decken, Segeltuch, Filtergewebe, Seile, Taue, Fischereinetze.

d) *Handelsnamen: Dralon, Dolan* (BRD), *Orlon* (USA).

[1] Fußnote ↑ S. 384

41.4.4. **Polyesterfaserstoffe** (Kurzzeichen PE)

a) *Herstellung:* durch Schmelzspinnen (↑ S. 383) von gesättigten Polyestern (↑ S. 378), insbesondere *Polyethylenterephthalat* und nachfolgendes Recken[1] auf die mindestens 5fache Länge.

- *Herstellung von Polyethylenterephthalat:* durch Polykondensation von *Terephthalsäure* [Benzendicarbonsäure-(1,4)] mit Glycol [Ethandiol-(1,2)] bei höherer Temperatur:

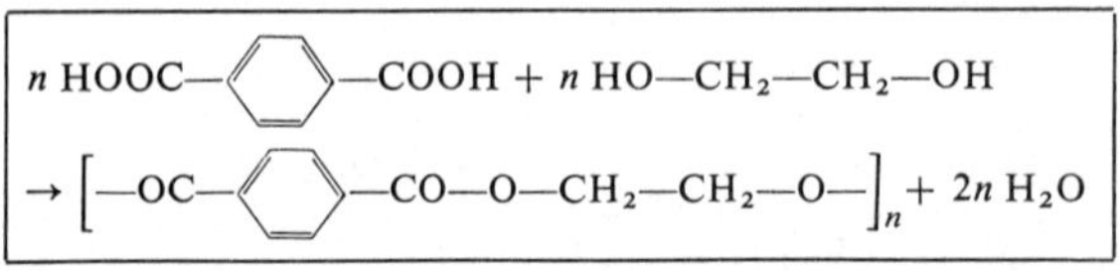

b) *Eigenschaften:* thermoplastisch; bei 240 °C erweichend, bei 260 °C schmelzend; geringe Wasseraufnahme (schnell trocknend); schwer dehnbar; sehr reißfest; lichtbeständig; formbeständig; knitterarm; die Fasern sind sprungelastisch und von hohem Warmhaltevermögen.

c) *Verwendung:* als Seide (PE-S) und Faser (PE-F) für Bekleidung, Raumtextilien, Vliesstoffe, Seile, Netze; technische Gewebe; als Füllmaterial für Schlafsäcke, Kissen u. a.

d) *Handelsnamen: Trevira, Diolen* (BRD); *Dacron* (USA).

41.4.5. Sonstige vollsynthetische Faserstoffe

a) **Polyurethanfaserstoffe,** Kurzzeichen PU:

- *Herstellung:* meist durch Trockenspinnen (↑ S. 383) aus Lösungen elastischer Polyurethane in Dimethylformamid oder Dimethylacetamid, CH_3—CO—$N(CH_3)_2$.
- *Eigenschaften:* wichtigste elastische Faserstoffe (Elastomerfaserstoffe); bei 175 °C erweichend; im Vergleich zu Natur- oder Synthesekautschukfäden fester, abriebfester, leichter, wärme- und wetterfester, chemikalien- (z. B. bei Chemischreinigung) und waschbeständiger.
- *Verwendung:* als Seide (PU-S) für elastische Textilien und für technische Zwecke.
- *Handelsnamen: Dorlastan, Elasthan* (BRD); *Lycra* (USA).

b) **Polyvinylchloridfaserstoffe,** Kurzzeichen PVC:

- *Herstellung:* Lösungen von (z. T. nachchloriertem) Polyvinylchlorid in acetonhaltigen Lösungsmittelgemischen werden durch Spinndüsen in Wasser gepreßt (Naßspinnverfahren).

[1] Durch *Recken* erreicht man erhebliche Festigkeitssteigerungen; die Makromoleküle richten sich parallel aus, wodurch neue zwischenmolekulare Bindungen geknüpft werden.

- *Eigenschaften:* thermoplastisch; bei etwa 70 °C erweichend; sehr säure-, wasser- und alkalibeständig; fäulnis- und verrottungsfest; empfindlich gegen organische Lösungsmittel; nicht brennbar.
- *Verwendung:* ausschließlich als Faser (PVC-F) für technische Zwecke (Filter), unentflammbare Textilien, Decken und Antirheumawäsche.
- *Handelsname:* (BRD): *Rhovyl.*

41.4.6. **Regenerat-Cellulosefaserstoffe** (Kurzzeichen RZ)

a) *Arten:* *Viscosefaserstoffe* (Kurzzeichen VI)
Kuoxamfaserstoffe (Kurzzeichen KU)

b) *Herstellung:*

- *Viscosefaserstoff:* Zellstofftafeln werden durch 20%ige Natronlauge in Alkalicellulose umgewandelt und durch Kohlendisulfid in orangefarbenes, krümeliges *Natriumcellulosexanthogenat*[1] umgewandelt, das in Natronlauge zu *Viscose* (gelbbraun, zähflüssig) gelöst wird:

$$\text{Cell-ONa} + CS_2 \rightarrow \text{Cell-O—C}\begin{matrix} \nearrow S \\ \searrow SNa \end{matrix} \qquad (\text{Cell} = \text{Cellulոserest})$$

Beim Erspinnen der Fäden in verdünnte Schwefelsäure (Naßspinnen) wird CS_2 abgespalten unter Rückbildung („Regenerierung") der Cellulose in schwach abgebauter, stärker wasserhaltiger Form (*Regeneratcellulose*, *Hydratcellulose*).

- *Kuoxamfaserstoff*[2]: Als Lösungsmittel für Cellulose dient die tiefblaue Lösung von Tetramminkupfer(II)-hydroxid, Formel $[Cu(NH_3)_4](OH)_2$.

c) *Eigenschaften:* ähnlich pflanzlichen Faserstoffen (Baumwolle), jedoch weniger fest (besonders im nassen Zustand) und von größerer Wasseraufnahme; gut färbbar; bügelfest; in letzter Zeit wurden hochnaßfeste Typen entwickelt.

d) *Verwendung:* als Faser (VI-F, *Viscosefaser*, früher „Zellwolle") und Seide (VI-S, *Viscoseseide*, und KU-S, *Kupferseide*). Preiswerte Chemiefaserstoffe.

e) *Handelsname* (BRD): *Reyon.*

f) **Zellglas** (früher *Cellophan*) entsteht beim Einpressen der Viscose durch Schlitzdüsen in das Fällbad; enthält Glycerol als Weichmacher. – **Viscoseschwämme** werden mit Treibmitteln „gebacken".

41.4.7. **Celluloseacetatfaserstoff** (Acetatfaserstoff, Kurzzeichen AZ)

a) *Herstellung:* Die Fäden werden aus einer Lösung von *Cellulose-2½-acetat* in Aceton durch Einpressen in Warmluft ersponnen, wobei das Lösungsmittel verdunstet (Naßspinnverfahren).

[1] Natriumcellulosexanthogenat ist das Natriumsalz des Celluloseesters der Dithiokohlensäure HO—CS(SH).
[2] *Kuoxam* = **Ku**pfer-**Ox**id-**Am**moniak

b) *Eigenschaften:* thermoplastisch; bezüglich Griff, Glanz, Weichheit und Festigkeit der Naturseide ähnlich.

c) *Verwendung:* hauptsächlich als Seide (AZ-S) für dekorative Textilien.

d) *Handelsnamen* (BRD): *Aceta, Drawinella.*

41.4.8. **Anorganische Faserstoffe** (Kurzzeichen CA)

Man unterscheidet

- *Silicatfaserstoffe*
  - natürlich: Asbest, Kurzzeichen As;
  - künstlich: Glasfaserstoff (GL), Schlackenfaserstoff (SL) und Gesteinsfaserstoff (ST).
- *Metallfaserstoffe* (MT)

TAFELANHANG

Tafel 1: Alphabetisches Verzeichnis der Elementsymbole

Symbol	Name	Ordnungszahl	Symbol	Name	Ordnungszahl
Ac	Actinium	89	Ge	Germanium	32
Ag	Silber (Argentum)	47	H	Wasserstoff (Hydrogenium)	1
Al	Aluminium	13	He	Helium	2
Am	Americium	95	Hf	Hafnium	72
Ar	Argon	18	Hg	Quecksilber (Hydrargyrum, Mercurium)	80
As	Arsen	33			
At	Astat	85			
Au	Gold (Aurum)	79	Ho	Holmium	67
B	Bor	5	I	Iod	53
Ba	Barium	56	In	Indium	49
Be	Beryllium	4	Ir	Iridium	77
Bi	Bismut	83	K	Kalium	19
Bk	Berkelium	97	Kr	Krypton	36
Br	Brom	35	La	Lanthan	57
C	Kohlenstoff (Carboneum)	6	Li	Lithium	3
			Lr	Lawrencium	103
Ca	Calcium	20	Lu	Lutetium	71
Cd	Cadmium	48	Md	Mendelevium	101
Ce	Cerium	58	Mg	Magnesium	12
Cf	Californium	98	Mn	Mangan	25
Cl	Chlor	17	Mo	Molybdän	42
Cm	Curium	96	N	Stickstoff (Nitrogenium)	7
Co	Cobalt	27			
Cr	Chromium	24	Na	Natrium	11
Cs	Caesium	55	Nb	Niobium	41
Cu	Kupfer (Cuprum)	29	Nd	Neodymium	60
Dy	Dysprosium	66	Ne	Neon	10
Er	Erbium	68	Ni	Nickel (Niccolum)	28
Es	Einsteinium	99	No	Nobelium	102
Eu	Europium	63	Np	Neptunium	93
F	Fluor	9	O	Sauerstoff (Oxygenium)	8
Fe	Eisen (Ferrum)	26			
Fm	Fermium	100	Os	Osmium	76
Fr	Francium	87	P	Phosphor	15
Ga	Gallium	31	Pa	Protactinium	91
Gd	Gadolinium	64	Pb	Blei (Plumbum)	82

Symbol	Name	Ordnungszahl
Pd	Palladium	46
Pm	Promethium	61
Po	Polonium	84
Pr	Praseodymium	59
Pt	Platin	78
Pu	Plutonium	94
Ra	Radium	88
Rb	Rubidium	37
Re	Rhenium	75
Rh	Rhodium	45
Rn	Radon	86
Ru	Ruthenium	44
S	Schwefel (Sulfur)	16
Sb	Antimon (Stibium)	51
Sc	Scandium	21
Se	Selen	34
Si	Silicium	14
Sm	Samarium	62
Sn	Zinn (Stannum)	50
Sr	Strontium	38
Ta	Tantal	73
Tb	Terbium	65
Tc	Technetium	43
Te	Tellur	52
Th	Thorium	90
Ti	Titanium	22
Tl	Thallium	81
Tm	Thulium	69
U	Uranium	92
V	Vanadium	23
W	Wolfram	74
Xe	Xenon	54
Y	Yttrium	39
Yb	Ytterbium	70
Zn	Zink	30
Zr	Zirconium	40

Tafel 2: Elektronenanordnung der Elemente

Die Hauptgruppenelemente sind **fett** gedruckt.
In Klammern sind die bei manchen Elementen auftretenden, von der Regel abweichenden Elektronenanordnungen angegeben.
Von den Wertigkeiten sind die wichtisten **fett** gedruckt.

	Ordnungszahl	Element	Elektronenschale							Wertigkeiten
			1.	2.	3.	4.	5.	6.	7.	
1. Periode	1	**Wasserstoff**	1							**1**
	2	**Helium**	2							**0**
2. Periode	3	**Lithium**	2	1						**1**
	4	**Beryllium**	2	2						**2**
	5	**Bor**	2	3						**3**
	6	**Kohlenstoff**	2	4						**4**
	7	**Stickstoff**	2	5						2 3 4 5
	8	**Sauerstoff**	2	6						**2**
	9	**Fluor**	2	7						**1**
	10	**Neon**	2	8						**0**
3. Periode	11	**Natrium**	2	8	1					**1**
	12	**Magnesium**	2	8	2					**2**
	13	**Aluminium**	2	8	3					**3**
	14	**Silicium**	2	8	4					**4**
	15	**Phosphor**	2	8	5					**3 5**
	16	**Schwefel**	2	8	6					**2 4 6**
	17	**Chlor**	2	8	7					**1 3 5 7**
	18	**Argon**	2	8	8					**0**

4. Periode	19	**Kalium**	2	8	8	1				**1**
	20	**Calcium**	2	8	8	2				**2**
	21	Scandium	2	8	9	2				**3**
	22	Titanium	2	8	10	2				**2** 3 4
	23	Vanadium	2	8	11	2				2 **3** **4** **5**
	24	Chromium	2	8	12 (13)	2 (1)				2 **3** 4 5 **6**
	25	Mangan	2	8	13	2				**2** 3 **4** **5** 6 **7**
	26	Eisen	2	8	14	2				**2** **3** 6
	27	Cobalt	2	8	15	2				**2** **3** 4
	28	Nickel	2	8	16	2				**2** 3
	29	Kupfer	2	8	17 (18)	2 (1)				**1** **2**
	30	Zink	2	8	18	2				**2**
	31	**Gallium**	2	8	18	3				1 2 **3**
	32	**Germanium**	2	8	18	4				2 **4**
	33	**Arsen**	2	8	18	5				**3** **5**
	34	**Selen**	2	8	18	6				2 **4** **6**
	35	**Brom**	2	8	18	7				**1** 3 **5**
	36	**Krypton**	2	8	18	8				**0** 2
5. Periode	37	**Rubidium**	2	8	18	8	1			**1**
	38	**Strontium**	2	8	18	8	2			**2**
	39	Yttrium	2	8	18	9	2			**3**
	40	Zirconium	2	8	18	10	2			**4**
	41	Niobium	2	8	18	11 (12)	2 (1)			2 3 4 **5**
	42	Molybdän	2	8	18	12 (13)	2 (1)			2 3 4 5 **6**
	43	Technetium	2	8	18	13	2			2 3 4 5 6 **7**
	44	Ruthenium	2	8	18	14 (15)	2 (1)			2 3 **4** 5 6 7 8

Tafel 2 (Fortsetzung)

	Ordnungszahl	Element	Elektronenschale 1.	2.	3.	4.	5.	6.	7.	Wertigkeiten
5. Periode	45	Rhodium	2	8	18	15 (16)	2 (1)			**3 4**
	46	Palladium	2	8	18	16 (18)	2 (0)			**2** 4
	47	Silber	2	8	18	17 (18)	2 (1)			**1**
	48	Cadmium	2	8	18	18	2			**2**
	49	**Indium**	2	8	18	18	3			1 2 **3**
	50	**Zinn**	2	8	18	18	4			**2 4**
	51	**Antimon**	2	8	18	18	5			**3 5**
	52	**Tellur**	2	8	18	18	6			2 **4 6**
	53	**Iod**	2	8	18	18	7			**1** 3 **5 7**
	54	**Xenon**	2	8	18	18	8			**0** 2 4 6 8
6. Periode	55	**Caesium**	2	8	18	18	8	1		**1**
	56	**Barium**	2	8	18	18	8	2		**2**
	57	Lanthan	2	8	18	18	9	2		**3**
	58	Cerium	2	8	18	19 (20)	9 (8)	2		**3 4**
	59	Praseodymium	2	8	18	20 (21)	9 (8)	2		**3** 4
	60	Neodymium	2	8	18	21 (22)	9 (8)	2		**3 4**
	61	Promethium	2	8	18	22 (23)	9 (8)	2		**3**
	62	Samarium	2	8	18	23 (24)	9 (8)	2		2 **3**
	63	Europium	2	8	18	24 (25)	9 (8)	2		2 **3**
	64	Gadolinium	2	8	18	25	9	2		**3**
	65	Terbium	2	8	18	26 (27)	9 (8)	2		**3 4**

6. Periode	66	Dysprosium	2	8	18	27 (28)	9 (8)	2		**3**
	67	Holmium	2	8	18	28 (29)	9 (8)	2		**3**
	68	Erbium	2	8	18	29 (30)	9 (8)	2		**3**
	69	Thulium	2	8	18	30 (31)	9 (8)	2		**3**
	70	Ytterbium	2	8	18	31 (32)	9 (8)	2		2 **3**
	71	Lutetium	2	8	18	32	9	2		**3**
	72	Hafnium	2	8	18	32	10	2		**4**
	73	Tantal	2	8	18	32	11	2		2 3 4 **5**
	74	Wolfram	2	8	18	32	12	2		2 3 4 5 **6**
	75	Rhenium	2	8	18	32	13	2		3 **4** 5 6 **7**
	76	Osmium	2	8	18	32	14	2		2 3 4 **6** **8**
	77	Iridium	2	8	18	32	15	2		2 **3** **4** 6
	78	Platin	2	8	18	32	16 (17)	2 (1)		**2** **4** 6
	79	Gold	2	8	18	32	17 (18)	2 (1)		**1** **3**
	80	Quecksilber	2	8	18	32	18	2		**1** **2**
	81	**Thallium**	2	8	18	32	18	3		**1** **3**
	82	**Blei**	2	8	18	32	18	4		**2** **4**
	83	**Bismut**	2	8	18	32	18	5		**3** 5
	84	**Polonium**	2	8	18	32	18	6		**2** **4**
	85	**Astat**	2	8	18	32	18	7		1 **5** 7
	86	**Radon**	2	8	18	32	18	8		**0**
7. Periode	87	**Francium**	2	8	18	32	18	8	1	**1**
	88	**Radium**	2	8	18	32	18	8	2	**2**
	89	Actinium	2	8	18	32	18	9	2	**3**
	90	Thorium	2	8	18	32	19 (18)	9 (10)	2	**4**
	91	Protactinium	2	8	18	32	20	9	2	**5**
	92	Uranium	2	8	18	32	21	9	2	**3** **4** 6

Tafel 3: Verzeichnis der Elemente

Element	Symbol	Ordnungs-zahl	Relative Atom-masse 1993	Wertigkeiten
Actinium	Ac	89	[227]	3
Aluminium	Al	13	26,981539	3
Americum	Am	95	[243]	3 4
Antimon	Sb	51	121,760	3 5
Argon	Ar	18	39,948	0
Arsen	As	33	74,92159	3 5
Astat	At	85	[210]	1 5 7
Barium	Ba	56	137,327	2
Berkelium	Bk	97	[247]	3
Beryllium	Be	4	9,012182	2
Bismut	Bi	83	208,98037	3 5
Blei	Pb	82	207,2	2 4
Bor	B	5	10,811	3
Brom	Br	35	79,904	1 3 5
Cadmium	Cd	48	112,411	2
Caesium	Cs	55	132,90543	1
Calcium	Ca	20	40,078	2
Californium	Cf	98	[251]	
Cerium	Ce	58	140,115	3 4
Chlor	Cl	17	35,4527	1 3 5 7
Chromium	Cr	24	51,9961	2 3 4 5 6
Cobalt	Co	27	58,93320	2 3 4
Curium	Cm	96	[247]	3
Dysprosium	Dy	66	162,50	3
Einsteinium	Es	99	[252]	
Eisen	Fe	26	55,845	2 3
Erbium	Er	68	167,26	3
Europium	Eu	63	151,965	2 3
Fermium	Fm	100	[257]	
Fluor	F	9	18,9984032	1
Francium	Fr	87	[223]	1
Gadolinium	Gd	64	157,25	3
Gallium	Ga	31	69,723	1 2 3
Germanium	Ge	32	72,61	2 4
Gold	Au	79	196,96654	1 3
Hafnium	Hf	72	178,49	4
Helium	He	2	4,002602	0
Holmium	Ho	67	164,93032	3
Indium	In	49	114,818	1 2 3
Iod	I	53	126,90447	1 3 5 7
Iridium	Ir	77	192,217	2 3 4 6
Kalium	K	19	39,0983	1
Kohlenstoff	C	6	12,011	4
Krypton	Kr	36	83,80	0 2
Kupfer	Cu	29	63,546	1 2

Tafel 3 (Fortsetzung)

Element	Symbol	Ordnungs-zahl	Relative Atom-masse 1993	Wertigkeiten
Lanthan	La	57	138,9055	3
Lawrencium	Lr	103	[260]	
Lithium	Li	3	6,941	1
Lutetium	Lu	71	174,967	3
Magnesium	Mg	12	24,3050	2
Mangan	Mn	25	54,93805	2 3 4 5 6 7
Mendelevium	Md	101	[258]	
Molybdän	Mo	42	95,94	2 3 4 5 6
Natrium	Na	11	22,989768	1
Neodymium	Nd	60	144,24	3 4
Neon	Ne	10	20,180	0
Neptunium	Np	93	[237]	3 4 5 6
Nickel	Ni	28	58,6934	2 3
Niobium	Nb	41	92,90638	2 3 4 5
Nobelium	No	102	[259]	
Osmium	Os	76	190,23	2 3 4 6 8
Palladium	Pd	46	106,42	2 4
Phosphor	P	15	30,973762	3 5
Platin	Pt	78	195,08	2 4 6
Plutonium	Pu	94	[244]	3 4 5 6
Polonium	Po	84	[209]	2 4
Praseodymium	Pr	59	140,90765	3 4 5
Promethium	Pm	61	[145]	3
Protactinium	Pa	91	231,03588	5
Quecksilber	Hg	80	200,59	1 2
Radium	Ra	88	[226]	2
Radon	Rn	86	[222]	0
Rhenium	Re	75	186,207	3 4 5 6 7 8
Rhodium	Rh	45	102,90550	3 4
Rubidium	Rb	37	85,4678	1
Ruthenium	Ru	44	101,07	2 3 4 5 6 7
Samarium	Sm	62	150,36	2 3
Sauerstoff	O	8	15,9994	2
Scandium	Sc	21	44,955910	3
Schwefel	S	16	32,066	2 4 6
Selen	Se	34	78,96	2 4 6
Silber	Ag	47	107,8682	1
Silicium	Si	14	28,0855	4
Stickstoff	N	7	14,00674	2 3 4 5
Strontium	Sr	38	87,62	2
Tantal	Ta	73	180,9479	2 3 4 5
Technetium	Tc	43	[98]	2 3 4 5 6 7
Tellur	Te	52	127,60	2 4 6
Terbium	Tb	65	158,925334	3 4
Thallium	Tl	81	204,3833	1 3
Thorium	Th	90	232,0381	4

Tafel 3 (Fortsetzung)

Element	Symbol	Ordnungs-zahl	Relative Atom-masse 1993	Wertigkeiten
Thulium	Tm	69	168,93421	3
Titanium	Ti	22	47,867	2 3 4
Uranium	U	92	238,0289	3 4 6
Vanadium	V	23	50,9415	2 3 4 5
Wasserstoff	H	1	1,00794	1
Wolfram	W	74	183,84	2 3 4 5 6
Xenon	Xe	54	131,29	0 2 4 6 8
Ytterbium	Yb	70	173,04	2 3
Yttrium	Y	39	88,90585	3
Zink	Zn	30	65,39	2
Zinn	Sn	50	118,710	2 4
Zirconium	Zr	40	91,224	4

Für die künstlich erzeugten Elemente wurde in eckigen Klammern die Massenzahl des stabilsten Isotops angegeben.
Diese Tafel enthält die aktuellen relativen Atommassen, die die Union für Reine und Angewandte Chemie (IUPAC) für 1993 festgelegt hat. Bei einigen Elementen weichen die im Text verwendeten gerundeten relativen Atommassen von diesen aktuellen Werten ab. Diese Abweichungen sind aber so geringfügig, daß [aus technischen Gründen] auf eine durchgehende Änderung verzichtet wurde.

SACHWORTVERZEICHNIS

Periodensystem der Elemente

Periode	1. Gruppe H	1. Gruppe N	2. Gruppe H	2. Gruppe N	3. Gruppe H	3. Gruppe N	4. Gruppe H	4. Gruppe N	5. Gruppe H	5. Gruppe N	6. Gruppe H	6. Gruppe N	7. Gruppe H	7. Gruppe N	8. Gruppe H	8. Gruppe N		
1.	1 **H** Wasserstoff 1,008														2 **He** Helium 4,003			
2.	3 **Li** Lithium 6,941		4 **Be** Beryllium 9,012		5 **B** Bor 10,81		6 **C** Kohlenstoff 12,01		7 **N** Stickstoff 14,01		8 **O** Sauerstoff 16,00		9 **F** Fluor 19,00		10 **Ne** Neon 20,18			
3.	11 **Na** Natrium 22,99		12 **Mg** Magnesium 24,31		13 **Al** Aluminium 26,98		14 **Si** Silicium 28,09		15 **P** Phosphor 30,97		16 **S** Schwefel 32,06		17 **Cl** Chlor 35,45		18 **Ar** Argon 39,95			
4.	19 **K** Kalium 39,10	29 **Cu** Kupfer 63,55	20 **Ca** Calcium 40,08	30 **Zn** Zink 65,38	31 **Ga** Gallium 69,72	21 **Sc** Scandium 44,96	32 **Ge** Germanium 72,59	22 **Ti** Titanium 47,88	33 **As** Arsen 74,92	23 **V** Vanadium 50,94	34 **Se** Selen 78,96	24 **Cr** Chromium 52,00	35 **Br** Brom 79,90	25 **Mn** Mangan 54,94	36 **Kr** Krypton 83,80	26 **Fe** Eisen 55,85	27 **Co** Cobalt 58,93	28 **Ni** Nickel 58,69
5.	37 **Rb** Rubidium 85,47	47 **Ag** Silber 107,9	38 **Sr** Strontium 87,62	48 **Cd** Cadmium 112,4	49 **In** Indium 114,8	39 **Y** Yttrium 88,91	50 **Sn** Zinn 118,7	40 **Zr** Zirconium 91,22	51 **Sb** Antimon 121,8	41 **Nb** Niobium 92,91	52 **Te** Tellur 127,6	42 **Mo** Molybdän 95,94	53 **I** Iod 126,9	43 **Tc** Technetium [98]	54 **Xe** Xenon 131,3	44 **Ru** Ruthenium 101,1	45 **Rh** Rhodium 102,9	46 **Pd** Palladium 106,4
6.	55 **Cs** Caesium 132,9	79 **Au** Gold 197,0	56 **Ba** Barium 137,3	80 **Hg** Quecksilber 200,6	81 **Tl** Thallium 204,4	57 **La** Lanthan 138,9	+ 82 **Pb** Blei 207,2	72 **Hf** Hafnium 178,5	83 **Bi** Bismut 209,0	73 **Ta** Tantal 180,9	84 **Po** Polonium [209]	74 **W** Wolfram 183,9	85 **At** Astat [210]	75 **Re** Rhenium 186,2	86 **Rn** Radon [222]	76 **Os** Osmium 190,2	77 **Ir** Iridium 192,2	78 **Pt** Platin 195,1
7.	87 **Fr** Francium [223]		88 **Ra** Radium 226,0			89 **Ac** Actinium 227,0	++	104 **Ku** Kurtschatovium [261]		105 [262]		106 [263]		107 [261]				

H Hauptgruppe N Nebengruppe
Über dem Namen des Elements Ordnungszahl und Symbol, darunter relative Atommasse (Atomgewicht)
[ ] beständigstes Isotop

+ Lanthanoide	58 **Ce** Cerium 140,1	59 **Pr** Praseodymium 140,9	60 **Nd** Neodymium 144,2	61 **Pm** Promethium [145]	62 **Sm** Samarium 150,4	63 **Eu** Europium 152,0	64 **Gd** Gadolinium 157,3	65 **Tb** Terbium 158,9	66 **Dy** Dysprosium 162,5	67 **Ho** Holmium 164,9	68 **Er** Erbium 167,3	69 **Tm** Thulium 168,9	70 **Yb** Ytterbium 173,0	71 **Lu** Lutetium 175,0
++ Actinoide	90 **Th** Thorium 232,0	91 **Pa** Protactinium 231,0	92 **U** Uranium 238,0	93 **Np** Neptunium 237,0	94 **Pu** Plutonium [244]	95 **Am** Americium [243]	96 **Cm** Curium [247]	97 **Bk** Berkelium [247]	98 **Cf** Californium [251]	99 **Es** Einsteinium [252]	100 **Fm** Fermium [257]	101 **Md** Mendelevium [258]	102 **No** Nobelium [259]	103 **Lr** Lawrencium [260]